国際協力と実践的農学
アジアとアフリカの現場経験に基づいて

東京農業大学 教授
Professor of Tokyo University of Agriculture

山田 隆一 著
Ryuichi YAMADA

International Cooperation and Practical Agricultural Sciences
-From the Field Experience in Asia and Africa-

※本書の写真のすべては筆者撮影のものである。

はじめに

　日本が実施している国際協力には実に様々な分野がある。農業分野一つを取ってみてもその中の国際協力プロジェクトは驚くほど多様である。そのそれぞれのプロジェクトごとに求められる専門知識や専門的技能も当然ながら多様である。そして、それらに対応した農学の各専門分野が存在する。その農学の専門分野は益々分化と深化を続け、今に至っている。確かに専門分野の研究自体がより専門性を帯び、洗練されてきているとも言えるが、現場で求められるものは専門性とともに総合性である。言うまでもなく、現場自体が総合性の世界だからである。

　では、農学者はそうした現場においてどのように対応していけばよいのであろうか？　その際、どのような農学が真に求められるのであろうか？　こうしたことをこれまで真正面から追求した文献が意外と少なかったのではないだろうか？　さらには、農学者や開発ワーカーが現地（現場）の住民や農民とどのように向き合うかといったことを扱った学術書となると、極めて少ないであろう。そこで、以上の点について、正面から学術的に扱うことが重要な課題であると筆者は考えた。これが本書執筆に至った第一の動機である。

　ところで、日本における知の歴史と現状を俯瞰した時に、知識や知見が膨大に蓄積される一方で、それらの活用場面や活用方法はやや後景に押しやられてきた感があるのではないだろうか？　とりわけ学問の世界においては、こうした状況こそが日本的特徴（欧米とは異なる特徴）を端的に示すものであったと言えるのかもしれない。知識というものは、直接的であれ間接的であれ、また、経る期間の長短を問わず、いずれ何らかの形の知恵となって利用されてこそ、その役割を全うしたことになるのではないだろうか？　それは一種の実践性という概念に通じるものでもあろう。その意味において、特に我々農学を専攻する研究者は、実践的な学問ということを問わなければならない局面に今立たされているように感じるのである。

その実践的な学問とは、知識や知見とそれらの活用場面や活用方法を一体的に考えていくことを目指すものと言えるかもしれない。個別研究者レベルで自己完結的にそこを目指すこともあるだろうが、やはり研究者総体としてそこを目指すことが想定されるべきであろう。そこにこそ、実践的な学問のレゾンデートル（存在意義）が見いだされるのではないだろうか？　農学に関して言えば、ここで言う活用場面というのは、必ずしも営農現場での活用ということだけに留まらない。例えば、現場に近いところにいる普及員や行政官や開発ワーカーなどによる活用ということも視野に入ってこよう。以上のような考え方に基づき、実践的な農学を志向することが何より重要であると筆者は考えるのである。それが、本書執筆の第二の動機である。

　ところで、国際協力に関する様々な本を手に取って読んでみたときに、一つの特徴を見いだすことができる。それは議論の抽象性である。もちろん、抽象論や一般論が決して悪いわけではない。ただし、抽象論と具体的事象との結びつきが弱いことによって、抽象論自体の内容理解が阻害されるようなことだけは回避されるべきであろう。このこととの関連で言えば、専門書の中においては、有力な読者層としての学生がやや置き去りにされているように感じられるものも時折見受けられる。やはり、国際協力を目指す知的好奇心旺盛な若者との知の共有がなければ、明日の国際協力は展望できないであろう。これが本書執筆に至った第三の動機である。

　筆者は、1995年以降、タンザニア、ベトナム、ラオス、およびモザンビークの農村の現場を舞台にして研究活動を続けてきた。そのほとんどは、研究サイトを固定したプロジェクト（自然科学分野と社会科学分野が連携した総合プロジェクト）の中での研究活動であった。その中で筆者は、農家や現地普及員や現地行政官とのコミュニケーションを重視しながらプロジェクトの形を模索し続け、自身の研究、すなわち農業経営研究、ファーミングシステム研究、および農民参加型研究をプロジェクトの中で確実に位置付けようとしてきた。本書は、そうした現場経験を基礎として成り立っている。

　もう一つは、筆者自身の現場経験を素材として、実学主義を掲げる東京農

業大学にて「国際農業協力論」、「農業経営学」、「アジア農業論」（以上学部の科目）、「農村開発協力特論」、「国際農業開発学特論」（以上大学院の科目）の授業を行いながら次第にまとまっていった自身の考え方をも基礎としている。また、東京大学で3年間非常勤講師として行った「アジアオセアニア技術協力論」の授業についても、その内容の一部は本書に取り込まれている。

　ただ、そこで最も重視したことは、研究や開発の舞台裏を示す、すなわち、研究・開発の果実だけを示すのではなく、そこに至る試行錯誤の軌跡も示すということである。もちろん、成果に辿りつけなかった研究も存在する。それらも本書では取り扱われている。成果だけを示すのは、ある意味、優良事例の紹介に終始することに類似している。そうではなく、失敗事例を含めた苦悩の内側を示すことも重要なのではないだろうか？　学生は、現場の話、とりわけ経験談にとても興味を示す。ただし、それは単なる経験談ではない。その経験から何らかの反省や教訓が得られたときにこそ、学生の目がひと際輝くのである。

　筆者もこれまでの研究において様々な失敗をしてきているということを敢えて強調しておきたい。そうした現場経験を踏まえ、本書は、研究や開発の事例をなるべく多く取り揃えて示したうえで、そこから反省や教訓を引き出すことに留意した。本書は、国際協力や農学を学ぶ学生や途上国を研究・開発対象としている若い研究者あるいは開発ワーカーの方々に特に読んでもらいたいと願っている。本書が現場経験を基盤に置いているのも、このような読者層が国際協力にさらに興味を持ち、さらに注目してもらい、さらにモチベーションを高めてもらいたいと願うからである。明日の国際協力の発展と、それを支える明日の農学の発展を担う主役は、若者たちである。本書が、その若者たちの思考を少しでも深めていく一助となれば幸いである。

　2024年10月

東京農業大学
農村開発協力研究室にて
山田 隆一

目　次

はじめに ……………………………………………………………………… iii

序章　問題意識と課題
― 国際協力における実践的農学の必要性 ―　1
第1節　国際協力の意義と課題……………………………………………… 3
第2節　日本学術会議が提言するODA戦略の検討 ……………………… 4
第3節　国際協力に関わる従来の農学とは？ …………………………… 7
第4節　本書の構成（章別構成）………………………………………… 16

第1章　実践技術と試行錯誤
― ベトナムとラオスの事例に基づいて ―　25
第1節　研究と開発の関係性について ………………………………… 25
第2節　農業技術の特徴 ― 普遍技術の幻想 ― ……………………… 27
第3節　実践技術とは何か？ …………………………………………… 29
第4節　実践技術の創造と試行錯誤
― ベトナム・メコンデルタ総合研究の事例 ― ……………… 34
　1．バイオガスダイジェスター技術 ……………………………… 34
　2．稲作条播技術の導入と試行錯誤 ……………………………… 43
　　1）事例農家1 ― JIRCAS条播試験農家の事例 ― ………… 47
　　2）事例農家2 ― JIRCAS条播試験農家の事例 ― ………… 48
　　3）事例農家3 ― 薄播散播導入農家の事例 ― …………… 49
　　4）考察 …………………………………………………………… 50
　　5）ベトナム・メコンデルタのオモン郡における条播技術の普及 ……… 56

vii

第5節　逆転の発想による技術創出

　— 北部ラオスにおける焼畑圃場の新たな活用 — ················ 58

第6節　課題と展望 ·· 61

補説　ジェンダー視点からみた実践技術 ························ 63

第2章　実践的農業経営学の模索

　— ラオスとモザンビークの事例を踏まえて — ················ 69

第1節　農業経営研究の位置づけ ······························ 69

第2節　農業経営の基本構造 ···································· 78

第3節　農業経営目標の再考 ···································· 82

　1．途上国における新たな営農目標 — 生計アプローチなど — ··· 82

　2．途上国におけるもう一つの営農目標 ······················ 83

第4節　政策提言の土台となる農業経営研究

　— ラオス北部焼畑地域の事例分析に基づいて — ·············· 86

　1．ラオス山岳部焼畑地域における持続性崩壊の悪循環 ········· 87

　2．ラオス山岳部農村の合併とその影響 — 共同体の紐帯と労働への影響 —

　　 ·· 94

第5節　農業経営者能力形成についての考察 ···················· 98

第6節　課題と展望 ·· 102

補説　モザンビーク北部農村における農作業日誌の記録

　— ナンプーラ州MR村における農作業日誌記録モニタリングの事例 —

　　 ··· 107

　1．研究サイトMR村の概要 ································· 108

　2．農家試験サイトにおける農作業日誌モニタリング（1年目）········· 110

　　1）試験実施村におけるベビー圃場農家の農作業日誌モニタリング ··· 110

　　2）MR村におけるGPS使用方法の農家への説明 ············· 112

　3．農家試験の修正と農作業日誌の改良 ······················ 113

　　1）MR村における農家試験内容および農作業日誌関連の圃場図作成 ··· 113

２）農作業日誌の説明　……………………………………　114

　　３）農作業日誌記録農家の作付けシステム　………………　114

　４．農家試験サイトにおける農作業日誌モニタリング（２年目）………　114

　５．試験農家の農作業記録に関する総合考察

　　　── ナンプーラ州MR村の事例より ──　……………………　120

　６．農作業記録の課題と展望　………………………………　121

第３章　農業経営管理と農民技術にみる主体性
── ベトナムとタンザニアの事例を中心として ──　………………　131

第１節　内発的発展と主体性　………………………………　131

第２節　途上国には本当に農業経営管理が存在しないのか？　…………　134

第３節　ベトナム・メコンデルタの農家の農業経営管理　………………　143

　１．メコンデルタ農民の主体性と開放性　………………………　144

　２．メコンデルタの「老農」が発揮する農業経営管理能力

　　　── ベトナム・メコンデルタの篤農家兼普及員の経営転換事例より ──　……　147

　３．ベトナム・メコンデルタ農民の販売管理能力（価格交渉力）の形成　…　149

第４節　タンザニアにおける「緑の革命」初期の農業経営管理　………　151

　１．経営規模と雇用労働依存および経営管理　………………　153

　２．潅漑の自主的改良効果　………………………………　154

　３．有機肥料投入効果と課題　……………………………　155

第５節　途上国の農民技術にみる主体性 ── 生産管理の主体性 ──　………　156

　１．ベトナム・メコンデルタの稲作における農民技術　………………　156

　　１）「緑の革命」以前の多様な稲わら利用　………………　156

　　２）稲作におけるその他の農民技術　……………………　156

　２．ラオス北部山岳地域における農民技術 ── 焼畑農家の養魚技術 ──　……　157

第６節　総括と展望　………………………………………　159

ix

第4章　ファーミングシステム研究の実践性

　── メコンデルタ総合研究プロジェクトを主な素材として ── ………… 171

第1節　ファーミングシステム研究の現代的意義 ………………… 171

第2節　ファーミングシステムの変遷

　── ベトナム・メコンデルタにおけるVACシステムの形成過程 ── ……… 179

第3節　方法論としてのファーミングシステム ………………………… 182

　1．FSRE（Farming Systems Research & Extension）とは？ …………… 182

　　1）FSREとKJ法の類似性 ……………………………………… 186

　　2）FSREの意義 …………………………………………………… 190

　2．FSREの実際 ── 診断（Diagnosis）── ……………………… 193

　　1）RRA（迅速農村調査法）

　　　── ソンデオ（Sondeo）・アプローチを中心として ──………………… 193

　　2）TN法（むらづくり支援システム）第1ステップによる問題把握 … 202

　　3）メコンデルタにおける「緑の革命」後の問題構造

　　　──「緑の革命」後のTP村の稲作を事例として── 206

　　4）小括 …………………………………………………………… 210

　3．FSREの実際 ── 農家試験 ── …………………………… 212

　4．技術の総合化について考える ………………………………… 218

第4節　ファーミングシステム研究の展望………………………… 219

　1．診断（Diagnosis）の重要性………………………………… 219

　2．政策提言へのアプローチ …………………………………… 220

　3．政策提言や技術普及の適用範囲について ── 固有性と普遍性の考察 ── … 222

　4．新たな農家試験（On-Farm Trials）とそれに対応した評価の方向性

　　……………………………………………………………………… 229

　5．ファーミングシステム研究に関するプロジェクトの形とは？ ……… 232

目　次

第5章　参加型研究と参加型開発の実践性
― ベトナム・ラオス・モザンビークにおける実践事例に基づいて ―
　………………………………………………………………………… 241

第1節　参加型研究と参加型手法の位置づけ　………………… 241

第2節　参加型手法に対するアレルギーの存在　……………… 249

第3節　PRAとは、どのような手法なのか？　……………… 252

第4節　ベトナムにおけるPRAの実践と反省　……………… 261

第5節　ラオスにおける参加型手法の実践
　― ベトナムにおける反省を踏まえて―　………………………… 264

　1．サイト踏査（フィールドトリップ）の経験から考える　………… 265

　2．PRAによる学習を補完する調査（補足調査）の意義　………… 268

　　1）水田への家畜糞の投入　……………………………… 269

　　2）牛銀行について　……………………………………… 271

　3．小括　………………………………………………………… 273

第6節　ファシリテーターの条件は？　………………………… 276

第7節　農民の能力に応じたPRA
　― ラオスとベトナムにおけるPRAの経験から ―　………… 281

第8節　モザンビークにおける参加型研究
　― 農民のエンパワーメントと現地研究者の能力形成 ―　……… 287

第9節　総合考察と展望　………………………………………… 294

補説　参加型開発の課題と展望……………………………………… 299

第6章　貧困問題へのアプローチ
― ラオス貧困村の事例を中心として ―　……………………… 317

第1節　貧困問題の位置づけ　…………………………………… 317

第2節　ラオス農村にみる貧困の現実　………………………… 320

　1．ラオス貧困村の貧困実態
　― 主として食糧貧困（food poverty）について ―　…………… 323

xi

2．貧困村の農家にみる貧困の内実 — 資金不足問題を中心として — ……… 324

1）資金不足問題の具体的な態様（S氏の事例）……………………… 325

2）資金不足問題の具体的な態様（K氏の事例）……………………… 328

第3節　内発性を制約・阻害する貧困問題

— 貧困問題を取り上げるもう一つの意義 — …………………… 329

第4節　貧困削減へのアプローチ ………………………………… 331

1．様々な貧困削減戦略 ……………………………………………… 331

2．貧困問題への対応

— ラオス低地天水地域におけるセーフティーネット — …… 333

1）米銀行によるセーフティーネット ……………………………… 334

2）村の基金管理によるセーフティーネット ……………………… 335

3）牛銀行によるセーフティーネット ……………………………… 337

3．貧困問題へのもう一つの対応

— ラオス北部山岳地域のセーフティーネット — ……………… 339

第5節　貧困削減の課題と展望…………………………………………… 341

第7章　農民組織の内発性と支援

— ベトナム・メコンデルタの事例を中心として — …………………… 349

第1節　農民組織の内発性 ………………………………………… 349

第2節　ベトナム・メコンデルタにおける農民組織の形成 ………… 351

第3節　普及活動を内部に取り込む農協組織

— ベトナム・メコンデルタのPL農協の事例 — …………… 353

第4節　TP村の農業普及クラブを支援する普及システム …………… 357

第5節　サブグループを重層的に取り込む農協

— ベトナム・メコンデルタのH農協の事例 — ………………… 359

1．H農協の組織構造とその特徴 …………………………………… 359

2．小括と考察…………………………………………………………… 361

目　次

第6節　外生的に形成された農民組織の評価

　― TP村のFamers' Associationの事例より ― ………………………… 363

第7節　課題と展望 ― 農民組織化の基盤と原動力を巡って ― ………… 365

補説　ラオス中部における貧困村の自立性を考える

　― 援助か？ 開発か？ 研究か？ ― ………………………………… 375

第8章　国際協力における実践的農家調査

　― 失敗を乗り越えて ― ………………………………………………… 385

第1節　農家調査に求められるものとは？ ………………………… 385

第2節　農家調査の基本哲学 ……………………………………………… 387

　1．調査される農民のモチベーションこそ考えるべき ………………… 387

　2．調査における理想と現実 …………………………………………… 390

　3．「探索」型調査か？ それとも「探検」型調査か？ ………………… 400

第3節　サイト選定と農家選定 ― 現場での苦戦 ― ……………………… 402

　1．サイト選定 …………………………………………………………… 402

　　1）ベトナム・メコンデルタにおけるサイト選定の位置づけ………… 403

　　2）タンザニアにおける調査地選定………………………………… 406

　2．農家選定 ……………………………………………………………… 408

第4節　農家調査とジェンダー…………………………………………… 410

第5節　課題と展望 ……………………………………………………… 412

終章　国際協力と実践的農学の展望 ……………… 417

第1節　研究の地道な蓄積の再評価

　― 研究の流行を追うことの落とし穴 ― ………………………… 420

　1．ファーミングシステム研究の再評価………………………………… 420

　2．参加型開発に対する誤解を解く

　　― 参加型開発の正当な評価のために ― ………………………… 429

xiii

3．総合農村開発（IRDP : Integrated Rural Development Program）の再考
　　　　　　　　　　　　　　　　　　　　　　　　　　　　　　　　　　432

第2節　農民組織の特性と開発との関係性
　　　── 適合性の考慮と実践的農学 ──　　　　　　　　　　　　434

第3節　研究（農学）と開発の関係性の展望
　　　── より大胆な連携の展望 ──　　　　　　　　　　　　　438

第4節　実践的農家試験の新たな可能性と展望　　　　　　　　446

第5節　実践的農業経営研究と政策
　　　── 実践技術の形成過程との比較 ──　　　　　　　　　　449

第6節　国際協力における国益とは何か？　　　　　　　　　　453

引用文献一覧　　　　　　　　　　　　　　　　　　　　461

あとがき　　　　　　　　　　　　　　　　　　　　　　　503

コラム目次

第1章

【コラム1-1】 普及可能な技術と技術の事前評価 ………………………… 33

【コラム1-2】 スクミリンゴガイ防除の現場 …………………………… 55

第2章

【コラム2-1】 TN法の実践について
　― 農業経営学と農村計画学との連携 ― ………………… 72

【コラム2-2】 シャトルサーベイの実践について
　― 農村活性化における農業経営学の役割 ― …………… 72

【コラム2-3】 二つの役割（私経済的役割と国民経済的役割）と農業経営
　目標 …………………………………………………………… 80

【コラム2-4】 農業経営における労働の捉え方 …………………………… 81

【コラム2-5】 バナナ売りのおばあさんと農業経営の接点 ……………… 85

【コラム2-6】 政策提言につながるマクロ分析とミクロ分析 …………… 97

第3章

【コラム3-1】 観光客向けビジネスの意義と問題点 …………………… 133

【コラム3-2】 「単なる業主」？ ………………………………………… 141

【コラム3-3】 メコンデルタの土地なし農民 ………………………… 146

【コラム3-4】 稲作部門と養豚部門との結合条件は？ ………………… 150

【コラム3-5】 自立性とインパクトの評価
　― タンザニアの灌漑稲作から考える ― ……………… 154

【コラム3-6】 ラオス北部山岳地域における篤農家と国際協力プロジェクト
　……………………………………………………………… 158

【コラム3-7】 農業技術の捉え方について ……………………………… 162

xv

第4章

【コラム4-1】現場重視の哲学か？　実用性重視の哲学か？ ……………… 178

【コラム4-2】KJ法を巡って ……………………………………………… 189

【コラム4-3】FSREと日本における総合研究 ………………………… 192

【コラム4-4】ベトナム・メコンデルタの類型化 ……………………… 224

【コラム4-5】TN法と政策提言 ………………………………………… 228

第5章

【コラム5-1】「耕耘機を所有していない」ことへの対応 ……………… 257

【コラム5-2】PRAで役立つカード ……………………………………… 258

【コラム5-3】NT村の家族労働と労働交換の実態 …………………… 272

【コラム5-4】ベトナム北部農村でのPRA ……………………………… 277

【コラム5-5】PCMについて考える

　― 複雑系の世界を捉えることとは？ ― ……………………………… 285

第7章

【コラム7-1】TP村農業普及員の献身的な普及活動 ………………… 357

【コラム7-2】組織化は住民や農民のエンパワーメントに影響を及ぼす

　…………………………………………………………………………… 364

第8章

【コラム8-1】調査目的が農民にどのように受け止められるか？ ………… 386

【コラム8-2】質問力を形成する要因とは？ …………………………… 409

国際協力と実践的農学
アジアとアフリカの現場経験に基づいて

International Cooperation and Practical Agricultural Sciences
-From the Field Experience in Asia and Africa-

序章　問題意識と課題
― 国際協力における実践的農学の必要性 ―

　世の中には、国際協力（あるいは国際開発協力）に関する数多くの本や論文が生み出されている。それらは、様々な国際協力の理論や途上国の現状を我々に教えてくれる。また、国際協力における日本の貢献（実績）とともに、今後の課題についても様々な議論がなされてきた。こうした中で、国際協力学という新たな学問分野も形成されつつある。現に国際協力という名を冠する学部や学科や研究室は、多くの大学で見つけられる。

　国際協力という分野を学問的にみた場合、正に学際領域であることが分かるであろう。国際協力には、あらゆる学問分野が関わっている。国際協力に全く関わりがないという学問分野を探す方が、難しいかもしれない。それ故の複雑さもあるし、同時に面白さもあると言えよう。

　さて、国際協力の様々な特徴の中で一つ強調したいのは、農業分野における協力が占めるウエイトの大きさである。それは、当然にも、途上国社会における農業の重要性や農業のウエイトの大きさを反映したものである。確かに、途上国の農業が産業全体に占めるGDP割合は、途上国の経済成長とともに低下傾向にある。しかしながら、依然として農業が重要な地位を占めていることに変わりはない。途上国における農村人口の割合が依然として大きいことも考慮するならば、途上国農業の重要性をあらためて認識させられるのである。

　本書も農業分野における国際協力を主たる対象とするものである。そこで、この国際農業協力の学問的なバックボーンは何かということだが、その主たるものは農学である。農学こそ、国際協力とりわけ国際農業協力を学問的に支えなくてはならないものである。そこに農学の一つの使命があると言えよう。

ところで、「緑の革命」が途上国の農業・農村に与えたインパクトは極めて大きかった。農業研究の成果が途上国の農業・農村を大きく変えた。「緑の革命」の功罪については、これまで様々な議論がなされてきた。環境に与えた負荷や貧富の格差拡大などといった問題も指摘されてきたところであるが、一方で、途上国の食料安全保障や国民経済に貢献したことも事実であろう。正に農学の使命が果たされた事例の一つと言えよう。

　しかしながら、「緑の革命」のような大きな研究成果が途上国の現場で確実に息づいているという事例の割合は、厖大な数の農業研究全体からみた場合、それほど多くはないかもしれない。また、多くの研究がいかに間接的であれ、何らかの形で現場に通じているというのであればよいのだが、実際のところ、論文化で留まってしまっているものも散見される。

　もちろん、現場につながる研究を実現することは容易ではない。学問が極端に細分化されてきた近年の状況においては、尚更であろう。それは百も承知のうえで敢えて言うならば、農学の成果というものが、途上国の農業・農村において力強く機能してきたという実感が必ずしも十分には湧いてこないのである。そこには、筆者自身のこれまでの研究に対する反省も当然ながら含まれている。そこで感じることは、ただの学問としての農学ではなく、現場で機能する農学、現場に生かせる農学、つまり実践的な農学の必要性である。

　農学をただの農学ではなく、実践的農学という新たな高みに引き上げるにはどうしたらよいか？　これこそ、筆者が持つ最大の問題意識である。繰り返しになるが、その背景には、国際協力の場で農学の使命を実質的に果たさなくてはならないという筆者の強い思いがある。その思いの裏には、繰り返しになるが、筆者のこれまでの研究活動における様々な反省がある。今、重要なことは、農学の果たす役割を結果から評価するだけではなく、農学の成り立ちや志向性といった根本から問い直すことではないだろうか？　そして、農学の位置づけも問われるであろう。そこが実践的農学を考える第一歩である。

序章　問題意識と課題

第1節　国際協力の意義と課題

　上記で述べてきた実践的農学の詳細については、後ほど詳しく述べることにして、まずは国際協力の意義と課題は何かについて本節で概観していくことにする。

　本書で対象とするのは、主として、二国間協力の中の技術協力および途上国研究機関との共同研究である。また、国際協力の中でも、本書は主として農業開発協力を扱うことにする。そこでまず、農業開発協力の意義についてみていくことにする。以下は、農業開発協力の意義に関する中川坦（1996）の見解を要約したものである。

　第一に、グローバルな食料需給安定への貢献である。開発途上国における食料問題の解決に向けた協力を通じグローバルな食料需給の安定化が図られることが重要である。第二に、開発途上国の自立的な経済発展に対する支援である。途上国の国民経済に占める農林水産業のウエイトが大きいことから、途上国の自立的発展にとって、農業分野の協力が重要である。第三に、地球環境問題への貢献である。途上国の荒廃しつつある農地、草地、森林等の回復・保全に積極的に取り組むとともに、持続的で生産力が高い農林業を普及、発展させることが必要となっている（中川　1996）。

　以上、1996年に中川が示した農業開発協力の意義は、25年以上経った今でも十分通用するものである。また、上記三つの意義は、それぞれ密接に絡み合っていると言えよう。

　ただし、上記意義の中で、明示的にはなっていないのが貧困削減である。地球環境問題と貧困問題が密接に関連していることは言うまでもない。また、途上国における食料問題の解決や自立的な経済発展が貧困削減に直結することも自明のことである。その上で、指摘したいことは、貧困削減は農業を含めた経済開発だけでは語れない側面を持っているということである。貧困問題や貧困削減は、社会開発の側面からもアプローチしていく必要があろう。

3

つまりは、農業開発協力という枠組みの中でも、農業普及や農民組織や農村生活やジェンダーなどといった多様な側面から、貧困削減について考えていく必要があるということだ。その意味では、農業開発協力の意義として、上記三つの意義に加え、貧困削減を掲げることは妥当なものであると言えよう。

第２節　日本学術会議が提言するODA戦略の検討

　ところで、日本学術会議国際地域開発研究分科会は、2011年に『提言ODAの戦略的活性化を目指して』をまとめている。その中には、次のような記述がある。

　我が国では政治も社会もすっかり内向きになり、財政再建が待ったなしの状況と相まって、政府開発援助（ODA）は減少し続けており、その額はピーク時から半減してしまった。OECDの開発援助委員会（DAC）加盟国のODA比率（国民総所得に占めるODA支出額の割合）をみると、日本は、23カ国中21位である。これでは、先進国としての責務を果たしていないという国際的な非難を浴びても仕方がない。このような現状を考えれば、日本はODAを増額させるべきであると思われる。しかし、ODAの急速な増額が当面無理であれば、せめて限られたODA予算を有効に使うことを考えるべきであろう（日本学術会議国際地域開発研究分科会　2011a）（註１）。

　限られたODA予算を有効に使うということは、もちろん正しいことである。ただ、それは、いつの時代でも基本的に同じことである。何故ならば、ODA予算とは国民の血税によるものであるからだ。現在、日本では、７人に１人が貧困家庭（平均所得の半分未満の家庭）の子どもであると言われている。また、1990年代以降、現在に至るまで多くの国民の賃金は停滞し続けており、生活を何とか維持するのに精一杯という家庭は、定義上の貧困家庭に留まらないであろう。

　このような国内状況の中で我々が国際協力を行なっているという認識を強く持つべきなのである。ODA予算を使う人たちが持つべきは、貧困にあえ

序章　問題意識と課題

ぐ途上国の人々に対しての責任とともに、我が国の納税者に対する責任である。責任という言葉を使うと、とても重くのし掛かる感じがするかもしれないが、やはり重い責任があると考えるべきであろう。

それでは、どのような国際協力が有効なのであろうか？　日本学術会議国際地域開発研究分科会（2011b）は、産業発展支援の戦略を構築するという知的な国際貢献を日本が目指すべきである（日本学術会議国際地域開発研究分科会　2011b）と主張している。その背景として、ODA政策の重心の変化があるようだ。日本学術会議国際地域開発研究分科会（2011b）によれば、1990年代以降、人間開発やソーシャル・セーフティーネット構築に重心が置かれる中で、2000年代に入り、農業や工業の発展による経済成長重視が再び唱えられるようになった（日本学術会議国際地域開発研究分科会　2011b）。

ただし、人間開発やソーシャル・セーフティーネット構築は、社会開発の側面から貧困問題に対応しようとするものであり、その重要性は今も失われているわけではない。また、北野（2014a）によれば、2000年代には、生活改善運動や一村一品運動など日本の開発経験を踏まえた村づくり型の農村開発協力も行われるようになった（北野　2014a）。これも社会開発の側面が強い農村開発協力の事例であると言えよう。

さて、先の産業発展支援の戦略であるが、日本学術会議国際地域開発研究分科会（2011b）によれば、アジアで産業発展を支援した日本の経験が戦略の構築に役立つだけでなく、その実施においても有用であるということだ。とりわけ日本の優位性が強いのは、人材育成（従業員や経営者の能力開発）、技術指導（普及員や農民への農業技術指導）、インフラ投資である（日本学術会議国際地域開発研究分科会　2011b）。

以上の主張に異論の余地はないのだが、一つ気になることがある。それは、農業技術指導が日本の優位性の一つに挙げられていることだ。ここで言っている技術指導の多くは基本的に技術移転であろう。何故ならば、途上国に適した技術開発が本格的に行なわれた後の技術指導ということであるならば、賞賛すべきは技術指導ではなく技術開発の方であるからだ。こちらの方が遙

5

かに難しいし、だからこそ価値がより高いのである。にもかかわらず技術指導を敢えて挙げているということは、若干の適応過程はあるにせよ、基本的には技術移転を指しているとみるべきであろう。

ところが、途上国における工業支援においても技術移転がうまくいかず、中間技術を創り出すといったことが時折起こっている。ましてや途上国における農業支援においては、技術移転がうまくいく局面は工業技術の場合より少ないとみるべきであろう。そこが、自然を相手にする農業の難しさであり、特殊性でもある。

このことに関連して、日本学術会議国際地域開発研究分科会（2011d）は、農業技術の有効性が自然環境に左右されるために、適応的技術開発がしばしば必要になると指摘している（日本学術会議国際地域開発研究分科会2011d）。ところが、続けて、日本学術会議国際地域開発研究分科会（2011d）は、適応的技術開発には、より本格的な技術開発が必要な場合もあるが、水稲のようにアジアの技術がほぼそのままアフリカに有効であり、若干の技術適応で済む場合もある（日本学術会議国際地域開発研究分科会　2011d）と主張している。

適応的技術開発の存在を指摘した点については、大いに評価できよう。しかしながら、本格的な技術開発（適応）が必要なケースではなく、若干の技術適応で済むケースを敢えて取り上げている点にやや違和感を覚えるのである。アジアで成功した稲作、とりわけ「緑の革命」をアフリカでも広げていこうとする際に、多少の制約要因はあるにせよ、技術適応自体はそれほど難しくないと言っているわけである。

アフリカの「緑の革命」が若干の技術適応で済むかどうかについても疑問が残るところであるが、何よりも、若干の技術適応で済む事例ではなく、むしろ本格的な技術適応が必要な事例こそ問題にすべき（重視すべき）ではなかったのかということである。途上国における農業技術協力の歴史の中で我々が注目しなくてはならないのは、本格的な技術適応、より正確には適合技術の創出、もっと言えば、現地の農家に導入され得る技術の創出において

多大な苦戦を強いられてきたという事実である。

　この点に関連して、日本学術会議国際地域開発研究分科会は、2008年の分科会報告『報告　開発のための国際協力のあり方と地域研究の役割』の中で、国際協力の分野において一貫して変わらない問題が存在すると指摘している。その問題とは、国際協力が当事者の目的や意図通りには進まず、様々な障害にぶつかり、場合によっては失敗に終わってしまうこともある、という現実である（日本学術会議国際地域開発研究分科会　2008a）。

　以上の指摘は全くその通りである。国際協力の難しさは、多くの当事者が様々な苦闘の中で痛感してきたことであろう。その難しさの背景として、途上国における自然環境だけでなく、制度・社会環境が存在する。例えば、統計が未整備な状況、および給与水準の低さから来る途上国の行政担当者や研究者のモチベーションの低さは、多くの当事者がぶつかってきた障害（国際協力の制約要因）ではないだろうか？　これまでの国際農業協力の経験の中で、この二点については、特に大きな制約として筆者自身も痛感してきたことである。もちろん、その他、財政や法制度や文化や慣習や宗教などにおける様々な制約が存在することも確かであろう。いずれにせよ、日本学術会議国際地域開発研究分科会もそうした制約（途上国の自然環境および制度・社会環境）を想定していたであろう。

第3節　国際協力に関わる従来の農学とは？

　ところで、国際協力において我々が制約として捉えなければならないことがもう一つある。それは、我々自身の問題である。農業協力について言うならば、その基礎には農学という学問が存在する。では、再び問うが、国際協力の基礎となる農学という学問が、これまで国際農業協力の現場において十分に機能してきたであろうか？

　坂本（1981b）によれば、応用科学としての農学は、未来における特定の価値の実現を意図する科学である。応用科学は対象認識を土台とする価値目

的追求的科学である（坂本　1981b）。

　農学という学問が、対象を認識するだけの学問ではなく、価値を追求する学問であるということは、農学が農業に貢献するという目的を持った学問であるということにもつながっているであろう。もちろん、農学も科学を基礎とする。自然科学と社会科学は農学の基礎を形成する。ただ、科学を極めた先に、農業の発展がなければならない。それが目的指向性を有する農学という学問の使命ではないだろうか？　正に実学たる農学の使命である。科学から技術へ、そして技術の卵から利用される技術へと展開される過程は、本来、実学としての農学の研究過程そのものであるとも言えるのではないだろうか？

　ところで、現代において農学はこうした過程を踏んで、実学として十分に機能しているであろうか？　末原（2004d）によれば、現代においては実際の農業と農学の間は、ますます乖離しつつある。農業における生産の向上や改善を目的として始まった農学的研究および農学は、当初は実際の農業技術や農業経営から学び、また最終的には実際の農業に還元されていた。両者の間には、具体的な結びつきが目に見える形で存在していた。しかし、21世紀の今日では、実際の農業と農学研究の結びつきは、限りなく目に見えないものへと変わってきている（末原　2004d）。

　そして、その結果として、正に横井時敬の「農学栄えて農業亡ぶ」という言葉が、再び我々農学者に突き刺さってきているのではないだろうか？　もちろん、横井の言葉は強烈すぎるかもしれないが、我々農学者に強く反省を促すという意図を持って、「農業亡ぶ」という極端な表現を使ったものと考えられる。今日的な状況を踏まえ、敢えてより実態に近い表現をするならば、「農業離れて農学栄える」とでもなるのであろうか？　そして、さらには「現場離れて農学栄える」とでもなるのであろうか？

　生井兵治も次のような戒めの言葉を述べている。すなわち、農学研究者は日頃から農業などの現場と密接な連携を深めておかなければ、大きな技術革新は生まれないであろう（生井　2018）と。現場から離れた技術開発はあり

序章　問題意識と課題

得ないということである。もちろん、農業の現場と密接に関わり、研究成果を現場に返そうと必死に研究に取り組んでいる研究者が少なからず存在することも確かであろう。ただ、そうであっても、農学全体としてみた場合に、細分化が進む農学が現場から次第に離れつつあるという近年の傾向に対して、危惧が広がりつつあるということではないだろうか？

　では現場とは何か？　末原（2004b）によれば、現場とは、我々の住む世界から離れて、相手の住む生活の中に飛び込んで、自分の目でものを見、自分の感覚で感じとることである。IMFや世界銀行の経済学者や経済の実務家は、アフリカの国々の農業と経済の再建を、統計数字とレポートだけから作り上げることができるかもしれないが、農学者ならば、そうはしないだろう。現場（フィールド）の与えてくれる情報と感覚は、われわれが自分の世界の中で考えている以上に豊かであり、創造力を引き出してくれるものである。同時に、われわれが自分たちの住む世界の中では想定していなかったが、現場に行けば誰でもが気づくであろう愚かな見落としや考え違いを、すぐその場で気づかせ訂正させてくれる力をもっている（末原　2004b）。

　末原の上記見解は、国内の農業と農学の関係だけでなく、海外、特に途上国における農業と農学の関係にも当てはまるものである。さて、そこで、国際協力、および国際協力の場で展開される農学についてみていくことにする。農業・農村開発や農業・農村研究を土台とした国際協力は数限りない。それらの国際協力は、途上国の現場にどれほどの貢献をしてきたのであろうか？

　もちろん、総合的な評価など、簡単にできるものではないが。

　そもそも、貢献とは何を意味するのであろうか？　国際協力プロジェクトなどを想定した場合の「貢献」と言えば、一定期間内において対象地域で目に見える成果をもたらすことなどが想像されよう。こうした貢献となれば、例えば、橋や道路や港湾の建設などがぴったり当てはまる。その通りである。他方、栽培技術の改善、農法の改良や農業経営の安定化、農村社会の組織化などの場合はどうであろうか？　こういう風に言うと、いや品種改良や土壌改良などの成果は数多くあるという反論を受けるかもしれない。なるほど、

直面する問題に対し、農学の力を発揮し、明確に問題解決した例が存在することも確かであろう。

しかしながら、例えば天水稲作や天水畑作における栽培技術の改善などとなれば、どうであろうか？　また、灌漑稲作がもたらす環境負荷への対応となれば、どうであろうか？　さらには、気候変動への対応・対策となれば、どうであろうか？　あるいは、貧困削減に向けた農業経営の改善や農村社会の組織化となれば、どうであろうか？　これらは、SDGs（持続可能な開発目標）と密接に関わってくる課題であるが、それら課題への対応も持続的でなければならないのである。つまり、期間を区切ること自体が不自然なのである。

それと関連して言えば、目に見える成果だけでなく、目に見えにくい成果にも注目することの大切さを忘れてはいないだろうか？　これは、特に主体に関わることである。対象地域の農家や農民組織や村落社会こそ主体（開発主体）である。その主体の動機や能力やまとまりなどは、目に見えにくいかもしれないが、ある意味、開発の核心部ではないだろうか？　逆に、そこを置き去りにすれば、持続的な開発は困難になるであろう。何故ならば、自立性なくして持続性なしであるからだ。つまりは、そうした核心部における持続的な開発こそ、本来の貢献という語にふさわしいのではないだろうか？例えば、栽培技術改善や農法改良も、主体の動機形成や意思決定によって動いていくものである。また、栽培技術改善や農法改良は、主体の能力形成と連動するものでもある。

そこで、これまでの農学の世界、とりわけ国際協力における農学分野の研究状況を全体的、総括的に振り返ってみたい。何が見えてくるだろうか？

第一に、農業技術と農業経営の結びつきが弱かったのではないだろうか？

国内の農業研究においては、国の研究機関を中心として、農業技術の経営的評価という側面で、両者の結びつきが強かったと言えよう。しかし、それは事後評価を中心とするものであった。農業技術と農業経営の結びつきは、それだけではないのである。

序章　問題意識と課題

　途上国における農業研究となると、その結びつきはさらに弱まってくる。そもそも、技術は技術だけで一人歩きできるものではない。技術を扱う主体がいて、初めて技術は動いていく。その主体こそ農業経営主体である。農業経営を見ずして農業技術は語れない。それほど重要な位置に立たされている農業経営研究分野が、途上国において農業技術とどう向き合ってきたであろうか？　この点が問われて然るべきであろう。農業技術分野からの農業経営分野へのアプローチも大事であるが、農業経営分野からの農業技術分野へのアプローチも大事なのではないだろうか？　つまり、それは、農業経営研究者が農業経営環境や農業経営体の分析などに基づいて農業技術の開発方向を指し示すといったことである。

　第二に、農業研究と農業開発の結びつきが弱かったのではないだろうか？

　例えば、農業技術を例にとってみよう。農業技術研究は様々な分野があるので、一概に言えないが、農業技術研究によって新たな技術をつくりだすということがよくある。これは技術開発と呼んでもよいだろう。そうすると、これは農業開発そのものであるようにも見えるかもしれない。しかし、開発専門家の間での関心事項は、技術開発ではなくむしろ技術普及である。つまり、開発しても普及しなければ意味がないということである。その辺りに農業研究と農業開発の結びつきを問う根拠が存すると言えよう。

　さて、そこでだが、自然科学系の農業研究者は普及できる技術をつくろうとしているのであろうか？　その答えはイエスでもありノーでもある。何故、イエスなのか？　それは、自ら開発している技術が「完成」すれば、普及できると考えている研究者が一定程度存在するからである。だからこそ、彼らは、技術を「完成」させた後は、普及員の仕事だと主張できるのである。

　では、何故、ノーなのか？　それは、技術が「完成」しても、実際には普及に至っていないケースが往々にして見受けられるからである。つまりは、普及できる技術とは何かということを問い直さなくてはならないということである。普及できる技術とは、農家が導入できる技術のことである。そこには、農業経営主体の判断がある。その判断基準こそ、農業経営研究の対象と

11

なるものである。したがって、この点に関しては、自然科学系の研究者にも一定の責任はあるが、自然科学系の研究者に農業経営主体の情報を十分に提供すべき社会科学系の研究者、とりわけ農業経営研究者に大きな責任があると言えよう（註2）。こうした責任を十分果たしていくことこそが、農業研究と農業開発の結びつきを強めていくことにもつながるものと考えられる。

　第三に、上記の点と関連するが、実証と実践の乖離である。そもそも、実証あるいは実証研究と実践は別物であるから、社会科学研究における実証が実践とは別に行なわれたとしても、何ら問題ではない。しかし、その実証研究が、直接的にも間接的にも現場（行政の現場なども含めた現場）に全くフィードバックされないという状況があるとすれば、どうなのだろうか？特に、プロジェクト化されていない農業研究の場合、こうした点が一部で問題となっているように思われる。

　何を目的として実証しているのかを考えた場合、実証結果の利用主体についても想定しなければならないのである。その利用主体が研究者という場合もあろう。しかし、いずれは、その利用主体が実践の世界に身を置く人たちにならなくてはなるまい。そのときに、実証結果がフィードバックされたことになろう。たとえ、直接、現場の住民や農家へのフィードバックでなくとも、開発ワーカーと呼ばれるような人たちや農業普及員、あるいは行政担当者などにフィードバックされるのであれば、実証の目的を十分果たしたことになるだろう。これこそが実証と実践の結びつきである。

　なお、実証主体（実証研究の主体）と実践主体（開発実践の主体）は別々であることがほとんどであるが、実証主体から実践主体へのアプローチだけを考えればよいのだろうか？　実はそうではない。現状においてはまだまだ弱いと言わざるを得ないが、実践主体から実証主体へのアプローチも重要であろう。そのためには、まず、実践主体において、実証の必要性がある課題を自らの活動現場から拾うことが条件となるだろう。その上で、実践主体が実証主体への働きかけ（実証課題の提示）を行なうことである。国際協力や開発に関係する学会はいくつか存在する。例えば、そうした場を利用しない

序章　問題意識と課題

手はないだろう。実践主体からの実証主体へのアプローチは、こうした働きかけを起点として起こる場合も往々にしてあろうし、そうあることは望ましいだろう。

　第四に、農学の中の様々な分野同士の結びつきが弱かったのではないだろうか？　これは、農業技術と農業経営との結びつきということに留まらず、農業技術の中の様々な分野同士の結びつきについても言えることであろう。祖田（2017c）によれば、科学は専門分化し要素還元的となることによって発展し、対象の分析能力を深めてきたが、極度の専門化がそのまま科学の発展を意味するのではない。科学は総合によって真に科学となる。科学は分析によって深まり、総合によって完成するのである（祖田　2017c）。例えば、作物の世界で言うならば、作物の部分、部分を、あるいは生育ステージごとの状態を別々に分析した後には、それらを総合化する必要があるということである。つまりは、稲ならば稲全体をみる視点、トウモロコシならばトウモロコシ全体をみる視点が最終的には必要であるということだ。

　類似のことが社会科学分野においても当てはまるだろう。ある地域の専門的な分析を、農業経済、農業経営、農村社会、農村生活などの分野ごとに分析した後、地域全体としてどうなのかという点を総合考察しなければならないのである。そのことを可能にするのが、分野同士の結びつきである。それは正に地域研究の世界であるのかもしれない。

　以上、四点にわたる問題意識から課題を導き出した。

　農業技術と農業経営の結びつき、農業研究と農業開発の結びつき、実証と実践の結びつき、および農学の各専門分野同士の結びつきをそれぞれ強めていくことは、総合の学としての農学の本来のあり方と重なり合うのである。こうした課題にアプローチすることを通じて、農学が国際協力の現場に貢献する可能性をさらに切り拓いていくことができよう。したがって、農業の現場に真に貢献できる農学のことを、本書では、敢えて実践的農学と呼ぶことにする。

13

【コラム序-1】
農学者にとっての厳しい質問とは?

　農学の世界には、自然科学系の研究者と社会科学系の研究者が存在する。彼らの多くは、主として日本国内を対象とした農業研究を行なっているが、国際協力の世界にも多くの研究者が進出している。

　国内における自然科学系の研究者にとって、素朴ではあるが厳しい質問とは、「ところで、その技術はどこでどれだけ普及しましたか?」というものではないだろうか?

　他方、国内における社会科学系の研究者にとって、同じく素朴ではあるが厳しい質問とは、「実態は分かりましたが、その先はどうすれば良いのですか?」というものではないだろうか?　もちろん、厳しい問いかけであるが、決して耳の痛い問いかけではないと考える研究者も存在するであろう。ただ、中には、耳の痛い質問であると感じる研究者もいるのではないだろうか?

　同様のことが、国際協力の世界で問われると、農学研究者はさらに苦しくなるかもしれない。

　以上のことは、農学研究者の能力が低いことを意味するわけでは決してない。多くの自然科学系農学研究者も多くの社会科学系農学研究者も高い能力を有している。そうであっても、実践的農学への道は厳しいということであろう。農学は実用の学であると言われているが、実のところ、現場の農業に貢献することは容易なことではないのである。

　そして、本書は、国際協力の場における実践的農学の在りようについて検討していくものである。本書は、実践的農学を学問として捉える視点をもちろん有するのだが、狭義の学問ではなく、広義の学問とでも呼び得るものを追求していこうとしている。それこそが、研究の周辺領域（研究体制や研究システムなど）、および研究と開発の境界領域をも対象とすることに相当すると考えられる。

　これまで、農学の中における社会科学分野の研究（主として途上国の研究）に関して言えば、理論の精緻化、手法の精緻化、緻密なファクトファイ

序章　問題意識と課題

ンディングの追求などが行われてきた。しかし他方で、それらの結果が、ど
こでどう利用され得るかに関してのより一層の議論が必要であろう。もちろ
ん、研究結果が、すぐに利用可能となることは考えにくいであろう。特に現
場での利用ということになれば尚更である。しかし、だからと言って、ユー
ザーのことは知らない、考慮しないということは許されないであろう。

　研究結果を利用可能なものへと少しでも近づけていくためには、第一に、
研究を深化させていくことが必要である。フィールド研究で言えば、例えば、
長期間に及ぶ定点観測のような研究である。また、先行研究の十分な検討お
よび整理がなされてきたかという点も問われるであろう。途上国農業・農村
を対象とした研究が虫食い状態とも思える様相を呈しないように、我々は努
力していく必要があろう。

　では、研究の深化だけで十分であろうか？　もう一つ注目しなくてはなら
ないことがあるのではないだろうか？　それは研究の位置づけに関すること
である。途上国の農業・農村開発や国際協力に関する研究は、応用研究と
言ってよいだろう。応用研究ということになれば、実際の開発行為や国際協
力とどのように結び付けていくのかという視点が必要なのではないだろう
か？　となれば、繰り返しになるが、研究という世界と開発という世界が切
り離されてよいわけがないのである。研究の独立性はもちろん認められるの
であるが、研究の孤立性は認められないであろう。研究と開発は連携してい
かなければならないのである。

　こうした意味において、本書では、研究開発という一塊の分野で世界的に
一定の存在感を示してきたファーミングシステム研究を取り上げる。また、
参加型開発そのものではないが、その手法部分を研究分野でどのように位置
づけていったか、あるいは位置付けていくべきかという観点から、参加型研
究も取り上げる。もちろん、本書で取り上げる研究分野はそれだけではない。
農業経営学も極めて重要な位置を占めている。何故ならば、農業経営学は、
社会科学分野の中でも、農業技術との関わりが最も深い学問であるからだ。
農業技術、とりわけ実践的農業技術（実践技術）を語る際には、農業経営研

15

究分野からのアプローチが欠かせない。

　さらには、農業・農村開発における主体の問題が、これまでの社会科学研究の中ではあまり取り扱われてこなかった。参加型開発論などにおいて、住民主体あるいは農民主体の重要性が広く語られる中、主体自体の研究がやや疎かになっているのではないだろうか？　つまり、主体そのものがややブラックボックス化しているようにも見えるのである。そこで、農業経営（管理）の問題や農民組織の問題についても、主体という視点を忘れずに本書で扱っていくことにする。

　これらのトピックを本書の各章（第1章～第8章）に配置した。そこで、次節においては、各章のねらいやポイントなども含めて本書の章別構成を説明していくことにする。

第4節　本書の構成（章別構成）

　国際協力の中で自然科学系の農学が貢献できる分野は、言うまでもなく農業技術協力、農業技術開発である。この技術開発は、開発して終わりというわけではない。その後の普及につなげていけるかが最も重要なポイントである。

　ところが、既に指摘してきたように、これまで、研究と開発（普及）との間のつながりが必ずしも密接であったとは言えないように思われる。もちろん、研究者や普及員のこれまでの様々な努力は正当に評価されなくてはならない。だが、そうであっても、農学者がこれまで多大な労力をかけてきた農業技術が相応に実用化され、相応に普及したかどうかという点については、あらためて検討しなければならないであろう。つまりは、実践技術（現場で使える実践的な農業技術）をいかにしてつくり出していくかという課題が、今もなお我々農学者に重くのし掛かっているのではないだろうか？

　そこで、本書の第1章では実践技術について考察していく。そもそも地域性を十分考慮しなくてはならない農業の世界において、普遍技術を求めるこ

序章　問題意識と課題

とは困難であるわけだが、その中で問われることは、何を持って実践技術と言えるのか？という点である。

　農家が実際に導入し得る技術こそ実践技術と言えるのだが、それは果たしてどのような技術なのかという点を明らかにしていく。そこが明らかになってこそ、技術系研究者に技術開発の羅針盤を提示することができるであろう。その羅針盤に基づいて技術開発を行うことは、失敗のリスクを軽減することにつながるであろう。その結果、普及担当者に技術を丸投げすることも回避でき、研究と普及との、そして研究者と開発ワーカーとの実質的な連携が可能となるであろう。ただし、実践技術を生み出す過程は正に試行錯誤のプロセスである。その試行錯誤過程も含め、実践技術の在りようを、ベトナム・メコンデルタにおけるバイオガスダイジェスター技術（糞尿処理技術）や稲作における播種技術（条播技術）、さらにはラオス北部山岳地域における焼畑圃場の新たな活用などの事例に基づいて説明していく。

　ところで、実践技術を生み出す場は、農業経営である。そこで重要なことは農業経営目標である。一定の農業経営目標に沿って農業経営が行なわれるわけであり、そこで生み出されようとする技術も農業経営目標に規定される。その意味において、実践技術を扱う第1章は、実践的農業経営学を扱う第2章につながっていくのである。

　さて、国際協力における農業経営学の役割とは何か？　実は、本来多様な役割がある。国内の農業研究機関では、技術の経営的評価（事後評価）に過大なエフォートが割かれてきたようであるが、農業経営学の役割はそれだけには留まらない。技術開発との関係で言うならば、途上国においては、事後評価もさることながら事前評価の重要性がとりわけ大きいと言えよう。また、政策提言、正確には政策提言の基礎を形作ることも農業経営学の重要な役割の一つであろう。そこで、このような役割を十分に果たしうる農業経営学、つまりは実践的農業経営学を模索していくことが第2章の課題となる。

　第2章では、ラオス山岳地域の研究事例をもとに実践的農業経営学の在りようを考察する。具体的には、ラオス北部の山村において、焼畑抑制政策や

17

村落合併政策の影響を農家レベル（農業経営レベル）で明らかにしていく。そこから農業・農村政策へのインプリケーション（含意）が見えてくるであろう。さらには、農業経営主体の問題にも切り込んでいく。この分野については、途上国だけでなく、日本国内においてもあまり研究が進んでいない。しかし、途上国農民のエンパワーメントを考えるときには、農業経営主体の問題、とりわけ農業経営者能力形成の問題を避けて通ることはできないのである。第2章では、農業経営者能力形成論に関する主要な研究成果もレビューしていく。

前述のとおり、第2章では農業経営目標や農業経営主体の問題が取り扱われているが、現在の途上国と戦前の日本の農業経営構造に類似点があることに着目して、途上国の農家には、農業経営管理が存在しないと主張する研究者が一部に存在する。しかし、果たしてそうであろうか？　経営管理能力を持ちあせていないことと経営管理能力を十分発揮し得る環境に置かれていないこととを混同してはならないのである。第3章では、先行研究のレビューを行ないながら、この点について検討していく。その上で、途上国においても生産管理が厳然と存在すること、また、それ以外の経営管理でも、販売管理や労務管理が実在することを具体事例より明らかにしていく。

作物の肥培管理は、どの地域のどの農家においても存在するわけであり、その意味では生産管理の存在は容易に想像できよう。それだけでなく、生産管理には、技術の選択の他にも部門や作目の選択がある。その選択の背景には、第2章で明らかにした農業経営目標が存在する。その農業経営目標の下に、部門や作目の選択基準が存在するわけである。そこで、部門選択・再編の事例として、ベトナム・メコンデルタの篤農家（ベトナム版「老農」）の経営転換（多角化と集約化）事例（カンキツグリーニング病の発生に対応した経営転換の事例）を取り上げ、これについて検討していく。また、農民技術形成にみる主体性にも注目して、同じくベトナム・メコンデルタにおける稲わら利用技術やネズミ防除技術、さらにはラオス北部焼畑地域における養魚技術などの事例も検討する。

18

序章　問題意識と課題

　他方、販売管理や労務管理（主として雇用労働者管理）は、確かに自給的農業においてはほとんど存在しないかもしれないが、商品作物の栽培とともに、販売管理や労務管理の重要性が増してくるのである。これらの詳細については、ベトナム・メコンデルタの稲作農家における販売管理事例（価格交渉能力の形成過程を中心として）、およびタンザニア・キリマンジャロ州の稲作農家における労務管理事例（「緑の革命」後の雇用労働依存に対応した労務管理）を検討していく。

　以上の検討結果から、途上国農家における農業経営管理の存在を確認するとともに、農業経営管理過程における主体性の存在を確認する。この点において、第3章の農業経営管理事例は、第2章の農業経営者能力形成論ともつながってくるのである。

　第3章において指摘された技術選択や部門・作目選択とは、農家の意思決定に基づくものである。そこには、何らかの優先順位が働いていると考えられる。その背景にあるものが、第2章で説明した農業経営目標である。そして、この農業経営目標の上にあるもの、すなわち上位目標こそが生計目標と言えるだろう。

　この生計目標を考える上で、営農体系という概念が極めて有効である。その営農体系こそがファーミングシステムである。営農体系とは、農家（世帯）および農家（世帯）を取り巻く環境を丸ごと把握するものである。農家世帯は営農部門と生活部門から構成される。そして、この両部門は、農家世帯の外側にある様々な環境の影響を受けている。例えば、自然環境や市場環境や制度環境などである。これらの環境と農家世帯との関係性もファーミングシステムに含まれる。このようなファーミングシステムを対象とした研究については、第4章で検討する。

　実は、このファーミングシステムには、営農体系の他に農法としての捉え方もある。その場合には、営農体系の一部分として農法が位置づけられることになる。さらにもう一つ重要な側面は、以上のような実体としてのファーミングシステムではなく、方法あるいは方法論としてのファーミングシステ

19

ムである。この方法とは、具体的には、対象地域の営農の特徴や問題点を把握し（診断段階）、それに基づいて開発すべき技術を選択し（設計段階）、選択した技術の有効性を検証（農家試験）し（試験段階）、その結果を評価（経営的評価）し普及に移す（評価／普及段階）一連の方法（診断→設計→試験→評価／普及の一連の方法）である。もちろん、一度のプロセスで上手くいかない場合も多いので、上記4段階の間を行ったり来たりという試行錯誤プロセスも前提とした方法である。

　この方法を通じて、第1章で議論したように、純粋技術や合理技術が実践技術へと練られていくことになる。その意味で、ファーミングシステム研究は実践性を有していると言えるのである。このファーミングシステム研究あるいはファーミングシステムズ・アプローチの具体事例として、ベトナム・メコンデルタ総合研究プロジェクトを取り上げ、反省点の総括も踏まえつつ、その有効性を確認する。とりわけ重要な段階が第1段階の診断である。この診断については特に詳しく検討していく。

　第1章では、実践技術が形成される過程において、農家の試行錯誤が存在するという事例が紹介されているが、その際の主体は農家である。圃場を日々観察し栽培状況をモニタリングする農家であるからこそ、様々な工夫と試行錯誤が実践技術に結実し得るのである。また、第3章では、多様な農業経営管理において農民が主体性を発揮している事例を検討するが、その有効性の根拠は実践技術形成の場合と同様である。さらに、第4章で検討されるファーミングシステム研究（ファーミングシステムズ・アプローチ）では、試験段階での農民の主体性、および農民と研究者との協働の意義などが議論される。そして、今後の農家試験においては、数多くの農民が環境の変化に対応した様々な試行錯誤を自由に行ないながら、同時に、そのプロセスを研究者がモニタリングしていくことの意義と有効性が説明される。

　以上の検討の中で一貫して説明される農民の主体性発揮は、正に参加型開発と重なり合っているのである。そして、この参加型開発の手法を研究に取り入れたものが参加型研究であると言えよう。この参加型研究と参加型開発

序章　問題意識と課題

については、第5章で検討していく。

その第5章においては、研究者によるPRA（参加型農村調査法）の活用が驚きをもって捉えられるような状況や、一部の研究者の参加型手法に対するアレルギーの存在などがまず説明される。さらには、PRAに対するよくある疑問などが紹介される。それに対して、PRAなどの参加型手法がどのような内容の手法であり、それを研究者が活用することにどのような意義があるのかということを明らかにしていく。

そして、これまでベトナムやラオスやモザンビークで筆者が経験してきた参加型手法の実例（実践事例）を詳細に検討していく。ベトナムにおけるPRAの活用事例においては、ベトナム人研究者のやや機械的なPRA活用の問題点を明らかにする。他方、休憩時において彼らが農民と行なう四方山話の巧みさにも注目し、その巧みさを今後、PRA本体に取り込んでいくことの必要性を指摘する。

ラオスにおけるPRAでは、現地踏査や地図づくりのプロセスで、農民との自然な対話を通じて、自然な形で営農や生活の特徴や問題点が浮き彫りになっていくことを明らかにする。そのことは、現地踏査、地図づくり、歴史年表づくり、季節カレンダーづくり、そして原因－結果の因果関係特定といったPRAの一連の作業を機械的に行なうこと（特にベトナムにおけるPRAの事例）に対するアンチテーゼの提示ともなっているのである。

さらには、モザンビークでは、PRAの標準形にはこだわらず、現地の農民および研究者の能力に適合した形の参加型手法を模索した。その過程で研究者が成長していったことを指摘した上で、研究プロジェクトの中に教育的要素を取り込むことの意義についても言及する。

第5章では、PRAを中心とした参加型手法について詳述するが、それは現場に即した研究を行なっていくためでもある。ただ、忘れてはならないのは、農民のエンパワーメントこそが参加型研究や参加型開発の究極の目標（上位目標）であるということだ。そのエンパワーメントは、もちろん参加型研究や参加型開発の内容にも影響されるわけであるが、より根本的には農

21

家を取り巻く自然環境や社会経済環境に影響される。重要な点は、エンパワーメントを可能にする環境に農家が置かれているのかどうかという点である。そこにおいて、貧困問題が立ちはだかるのである。問題は、貧困ゆえにエンパワーメントのための基礎的条件が満たされていないような状況の存在である。

そこで、第6章においては、特に農民のエンパワーメントや農民の主体性と関連させながら、貧困問題を取り扱っていく。事例として、食糧貧困の問題を抱える（貧困問題が深刻である）ラオス中部低地天水地域の貧困村を取り上げ、農家調査の結果にもとづいて貧困実態を明らかにする。それを踏まえて、この対象村における貧困削減の動きについて検討する。検討対象は、対象村におけるセーフティーネット構築の事例である。具体的には、食糧貧困（米不足）に対応した米銀行の運営、資金不足に対応した村の共同基金運用の取り組み、さらには、初期投資（子牛購入）の負担なしに牛飼養を可能にする牛銀行の運用事例である。それぞれの事例を検討し、その意義と課題を明らかにする。最後に、それらを踏まえ、このような内発的・自律的な動きだけでは限界があることを明らかにし、そこには一定の外部支援が必要であることを指摘する。

第3章においては、途上国農家の農業経営管理過程における主体性の存在を確認した。この点では、農業経営管理能力の形成とは、いわば農業経営管理の側面からみたエンパワーメントであると言えよう。ただし、それはあくまで個（個別農家）のエンパワーメントであった。しかし、個のエンパワーメントを個として追求するだけではなく、集団（農民組織）のエンパワーメントへと発展させていく中でこそ、個のエンパワーメント自体も促進されると考えられる。

そこで、第7章においては農民組織や農民組織化について検討していく。対象事例として、ベトナム・メコンデルタの農民組織を取り上げる。その事例とは、農業普及クラブ（農業技術交流・普及のための農民組織）から自生的に発展していった農協組織（加工部門や共同販売部門も存在する組織）で

序章　問題意識と課題

あり、また、組織内でボランティア的普及員（大学や専門学校を卒業した農家兼ボランティア普及員）による農業技術普及活動を行っている農協組織（自生的に発展した組織）である。

この両農協内には、農業技術交流・普及の前提として、個々の農家における農業技術改良の努力が存在しているのである。ここで確認すべきは、自生的農民組織の発展の源泉は個（個別農家）の主体性にあるということだ。他方で、農協組織内の普及活動や加工・販売活動などは、個別農家の経営発展を支援しているわけである。つまりは、個（個別農家）のエンパワーメントと集団（農民組織）のエンパワーメントとは、相互依存関係にあるということだ。

そして、最後に、組織形成の基盤にあるものの分析を行なう。これこそ残された重い課題であるが、そこにおけるキーワードは重冨真一（2006）が提示した「地域社会の組織力」である。これこそが、組織を形作っていく力であり、組織形成の基盤となるものである。

ところで、参加型研究、ファーミングシステム研究、そして農業経営研究のいずれにおいても、農民とのコミュニケーションは、研究の中心部に位置するといっても過言ではなかろう。その方法としては、RRAやPRAや農家調査などがある。このうち、RRAやPRAについては、第4章と第5章で詳しく説明する。しかし、農家調査については、ここまで詳しい説明をしていない。そこで、第8章においては、途上国における農家調査を取り上げて検討していく。

さて、これまでの農家調査論では、予備調査の方法、本調査における調査票の作り方、インタビューの際の留意点、調査後のまとめ方などといったいわば調査技法に関わることが様々な角度から詳細に報告されてきた。しかしながら、他方で、調査を行うにあたっての社会倫理、調査を通じた社会貢献、さらには調査される側のモチベーションなどについての検討は、これまであまり行なわれてこなかったのではないだろうか？　ある意味、これまでの農家調査論は手法論にやや偏っていたのかもしれない。そこで、第8章では、

23

農家調査の基本哲学に関わることに重きを置くことにする。特に、調査される側からみた農家調査論とでもいうような調査論を実践的農家調査論として位置づけて、議論を展開していく。また、途上国の農家調査で特に難しいのは、調査対象地域の選定である。そこで、第8章では、二次資料が限られている中で、いかにして地域選定を行なっていけば良いかという点についても、筆者自身の失敗経験を踏まえながら検討していくことにする。

註

（註1）黒崎ら（2015）によれば、日本経済の現状を考えた時に、重要なのは、ODAの急速な増額よりも、限られた予算をできるだけ有効に使った国際協力を考える必要があるということだ（黒崎ら　2015）。ここで、指摘されている幅広い国際協力については、終章で詳しく触れることにしたい。

（註2）農水省系の農業研究機関は、常に出口（普及とか実用化といった出口）を考えながら研究することを求められてきた。そうしたプレッシャーなども背景として、農水省系の農業研究機関には、実用研究に関する意識の高い研究者が多い。このこと自体は大いに評価できる。農学とは本来、実用性を志向するものであるからだ。ただし、もちろん、基礎研究の重要性についても十分認識しておく必要はある。また、基礎研究と応用研究のつながりについても確たる哲学が求められるところではある。

第1章　実践技術と試行錯誤
― ベトナムとラオスの事例に基づいて ―

第1節　研究と開発の関係性について

　研究と開発の関係性を抽象化して、ごく簡単に示すならば、開発が現実を変えていくものであるのに対して、研究はその基礎を与えるものであると言えよう。よく研究開発と一言で言われるが、研究と開発が無関係なものではなく、両者が連携・連動しているというイメージも、本来この言葉に込められているはずである。しかし、開発途上国の現場ではどうであろうか？　途上国での農業開発と農業研究が連動しているであろうか？　あるいは一体となっているであろうか？

　残念ながら、Research for development（開発のための研究）、Development based on research（研究に基づく開発）ということが必ずしも十分に意識されているとは言えないのではないだろうか？（常にこの点が意識されなければならないわけではないが。）結果として、研究から開発までの連続性が確保されているとは必ずしも言えないような状況が往々にしてみられるのではないかということである。それは何故か？

　1つには、研究側の問題があるように思う。研究結果がユーザーフレンドリーであるとは必ずしも言えないという問題である。つまり、研究者が、自らの研究結果のユーザーを意識し、ユーザーが何らかの形で使えるアウトカム（成果）を生み出しているのか？　という問題である。その問題以前に、研究結果がユーザーフレンドリーになるための十分な検討が行なわれているのかという問題もあろう。

　ところで、海外ではどうなのだろうか？　一つの研究結果のユーザーが誰で、そのユーザーに対して何をどのように訴えていくかといった議論の徹底

25

が印象的であったとしみじみと語ったのは、イギリス留学の経験を持つ開発専門家白鳥清志である。加えて、ユーザーに届くまでのいくつかの階梯を綿密に準備する議論まで白熱していたというのである。白鳥からこの話を聞いて、筆者は深くうなずいた。途上国研究・開発の先進国イギリスから学ぶべきことは多いと、あらためて感じた次第である。

　また、農業技術研究に焦点を当てた場合、コールドウェル（2003c）は、従来型の「科学的現象解明研究」は新しい技術創出の必要条件であっても十分条件ではないと指摘した上で、現象解明と利用（技術導入）とをつなげる作業の必要性を説いている。その作業とは、新しい技術を試して従来の技術と比較してより有用な技術を得ようとする研究である（コールドウェル2003c）。こうした研究をコールドウェルは「目的志向型現場研究」と呼んだ。ここでいう目的とは、農家などの実需者による技術の利用を指す。技術は利用されて初めて価値を持つ。それが目的である。ある意味当たり前のことであるが、これがそれほど簡単なものではないということを、多くの研究者がこれまで実感してきたのではないだろうか？　この「目的志向型現場研究」こそ、Research for developmentに相応しいものである。ここでのキーワードは、コールドウェルが唱える「つなげる」（現象解明と利用をつなげる）や「つなぎ役」（解明者と利用者とのつなぎ役）である。正に連続性（研究と開発の連続性）の存在である。

　ただし、これまで「目的志向型現場研究」が存在しなかったかといえば、決してそうではない。存在したことはしたのであるが、問題は、「目的志向型現場研究」が真に「つなぎ役」（現象解明と利用とのつなぎ役）たり得たか、あるいは真にResearch for developmentたり得たかという点である。こうした点も問われなければならないだろう。

　なお、本章では、主として技術開発（農業技術開発）を取り上げるので、本章で開発という言葉を使うときには、技術開発を想定していると考えていただきたい。もうひとつの開発、すなわち社会開発については別途（第6章および第7章で）扱うこととする。

26

第1章　実践技術と試行錯誤

第2節　農業技術の特徴 ── 普遍技術の幻想 ──

　農業関係者の中では、技術の普遍性を信じて止まない人たちが一部に存在する。工業技術であれば、普遍性の追求は比較的容易であろう。しかし、農業技術は異なる。自然条件に大きく影響されるのが農業技術である。したがって、農業技術には地域性が色濃く反映されるのである。

　藤本（1996）は、農業関係者が陥りやすい過ちの一つとして、極度の技術的普遍性と大規模性の追求にみられる地域特性の軽視があると指摘している。例えば、同一郡内という狭い地域であっても、標高、地形、地下水位、土壌構造、植生などが微気象に影響し、総じて地域特有の自然条件が異なる生物環境を生み出しているからである（藤本　1996）。ここで藤本が名指しした農業関係者とは、農業研究者や農業開発専門家などのことであると考えられる。

　さらには、圃場ごとに特性が異なるというようなことも十分に考慮しなくてはならないのである。それは、農家ごとに圃場特性が異なるというだけでなく、同一農家の経営内であっても、圃場ごとに特性が異なるということが当たり前に存在するということである。

　例えば、宇根（2000b）が指摘しているように、田ごとに虫の種類も密度も違う。宇根は、虫見板を手にした農家が、他人の田まで入って虫を見て、「どうしてこんなに田ごとにちがうんだ」と驚いた事例を紹介している。このことからも、田ごとに防除の判断や方法が異ならねばならない。よって、そうしたことを判断し実行するのは、その田の耕作者自身ということになるのである（宇根　2000b）。他人の田を見て驚いたということだが、自分の田であっても、いくつも圃場があれば、圃場ごとに虫の種類などが異なる可能性もあるだろう。

　田だけでなく、畑についても同様のことが指摘されている。駒田（1996b）によれば、畑一枚一枚過去の歴史を背負ってきたわけだが、それによって畑

27

によって病気の出方が異なる。今まで背負ってきた歴史が違えば、必ず防除対策も違ってくる。土壌病害の防除の一番難しい点はここにある（駒田1996b）。

　畑一枚一枚の歴史とは、圃場履歴ということになろう。その履歴とは、例えば作物の栽培履歴であり、施肥や防除の履歴であり、病害などの発生履歴などであろう。畑の土壌病害防除についても、一枚一枚の履歴に基づく一枚一枚の異なる防除ということになるわけなので、その主体は個別農家ということになろう。

　ところで、田にしても畑にしても、一枚一枚の管理については、耕作者である農家が主体となるべきであると言った途端に、では研究者や普及員は必要ないということなのかという疑問の声も聞こえてきそうである。しかし、そうではないだろう。こうした農家主体の管理という状況の中で、研究者や普及員が果たす役割はある。それは、以下のようになるだろう。

　第一に、圃場観察の方法を農家とともに検討することである。その上で、圃場観察の結果や圃場履歴をどう評価するのかについても農家と共に考えることである。その結果が、適切な防除時期や防除方法の決定につながってくるからである。なお、圃場履歴については、畑において特に重要になってこよう。

　第二に、田や畑の防除を主体的に行なう農家をモニタリングし、評価することである。また、研究者主体で評価するだけでなく、その評価結果を農家にフィードバックする機会を設けることである。あるいは、防除経験を農家同士で共有する場を設け、そこで、共に比較評価することである。こうしたことが、きめ細かい防除技術のクオリティーを高めていくことにつながっていくであろう。

　他方、農業形態や地形、気候などによって、技術に求められる多様性の度合いが大きく異なってくることがある。コールドウェル（2003a）によれば、灌漑施設のない地域、畑作に頼る丘陵地帯や山間部、半乾燥地帯など、条件不良地域では、「緑の革命」が波及した灌漑水田地帯と比べて均質性が低く

第1章　実践技術と試行錯誤

多様性が高いので、「緑の革命」型一律技術供給と推奨はうまくいかないことが多い。そこで、農家レベルにおける技術選択と適正化が重要となってくる。言い換えれば、研究者が農家に近づいて、その協力を得ないと、応用可能な技術は作りにくいということである（コールドウェル　2003a）。

　灌漑施設のない地域、畑作に頼る丘陵地帯や山間部、半乾燥地帯などの条件不利地域については、コールドウェルが指摘するように、「農家レベルにおける技術選択と適正化」が行なわれなくてはならないが、この基礎にあるのは、農家ごと、あるいは圃場ごとに多様な特性があるという認識であり、それに応じた個別の技術選択が必要であるという認識だ。その意味においては、多様性が相対的に低いとはいえ、「緑の革命」が波及した灌漑水田地帯においても、全くの均質的技術が適用されれば良いというものではなかろう。やはり、当該地域においても、農家ごと、圃場ごとにきめ細かく技術を見極め、管理していく余地は残されていると考えなくてはならないのである。

第3節　実践技術とは何か？

　ここまでみてきたように、我々は、現場で利用可能な技術、普及可能な技術を追い求めている。ただし、そうした技術がある日突然生み出されるものではない。当然ながら、段階を踏んでいかなければならないのである。

　この点に関しては、磯辺秀俊（1982a）が、名著『農業経営学』の中で農業技術を三つに分類している。すなわち、「純粋技術」、「合理技術」、および「実践技術」という分類がそれである（磯辺　1982a）。言うまでもなく、極めて有名な分類である。この分類によって、農業技術の発展段階が明示されたのである。

　磯辺（1982a）によれば、「純粋技術」とは、手段犠牲を問題としない単なる可能性の創出という意味での技術である（磯辺　1982a）。抽象的な定義ではあるが、これは、例えば、単収を向上させる技術を想定すれば良いだろう。単収は向上したが、資本財（肥料や農薬など）や労働の投入については考慮

29

しないという段階の技術である。

　次に、「合理技術」とは、磯辺（1982a）によって「成果を手段犠牲と比較する」技術である（磯辺　1982a）と説明されている。例えば、単収とそれに要した労働量や施肥量などが比較されることになるが、ここでは、成果と手段犠牲はあくまで物的関係に留まり、貨幣換算されてはいないのである。

　そこで、「実践技術」の登場ということになる。磯辺（1982a）によれば、「実践技術」とは、経営実践において経済との交渉を経て経済的考慮によって裏付けられ、経営に実践されている技術ということになる（磯辺　1982a）。この「実践技術」の定義がやや問題を孕んでいるように思えるのである。「合理技術」との比較において「実践技術」を考えてみるならば、貨幣換算されたあと、経済的に裏付けられた技術が「実践技術」であるという解釈が成り立つ。つまりは、所得が向上する技術、あるいは所得は向上しなくとも労働が軽減される技術というような想定が成り立つ。

　しかしながら、問題は、それだけで技術が経営に導入されるであろうかということである。経営において実践される技術は、もっといろんなことを考慮しなければならないはずである。所得と労働時間だけではない。磯辺は「経済との交渉を経て経済的考慮によって裏付けられ」と説明しているが、少し曖昧な説明と言わざるを得ない。

　そこで、「実践技術」については、もう少し掘り下げて考えてみる必要があろう。板垣（2003）は、適正技術という概念に注目し、これについて次のように考察している。適正技術の「適正」とは、開発された技術が与えられている自然的・生態的条件によく適合し、村落社会に受け容れられ、経済的にも農業者にとって受け容れやすく、また技術そのものが農業者の受容吸収能力に見合ったものであるという意味である（板垣　2003）。

　ここで、経済的に受け容れられるという意味は、一つには所得増加や労働節約が期待できるということであり、もう一つは初期投資負担がある場合に負担可能な水準にあるということだと考えられる。また、農家の受容吸収能力に見合っているというのは、技術習得の容易性（技術が複雑過ぎないとい

第 1 章　実践技術と試行錯誤

うこと、むしろ、より単純であるということ）というように解釈できるであろう。この技術習得の容易性に関して、菊野（2019）が次のような興味深い見解を示している。すなわち、「熱帯の途上国では技術をよりシンプルにしないと普及にまで至らない。農家が見てすぐに導入できる「盗まれる技術」、これまでの経験からそういった技術の開発を目指す必要を強く感じている」（菊野　2019）と。これは、菊野の豊富な現場経験に基づく指摘であり、「盗まれる技術」と呼んだところが、実に面白い（註１）。

　さらに、関連して、松本浩一ら（2005）の考え方によれば、技術が農民に受け容れられること、つまり農家の技術導入においては、「有利性」だけでなく、「適合性」もクリアされなければならない。「有利性」とは、新技術に代替される既存技術と比較した時に、新技術の方が収益性、不快さの軽減、時間と労力の節減、導入費用において有利であると考えることである。他方、「適合性」とは、自らの経営に対する問題意識や展開方向、あるいは農業経営に対する価値観・理念・志向と新技術に関する情報を照らし合わせた時に、新技術に期待が持てることである。例えば、労働力不足に悩む経営にとって、省力的な新技術は「適合性」を持つが、そのための設備投資額が高すぎれば「有利性」を持たないために、技術は導入されないであろう。逆に、省力的な新技術が安価に導入できる場合、その新技術は客観的に「有利性」を持つと想定できても、労働力不足の問題がなく、新技術に関心を抱かないならば、技術は導入されないであろう（松本浩一ら　2005）。

　つまり、松本浩一らの言う「有利性」（を持った技術）とは、板垣の言う「経済的に農業者にとって受け容れやすい」技術ということとほぼ同じである。そして、より重要な点は、技術の「適合性」である。ここで明らかになっているのは、技術の「適合性」というものが、基本的に、当該農業経営の在り方、特に農業経営目標と密接に関係しているということなのである。農業経営目標とは、農家の経営構造によってある程度規定されるものである。したがって、異なる農業経営構造は異なる農業経営目標に反映されるのである。

31

さらには、チェンバース（2000b）が、経済学者や農学者が単収を重視していることに対し、次のような事例を示しながら批判している。すなわち、ザンビアでの三品種のキビの場合、農民が重視する点は、例えば、耐病性、鳥害への抵抗性、除草のしやすさ、収穫のしやすさ、貯蔵性、食味などである（チェンバース　2000b）。

　以上の点に関しても、農家の経営目標が選好（品種選択）に影響を及ぼしている一つの事例と捉えられよう。なお、上記の耐病性や鳥害への抵抗性は、単収に直接的に結びつくものである。また、除草のしやすさや収穫のしやすさは、正に労働軽減の話である。こうした点については、これまでも多くの経済学者や農学者は考慮してきた。ただし、貯蔵性や食味といった点を重視している農家の存在は、多様な農業経営目標があることをあらためて我々に教えてくれていると言えよう。

　前述の通り、農業経営目標は、基本的には、農業経営構造を反映したものである。ただし、松本浩一らが指摘する「農業経営に対する価値観・理念・志向」が農業経営構造から一律に決まるかというと必ずしもそうではない。経営理念や経営目標の一定の独自性や自律性も認めなければならないであろう。したがって、個々の農家の特徴については、農業経営構造および農業経営目標を中心にしつつも、トータルに把握することが何より求められるであろう。

　以上のように考えてくると、磯辺の「合理技術」と「実践技術」の仕分けを修正した方が良いという考えに至るのである。つまり、合理技術は経済的に合理的である技術とし、ただし、それだけでは経営に導入されるとは限らないということである。他方、経済的に合理的であり、かつ経営に適合する条件が備わった技術こそ実践技術ということになろう。この新たに定義づけられた合理技術と実践技術を隔てるものは、正に「経営適合性」（経営理念や経営目標に適合すること）であり、これこそ技術の導入において我々が重視しなければならない要素であろう（註2）（註3）。そして、さらに重要なことは、実践技術へと技術が練られていく過程こそ試行錯誤の過程であり、

第1章　実践技術と試行錯誤

農家の技術適合過程であるということだ。また、研究者もこの過程に十分関わることができるはずである。技術の静態的な把握だけでなく動態的把握が今求められているのである。こうしたことの詳細については、これからの議論の展開の中で明らかにしていきたい。

【コラム1-1】
普及可能な技術と技術の事前評価

　藤田康樹（1995a）は、普及内容が備えるべき条件として、次のような条件を挙げている。①現状の諸条件を大幅に変えなくても、高いメリットが得られる。②投資費用が安い。③方法が簡単で容易である。④すぐ効果が現われる。⑤事前に試すことができる。⑥必要とする資機材が容易に得られる。（藤田康樹　1995a）

　以上の指摘は示唆に富んでいる。JIRCAS（国際農林水産業研究センター）のメコンデルタ総合研究プロジェクト（註4）の事前技術評価（プロジェクトで試験すべき技術を選択するための事前技術評価）の際の基準とも通じるものがある。例えば、②と③である。メコンデルタプロジェクトでも、「初期投資負担」と「技術の容易性」は事前評価基準としてそれぞれ掲げられた（註5）。

　①は、メコンデルタプロジェクトにおける事前評価基準としての「効果（技術開発効果）」と「技術レベル（技術開発の可能性）」という基準に類似している。この技術レベルとは、当該技術が部分的な技術改良によって効果を発揮し得るような技術レベルにあるかどうかという基準である。したがって、藤田の言うところの「現状の諸条件を大幅に変えなくても」メリット（効果）があるという説明と符合しているのである。

　いずれにせよ、農民は部分技術から経営に取り入れる傾向にある。逆に言えば、従来のシステムから新しいシステムへと一挙に移行することは、通常、考えにくいということである。その点で言えば、「緑の革命」は、ある意味、例外的な存在であったと言えるのかもしれない。なお、Hildebrand（2000b）も、多くの要素を持つ技術は、根本的に全体として受け入れ難い（Hildebrand 2000b）と述べている。

さて、国際協力の場においても、この実践技術に対する理解が進展しているように思われる。その一つの事例が、国際農林業協働協会（JAICAF）による途上国の在来技術の発掘、および記録である（註6）。そして、和田ら（2000）によれば、JAICAFは、次の二つのタイプの技術にも注目している。一つは、途上国に適応可能な日本の歴史的農民技術であり、もう一つは、日本の開発専門家が途上国の在来技術を発見、改良した結果生まれた途上国の改良技術である（和田ら2000）。

第4節　実践技術の創造と試行錯誤
― ベトナム・メコンデルタ総合研究の事例 ―

1．バイオガスダイジェスター技術

　ベトナム・メコンデルタでは、養豚が盛んになるに連れて、豚糞処理に伴う水質汚染が問題となってきた。そうした中で注目されたのが、バイオガスダイジェスターであった。これは、豚糞を発酵させ、ガス（調理用ガス）を発生させる装置である（**写真1-1**）。ただ、1990年代後半時

写真1-1　バイオガスダイジェスター（TP村）

点では、それほど普及していなかった。そこで、ベトナム・カントー大学と国際農林水産業研究センター（JIRCAS）が協力して、メコンデルタ中流域に位置する旧カントー省（現ホーギャン省）TP村において、バイオガスダイジェスター技術の実証研究を実施したのである。
　TP村は、旧カントー省に属していたのだが、その位置はメコン川中流域にあり、メコンデルタの中心都市カントー市から20kmほど南に行ったところにある。村内には食品加工工場が一つあり、貴重な就業機会を提供していた。ただ、村の中心産業は農業であり、ほとんどの住民は農業に従事してい

第1章　実践技術と試行錯誤

た。農業依存度は極めて高いのである。メコン川中流域では沖積土壌が広がり、洪水深度も比較的小さいため、水田とともに樹園地が点在していた。もちろん灌漑稲作が盛んであったが、他方でメコンデルタの代表的な果樹作地帯でもあった。そこでは、資源循環型複合農業（VACシステム）が成立する条件が整っていたのである。TP村でもVACシステムが盛んであった。だからこそ、バイオガスダイジェスター技術の実証研究には適していたのである。

写真1-2　庭先での薪保管（TP村）

その実証研究の中心メンバーとして活躍した渡辺武ら（2007a）は、バイオガスダイジェスターについて、豚糞尿を嫌気発酵させてメタンと二酸化炭素を主成分とするバイオガスを生産する装置であると説明してい

写真1-3　バイオガスダイジェスターとつながっているガスレンジ（TP村）

る。また、渡辺武ら（2007a）によれば、バイオガスは、薪（**写真1-2**）や木炭より火力の調節が容易で、煤の発生が少ない使いやすい燃料として家庭での調理用に使用される（**写真1-3**）。さらに、糞尿からの悪臭を低減し、糞尿のBOD（Biochemical Oxygen Demand　生物化学的酸素要求量）やCOD（Chemical Oxygen Demand　化学的酸素要求量）および細菌を減らすことで汚水処理施設のないメコンデルタ農村部で養豚農家および周辺の環境改善に貢献する（渡辺武ら　2007a）。

ここで、Potvin（2000b）の見解も参考にしながら、あらためてバイオガスダイジェスターの効果を総合的に示すと、以下のようになろう。

35

第一に、農家経済における効果である。その一つが、調理用燃料（薪や木炭）の購入費用の節減である。これは調理用燃料を購入に依存していた農家に対しての効果である。他方、燃料である薪を自給していた農家に対しては、薪集めの時間を節約する効果がある。もう一つは、バイオガスダイジェスターの消化液（バイオガス生産の廃液である発酵消化液）が有する肥料価値である。消化液を樹園地などで活用することによって化学肥料費の節減が可能となるのである（**写真1-4**）。

写真1-4　バイオガスダイジェスターの消化液を取り出す試験農家（TP村）

　第二に、環境保全効果である。その一つは、従来、農村地域の主たる燃料として使われていた薪に代替することによる森林保全効果である。二つ目に、処理されない糞尿からのメタン発散の抑制である。三つ目に、水質悪化の防止である。上述したように、この点は渡辺武ら（2007a）によって明らかにされている。

　第三に、健康面での効果である。それは、薪や木炭による健康に害のある煙の発生回避である。

　また、バイオガスダイジェスターの研究をメコンデルタで行う理由は、以下のとおりである。第1に、年中高温である（温度変化が少ない）、第2に、木質燃料供給が少ない、第3に、畜産、特に養豚が盛んであるということだ（註7）。

　他方、バイオガスダイジェスターの設置には初期投資が必要である。この初期投資を軽減することが、バイオガスダイジェスター導入を促進することにつながると考え、渡辺武らが設置費用負担を回避するためのDIYのトレーニングコースをメコンデルタプロジェクトの中で開催した。つまり、自分自身で材料を買い揃え、バイオガスダイジェスターを自ら設置するための技能

習得機会（トレーニングコース）である。このことにより、バイオガスダイジェスターの初期投資は材料代のみの負担となったのである。

　ただし、耐用年数が短ければ、初期投資負担を軽減しても、なお割高感が残るのである。そこで、メコンデルタプロジェクト（註8）では、バイオガスダイジェスターの耐用年数向上のための様々な工夫を農家と共に探っていったのである。

　かつて東京大学の授業（東大非常勤講師時代）において、ビニール製バイオガスダイジェスターの話を聞いたある学生が、「JIRCASは結局、JICAと同じようなことをやっているではないか？」と感想文の中でコメントした。JICAと同じことが問題というよりも、研究機関が研究をせずに開発だけを行っているということを問題視したのではないかと想像されるのである。批判も含めた元気の良い感想文は大歓迎である。その中の多くは、そこを起点として議論が深められる可能性を秘めていると考えられるからである。

　さて、メコンデルタプロジェクトが行ったのは、ビニール製バイオガスダイジェスターの開発そのものではなく、むしろその耐用年数を向上させる技術改良とその経営的評価であった。そこに研究的要素がほとんどないと感じたのであろうか？　あるいは画期的な技術ではなく地味な技術と感じ、落胆したのであろうか？　おそらくその辺りが引っ掛かって、研究とは言えないと判断したのではないかと想像されるのである。

　その当時、授業の中で当該学生の感想文に答えなかったことは申し訳なく思うところであるが、もし今答えるとすれば、次のようにコメントすることができるであろう。

　ビニール製バイオガスダイジェスターの効果が明らかであるように思われる中で、現実には導入している農家が少ないという事実認識からメコンデルタプロジェクトは出発している。まずは、この点に目を向ける必要があろう。その事実認識から出発し、ビニール製バイオガスダイジェスターの耐用年数が短い（それ故に割高である）という問題（農家に認識されていた問題）を突き止めた。この点に関しては、農業経営研究分野において、問題点のリス

トアップとリストアップされた問題点の評価（農家による深刻度評価）が行われた。その結果、養豚部門においてリストアップされた様々な問題の中で、ビニール製バイオガスダイジェスターの耐用年数の短さに関する問題の得点（深刻度評価の得点）が最も高かったのである。このように問題の所在を明確にした上で、農業経営全体におけるその問題の位置づけ（一種の優先順位）を客観的に明らかにすることが、極めて重要な研究の一つなのである。

現実には、開発された技術をそのまま導入する（採用する）ことができるケースばかりではないという認識が必要である。通常、そこから先は普及の話であり、普及員の仕事であると決めつけ、技術を放り投げようとする研究者もいるかもしれない。しかし、そこで放り投げず、自ら抱え込んで技術導入の制約要因を見つけ出し、それを解決していくための工夫（試行錯誤過程を含む）を行っていくことこそ実践技術の創出過程そのものではないだろうか？　それは、研究者が担う立派な仕事である。もちろん、その過程を普及員と連携しながら行なっていくことも十分考えられる（註9）。

メコンデルタプロジェクトにおいて、我々の眼前に現れたバイオガスダイジェスター技術は、純粋技術（あるいは部分的に合理技術）ではあったが、実践技術ではなかったのである。したがって、我々のプロジェクトが行ったことは、これを実践技術に変えていくことであった。そこを物質循環の研究者が担い、さらには実践技術となったことを証明するための経営的評価を農業経営研究者が担ったのである。それらを総合して、実践技術の創出と実証の研究が実現されたのである。もちろん、プロジェクトの中で行なわれたことは、決して大それたことや画期的なことではない。しかし、確かな一歩を踏み出したという点、ここにこそ注目してもらいたいので

写真1-5　地中に半分以上埋まったバイオガスダイジェスター（TP村）

第1章　実践技術と試行錯誤

写真1-6　被覆されたバイオガスダイジェスター（TP村）

ある。

　メコンデルタプロジェクトで実施したバイオガスダイジェスター農家試験をより具体的に述べるならば、耐用年数向上のための様々な工夫（土を掘って発酵槽を埋めたり、肥料袋やニッパヤシで発酵槽を被覆したり、竹と網で発酵槽の周りを囲うといった工夫、さらにはガスの爆発を防止するためのガス抜き装置を空き缶でつくるといった工夫）を研究者と農民が共に試行錯誤しながら考案していったということである（**写真1-5、写真1-6**）。そして、物質循環の研究者は、バイオガスダイジェスターに隣接する養魚池の水質をモニタリングして、環境面での効果を把握するとともに、新たな課題も発見した。具体的には、バイオガスダイジェスターの設置によって、一定面積の養魚池に対して飼養可能な豚の頭数（養魚池の水質に負荷を与えない範囲で飼養可能な豚の頭数）が、バイオガスダイジェスターを設置していない場合に比べると大幅に増える一方で、バイオガスダイジェスターの消化液が全く水質に影響を与えないというわけではないという点である。この点について

表1-1　バイオガスダイジェスター導入で節約された家族労働の新たな振り
　　　 向け先（TP村）

	担い手 （世帯主との関係）	家族労働の新たな振り向け先
農家A	世帯主と妻	①稲作の除草作業と水田の見回り（世帯主） ②地酒づくり（販売用）（妻）（新たに始めた。）
農家B	妻	①豚飼養管理労働 ②日用雑貨の小売り ③地酒づくり（販売用）（新たに始めた。）
農家C	妻と娘	豚、アヒル、および鶏の飼養管理労働
農家D	義理の娘	ヨウサイやサツマイモの葉などの採集（養豚飼料用）

出所：山田（2004a）の表4を一部修正

は後で詳しく述べる。

　また、農業経営研究者は、バイオガスダイジェスターの所得増加効果だけ
でなく、労働節約効果も明らかにした。労働節約については、単に節約時間
の把握だけには留まらず、節約された時間の新たな振り向け先を明らかにし
たのである（**表1-1**）。

　加えて、山田（2004b）は、バイオガスダイジェスター導入のための条件
として、豚の疾病予防と疾病への対処が特に重要であることを明らかにした。
これは、22戸の養豚農家を対象とした調査結果に基づく分析（AHP法評
価）によるものである（山田　2004b）。バイオガスダイジェスター導入条
件として、「知識・技術普及の促進」や「初期投資負担の軽減」よりも「安
定した糞尿供給（バイオガスの安定生産)」の重要度が大きく、かつその中
でも、「豚の疾病予防と疾病への対処」の重要度が圧倒的に大きかったので
ある。

　つまりは、豚の疾病を回避し、死なせることなく飼養することができてこ
そ、安定的な糞尿供給（バイオガスダイジェスターへの糞尿供給）が可能に
なるということである。その意味では、メコンデルタプロジェクトにおける
養豚部門の研究課題の一つに「豚疾病の実態解明を目的とした病理診断技術

第1章　実践技術と試行錯誤

の改善」という研究課題が掲げられている意義は極めて大きかったのである。山田によるAHP法評価は、養豚部門の中でも病理研究と糞尿処理研究とが密接につながり合っていることを証明する分析結果でもあったと言えよう。さらには、その後の農業経営研究において、バイオガスダイジェスターの導入により複合経営農家の部門構成がどのように変化するかを線形計画法によって明らかにしたのである（註10）。

　筆者は、東京農業大学における国際農業協力論の授業の中で、途上国における農業技術開発を敢えて単純化し分かりやすく伝えるために、野球に例えて、次のように話すことがある。ホームランばかり狙って三振するのではなく、内野安打やバントヒットを狙うと、確実性が高くなる。前者（ホームラン狙い）は、いつも三振に終わるとは限らないので、それはそれで重要であろう。ただ、確実性を高める観点からは、後者（内野安打やバントヒット）を重視する農業研究や農業開発がもう少しあってもいいのではないかと問いかけているのである。

　野球に例えて話すと、学生たちもよく聞いてくれる。もちろん、こうした例えは、農業技術開発を考えるうえでのエントリーポイントに過ぎないのだが。我々研究者は、技術開発においては特に謙虚であるべきだ。その謙虚さの背景には、農家によって導入される技術をつくりあげる、あるいは改良することの難しさに対する深い認識が存在するはずである。

　ところで、バイオガスダイジェスターの環境保全効果（バイオガスダイジェスター導入に伴い薪の使用が減ることによる森林保全効果）は、SDGs13（気候変動に具体的な対策を）にもつながっているということを付言しておきたい。ささやかな技術のように見えて、大きな世界にもつながっているということを認識しておく必要があろう。ベトナム・メコンデルタにおけるバイオガスダイジェスター研究は、その後、同じメコンデルタにおけるCDM（クリーン開発メカニズム：Clean Development Mechanism）事業へとつながっていったのである（註11）。

　松原（2012）は、農村地域においては、所得が低いが未利用資源が豊富な

41

ことから、資源の有効利用により安価に排出削減を図る事業の優先度が高いとして、実施可能なCDM事業を整理した。有力な事業の一つとして、未利用バイオマス資源の熱エネルギー、発電への利用が挙げられているが、その中の一つとして、家畜糞尿からバイオガスを発生させるバイオガスダイジェスターを取り上げ、メコンデルタにおけるCDM事業として事業化したのである（松原　2012）。つまり、これは、バイオガスダイジェスター技術の改良とその経営的評価という研究が、その後のCDM事業化という農村開発につながった事例であると言えよう。こうした研究から開発への流れは、同じ研究機関である国際農林水産業研究センター（JIRCAS）で実現されたものである。

　ただし、注意しなくてはならないことは、前述したように、バイオガスダイジェスターの設置によって糞尿のBOD（生物化学的酸素要求量）やCOD（化学的酸素要求量）および細菌を減らすことができても、そこには一定の限界があるということだ。バイオガスダイジェスターを設置したとしても、一定規模の養殖池に投入できる糞尿量には依然として一定の制約が存在するのである。問題は、養殖池の水質問題だけでなく、水路の水質問題である。こちらの方がより深刻な問題である。つまり、バイオガスダイジェスターの消化液が養殖池に投入された後、その消化液は養殖池から水路に放出されるという点である。また、渡辺武ら（2007b）によれば、従来は養殖池が家畜糞尿の受け入れ先として機能してきたが、今後は家畜糞尿が増加するのに対して、養殖池の受け入れ許容量は大幅には増加しない。それどころか、集約的な養殖システムの普及等により家畜糞尿を受け入れる量が低減する可能性もある。そこで、家畜糞尿の最終的な受け入れ先として、農地の役割がますます重要になるのである（渡辺武ら　2007b）。ここで言うところの集約的な養殖システムとは、輸出用メコンナマズ（**写真1-7**）を大量の購入飼料によって養殖するようなシステム（糞尿利用の余地が全くない養殖システム）を指している。

　このような背景の下で、国際農林水産業研究センターの南川ら（2020）は、

第1章　実践技術と試行錯誤

小規模バイオガス生産の消化液による水質汚染等の地域環境問題の解決策として、消化液を水稲の肥料として利用することが有効である（慣行レベルの収量を達成できる）ことを明らかにしたのである（南川ら2020）。その後、南川ら（2022）は、消化液には分解されやすい有機物が含まれ、土壌からのメタン（CH4）

写真1-7　輸出用メコンナマズ
（メコンデルタ・オモン郡）

排出を増加させる恐れがあることから、間断灌漑を組み合わせることで、このCH4増加を相殺できることを検証した。より具体的には、メコンデルタの水稲三期作において、メタン発酵消化液の肥料利用と間断灌漑の組み合わせは、現地慣行である化学肥料と常時湛水の組み合わせと比較して、水稲収量を減らすことなくメタン排出量を11～13%削減できるということを明らかにしたのである（南川ら　2022）。

以上より、メコンデルタプロジェクトにおけるバイオガスダイジェスター研究から、松原によるCDM事業化、そして南川らによる消化液の農地での活用（水稲作における間断灌漑と組み合わせた消化液の肥料利用）の有効性実証まで約20年の間に、研究開発が深化してきたことが分かっていただけるのではないだろうか？

２．稲作条播技術の導入と試行錯誤

ベトナム・メコンデルタでは、多くの稲作農家が、従来1haあたり200～300kgの種籾を散播（ばらまき）していた。これに対し、国際農林水産業研究センター（JIRCAS）の稲作研究者は、クーロン稲研究所（ベトナムの国立稲作研究所）の研究者と連携して、種籾の節約だけでなく、光の透過性の改善のためにも播種密度を低減した播種法（推奨技術）の開発に携わってきた。この播種法こそが条播技術である。種籾を筋状に播き、播種密度を大幅

写真1-8　条播機を牽く条播試験農家の経営主（TP村）　　写真1-9　販売されている条播機（カントー市）

に低減しようとする技術であった。

　そして、この技術は播種機の使用を伴うものであった。播種機を活用しなければ筋状に播種することは難しいのである。ただ、これまでクーロン稲研究所では、IRRIによって開発された鉄製のIRRIシーダーが使用されていた。実は、JIRCASプロジェクトⅡ（フェーズ2　1999年～2004年）の前夜、本格的な農家試験までの空白期間を埋め、農民のモチベーションを高めるという目的もあって、研究サイトのTP村に条播の展示圃場を設置したのである。このとき、農民に使用してもらったのが鉄製のIRRIシーダーであった。しかし、そこで問題となったのは、そもそも播種機が重いということに加え、作業するにつれ泥が車輪に絡まり益々重くなっていくことであった。このことが予想以上に大きな制約要因であることが分かった。

　ところが、その後、JIRCASが本格的な農家試験（稲作条播試験）を始める頃に、プラスチック製の播種機が開発されたのである。この軽い播種機こそが上記の制約要因を克服する播種機であった（**写真1-8**、**写真1-9**）。もちろん、いくつかの細かい問題もあったことは事実である。例えば、プラスチック製播種機は軽くて扱いやすいが、慣れていない人が動かすと真っすぐには進まない。筆者も試験農家で播種の手伝いをしたが、条播の軌道が大きく曲がってしまい、試験農家に迷惑をかけてしまった。また、催芽（芽出し）の調整が難しいという点も指摘できる。芽が伸び過ぎていると、種籾が

第1章 実践技術と試行錯誤

播種機の穴を通り抜けられなくなるからである。ただ、これはさほど大きな制約要因ではなかった。制約要因というよりは、むしろ技術的な難しさ、あるいは技術的な注意点という位置づけが適当であろう。

さて、農家試験においては、散播（厚播き）の慣行区（対照区）と散播（薄播き）の処理区および条播（薄播き）の処理区を設置し、比較試験が行なわれた。条播区では、プラスチック製の播種機が使用された。試験結果においては、条播（薄播き）区の有利性が実証されたのである。その後、村内でこの技術が徐々に広がっていった。

ところが、数年後に同村でフォローアップ調査を行なってみると、条播を止め散播に戻る農家が散見されるようになっていたのである。その原因はスクミリンゴガイ（ジャンボタニシ）の発生であった。スクミリンゴガイは、特にナマズのエサとして、養魚農家に利用されていた。しかし、1993年にナマズの市場価格が低下し、養魚を止める農家が続出した。これらの農家が、エサとして確保していたスクミリンゴガイを水路に廃棄したのである。その後、スクミリンゴガイが広範に繁殖し始め、1995年から1996年にかけて、稲作においてはスクミリンゴガイによる被害（食害）が発生し、その後も被害は続いていたのである。

スクミリンゴガイによる食害が深刻となった農家は補植（**写真1-10**）を行わなければならなかった。また、一部の農家は、リスク回避を目的として播種量の少ない条播を避けるようになったのである。ただし、散播に戻った農家の多くは、条播に比べると播種量を増やしたものの、元の播種量には戻らず、100kg/ha台に留まったのである。つまり、一旦採用した技術を止めたものの、現状の被害状況に応じ技術を修正（調整）したということである。これは技術の

写真1-10 スクミリンゴガイ被害の後の補植（TP村）

45

適合と呼べるものであった。

　Horneら（2003a）によれば、農家は技術を採用（Adopt）するのではなく、むしろ適合（Adapt）（Farmers adapt rather than adopt technologies.）させるのである（Horneら　2003a）。この指摘は、極めて重要な指摘である。農家はパッケージ化された技術をそのまま採用するのではないという点もHorneらの考え方の根底にある。

写真1-11　圃場に播かれた催芽籾
（TP村の潤土直播）

　ただし、上記の条播技術に関して言えば、いきなり「適合」を選択するといった話ではない。まず「採用」があって、そこから様々な試行錯誤をしながら「適合」していくということである。その試行錯誤プロセスこそが大事なのである。

　そこで、メコンデルタのTP村における条播試験農家や薄播き散播農家の事例を見ていきながら、農業技術をめぐる試行錯誤のプロセスなどについても考えていくことにする。その前に、メコンデルタの稲作における播種について少し説明しておきたい。

　ベトナム北部の紅河デルタでは、日本の稲作と同様、移植栽培が行われているが、メコンデルタでは、一部の農家（沿岸地域の天水稲作農家など）を除き、直播栽培（水田に種籾を播いてそのまま育てる栽培法）が支配的である。長（2005a）によれば、1980年代以降、メコンデルタでは催芽モミの潤土直播（註12）（**写真1-11**）が一般的となってきた。その背景には、除草剤の普及によって雑草防除が容易になったことと、トラクターの賃耕利用によって乾季の田拵えもより容易となってきたことが挙げられる（長　2005a）。一般的に言って、直播の場合、雑草防除が大きな課題となるのであるが、除草剤の普及により雑草問題を克服できたということである。また、直播の場

第1章　実践技術と試行錯誤

合、水田の均平化がより重要な条件となる。したがって、トラクター利用の意義は大きかったということであろう。加えて言えば、紅河デルタは人口稠密地域であり、農村に過剰労働力が存在するが、メコンデルタは労働力過剰状態ではないし、近年では、むしろ労働力不足になりつつあるといったことも関係していると考えられる（手植えで実施される移植栽培は、より労働集約的な栽培法である）。つまりは、直播という技術は、メコンデルタの農業経営構造に適合する技術であったということである。

　メコンデルタでは、従来から種籾をばら撒く方法（散播）が採られていたが、これに対し種籾を筋播きする方法（条播）を試す研究がなされたのである。その本質は、散播による厚播き（単位面積当たりの播種量が多い播種）から条播による薄播き（単位面積当たりの播種量が少ない播種）への転換を目指すものであった。そこで、播種に関する農家の試行錯誤などを以下の事例から追っていくことにする。

1）事例農家1 ― JIRCAS条播試験農家の事例 ―

　当農家は1.9haの水田を保有していたが、うち1.6haは借地であった。この他、0.24haの樹園地を保有し、バナナやロンガン（竜眼）を栽培していた。また、2004年に稲 − 魚システムを導入した。魚種はCommon CarpとRed Tilapiaであった。なお、家畜は保有していなかった。

　当農家は、JIRCASの条播試験農家であり、農家試験では、厚播散播区（対照区）と条播区（処理区1）および薄播散播区（処理区2）を設けた。播種密度は、それぞれ200kg/ha、100kg/ha、150kg/haであった。農家試験時にはクーロン稲研究所より鉄製の条播機を無料で借りていたが、試験終了後、すべての圃場を条播にして、プラスチック製の条播機を購入した。このとき政府から60％の補助金が出たので、実際の支出額は12万ドン（VND）（註13）であった。しかし、スクミリンゴガイによる被害が深刻となり、リスク回避のため、2007年より薄播散播に切り替えた。

　なお、条播試験の結果は次のようであった。費用については、種子費、肥

料費、殺虫剤費ともに、条播（処理区１）の場合が最も小さく、厚播散播
（対照区）の場合が最も大きかった。労働投入についても条播（処理区１）
の場合に最も少なく、厚播散播（対照区）では最も多かった。特に労働軽減
となったのは殺虫剤散布および収穫労働であった。殺虫剤散布労働が軽減さ
れたのは、条播の場合、害虫の発生が相対的に少なかったからである。これ
は条播に伴い、光の透過性が高まったことによるものであると考えられる。
収穫労働が軽減されたのは、条播の場合、圃場を動きやすくなることで、作
業が楽になり、収穫の手間が少なくなったからである。そのため、条播の場
合には収穫労賃も相対的に少なかった。

2）事例農家２— JIRCAS条播試験農家の事例 —

　当農家は、0.6haの水田を保有するほか、0.24haの樹園地を保有し、マンゴ、
スターアップルを栽培していた。1995年まではマンダリンとオレンジを栽培
していたが、カンキツグリーニング病にかかったため樹種を転換した。その
他、豚（２匹）と鶏を飼養していた。なお、養魚は行っていなかった。当農
家は、事例農家１と同じく、JIRCASの条播試験農家であり、試験設定につ
いても事例農家１と同じであった。当農家における条播試験の結果は次のよ
うであった。

　費用については、種子費、肥料費、殺虫剤費ともに、条播（処理区１）の
場合に最も小さく、厚播散播（対照区）の場合に最も大きかった。労働投入
についても条播（処理区１）の場合に最も少なく、厚播散播（対照区）の場
合に最も多かった。この結果は、事例農家１と同じであった。

　当農家は、試験終了後の2000年に、近隣農家と条播機を共同購入し、すべ
ての圃場を条播圃場にした。しかし、スクミリンゴガイの被害が深刻となり、
リスク回避のため、2004年より薄播散播（条播の場合よりは播種量が多い）
に切り替えた。

　当農家が直面していた問題は、以下のとおりである。第１に、スクミリン
ゴガイの問題である。これに対処するため、当農家は自らスクミリンゴガイ

48

第1章　実践技術と試行錯誤

を捕獲した。第2に、トビイロウンカの問題である。第3に、労働力不足の問題である。特に、収穫時に若年労働力を確保するのが難しくなってきていた。このことが雇用労賃の高騰を招いた。当農家は、収穫時に雇用労働に依存していたため、労賃負担が増大した。また、当農家は雇用労働を安定的に確保するために、収穫期間に労働者と雇用契約を結んだ。

　当農家は、スクミリンゴガイの防除さえうまくできれば、再度、条播を行いたいと考えていた。当農家は、多くの農家とも議論する機会を有していたが、ほんとんどの農家が、スクミリンゴガイの問題のため、条播を躊躇しているようであった。スクミリンゴガイ防除のためには水管理が非常に重要である。ただ、スクミリンゴガイ防除と直播の両方にとって適切な水位の設定が難しい。また、鳥インフルエンザに伴うアヒル飼養禁止が大きく影響した。アヒルはスクミリンゴガイの天敵であるから、アヒル飼養が禁止され、水田にアヒルを入れることができなくなったことは、スクミリンゴガイ被害の拡大につながったということである（註14）。

3）事例農家3— 薄播散播導入農家の事例 —

　当農家は0.36haの水田を保有していた。また、0.18haの畑を保有し、ナスとキャベツを栽培していた。また、0.18haの樹園地を保有し、バナナ、ココナッツ、スターアップルを栽培していた。このほか、豚2匹を飼養し、自家消費用として鶏とアヒルを飼養していた。鶏とアヒルについては、鳥インフルエンザの拡大防止のため飼養が禁止されていたが、庭先飼養のものまでは禁止されていなかったようである。なお養魚は行っていなかった。水田では二期作を行っていたが、2001年と2002年に三期作を実施した。しかし、雨季2作目の収益がマイナスとなったため、その後、二期作に戻した。

　当農家は2003年まで厚播散播を行っていたが、2004年より薄播散播（125kg/ha）を行うようになった。これについては、近隣農家から学んだこと、およびテレビ番組を見たことがきっかけとなっていた。薄播散播の結果、肥料、種子、殺虫剤の費用が減少した。この中でも、特に肥料代の減少効果

49

が最も大きかった。労働投入については変化がなかった。また、収量がやや増加した。

当農家が2008年時点で直面していた稲作の問題は、第1に、スクミリンゴガイの問題であった。これは特に2006年より深刻になってきた。当農家は、自身でスクミリンゴガイを捕獲していた。第2に、2007年より深刻となってきたネズミによる被害（食害）である。対策としては、畔を除草するだけであった。なお、スクミリンゴガイやネズミによる食害問題は、多くの農家で共通する問題のようであった。

当農家は、将来的にも薄播散播を続けたい意向を持っていた。また、スクミリンゴガイの問題が解決されれば、播種量を現在の125kg/haから110kg/haにしたいと考えていた。なお、条播を行う意志はなかった。その理由は、水田面積が小さいからである。条播機を必要とする条播においては、水田面積が小さいほど減価償却費負担が大きくなる。また、当農家は、将来、整地をもっとしっかり行いもっと均平化した後に播種量をさらに減らしたいという意向を持っていた。

4）考察

以上のように、徐々に普及しつつあった条播技術も、農家試験過程ではスクミリンゴガイによる食害という難題にぶつかり、技術の修正を余儀なくされたのである。9～10月の洪水期には、洪水とともにスクミリンゴガイが運ばれてくる。しかし、水位が高いためスクミリンゴガイの捕獲作業ができないので、その後の乾季作においてスクミリンゴガイの被害は深刻となるのである。

ただし、そもそも何故厚播き（1haあたり200～300kgの播種）であったのかということを考える必要もある。つまり、慣行技術の背景についての考察である。この点については、スクミリンゴガイによる食害だけでなく、病害虫被害リスクや気象災害リスクなどを想定した農家の対応という側面も考えられるのではないだろうか？　類似の事例としては、Tripp（2000a）が、

第 1 章　実践技術と試行錯誤

インドネシアの在来トウモロコシ作において慣行の栽植密度が高い理由（慣行技術の背景）を以下のように説明している。一つは、種子の品質問題に対応したこと、もう一つは、栽培初期における病害への対処ではないかということである（Tripp　2000a）。

　ここで注意しなくてはならないことは、我々が行った条播試験とは、現象形態としては筋蒔きの技術であるが、その本質は播種量低減の技術であったという点だ。だからこそ、薄播散播という処理区も同時に設けたわけである。いわば中間技術（播種量が条播技術と慣行技術の中間にある播種技術）のような位置づけが、この薄播散播に与えられたわけである。そして、スクミリンゴガイによる被害を受けて、条播から薄播散播に修正したのは、中間技術の選択、あるいは技術の適合化と呼び得るものであったとも評価できるのである。

　さらに言えば、農民の話からも窺われるように、スクミリンゴガイの問題がなければ、条播は普及していくものと判断できるであろう。その意味では、スクミリンゴガイの防除を目指した稲－アヒルシステムの実証研究を条播試験と共に行っていたならば、その意義は大きかったのではないかと考えられるのである。実は当時、条播と稲－アヒルシステムの同時試験を主張する声もプロジェクト内にはあった。しかしながら、アヒル飼養の専門家が見つからなかったことから、試験を断念せざるを得なかったのである。

　アヒルが、スクミリンゴガイの天敵としてどのくらいの効果を発揮するかということだけでなく、除草効果や病害虫防除効果なども併せて確認する価値は大いにあったものと思われる。よく技術の総合化というようなことが言われたりするが、「初めに総合化ありき」ではうまくいかないことが多い。そうではなく、現場での観察や聞き取りなどを注意深く行いながら、確かにこの技術とあの技術は密接に関連する、あるいは不可分の関係にあるといったことを確認した上で、自然な流れの中で技術の統合（総合化）を徐々に図っていくべきである。それが実践技術創出の条件の一つでもあろう。ここでみてきた条播技術と稲－アヒルシステムの関係こそが、その典型例の一つ

51

と言えるのではないだろうか？　また、条播技術と均平化技術の関係も同様である。メコンデルタの研究サイトでは、バナナの茎を活用した均平化が行われていた。これらは、もっと言えば、「近隣技術の探索と統合」というようにも表現できよう。

　なお、稲－アヒルシステム自体の想定される研究内容としては、前述した効果の実証とともに、アヒルの水田内での適切な飼養時期と飼養密度の実証などが考えられる。ただ、アヒル導入によるスクミリンゴガイ防除効果の限界性も予め想定しておく必要があろう。例えば、アヒルは一定以上の大きさのスクミリンゴガイは食べないので、防除は部分的にしかできないといったようなことである。したがって、稲－アヒルシステムを導入したとしても、スクミリンゴガイの捕獲作業をある程度並行して行なう必要があるのではないかと考えられる。

　また、伊藤達男ら（2003c）がベトナム中部で実施したアヒル水稲同時作（稲－アヒルシステム）においては、水田を漁網で囲み、適切な羽数を放飼することにより、アヒルによる稲への害は発生せず、雑草・害虫防除の効果があることが実証された。ただし、同時に以下の諸問題も明らかになったのである。すなわち、漁網価格の高位性、野生動物被害、暑さや寒さによるアヒルの死亡、さらにはアヒル泥棒などである。また、移植栽培から直播栽培への移行により、稲の密度が高くなりアヒルの放飼ができなくなった（伊藤達男ら　2003c）とのことである。

　この事例から言えることは、アヒル水稲同時作という一つの技術（スクミリンゴガイ対策技術）の導入には多くの制約要因が伴うということであり、そのことは、この技術がまだ十分に実践技術とはなり得ていないことを示唆している（註15）。しかし、より大事なことは、その制約要因こそが、新たな研究課題を提示しているということである。したがって、アヒル水稲同時作技術は、失敗技術ではないのである。伊藤達男らが取り組んできたことは、一つの技術の導入・定着に向けた適切な試行錯誤の過程として受け止めるべきものではないだろうか？　（註16）

52

第1章　実践技術と試行錯誤

　ところで、畑村（2000b）は、ひとつの失敗から教訓を学び、これを未来の失敗防止に生かしたり創造の種にしたりするには、ひとつは失敗を事象から総括まで脈路をつけて記述すること、もう一つは失敗を「知識化」することが必要であると指摘している（畑村　2000b）。

　稲アヒル同時作の事例で言えば、直面した諸困難は失敗ではなく、稲アヒル同時作の制約要因と言うべきであるが、その制約要因の発見は、今後取り組むべき課題の発見でもあった。したがって、それを一つの成果であったと評価しても良いのではないだろうか？　そしてその成果を次につなげるために、上記畑村の指摘した作業（失敗の「知識化」など）を実行することが、稲アヒル同時作の成功（＝導入・定着）に向けて最も重要なことであると言えよう（註17）。

　話が、稲アヒル同時作にすっかり転じてしまったが、元に戻ると、事例農家3の話から分かるように、条播技術導入は一定以上の経営規模（水田保有面積）を条件とする。この点では、農家の実感と研究結果が一致していたのである。すなわち、山田（2005）は、同じ対象地域の0.5ha未満の小規模農家層においては、条播技術の導入が困難であるという分析結果（線形計画法に基づく分析）を示している。これら小規模農家層においては、零細水田規模のため条播機の減価償却費負担が過大になるのである。他方、0.5ha以上の農家層においては、一定の資本制約の緩和とともに、条播技術の導入が可能になることも併せて示されている（山田　2005）。

　なお、余談ではあるが、ある国際ワークショップで、以上の結果を報告した際に、IRRI（国際稲研究所）の幹部の方が、何故小規模農家では条播技術が採用されないのか？と疑問を呈した後、そんなはずはないといった趣旨の発言をした。その方がやや感情的になって発言していたような記憶が残っている。IRRIシーダー（播種機）を用いた条播技術は、IRRIが誇る技術の一つでもある。その技術が小規模農家には採用されないと聞いて反発したものと思われる。ただ、正確に言えば、前述したように、IRRIシーダー（播種機）は鉄製で重いため、ベトナムではほとんど普及していない。代わりに、

53

プラスチック製の軽い播種機が普及していたのである。そのことについては、ワークショップの場で敢えて言及しなかった。一層の反発を招き、話がこじれるかもしれないことを懸念したためである。

　ところで、以上の出来事と類似の話が、SRIに対するIRRIの反応であろう。その前に、SRI（System of Rice Intensification）とは何かということだが、山路（2011）は、ノーマン・アポフのSRI基本原則の中核となる以下の6原則（Uphoff　2009）を紹介している。

　①若い苗を使う（直播も選択肢の一つ）、②田植え時に苗の根へのダメージを避ける、③田植え時に苗の間隔を空ける、④水田の土を湿らせておくが、湛水させない、⑤土壌に空気をもたらす、⑥土壌有機物を増やす（山路2011）

　また、堀江（2011b）によれば、稲作改善運動としてのSRIの最大の意義は、丹念な育苗、堆肥の投入、水田の丁寧な代かきと均平化、注意深い水管理、労をいとわない除草など、稲作改善に向けて農民の自助努力を引き出していることにある。その中でも中心となる技術は、有機物投入などの土作り、間断灌漑、および除草の三つである（堀江　2011b）ということだ。さらに堀江（2011a）は、SRIの諸技術には、戦後日本の食糧難時代に行なわれた「米作日本一コンテスト」で多収をあげて表彰された農家の稲作技術と多くの類似点があり、また作物学的にみても十分な合理性がある（堀江　2011a）と指摘している（註18）。

　SRIの際立った特徴として言えることは、基本原則に基づきながらも、各国で現地に適合した独自の展開を見せているということである。基本型に加えて多様な応用型が各地で展開されているのである。これこそがSRI技術の柔軟性であり、奥深さでもある。その基礎には、篤農家たちによる技術の適合化に向けた多様な試行錯誤があった。それこそが、正に実践技術の創出過程であると言えよう。

　ところが、小林和彦（2011a）によれば、2004年に発表された二つの学術論文（註19）の中で、IRRIの研究者がSRIを批判しているのである。それら

の論文は感情的と言ってよい内容で、SRIを否定するために書かれたことは明らかである（小林和彦　2011a）ということだ。

　IRRIは、マニュアル化できる画一的な技術をより好むのかもしれない。「緑の革命」がその代表例であろう。それと、科学的な解明が難しい篤農技術を往々にして避ける傾向があるのではないだろうか？　正確に言うならば、科学的な解明ができないのではなく、解明には時間と手間がかかるということであろう。加えて言うならば、SRIの世界的な広がり（インド、中国、東南アジア諸国など）（註20）が「緑の革命」の価値を大きく減ずるような錯覚に陥っているのかもしれない。これはあくまで推測に過ぎないが。これらの点については、終章であらためて論じることにしたい。

　なお、井上果子（2011）によれば、ベトナムでSRIが受け入れられた最大の理由は、その種籾コスト削減の効果と病害虫被害の軽減効果である（井上果子　2011）。したがって、ベトナムにおいては、SRIと条播技術との類似性が認められるのである。両者ともに、IPM（総合的病害虫・雑草管理）の要素を兼ね備えているということであろう。

　話が少し逸れたが、いずれにせよ、条播技術は、個々の農家における均平度などの圃場条件やスクミリンゴガイによる食害の程度などに応じて適合していくべき技術なのである。このような条件に応じて適切な播種密度を見いだしていくのは、個々の農家の試行錯誤過程に委ねられるのである。もちろん、そこにおいて、研究者によるモニタリング・評価の余地が十分にあると言えよう。

【コラム1-2】
スクミリンゴガイ防除の現場

　ベトナム・メコンデルタのTP村におけるスクミリンゴガイ防除について、稲作農家N氏の事例を紹介する。N氏は、播種の前日に排水し、その直後にスクミリンゴガイを捕獲する。その理由は、排水直後にスクミリンゴガイが土

写真1-12　スクミリンゴガイ　　　写真1-13　捕獲後のスクミリンゴガイ
　　　　（TP村）　　　　　　　　　　　　　　（TP村）

の中から出てくるからである。播種後5日目あるいは6日目に水田に水を入れるが、その際には、小さなスクミリンゴガイが灌漑水とともに水田に侵入してくるのを防ぐために、水門に網を被せた（註21）。

　また、スクミリンゴガイの食害が最も深刻となる播種後5日目〜11日目までは、毎日スクミリンゴガイを捕獲した。スクミリンゴガイ捕獲労働には、毎日約2時間を費やした。（**写真1-12**、**写真1-13**）

5）ベトナム・メコンデルタのオモン郡における条播技術の普及

　メコンデルタの旧カントー省（現ホーギャン省）に属するオモン郡TL村（註22）は、2000年に村独自の予算で条播機を購入し、村内11集落すべてに条播機を配置した。このときに、旧カントー省農業部、および旧カントー省普及センターから40％の補助があった（註23）。村内では、各作期に1台の条播機を最大で8農家まで借りることができた（借賃は無料）。条播機は集落長、副集落長、および農民組織（Farmers' Association）によって管理されていた。

　2002年に、当村の篤農家7戸が近隣村の条播試験農家（JIRCASの試験農家）を訪問した。その後、この7農家は集落から条播機を借りて、条播のデモンストレーション（展示圃場）を行った。1〜2年後には、7戸の農家全てが条播機を購入した。当初、条播による収量の減少が最も危惧されていた

第1章　実践技術と試行錯誤

が、7農家とも条播の結果は良好であった。こうして当村では、特に2002年
以降条播が広がっていき、2006年には約30％の農家が条播技術を導入するに
至ったのである。

　以上の事例は、タンザニア・キリマンジャロ州のローアモシにおける灌漑
稲作プロジェクトから周辺農村へ灌漑稲作技術が波及していった事例と類似
している。つまり、これらの事例は、PCMの評価基準の中の「インパクト」
に相当する事例であると言えよう。国際開発高等教育機構（2001）によれば、
インパクトとは、プロジェクトが実施されたことにより生ずる直接的、間接
的な正負の影響のことである（国際開発高等教育機構　2001）。

　TL村の農家は、普及員や研究者などの支援をほとんど受けることなく、
自らの力で新たな技術を取り入れていったわけである（註24）。このような
事例から示唆されることは、技術が良ければ、つまり導入可能な技術がある
程度確立されているならば、普及活動を敢えて伴わないで済むこともある、
あるいは普及活動のウエイトは小さくて済むということであろう。

　なお、付け加えなくてはならないことは、TL村における1戸あたり水田
保有面積は、前述のTP村に比べ相対的に大きいので、条播機の減価償却費
負担はより小さかったのである。したがって、TL村では条播技術は広がり
やすかったと考えられる。現に、メコンデルタの中で、条播の広がりが顕著
なアンジャン省（旧カントー省の西隣の省）における水田の平均規模は、
TP村の3～5倍程度である。逆に言えば、TP村では一定規模以上の農家に
対しては、スクミリンゴガイ防除を前提として条播技術を推奨できるが、一
定規模未満の農家に対しては、薄播散播を推奨すべきということになるだろ
う。この意味では、JIRCASの試験設計において、処理区1（推奨技術の条
播区）とともに、中間技術的な薄播散播区を処理区2として設定したことは、
TP村の地域特性（水田保有規模の相対的な小ささ）を考慮した先見性を有
する判断であったと言えるだろう。

57

第5節　逆転の発想による技術創出
── 北部ラオスにおける焼畑圃場の新たな活用 ──

　東南アジア（ラオスをはじめ、ベトナム、タイ、ミャンマーなど）の山岳地域では、現在においても多くの人々が焼畑で生計を立てている。ラオス北部の山岳地域も典型的な焼畑地域である。ラオス北部のルアンパバーン県のH村では、多くの村民が焼畑耕作を中心に据えて生計を立てている。しかしながら、近年、人口が増加してきたことと政府による焼畑抑制政策の影響で焼畑圃場が制限されるとともに、限定された圃場内で自家消費分を確保するために、休閑期間が短縮されるといった傾向がみられるようになってきた。かつては、移動式焼畑（註25）が行なわれ、十分な休閑期間が設けられていたが、最近では保有地内の限られた圃場で回転式焼畑（註26）が行なわれ、休閑期間がほぼ２～３年程度に短縮されてきた。このように、焼畑の本質である休閑自体が疎かになる中、必然的に地力低下の問題が表面化してきた。多くの農家が、この地力低下を深刻な問題として受け止めるに至ったのである。

　そうした中、焼畑農家の経営構造を実態調査によって把握するとともに、焼畑圃場の土壌分析もJIRCASのプロジェクト（通称「天水農業プロジェクト」、正式名称は「インドシナ天水農業地域における農民参加型手法による水利用高度化と経営複合化」）によって実施された。当プロジェクトは、タイとラオスで実施されたが、ラオスにおいては、土壌研究者と農業経営研究者（筆者）との共同研究が行なわれた。プロジェクトサイトのH村では、土壌研究者が地力低下の実態をつぶさに測定調査するとともに、その分析結果にもとづいて、焼畑圃場の新たな活用方法を提案し、実証したのである。そこには、現場に密着した土壌研究者の逆転の発想があった。

　以下、H村で筆者と共同研究を行なった土壌研究者柏木淳一による調査分析結果と新たな実証結果について紹介していくことにする。柏木（2011a）

は、H村の焼畑圃場で深さ30cmまでの表土のリン含有量の変化を調べた。その結果、土壌中のリンは、火入れによって多量に供給されるが、その後の耕作期間において急激に減少していくことが分かった。そして、休閑期間に入り、2年が経過したときに、10.7kg（1ha換算）のリンが不足していることが明らかとなった。つまり、現行の休閑期間である2年は、休閑期間としては極めて不十分であるということが示唆されたのである。こうした中、土壌肥沃度を回復させるためには、自然の治癒に任せるだけでは不可能であり、施肥という形で補給しなくてはならない。また、肥沃度を維持するためには、耕作期間の土壌浸食を防止するか、持ち出し量を抑えることが必要となってくる。

　ところが、化学肥料の購入は農家にとって大きな経済的負担となる。また、土壌浸食の防止も技術的には困難であった。土壌浸食の防止が困難であるのは、耕地が急傾斜地にあることやその耕地が熱帯モンスーン特有の激しい雨に見舞われることなどによるものである。

　そこで、発想を逆転させ、養分の流出を抑制するのではなく、流出する養分を積極的に利用することを考えてみた。それは、傾斜地から流亡する肥沃な表土を斜面下方で受け止めるという方策である。具体的には、斜面下方を取り囲むように畦を造り、田面内を平らにならした天水田を造成したのである。調査当年は、降水量が平年の60％という渇水年であり、斜面部の収量は0.3t/haであったが、天水田の収量はその7倍の2.2t/haとなったのである（柏木　2011a）。

　以上、柏木が天水農業プロジェクトの中で実施した焼畑土壌に関する研究をみてきたが、その特徴については、以下のように整理することができよう。

　第一に、農業経営研究において示された農家認識（地力低下を示唆する農家認識）（註27）が、土壌研究者による土壌変化（リンの減少）の実測によって裏付けられたということである。ここにも、自然科学分野（農業技術研究者）と社会科学分野（農業経営研究者）との連携の一つの事例が示されていると言えよう。

第二に、地力低下の背景として、休閑期間の短縮だけでなく、傾斜地における養分流出（表土流出）に注目したことである。傾斜地利用の困難性は、労働強度の問題（農業経営学的視点）と並んで、養分（表土）流出の問題（土壌学的視点）に典型的に表れているのである。

第三に、さらに注目すべき点として、養分流出の抑制ではなく流出養分の活用へと発想を転換させたことである。その背景にある「水の動きは養分の動きである」という着眼点こそ極めて重要であった。これこそ、正に逆転の発想のヒントになったものであると言えよう。

第四に、天水田の造成を行ない、そこでの収量を調査することによって、天水田造成の効果についても実証したことである。つまりは、転換した発想の有効性を実証するところまで責任を持って行ったということである。

第五に、柏木の技術は研究者主導でつくられた技術ではあるが、それは近代技術ではなく、在地の技術に近かったという点である。技術創出の主体は研究者であるかもしれないが、養分流出を活用する点には在地性が認められる。また、天水田の造成では一定の労力が必要であるものの、新たな資機材を必要としない点においても在地性が認められよう。

なお、柏木は、H村の農民との対話も忘れなかった。その対話に基づき、農民の経験知などについて、柏木（2011b）は以下のように説明している。すなわち、農民は土地の生産性について正確に理解している。特定の植物の分布や休閑植生の再生速度などをこれまでの経験に照らし合わせて判断しているようである。しかし、休閑期間を短縮せざるを得ない現状においては、近い将来の土地生産性の変化や肥沃度維持のための方策を自ら見いだすことは困難なようである（柏木　2011b）。

このような柏木の見解は、農民の経験知を十分評価したものであるとともに、他方で、その経験知が万能というわけではなく、場合によっては農民の経験知に限界もあり得ることを示したものである。肥沃度維持のための方策の背景には、前述したように「水の動きは養分の動きである」という着眼点があったが、その動きを計測したことがさらに重要だったのではないだろう

第1章　実践技術と試行錯誤

か？　そこに、研究者（土壌研究者）が研究者としての役割を果たす場（機会）があったのだと考えられるのである。

第6節　課題と展望

　実践的農業技術創出のための試行錯誤というものをみてくると、一つの言葉が浮かんでくる。それは、「カイゼン（Kaizen）」である。

　園部（2015）によれば、「カイゼン（Kaizen）」は、アメリカで始まった科学的な工程管理の手法を、管理者のみならずむしろ従業員が中心となって勉強し、その知識に自分たちが現場で培った知恵を加え、生産性や安全性、さらには作業の快適性を改善してゆく生産管理、品質管理の技法である。現場主義で従業員が主体となるボトムアップ的なところが日本流である（園部2015）。

　言うまでもなく、農業技術と工業技術を比較すると、その特性において大きな異質性が存在する。そこを押さえておかなければ、農業・農村開発の難しさを理解できなくなるし、場合によっては誤った開発方向に迷い込んで行くおそれもあるだろう。ただし、農業技術と工業技術は全く相容れないもの同士かというと、そうではない。それぞれの技術創出過程において、実は共通性を見いだすこともできるのである。失敗学を提唱した畑村洋太郎の専門分野は工学であったが、彼の失敗学の中には、農学分野の研究者が学ぶべきことも数多く存在する。

　水野（2016）は、農村開発としての生活改善の問題に取り組みながら、カイゼンの意義と優位性を以下のように見いだした。

　一般に、小規模家族農業（経営と家計の未分離性を特徴とする）を営む農民世帯が受け入れ可能な農村開発を実施し、その成果を持続可能なものにするには、革新＝イノベーション（新規のものによる既往のものの代替）もさることながら、改善＝カイゼン（既往のものの漸次的改良）に一日の長がある。その方が、リスク回避を第一とする小農民経営にとって適合的だからで

61

ある（水野　2016）。

　水野は、リスク回避に主眼を置いたが、それだけでなく、実現可能性とい
う観点からも、農村開発や農業技術開発において「カイゼン」が優れている
と言えよう。農業技術開発の歴史をみても、イノベーション型技術開発の代
表例として「緑の革命」を挙げることができるが、その他の農業技術開発の
中には、カイゼン型技術開発がより多く存在するのではないだろうか？

　「緑の革命」でさえ、イノベーションの後、地域特性や農家特性に応じた
適正化（カイゼン）が行なわれてきたわけである。例えば、施肥一つとって
も、土壌特性や地力の違いによって最適施肥量は一律には決まらない。また、
殺虫剤散布にしても、害虫の発生状況に応じて最適散布量は一律ではないだ
ろう。そして、何よりも、地域性に適合させるための品種改良が各地で行な
われ、様々なタイプのIR品種が誕生したわけである。

　カイゼン型技術開発の出発点は既往の技術、つまり在来技術である。水野
の言葉を借りるならば、「外来のものによる置き換え」ではなく、「既に何か
あるものの改善」である。それ故、より現場を重視する研究姿勢が求められ
るのである。

　このカイゼン型技術開発というものを普及の視点から見てみると、普及の
考え方が変わってくる。コールドウェル（2015）によれば、技術の受容に加
えて、村やコミュニティーの中にもイノベーターがいて、時にはイノベー
ションを創り、あるいは研究者から提示されたイノベーションを適正化して
進化させるという過程もあるというのが、新たな普及の考え方であり、同時
に、普及員などがこの過程をどう促進し支援するかが普及の課題である
（コールドウェル　2015）（註28）。つまりは、普及という概念の中に、農民
の主体性を取り込む必要があるということだ。農民は、技術の受け手という
だけでなく技術の作り手にも改善者にもなるということである。

　なお、コールドウェルの考え方の中には、当然ながら農民の試行錯誤とい
うものが含まれているであろう。技術の適正化には、試行錯誤が付きもので
ある。その意味では、イノベーターという言葉は誤解を招きやすいかもしれ

第1章　実践技術と試行錯誤

ない。イノベーターというよりも、適正化あるいは在地化の担い手と呼ぶべきかもしれない。

補説　ジェンダー視点からみた実践技術

　我々が忘れてはならないことは、ジェンダーの視点から実践技術を考えてみるということである。これまで、技術の試行錯誤という側面から実践技術創出の問題を論じてきたが、ジェンダーの視点から実践技術を見た場合、どうであろうか？　これまで主として男性を対象とした農業技術開発や農業技術普及が、研究者や開発ワーカーや普及員によって行われてきたのではないだろうか？　何故ならば、従来、我々研究者や開発ワーカーや普及員が問題としてきた多くの技術は、主として主食作物や換金作物の技術であったからだ。また、それらは主として生産局面の技術であった。

　他方で、屋敷地の自家菜園などで作られる多様な作物に関しては、研究開発が手薄となってきた。また、加工技術についても然りである。紙谷（1996）の表現を借りるならば、「表の農業」に対する「裏の農業」ということになろう。紙谷（1996）によれば、「表の農業」が水田とか畑という圃場での生産を対象とするのに対し、「裏の農業」は屋敷地（back-yard）内での生産活動を対象としており、「生活農業」と称することもできる（紙谷 1996）。

　いわば、これまで「表の農業」が前面に出て、「裏の農業」が軽視されてきたということであろう。この「裏の農業」を主として支えてきたのが女性である。ここにジェンダーの問題が潜んでいると言えよう。

　このことについては、筆者自身もこれまでのプロジェクトを振り返ってみて、大いに反省しなくてはならないと感じている。例えば、ベトナム・メコンデルタでの研究においては、対象作物が米と果樹であり、いずれも自給作物であるとともに換金作物でもあった。また、豚や淡水魚や淡水エビも扱ってきたが、いずれも換金用（淡水魚は一部自給用）であった。また、ラオス

63

での研究では、北部山岳焼畑地域においても中部低地天水地域においても、対象作物は米であった。これはほぼ自給作物であったが、もちろん主食用作物である。中部低地天水地域においては、PRAやその後の農家調査を通じて、屋敷地の自家菜園野菜についても実態を把握したものの、残念ながらその後の研究対象とはならなかった。

　さらには、タンザニアにおける主な研究対象は灌漑稲作であった。そして、米は主として換金作物（一部自給作物）であった。モザンビークでの研究においては、対象作物は自給作物としてのトウモロコシとキャッサバであったが、言うまでもなくこれらは主食用作物であった。また、他の対象作物は、ササゲ、キマメ、ラッカセイ、およびダイズであったが、これらはいずれも換金作物であった。

　このように、これまでの筆者自身の研究において対象としてきた作物や部門は、主として男性が担ってきたものであった。もちろん、女性が作業に参加している場面もみられた。例えば、ベトナムにおける豚の給餌や飼料用の野草集め、ラオス低地稲作における移植作業や収穫作業、北部焼畑地域における陸稲の除草作業などは、主として女性によって担われていた。しかしながら、こうした作物などに関する農民との話し合いの場に登場するのは、ほとんどの場合、男性であった。おそらく農作業の分担はあるものの、経営の意思決定は男性中心に行なわれていたのではないかと想像されるのである。他方、女性の管理下に置かれ、意思決定も行なわれる「裏の農業」はこれまでの研究における主役とはならなかったのである。女性が主として担ってきた「裏の農業」における実践技術創出が置き去りにされてきたということである。ここが、大いなる反省点であったと言えよう。

　以上の点に関しては、世界的にも問題となってきた。関連して、チェンバース（1995a）が次のように述べている。つい最近まで、規模は小さいものの、女性にとっては極めて重要な収入源となる家庭菜園や裏庭での作物栽培といったものに、ほとんど関心が払われてこなかった。家庭で必要とされる技術 ── 例えば食品加工、調理、掃除、裁縫、薪集め、水運びなど、農村

第1章　実践技術と試行錯誤

女性が伝統的に責任を負っている仕事に必要な技術は面白みのない、優先度の低いものとみなされている（チェンバース　1995a）。

　正にその通りである。今後の実践的農学における実践技術の研究は、生産現場から加工現場へ、また営農現場から生活現場へとその幅を大きく広げていかなければならないだろう。それこそがジェンダー視点の実践技術研究ということにもなるであろう。

註

（註1）西尾（1998b）によれば、「いつでも、だれでも、どこでもできる」稲作というのが、「Ｖ字理論稲作」で有名な松島省三の口癖であった（西尾1998b）。菊野が名付けた「盗まれる技術」というのも、この松島の言葉に通じるものがある。

（註2）このことに関連して、技術研究の世界では、基礎研究、応用研究、そして実用化研究という三つの段階が対応しているであろう。

（註3）ロジャーズ（1996）は、イノベーションの採用に影響を与える特性（イノベーションの特性）として、次のような諸特性を挙げている。

　①相対的有利性（イノベーションが、それがとって替わるアイディアよりも、良いものであると知覚される度合）

　②両立性（イノベーションが潜在的採用者の価値、過去経験、欲求と一致していると知覚される度合）

　③複雑性（イノベーションを理解したり使用することが難しいと知覚される度合）

　④試行可能性（イノベーションを小規模レベルで実験できる度合）

　⑤観察可能性（イノベーションの成果が人々の目に見える度合）

　　以上がロジャーズの挙げる諸特性であるが、農業技術の導入条件と相通じるものがあると考えられる。そして、前述した松本浩一らが主張する有利性と適合性は、上記ロジャーズの挙げた諸特性の中の①相対的有利性と②両立性にそれぞれ対応するものであると言えよう。

（註4）JIRCAS（国際農林水産業研究センター）が1994年〜2004年までベトナム・メコンデルタで実施した資源循環型複合農業に関する総合研究プロジェクトである。以下、「メコンデルタプロジェクト」と呼ぶことにする。

（註5）以上の点については、山田隆一（2004）「ベトナム・メコンデルタにおけるファーミングシステムの事前技術評価と技術選択」『農村計画学会誌』第23巻第2号、pp.149-160. に詳しく述べられている。

（註6）これについては、国際農林業協力協会（AICAF）（1993）『農林業現地有用技術集』に詳述されている。

（註7）以上の理由（バイオガスダイジェスターの研究をメコンデルタで行う理由）は、基本的には、Potvin（2000a）の見解に基づいている。

（註8）JIRCASメコンデルタプロジェクトでは、ファーミングシステム構成要素の技術開発と持続的なファーミングシステムの開発・実証を行なった。ファーミングシステム構成要素は、稲作、養豚、果樹作、および水産であり、それぞれの部門の技術開発が行なわれた。例えば、水稲直播における安定多収生産技術の開発（条播技術の開発など）であり、養豚における現地資源を利用した飼料化であり、果樹作における病害虫防除技術の開発であり、水産における最適飼養密度技術（養魚）や種苗生産技術（淡水エビ養殖）の開発などである。また、持続的なファーミングシステムの開発・実証では、IPM技術の開発、糞尿処理（活用）技術の開発、さらには、開発技術の経営的評価およびファーミングシステムの総合評価などが行なわれた。

（註9）藤田康樹（1995b）によれば、農業者は、新しい情報を伝えられ、課題解決への動機づけがなされたとしても、その後の過程において評価・修正、試行など、自分で考え、また仲間と意見を交わしつつ考える行為がなければ、消化をして課題解決がなされたとは言えない（藤田康樹　1995b）ということだ。このことは、主として技術の導入や技術の改良などの局面を想定したものであろう。

（註10）線形計画法による複合経営農家の評価、すなわち部門構成の変化（最適化）結果については、以下の論文において詳しく説明されている。
山田隆一（2005）「ベトナム・メコンデルタにおける新たな農畜水複合経営の評価」『農業経営研究』第43巻第1号、pp.12-21.

（註11）CDMとは、温室効果ガス削減目標を達成するために、削減義務を負っている先進国同士が削減量を取引する制度（共同実施、排出権取引）に加えて、先進国が開発途上国で資金や技術を提供して、温室効果ガスを削減するプロジェクトを実施した場合、その削減量の一部または全部を先進国の削減義務を満たすために使うことができる制度のことである（小島2015）。

（註12）潤土直播とは、代かき後に水を落として種籾を播く方法である（金2000）。

（註13）1円＝167.90ドン（VND）（2023年5月31日時点）

（註14）稲－アヒルシステムは、アヒルの飼養およびスクミリンゴガイの防除の両面から効果的である。

（註15）なお、伊藤達男ら（2003c）は、直播栽培への移行により、稲の密度が高

66

くなりアヒルの放飼ができなくなった（伊藤達男ら　2003c）と指摘しているが、メコンデルタプロジェクトの場合、稲作条播技術を前提としているので、この点の懸念は払拭されるであろう。

（註16）宇根（1996）は、自らの経験に基づき、合鴨農法について以下のような指摘を行なっている。田んぼに合鴨を入れると草取りは楽になる。しかし、合鴨を入れた田んぼには赤トンボがいなくなる。生物層が貧困になっていくので、合鴨を引き上げた後には、害虫が発生しやすくなるという欠点がある（宇根　1996）。おそらく合鴨農法に限らず、多くの農業技術は一筋縄ではいかない奥深さを持っており、だからこそ、試行錯誤を繰り返しながら農業技術について研究を進めていくことは面白いのではないだろうか？

（註17）畑村〔2000c〕は、失敗を糧に優れた創造を行う力を持っている人と、失敗と真正面から向き合うのが苦手で新たなものを創造するのが苦手な人との差は、アイディアの種に一定の脈路をつけてからの姿勢の違いにあると指摘している。畑村は、続けて、苦労して考え出したものを単なる「いも商品」、「いも企画」で終わらせないためには、形として成立させたこの段階をむしろ創造のスタート地点と考えるくらいの気構えが必要である（畑村　2000c）と述べている。この気構えの背景として、実践技術創造に向けた試行錯誤のプロセスが正当性を有するものであるという認識こそ不可欠なものであろう。

（註18）辻本（2011）によれば、水田を均平に整地する高い技術力や灌漑排水条件が不十分であれば、乳苗植えや間断灌漑は移植後の苗の冠水害や干ばつの危険性を高める結果となる（辻本　2011）。筆者はこうした点にも注目したいのである。つまりは、SRIがどこでも通用する技術（汎用性のある技術）というわけではない。上記のような一定の条件が成立してはじめて導入し得る技術であるということだ。

（註19）小林が指摘した二つの学術論文とは、以下の二本の論文である。

1）Sheehy, J.E. *et al.*（2004）Fantastic yields in the system of rice intensification: fact or fallacy?, Field Crops Research 88, pp.1-8.

2）Sinclair, T.R. and Cassman, K.G.（2004）Agronomic UFOs: Field Crops Research 88, pp.9-10.

（註20）佐藤周一（2011a）によれば、2010年末時点で、SRIの普及面積が1万ヘクタールを超えている国は、インド、中国、ベトナム、カンボジア、ミャンマー、インドネシア等である。中でもインドと中国のSRIの普及面積は大きく、両国だけの合計で90万ヘクタールを超えている（佐藤周一　2011a）。

また、佐藤周一（2011b）によれば、インドでは、国および州政府の農

業政策の中にSRIの普及促進が位置づけられており、資金および技術支援が行なわれている点が、他国と大きく異なる点である（佐藤周一 2011b）。インドにおけるSRI普及面積の大きさには、このような農業政策の積極的推進も影響しているものと考えられる。

(註21) N氏によれば、スクミリンゴガイ対策のために、近隣農家の半数近くが水門で網を使用していた。

(註22) オモン郡TL村の総農家数は2,140戸である（2008年時点）。

(註23) 条播機1台あたりの実質負担額は115,000ドン（VND）であった。

(註24) 条播機購入時の補助はあったが、それ以外の外部からの支援はなかった。

(註25) 1箇所の土地で一定期間、焼畑耕作を行なった後、地力が低下してきたら、別の土地へ移動し同様の焼畑耕作を行なう。これを繰り返していく焼畑の形態のことを移動式焼畑と呼んでいる。

(註26) 2〜3箇所の保有地（焼畑圃場）のうち、1箇所で1〜2年焼畑耕作を行なった後、次の圃場に移り同様に1〜2年焼畑耕作を行なう。このように、短期間で保有地内を回転しながら焼畑耕作を行なう形態のことを回転式焼畑と呼んでいる。

(註27) YAMADA（2014d）によれば、2000年〜2009年までの10年間の土壌特性の変化を農家から聞き取った結果、色（黒色から赤みがかった色へ）、固さ（柔らかな土から硬い土へ）、水分含有（湿った土から乾いた土へ）、およびミミズの生息（ミミズの数の減少と一匹のサイズの縮小）において、変化があったことを確認することができた（YAMADA 2014d）。

(註28) これまでの普及研究は、ロジャーズの古典的普及論、つまり、知識や技術がどう広まったか、どのような普及方法が有効か、といった課題に限定されてきたきらいがある（横山 2015）。

第2章　実践的農業経営学の模索
― ラオスとモザンビークの事例を踏まえて ―

第1節　農業経営研究の位置づけ

　これまで実施されてきた開発途上国における農業経営研究（日本人による農業経営研究）の多くは、実際の開発という行為からは独立した研究であった。また、それらの研究の多くは基本的には現状解明型研究であった（山田2016a）。もちろん、優れた研究成果が数多く出されていることも事実である。日本国内と違って、データ収集に大きな制約を伴う途上国において優れた現状解明を行うことは、並大抵のことではない。

　しかしながら、その研究成果が、後々、途上国における農業・農村開発の現場や行政に何らかの形で生かされてきたであろうか？　多くの場合、残念ながらそうした痕跡を確認することはかなり困難であると言わざるを得ない。それは、研究と開発、あるいは研究と政策の分離が常態化しているからではないだろうか？　そうした状況こそが、チェンバースらの不信感（研究者に対する不信感）を増幅させる温床ともなっていたのではないだろうか？　もちろん、彼が誤解している部分もあるのだが（後述）。

　このような背景には、研究者個人だけを責めることはできない事情もある。背景の一つとして、研究の評価がやや偏っていることが挙げられるかもしれない。日本においては、海外と比較してアカデミズムに相対的に高い価値が置かれていると言われることがある。共同研究を行ったこともあり、日本での研究歴も長いあるアメリカ人研究者から、日本のアカデミズムが特異であるといった類の話を時々聞かされる。これは、主に農学分野を想定した発言である。アカデミズムを語るとき、基礎科学と応用科学を一緒に考えてしまうと、議論が平行線を辿る可能性が出てくるかもしれないが、彼の発言は、

69

応用科学のウエイトが大きいという農学の特徴を踏まえた発言である。

では、アメリカの農業研究は、一体どのようになっているのであろうか？

これについては、稲本（1993c）が、アメリカにおける農業経営研究の実践性と研究成果の社会的ニーズへの組織的な対応という点に注目している。具体的には、研究論文で取り上げられている課題が極めて具体的である。それらは現実の問題に関するプロジェクト研究という形で展開される場合が多く、「実用」的な農業経営者の意思決定、すなわち、選択モデルの提示、また、政策的含意（ポリシー・インプリケーション）の提示という形で結論される論文が多いという特徴がある（稲本　1993c）。

他方、日本においては、研究の実践性ということに対して、国内の社会科学分野（農業経済学分野、農業経営学分野、および農村社会学分野など）では必ずしも高い評価が与えられているようには見えない。そもそも、例えば農業経営学の世界では、そうした分野（実践的農業経営学）が確立されているとは必ずしも言えないのではないだろうか？

農業経営研究の実践性に関して、稲本は次のように述べている。すなわち、経営研究の実践性と経営研究者の実践活動とを区別すべきである（稲本1993a）と。確かにその通りである。実践的農業経営研究を考える場合、基本的には、農業経営研究の実践性というものを追求しなくてはならないであろう。しかし、農業経営研究者の実践活動は考慮の外で良いのかというと、必ずしもそうではないだろう。例えば、農業簿記普及といった実践活動が農家にとって経営能力を向上する機会となることは間違いないだろうが、それだけではなく、研究者にとっても農業簿記学（例えば、実践的な農業簿記学）の発展の機会になるのではないだろうか？　そうした類いの事例は、様々な農業技術の普及活動の中にも見いだせるのではないだろうか？　普及活動をしながら、普及員や研究者が新たな発見をして、それが農業技術のさらなる改善、そして、実践技術の創出につながっていくというようなことである。

また、農家調査（農業経営調査）を通じて、現場型農業経営研究を行って

第2章　実践的農業経営学の模索

いたある先生によれば、「農家調査を行う過程で、農民自身も勉強になっている。しっかりした農家調査を定期的に行った場合、農民自身の経営能力が高まるということが実際にあった」と。これらは、正に相互学習の事例でもある。相互学習による相乗効果である。参加型開発の最近のキーワードの一つは、正に相互学習である。この分野では、「相互学習」の事例が蓄積されつつある。PRA（Participatory Rural Appraisal）からPLA（Participatory Learning and Action）へと呼称が変わった所以でもある（詳しくは第5章で取り上げる）。

　では、相互学習にこだわる理由は何か？　一つには、相乗効果というものがあろう。互いに学び合いながら、農業経営や地域の発展を共に考えていくとき、より効果的であるということだ。ただし、プロジェクトの中であれば、そうしたことも可能になろうが、学術調査に特化している場合には、やや難しいかもしれない。もう一つは、互いのモチベーションである。研究者が農民から学ぶだけであれば、「農民は先生である」などと言われ、農民がもてはやされはするものの、実際には、相手に与えるばかりであるという農民の立場に変わりはない。

　では、農民はどういうモチベーションで動くことができるのか？　それは、農民も学ぶことができるというモチベーションである。農民だけでなく、地域住民においても同様である。民俗学者の宮本常一（2008d）は、地方ですぐれた人を見ると、たいていはその地方を訪れた学者たちに接することによって、多くのものを学んでいる（宮本　2008d）と述べている。ただ、気をつけなくてはならないのは、在地の農民や住民や普及員や役人に満足いくまで学んでもらえるような能力を、調査者である研究者や開発ワーカーが身につけているかどうかという点であるが。

　近年では、一部の農業経営研究者が進出している農村計画の分野の中にも実践性を見いだすことができる。日本の中山間地域を中心として農村活性化や地域づくりのために、町や村の将来ビジョンの作成や具体的な事業の推進を支援する研究者も多い。例えば、門間敏幸のTN法による地域づくり支援

（**コラム2-1**）、あるいは目瀬守男のシャトルサーベイによる地域おこし支援
（**コラム2-2**）などの取り組みは、研究者による実践活動および研究の実践
性を示す好例であると言えよう。そして、その活動を通じて、住民と研究者
の相互学習も実現されているのである。

【コラム2-1】

TN法の実践について ― 農業経営学と農村計画学との連携 ―

　筆者は、かつて（1990年代半ば頃）、門間敏幸先生に連れられて徳島県や大
分県の町や村で、TN法の実施による村づくり支援活動に加わり、その場で、
住民の問題認識や活性化に向けた具体的アイディアのリストアップとその評
価（住民自身による評価）を手伝わせてもらったことがある。

　自分たちがリストアップし、個々に評価した問題の深刻度やアイディアの
評価結果が、平均値としてだけでなく、男女別や年齢別や集落別に、即日そ
の場で示されると、住民の興味と関心が一層増してくるのである。同時に、
筆者自身も、こうした村づくり支援活動が、地域づくりや地域活性化に向け
て着実な一歩を踏み出す後押しともなっていると実感した（註1）。

　TN法は、冒頭に農業経営についての質問項目を少し多めにすれば、農業経
営構造と農家意識（問題認識や将来意向や活性化アイディア）との関連を後々
分析することも可能となるのである。これは、正に農業経営学と農村計画学
との連携であると言えよう。その結果が、また地域の活性化にフィードバッ
クされるということにもなるであろう。つまり、研究と実践、あるいは研究
と開発がつながるのである。

【コラム2-2】

シャトルサーベイの実践について ― 農村活性化における農業経営学の役割 ―

　1990年代半ば頃、筆者は、目瀬守男先生に連れられて、福岡県A市でシャ
トルサーベイ（住民と研究者の間で何度も地域活性化計画案修正のやり取り
をしながら、より良い計画に練り上げていく手法）という目瀬先生が編み出

第2章　実践的農業経営学の模索

した手法にしたがって、住民と一緒に地域活性化計画をつくっていくプロセスを経験させてもらったことがあった。

　そのとき、目瀬先生から事前に宿題が出された。それは、A市の統計を使って、A市の農業の現状分析と将来予測（過去の推移に基づいた将来予測）を行い、集会当日には住民に分かりやすい言葉で、A市の農業の現状と将来予測について説明することであった。

　具体的な数字に基づいた将来予測は、「このままでは、我々の市は大変なことになる」という危機意識（危機感）を住民に共有してもらう上で大変有効であることを実感した。と同時に、農業経営研究もこうした実践の中に組み込まれることによって、つまり、農村活性化の支援者という立場で農業経営研究者としての役割を発揮することによって、研究の実用性や実践性が増すのではないかとつくづく感じた次第である。

　さて、農業経営学の実践性については、和田（1978a）が次のように述べている。その実践性とは、単なるその場限りの個々の実用的管理手法の応用といった意味ではなく、日本の農業経営の置かれている問題状況の全体的把握の上で、経営問題として適切に設定された実践的課題に対して、課題解決のための理論と方法の論理的追求を行なうという意味であり、それゆえそれは科学一般に共通する、一般性、普遍性、体系性の中で位置づけられているものなのである（和田　1978a）と。

　だが問題は、「課題解決のための理論と方法」が、これまでどれだけ効果的に提起されてきたのかという点にある。ここに、一つの反省点があるのではないだろうか？　経営問題の発掘や課題提起といった段階に留まり続け、有効な「課題解決のための理論と方法」の提示という世界へ本格的に足を踏み入れることを躊躇するのであれば、「個々の実用的管理手法の応用」を確実に行なう方が、より実践性を有するということにならないだろうか？　さらに言えば、「一般性、普遍性、体系性」を殊更強調するのは何故だろうか？

　例えば、解決の局面が中央省庁の行政対応である場合においても、「一般性」や「普遍性」と同時に、地域性が重視されるべきであろう。かつて筆者

73

が勤務していた農林水産省においては、1990年代初頭の段階で、構造政策や農地流動化対策に対して、「地域の実情に応じた」という枕詞がよく付けられていた。それはただの枕詞ではなかった。地方農政局レベルの詳細な情報を集約する中で政策が打ち出されていた。そこには官僚なりの地域性重視の考え方があったのである。

　もちろん、地域性と一般性は局面によっては両立し得る。例えば、各地域特性を一般化したり、地域ごとの政策を一般化するということもあり得るだろう。しかし、「一般性」や「普遍性」だけを強調することには、少し無理があるのではないだろうか？　和田は「日本の農業経営の置かれている問題状況の全体的把握」という表現を用いているが、そこに地域性という視点および具体事例の把握という視点が見えにくいという問題を感じるのである。農業経営問題の解決のためには、演繹的アプローチではなく、帰納的アプローチがより現実的であろう。基本的には、個別具体的な問題把握から始まるのではないだろうか？

　そして、個別具体的な問題に対応して、どのような経営を展開していくのかという点を把握する必要があろう。それが１点と、もう１点は、問題と対応というのは、１回限りのものでは決してないということである。次々に直面する諸問題への対応、その試行錯誤のプロセスが存在するであろう。だからこそ、一つの個別事例について、直面してきた諸問題とそれに対応するための、その時々の経営主体の判断および意志決定のプロセスを時系列で追っていくことが重要であろう。こうした点は、第１章で論じた実践技術を創出するための試行錯誤プロセスと類似している。

　上記の問題と対応の事例（試行錯誤プロセス事例）を蓄積していくならば、そこから類型化の可能性も拓けてくるのではないだろうか？　その場合、地域類型と農家類型という二つの類型を想定することができよう。また、その過程で、有効な経営管理だけでなく、有効な経営政策についての知見も提示することが可能となるであろう。その段階での一般化ということであれば、十分に受け入れられよう。その意味では、繰り返しになるが、農業経営研究

74

第2章　実践的農業経営学の模索

の出口としての農業経営改善と農業政策提言（の基礎提示）は、帰納的アプローチによって可能になると言えよう。

実は、この帰納的アプローチに深く関連するのが、高橋正郎（1996a）によって紹介されたハーバード・ビジネス・スクールの「ケース・メソッド」である。これは、現実のビジネスの歴史の中で生起してきた意思決定を追体験させることによって、ビジネス感覚やマーケティング・センスを体得させようとする教育方法である。つまりは学説や知識の集積ではなく、意思決定のトレーニングである。これによって臨場感をもったビジネスの場での意思決定能力を高めることが可能となるのである（高橋正郎　1996a）。こうした紹介に基づいて、高橋正郎（1996b）は、以下のように述べている。すなわち、企業的農業経営者や地域農業リーダー育成のための「ケース」を農業経営研究者が多く作成し、蓄積していくことが重要であり、そのことが、彼らに有効な意思決定のトレーニングを行わしめる「ケース・メソッド」という研修を可能にするための第一歩である（高橋正郎　1996b）と。

筆者は、かつて四国で中山間地域研究に携わっていた頃、若気の至りで、霞が関（農林水産省本省）から出張に来られた研究管理職の偉い方々に次のように問いかけたことがあった。「我々、社系研究者（農業経営研究者）は全国にこれだけたくさんいるのですから、東北地方とか四国地方といったレベルではなく、1研究者1町村運動ということで、少なくとも1つの町や村に長期間張り付いて活性化の実を上げる研究をそれぞれが責任もって行っていくといった実践的システムがあってもよいのではないですか？」と。これに対して、明確な回答は残念ながら得られなかった。おそらく、「経験の浅い若造が生意気なことを言っている」くらいにしか捉えていただけなかったものと思われる。

ところで、普遍技術は幻想であるとして、農業技術の個別性あるいは個性を強調した宇根（2000）の見解をここで紹介したい。すなわち、「…ところが、農学では、どこでも通用する技術ばかりをめざして研究してきた。「その田んぼにしか通用しなくていい」という発想になりきれなかった。普遍的

75

技術という幻想は捨てて、ある環境を最大限に活かしていく技術をそこの百姓と一緒になってつくりあげていく、そんな農学だと、いまよりもっと楽しくなり、役立つんじゃないかと思います。」

　技術の個性というものを尊重する上記の考え方は、地域の個性を尊重する考え方とも通じるのではないだろうか？　つまりは、若造であった当時の私が提案したことは、農業経営研究者がもっと実践的な役割を果たすべきという考えの表出に留まらず、地域（村レベル）の多様性や地域の個性を尊重すること、それ故、特定の町や村に特化した研究の意義と有効性をも提起していたことになるのである。残念ながら、当時の私は勉強不足のため、後者の問題提起の真に意味するところをほとんど意識していなかったのであるが。

　もちろん、当時においても（1990年代）、町や村から依頼を受けて、当該地域の農業構造の分析やそれを踏まえた地域づくりなどをコンサルとして行っている農業経営研究者は存在した。ただし、本業である研究と両立させるのではなく、研究とは別個に、つまりどちらかというとボランティア的にこれらの「コンサル業」を担っていた研究者が多かったように思われる。また、コンサル報告書がただの報告書となっているようなケースも散見され、分析の奥深さがあまり感じられないようなものもあった。コンサル業務であり、研究業務ではないという一種のデマケ（区分）があったようにも思われるので、この点は致し方ないことではあったのかもしれない。

　国内では、以上のような状況であるが、海外ではどうであろうか？　よくある事例は、JICAのプロジェクトで農業経営研究者が短期専門家として呼ばれ、ベースライン調査を行うというような事例である。これ自体、結構なことではあるが、実は、もうプロジェクトは走り始めているのである。もちろん、プロジェクト実施前の調査（事前調査）やマスタープラン作成のための調査などが行われ、プロジェクト立ち上げ前に、周到な準備がなされているようにも見える。しかしながら、ここで、思い出すのは、あるJICAプロジェクトのリーダーの次のような発言である。「やっぱり、プロジェクト直前の1年間くらい、文化人類学者が現場に張り付かないとダメだよね。」（註

76

第2章　実践的農業経営学の模索

2）

　したがって、農業経営研究者もベースライン調査だけでなく、むしろ、プロジェクト形成のための農業経営調査に携わることが、プロジェクトにとって有益であると考える。プロジェクト事前調査やマスタープラン作成のための調査を行う開発専門家は、極めて有能な方が多いと実感している。彼らが得意とするのは、高い質問能力を駆使して、県、郡、村レベルの担当者から聞き取り調査を実施することである。もちろん、農家からも聞き取っているのだが、惜しいのは、本格的な農業経営調査が十分に実施されているとは言えない点である。これには時間的制約も影響しているものと思われる。農家が何を考えているのか？その考えの基盤となる営農実態（特に農業経営の実態）や生活実態はどうであるのか？　こうしたことがブラックボックスのままでは、迫力ある計画づくりが難しくなるのではないだろうか？

　したがって、プロジェクト事前調査やマスタープラン作成のための調査の中に、本格的な農業経営調査を組み込むことが必要ではないかと考える。時間が許す限りで。というか、時間にもう少し余裕を与える英断が求められているのではないだろうか？　その認識を開発関係者（実務者のみならず、実務者を管理する側の人々も含む）にぜひ持っていただければありがたいと思うのである。特に言えることは、農業経営のことを知らなければ、農業技術自体が宝の持ち腐れになりかねないということである。また、社会開発の局面で、組織化とかネットワーク、近年では社会関係資本などという新しい概念が脚光を浴びているが、その基礎あるいは構成単位は農家である。ここに切り込まなければ、組織もネットワークも社会関係資本も正体が見えてこないのではないだろうか？

　現場研究と言う時に、どうしても農家（の営農や生活）がどうなっているのか、農家の行動原理は何なのかといったようなことが重要となってくる。繰り返しになるが、そこで、農業経営がどうなっているかを明らかにしなければ、農家がブラックボックス化してしまうことになるのである。

77

第2節　農業経営の基本構造

　農業経営について考える上で、まずは農業経営の基本構造を理解しておく
必要があろう。そこで、具体例を交えながら紹介したいのは、筆者がJICA
短期専門家（農業経済）として、タンザニアに派遣されたときに、プロジェ
クトの要請に基づいて作成したタンザニア版農業経営の教科書（入門書）の
一部（基本事項の説明箇所）である。以下、タンザニアにおける灌漑稲作の
実態などを踏まえながら、農業経営の基本構造が平易な表現で説明されてい
る。

　農業生産における基本的な生産要素は、土地（水田、畑、樹園地など）、
労働（家族労働と雇用労働）、および資本（肥料、農薬などの資本財）であ
るが、これらが組み合わされて農業経営が形作られる。この生産要素の有り
よう（所有関係など）を含め、農業の経営組織（部門や作目の構成など）と
農業経営の企業形態（家族経営とか企業的経営など）を併せて農業経営構造
と呼ぶ（註3）。この農業経営構造は、農業経営が置かれた自然条件や社会
経済条件に影響される。自然条件とは、例えば、気候（降水量、降雨パター
ン、気温など）、水資源、地形、土壌などであり、社会経済条件とは、生産
物市場、生産財（生産資材）市場、農村労働市場、農村金融市場、様々な農
業・農村政策や制度、さらには、立地条件（都市からの距離、周辺農村から
の距離、農産物市場からの距離など）、道路条件、部族、共同体慣行などで
ある。

　タンザニアにおいては、家族成員（世帯員）数が多く家族労働力が豊富で、
農地は実質的には私有に近いけれども、これも各地域において様々である。
水田の経営規模については、キリマンジャロ州では1〜3エーカー（1エー
カーは約40アール）の農家が多く、全体的に小規模農家が支配的である。た
だし、これら小規模な家族経営農家の中にも様々な営農類型がみられる。例
えば、部門・作目の組み合わせによる分類でいけば、水稲単一経営、トウモ

78

ロコシ作やバナナ作（あるいは豆類や野菜作）と水稲作を組み合わせた複合経営、あるいはまた、自家農業と他の就業との組み合わせによる分類（就業構造の観点からの分類）でいけば、専業農家や兼業農家などであり、兼業農家については、農業所得が主か、兼業所得が主かによってさらに第1種兼業農家と第2種兼業農家に分かれる（註4）。

　さらにタンザニアの現状に即して言えば、この兼業農家は兼業先の種類によって、公務員農家、ビジネスマン農家、自営兼業農家（小売業や精米業などのいわゆるスモールビジネスを営む農家）、雇用労働者農家（他の農家に労働者として雇われる農家）などに分かれる。また、居住地の観点からも、在村農家と不在村農家とがあり、後者は都市在住農家と他の村に住む農家とに分かれる（註5）。

　以上みてきたように、農業経営構造に応じて多様な農業経営類型が得られる。このような類型ごとに、それぞれの農業経営構造にふさわしい（適合した）農業経営目標が設定されることになる。例えば、専業農家は、専ら農業を営むことによって生活しているわけなので、農業で最大の所得を得ようとする。これに対して兼業農家は、他の所得獲得機会との調整をしなければならないので、たとえ農業において最大の所得が得られなくても、所得全体すなわち農家所得（農業所得＋兼業所得）を最大化する方向を選択するであろう。また、兼業が主の農家は、多くの場合、農業においてむしろ労働節減（節約）を志向するであろう。さらには、自給的農業を営む貧困農家ということになれば、自給作物生産の最大化よりはむしろ安定化を目指すかもしれない（註6）。また、小規模専業農家においては、特に土地生産性を最大化して所得の最大化を目指すが、規模の相対的に大きな農家は所得の最大化をめざす場合と一定額の所得を越えた後、所得と同時に余暇を追求する方向をめざす場合も考えられる（註7）。

　以上述べたように、農業経営目標は、農業経営類型に応じて異なったものとなるのである。そして、そこで設定された農業経営目標に応じて、その農業経営目標を達成するうえで最も合理的な農業経営管理が遂行されることに

なる。例えば、小規模・中規模専業農家においては、雇用労働力になるべく
依存せず、可能な限り家族農業労働力を利用して農業経営費（雇用労働費）
を節減しようとする。また、タンザニアにおいては事例が少ないけれども、
堆厩肥を自家生産し、農業経営費（肥料費）の節減を図ろうとする経営方向
もある。これに対して、多くの労働時間あるいは家族労働力の投入が困難な
兼業農家や大規模農家は、雇用労働力への依存を強めることになるであろう
し、また、資金が十分であるならば、手間のかかる堆厩肥生産は行わず、化
学肥料を購入することになるであろう（註8）。

【コラム2-3】
二つの役割（私経済的役割と国民経済的役割）と農業経営目標

　磯辺秀俊（1982b）が指摘するように、農業経営は私経済的役割と国民経済
的役割の二重の役割を果たすが、両者それぞれの立場からする利益は、現実
には必ずしも一致せず、互いに矛盾が起こりやすい。企業でいえば、企業の
利潤確保と企業の社会的責任が、それぞれ私経済的役割と国民経済的役割に
相当する（磯辺　1982b）（註9）。

　確かに、利潤確保と社会的責任の矛盾の一事例こそ公害問題であったと言
えよう。途上国の農業において類似の事例を指摘するならば、「緑の革命」後
の水路や河川の汚染（化学肥料や農薬による水質汚染）である。こうした場
合に、農家の経営目標はどのようになるであろうか？　この問いを発すると
きに、環境保全のための政策を全く前提としないのであれば、農家に苦しい
二重の経営目標を負わせるような形になるかもしれない。

　しかし、それこそが矛盾であり、そこに調和の余地を持たせるのは、農家
自身ではなく政策の責任であろう。環境のことなど農家は考えなくてもよい
と言っているわけではない。そうではなく、時としてトレードオフの関係に
ある農業所得の確保と環境保全とを矛盾なく調和させることは極めて困難で
あり、そこを農家にだけ押し付けるのは政策の放棄に等しいと言いたいので
ある（註10）。もちろん、有機農業やIPMなどの実践によって農業所得確保と
環境保全を調和させている事例があることにも注目しなくてはならないが。

第2章　実践的農業経営学の模索

　なお、秋津ら（2018）によれば、近年、先進国においても途上国においても農業の大規模化が進む中で、その対極にある小さな農業を再評価する動きが広がってきている（秋津ら　2018）。国際連合は、2007 ～ 2008年の食料価格の高騰に続いて起こった大規模な土地収奪を背景に、2014年には国際家族農業年を設定して小規模農業に注目するとともに、小規模農業保護政策を展開している（秋津ら　2018）。したがって、今後、途上国の家族経営や小農に焦点を当てた研究の深化が望まれるが、既に検討してきたように、家族経営や小農といえども一律ではない。農業経営構造や農業経営目標の多様性を考慮しながら、きめ細かい研究を展開していくことが求められていると言えよう。

【コラム2-4】
農業経営における労働の捉え方

　農業経営の基本要素は、土地、労働、資本（資本財）であるが、このうち労働については、労働力ということだけではなく、農業経営管理能力をも包含する労働能力として捉えていく必要もあろう。その意味において、教育機会、農業経験、年齢、さらにはネットワークなども考慮していく必要がある。
　この労働能力という言葉に近い概念として、人的資本という概念が挙げられる。大塚（2020b）によれば、人的資本は、学校教育、親の教育、職場での訓練、健康への努力で形成される。中でも学校教育は特に重要である。また、教育のある労働者の方が職場での訓練の習熟が早いであろうし、さらには教育熱心な親になる可能性も高く、健康への認識も高いであろう（大塚2020b）（註11）。

81

第3節　農業経営目標の再考

1．途上国における新たな営農目標 ― 生計アプローチなど ―

　特に途上国において農業経営目標というものを考えたときには、農家の生計目標と言えるものが農業経営目標の一段上の上位目標として存在すると考えるべきであろう。最近、台頭しつつある生計アプローチという潮流の中で、その前提として考えられている農家の生計戦略（註12）が正にそれである。途上国においても、多くの農家経済が農業経営部門、兼業部門、および家計部門から成り立っているが、全体として農家経済というよりも生計、あるいは生計構造と言った方が適切かもしれない。また、家計部門というよりも生活部門と言った方が適切であろう。

　特に、途上国の農家は、あらゆるリスクに取り囲まれて暮らしている。また、生活部門において費やす労働（例えば、日本でも考えられる通常の家事や育児以外にも、水汲み、薪集め、野草採集、および狩猟など）（註13）が多様である上に、水汲みや薪集めなどの労働が特に女性にとって過酷な負担ともなっている。加えて、生活に必要な資源である森林資源や水資源の持続性の問題も、多くの地域でますます深刻化している。

　石（1988）によれば、例えば、マリやニジェールなどのアフリカの乾燥地帯では、薪集めに、週三回、それも一回に七、八時間費やすこともあり、また時には途中で野宿しなくてはならないこともあるということだ。なお、薪が手に入らなくなった人々は、家畜の糞を乾燥させて燃料に使っている。しかし、本来は有機肥料として畑に還元すべき糞を燃やすことで、田畑の疲弊がいよいよ進行するのである（石　1988）。また、ネパールでは、人口増加のために山の急斜面の森林を切り開いて農地を拡大した結果、森林が激減し、人々は遠くまで薪の採集に出かけるようになった。そのため、畑仕事に費やす時間が短くなったのである（本山　1991b）。つまりは、生活と営農は連動しているのである。生活に必要な労働に費やす時間が長くなれば、それだ

第2章　実践的農業経営学の模索

け営農に向ける時間が犠牲になってしまう。その結果が、収穫量の減少、そして家計仕向け量の減少となり、生活にはね返ってくるのである。

　生活に関わる労働だけでなく、兼業も多種多様で、雑業構造と呼ぶべき状況もそこに見いだされる。出稼ぎも見逃せないし、その不安定性にも留意する必要がある。こうしたことを考えたときに、兼業部門や生活部門も含めたリスク分散やレジリアンスの考え方が当然出てくることになる。もっとも、こうした概念に研究者が注目する以前に、リスクへの様々な対処、レジリアンスの様々な工夫は、多くの農家によって行われてきたものと思われる。日本だけでなく、途上国でも篤農家はたくさん存在するし、別に篤農家でなくとも、自らの生計を守っていくために、あらゆる手段を講じるというのは農家としては当然のことである。それでも、自らの力ではどうしようもないほどの大きなショック、例えば、気候変動の影響、あるいは内戦や経済的打撃などの影響を受けてきたというのが実情であろう。特に気候変動の農業への負の影響は危機的状況となりつつあることを考えれば、レジリアンスについて今後さらに真剣に考えていかなければならないだろう。

　生計目標を考える上では、営農や生活や兼業そのものだけでなく、それらを取り巻く自然環境や社会経済環境、およびそれら環境と農家との接点をみていくということが必要になってくると考える。ただ、こうした点は、ファーミングシステムの考え方に類似している。生計アプローチは、従来のファーミングシステム論と重なっているように思われる。そのファーミングシステム論については、第4章で詳細に検討していくことにする。

2．途上国におけるもう一つの営農目標

　藤田康樹（1995）によれば、タイにおいて、アグリビジネスによる技術・生産物規格等の統制のもとでの契約農業が増えている中で、その傘下に入ることを嫌う農家が出現してきている。その理由は、以下のように整理されている。第1に、売り先は安定するものの、相場に左右されて、時々、リスクを負うこと、第2に、モノカルチャーになり、持続的農業にとって好ましく

83

ないこと、第3に、技術・規格等すべてが統制されて、創造性発揮の余地が
なく、農業経営に面白味がないことの三点が挙げられている（藤田康樹
1995）。

　以上の理由は、2戸の事例農家における理由であり、一般化はできないも
のの、示唆に富むものである。特に第3の理由に注目したい。創造性の発揮
と面白味という点が事例農家にとってのモチベーションの源となっているか
らである。もちろん、生存水準ぎりぎりのところで営農を続ける農家にとっ
ては、こうした要素が考慮される余地は大きくないかもしれない。しかし、
それでも、営農と生活の両面において様々な工夫をしながら生存してきた農
家の生きがいや喜びを否定することはできないであろう。

　いずれにせよ、事例農家のような考えを持つ農家が、途上国においても増
えてきていると推測される。つまり、途上国の農業経営においても、いわゆ
る「楽農」（農業を楽しむ、あるいは楽しみながら営農活動を行なうという
こと）を重要な考慮材料にすべき時代が到来しつつあるのではないかという
ことである。また、農業を楽しむということが、農家の子弟にとっても自営
農業を継承していくモチベーションの源泉になり得るのではないだろうか？

　「楽農」と関連して言えば、研究者が面白いことを研究しようとするのと
同様に、農民も面白いことを試してみようとするのである。この農民の好奇
心や研究心や知識欲を大切にすることこそ、研究や開発の出発点であろう。
一例を挙げるならば、SRI（System of Rice Intensification）に取り組む世
界各地の農家が挙げられよう。SRIについては第1章で説明したとおりであ
るが、その際立った特徴として、SRI技術の柔軟性という点を指摘すること
ができる。基本原則に基づきながらも、各地の篤農家たちによる技術の適合
化に向けた多様な試行錯誤が展開されてきたのである。これらの篤農家は、
ある意味、研究者であるとも言えるかもしれない。技術を様々に試しながら、
より良いものに仕上げていく過程で面白さを感じているのではないだろう
か？

　付け加えておきたいことは、日本においても、「楽農」という概念が突然

84

第2章　実践的農業経営学の模索

出てきたわけではないということである。川本（1990）は、農村の本質に関わる柳田国男の考え方を紹介しているが、それを要約すると、次のようになる。すなわち、日本人の喜んで勤労する精神の根源はムラにある。この精神は、日本のムラのなかで生まれ、日本人を育ててきた原動力である（川本1990）。そもそも、農民は農業に対し愛着を持っているし、面白みも感じているのである。生活を維持していくのがやっとというような貧しい農民であっても、こうした感覚を持ち合わせているものである。それが、「楽農」の基盤である。当然ながら、その基盤は、「楽農」概念以前から存在していたということである。以上の点に関しては、アジアやアフリカの農民と様々なコミュニケーションをする中においても、筆者自身、しばしば実感してきたことである。

　この「楽農」こそは、内発的動機づけの基盤であろう。佐柳（2015）によれば、報酬や罰ではなく、行為者自身が楽しく感じること、興味深いと感じること、面白いと思えること、こういうことに基づく動機づけが内発的動機づけである。言ってみれば自発性である（佐柳　2015）。このように考えてくるならば、途上国における様々な農業・農村開発プロジェクトが、この内発的動機づけに基づいて行なわれるべきであることは疑いないであろう。

【コラム2-5】
バナナ売りのおばあさんと農業経営の接点

　佐藤仁（2021）は、国際協力の世界における想像力の重要性を示すために、次のような興味深いエピソードを紹介している。

　1970年代の話であるが、佐藤の恩師がフィリピンの道端でバナナを買おうとして、値段を聞いたところ、「5本で1ペソ」と言われた。そこで、「15本ください。」と言うと、「ならば1本5ペソです。」と言われた。まとめて買うのに何故割高になるのかと不思議に思って、理由を尋ねたところ、バナナ売りのおばあさんの答えはこうだった。「私はこの狭い路地裏で、丸一日バナナ

85

だけを売って生活している。客と交わす会話が数少ない楽しみだ。あなたはバナナをまとめ買いすることで、私の数少ない楽しみを奪うことになる。だからその分を余計に払うことで補償してほしい。」(佐藤仁 2021)

　筆者が注目したいのは、このおばあさんがバナナ売りを楽しんでいたという事実そのものである。路上のバナナ売りはつらいだけかと思ったらそうではなかった。労働疎外されているかと思ったが、そうではなかった。このことから二つの考えが浮かんできた。一つは、バナナ売りのおばあさんが「楽売」(楽しく売っているという造語)しているのだから、農家が農業を楽しむという側面も決して否定されないであろうということである。そして二つには、客観的な経営指標だけでなく、経営に勤しむ農民の心情(単に「楽しむ」といった抽象的な表現ではなく、具体的にどのように楽しんでいるのかを心情的に明らかにすることなどが肝要)まで理解することによって、はじめて農業経営のブラックボックス化から解放されるのではないかということである。

第4節　政策提言の土台となる農業経営研究
― ラオス北部焼畑地域の事例分析に基づいて ―

　猪口(1985a)によれば、社会科学の三つの課題は、説明、解釈、批判である。つまり、社会現象を説明し、解釈し、そして批判するということである。この三番目の課題は人間社会を批判的な眼で見直すことであり、社会科学においては、醒めた眼と平常心をもちながら、よりよき社会へ進むための情熱が必要とされる(猪口　1985a)。「醒めた眼」と「情熱」といったキーワードは川喜田の考え方と通じるものがある。川喜田(1973b)は、異民族を研究するにあたって、「温かい心と冷たい頭を持て」というモットーを掲げている(川喜田　1973b)。社会科学研究であれ国際協力であれ、基本姿勢は共通しているということであろう。

　また、猪口(1985b)によれば、批判とは二つの意味を持つ。一つは既存理論などへの批判であり、もう一つは既存社会などへの批判である。そして両者は不即不離の関係にある(猪口　1985b)。さて、上記三つの課題(説明、解釈、批判)であるが、これらは並列関係なのだろうか？　もしそうだとす

第2章　実践的農業経営学の模索

れば、説明や解釈を自己目的化することも可能であるかもしれない。確かに、それはそれで意義があるかもしれないが、説明と解釈にもとづいて批判まで行なってこそ、実践的ということになるのではないだろうか？　ただし、批判に留まらず、そこから、その批判を踏まえた提言、あるいは提言の基礎となるものを提示することによって、真に実践的ということになるであろう。

　農業経営学も社会科学の一翼を担うものであり、上記の考え方が当てはまると思われる。稲本（1993b）は、今後の経営研究に期待する実践性の内容として、最初に、経営場面、地域農業場面、政策場面における諸問題の解決能力、それに向けた論理と情報の提供能力を挙げている。その他の実践性の内容としては、経営者に対する経営教育力、経営環境・経営展開に関する将来展望の提示力などを挙げている（稲本　1993b）。

　そこで、以下、政策提言の土台を形成する可能性をもった農業経営研究の事例（ラオス北部山岳地域研究の事例）を紹介する。併せて、本事例に関して、政策提言につながる可能性と制約についても検討していくこととする（註14）。

１．ラオス山岳部焼畑地域における持続性崩壊の悪循環

　ラオス北部には山岳地域が広がっており、焼畑農業が広範に営まれているが、近年、北部地域一帯で焼畑農業・農村の持続性が問題となってきている（註15）。また、ラオス北部の中国国境に近い県では、中国経済の影響を受けており、そのこと自体が別の問題（中国資本の進出に伴う飼料用トウモロコシやゴムの契約栽培あるいはバナナプランテーションに関わる問題）も引き起こしている（註16）（註17）。

　実は、ラオス北部山岳地域の主要な問題は、以上の焼畑農業・農村の持続性の問題と中国経済への包摂問題の２つである。が、ここでは焼畑農業の持続性の問題と北部焼畑農村特有の問題に焦点を当てるため、中国国境から一定の距離があり、国境地域に比べると中国経済の影響が相対的に少ないルアンパバーン県の一農村を選定し、そこでの焼畑農業・農村の事例（**写真2-1**、

87

写真2-2、写真2-3）を分析しながら、政策的含意も考えていく。

ルアンパバーン県の一農村H村は、県中心都市ルアンパバーン市から南に約20km離れた山岳部に位置している。ルアンパバーン市中心部からH村中心部までは、隣接するS村まで車で行き、そこからメコン川の支流カーン川を小舟で渡り、徒歩で少し登っていく。合計所要時間は約1時間であるが、カーン川の存在がアクセスを悪くしていることは否定できない。

H村は、ルアンパバーン県の中の典型的な山村であり焼畑村である。村内の農家のほとんどが焼畑農家であり、その中のごく一部（4戸）の農家だけが焼畑圃場の他に水田も保有していた。主要作物は陸稲である。焼畑圃場では、陸稲の他、ハトムギ（飲料用）、ゴマ、トウモロコシ（飼料用）などが栽培されていた。陸稲は自給作物であるが、他の畑作物は換金作物（商品作物）であり、このうちハトムギは、主としてタイやベトナムに輸出されていた。焼畑部門の他には、特用林産物（キノコ、タケノコ、ペーパーマルベリーなど）

写真2-1　焼畑陸稲栽培　（H村）

写真2-2　焼畑圃場遠景　（H村）

写真2-3　刈り払いが終わった焼畑圃場　（H村）

の採集や漁労を行なう農家が多い。ごく一部の農家は養魚池を有していた。また、主要家畜は鶏と豚であった。以下、H村の事例農家について説明していく。事例農家1は、6人家族（世帯主、世帯主の妻、子供2人、世帯主の両親）であった。全耕地面積は2.5haであり、うち2006年に0.7haで陸稲を栽培し、1.2haを休閑した。圃場（畑）は3ヶ所に分かれていた。この他、0.6haの水田を保有していた。また、2000年に集荷業者からゴマの種子を購入し、ゴマ栽培を始めた。養豚については1998年から開始し、10匹の豚（うち、9匹は子豚）を飼養していた（2006年時点）。

事例農家1では、1995年に約1.2トン/haあった陸稲単収が、2005年には約0.7トン/haとなった。事例農家1の認識によれば、この深刻な収量低下は、地力の低下と雑草の増加によって引き起こされたということである。地力低下は、休閑期間が短くなったことにより引き起こされたものと考えられる。また、休閑期間が長かった時には、火入れして燃やす木（二次林）なども多かったので、火力が強く雑草も十分燃やせたが、休閑期間が短くなって火力が弱まったことにより、雑草を十分に燃やせなくなったのである。その点も、収量低下に結びついているのではないかと考えられる。

次に、事例農家2は7人家族（世帯主、世帯主の妻、4人の子供、妻の母親）であった。全耕地面積は1.5haであり、うち0.7haで陸稲栽培を行い、残り0.8haを休閑していた。圃場は3ヶ所に分かれていた。また、ハトムギの種子生産を行っていた。当農家は、将来、ハトムギとトウモロコシを換金作物として栽培したいという意向を持っていた。家畜については、豚1匹と鶏15羽を飼養していた。当農家の陸稲栽培における問題は以下のとおりであった。

第一に、播種作業の遅れである。これは、播種前の除草が遅れたためである。除草作業の遅れは労働力不足によるものであった。労働力不足は、当農家だけでなく、H村の多くの農家で問題となっていた。ここで労働力不足の背景を十分に確認できなかったが、一つには焼畑耕作の労働集約性の裏返しとしての表現（労働力不足という表現）になっている可能性も十分考えられ

る。また、事例農家1でみられるような雑草の増加も、除草作業が遅れる要因の一つになっていたのではないだろうか？

当村においては水稲作は4戸の農家で行われているだけであるが、その水稲作と比較して、陸稲作はかなり労働集約的である。除草、刈り払い、および火入れの作業は、多くの場合、労働交換によって対処されていた。最も大変な作業は収穫後の米の運搬である。事例農家2においては、三ヶ所ほどある圃場の中で屋敷地から最も遠くに位置する圃場の場合、通常、屋敷地から徒歩で1～1.5時間かかるのである。その距離を、袋詰めされた50~60kgの米を担いで運ばなくてはならないのであった。これは労働時間の問題でもあるが、同時に労働強度の問題でもあった。

第二の問題は、陸稲の収量低下問題である。1995年時点では、傾斜地の畑で1.0トン/ha以上あった単収が、2005年には約0.7トン/haへと低下した。当農家の認識によれば、収量低下は、休閑期間の短縮と雑草の増加、および地力低下によるものであった。地力低下は休閑期間の短縮によって引き起こされたものと考えられる。この点で事例農家1と共通している。

ところで、当農家によれば、陸稲の収量低下問題に対する解決策の1つは、ペーパーマルベリー（梶の木のことで、紙の原料となる特用林産物の一種）と陸稲のローテーション（ペーパーマルベリーの栽培を3年行う）による土壌肥沃度の向上であるということだ。ペーパーマルベリーの樹皮は紙の原料として、また、葉は豚の飼料として活用されるのである。こうした農家の発案による地力維持対策はとても貴重なものであると考えられる。この対策をプロジェクトで内部化することによって、この農民技術を科学的に解明する、あるいはその効果を実証するということが可能になったかもしれないと今になって思うところである。それができなかったことは大きな反省材料であると言えよう。

その後の調査・研究で、H村の多くの農家が土地森林分配（1996年から始まった土地森林分配事業）により割り当てられた2～3か所の土地で焼畑を行わざるを得なくなっている現状が明らかとなった。逆に言えば、割り当て

られた土地以外では、焼畑を行うことができなくなったわけである。これが焼畑の固定化あるいは焼畑制限というものであり、こうして、かつての移動式焼畑から、いわゆる回転式焼畑へとシフトしていったわけである（Yamada 2014b）。

富田晋介（2009a）によれば、上記土地森林分配事業は、2003年までにはラオス全村の約50％で実施され、村の領域に境界線が引かれ、土地は、農地、保護林、保全林、生産林、再生林、荒廃林などに分類された。この事業は、森林保全と焼畑停止を目的としてスウェーデン国際開発協力庁の協力で作成されたものだが、住民の土地利用は制限され、焼畑が行える土地も制限された。結果、制限された土地では、休閑期間が十分に取れず陸稲生産量の減少を招いただけでなく、保護林などにも焼畑が広がってしまった。政策作成過程では様々な専門家が関わっていたはずであるが、うまくいったとは言えない結果となった。実際のところ、住民の生存基盤を危うくしたというものであった（富田晋介　2009a）。

Yamada（2014c）は、H村で土地森林分配事業後に、各焼畑農家の農地保有状況がどのようになっているかを明らかにした。それによれば、調査農家32戸中、21戸の農家が3箇所の圃場を保有しており、9戸の農家は2箇所の圃場を保有していた。そして、残り2戸の農家は1箇所しか圃場を保有していなかったのである（Yamada　2014c）（**写真2-4**）。

以上の保有状況から休閑期間はほぼ2年以内であることが分かるのである。何故ならば、H村では、ほとんどの焼畑農家が一つの圃場を1年しか耕作せず、次年度には他の圃場を耕作していたからである（註18）。この選択自体は合理的と言える。その理由は、焼畑土壌の養分に限りがあるからである。櫻井（2008）によ

写真2-4　焼畑圃場の位置確認作業（H村）

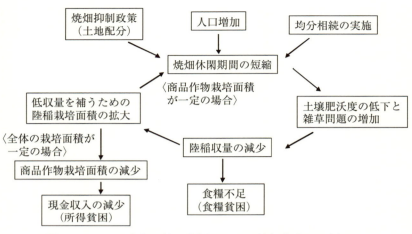

図2-1 ラオス北部H村の事例からみる焼畑農業の悪循環
出所：YAMADA（2014e）の図5-2を和訳

れば、樹木の焼却によって得られた灰に含まれる養分が土壌中に残る期間はほぼ半年から一年程度である。仮に無理を承知で二年続けて焼畑で陸稲を栽培した場合、焼却用の樹木が少ない二年目には、土壌中に蓄積された養分そのものが不足する。また、雑草の種子が焼き切れず、すぐに繁茂するため、一年目と同等の満足な収量を得ることが難しいのである（櫻井　2008）。したがって、H村では、3箇所の圃場を保有する農家の休閑期間はほぼ2年、2箇所保有する農家の休閑期間は1年となる。そうなれば、当然、この休閑期間の短さから収量の低下は避けられなくなってくるというわけである。こうした悪循環の構造を**図2-1**に示した。

ところで、上記焼畑抑制政策の背景に関しては、安藤益夫（2014c）の整理によれば、一つは人口増に伴う土地利用圧力の増加、もう一つは欧米諸国に主導された地球環境や生物多様性保全運動の高まりがある。焼畑は森林資源を劣化・破壊するものとみなされたのである（安藤益夫　2014c）。

上記一つ目の背景はそのとおりである。しかし、問題は二つ目の背景であ

る。安藤の整理が問題なのではなく、安藤によって明らかにされた「焼畑は森林資源を劣化・破壊する」という認識こそが問題なのである。

河野ら（2008a）によれば、ラオスの森林面積割合（国土面積に占める森林面積の割合）は、1953年が64％、1980年が65％、2005年に70％となっており、国全体としては、約50年間、森林面積の増減がほとんどないのである。このことは、伐採と天然更新による植生回復を繰り返すことができるような循環的な利用によって、森林が維持されてきたことを示唆しているのである（河野ら　2008a）（註19）。

つまり、以上の事実は、焼畑抑制政策の根拠（「焼畑は森林資源を劣化・破壊する」という指摘）を突き崩すものであると言えよう。落合ら（2008）によれば、同じ焼畑であっても、十分な休閑期間を確保できる状況にあれば、持続的な生産手段となり、その休閑期間を短縮するならば、森林破壊の元凶となる（落合ら　2008）。焼畑の本質は、休閑することにあると言えるが、その持続性は、休閑期間の長さ次第なのである。その意味で、焼畑それ自体が森林資源を劣化・破壊するものとみなす欧米諸国の立場や見解は、混乱を招くものであると言えよう。

実は、この点に関して、数多くの研究がなされてきて、議論は既に決着しているとの見方が出ている。宮本（2010）によれば、森林減少の最も大きな原因は農地拡大であり、焼畑はその一部に過ぎないという考え方が定着してきた。焼畑が森林減少の主要因とする説に対する反論が多くの実証研究に基づき行なわれてきた結果である。今では、焼畑原因説は影を潜め、代わって商品作物や輸出用農産物の生産拡大の影響が重要視されているのである（宮本　2010）（註20）。

なお、注目しておかなくてはならないのは、森林の開墾についての認識である。横山ら（2008）によれば、土地森林分配事業で住民に分配された土地は農地だけであるが、ウドムサイ県のある村の事例では、再生林、生産林、保護林、保全林などの森林にも常畑が開墾されていることが確認された。ところが、森林での農業は焼畑でなければ特に問題ないと村が言っているとい

うのである。これは、村の認識というよりも、政府の認識であるようだ。であれば、土地森林分配事業の主要目的の一つである「森林の保全と保護」と矛盾することになるのである（横山ら　2008）

　つまりは、ラオス政府が森林資源の保全や生物多様性の維持などについて、どこまで本気で考えているのかという問題である。政策転換を含む今後の方向性について、もっと真剣に議論しなければならないだろう。実は、ラオス農林省内にも現行の焼畑抑制政策の問題点を理解している官僚がいたのである。その本人と直接じっくりと話をしたこともあったが、ここを起点に、より多くの政策担当者と議論を広げていくこともできたのではないかと今になって思うのである。

2．ラオス山岳部農村の合併とその影響 ── 共同体の紐帯と労働への影響 ──

　ラオスでは、2000年に首相令によって集合村（Kum ban）が制定されることとなり、既存の村落の合併・集合化が進められた（高橋清貴　2014）。上記のH村も、2005年に近隣村との合併を経て今日に至っている。その合併とは、近隣のH1村、H2村、HT村、およびP村の合併であった。この合併は、実は単なる合併ではない。H1村以外の3村の住民が元の村に耕地を残したまま、居住地をH1村（現在のH村の中心地）へ移したのである。

　合併前の2002年には55戸、333人がH1村に居住していたが、合併によって、村の人口が倍増した（註21）。ただし、HT村およびP村の住民の中には、H1村への移住をためらっている住民も多く存在した。今後、これらの住民がH1村への移住を決意する可能性もあるため、H村中心地（旧H1村）では人口がさらに増加する可能性がある。

　こうした村の合併に伴って、これまで交流のなかった異なる少数民族同士が同じ村で協力していかなくてはならないという課題が新たに生じた。H1村とH2村はカム族の村であるが、HT村とP村はモン族の村である。それぞれの民族では、生活習慣や価値観などが異なっていると言われている。これまでにも既に、新村（H村）における住民の会合への参加を無視する住民が

第 2 章　実践的農業経営学の模索

表 2-1　ラオス山岳部 H 村における移住前後の通作時間の比較

	圃場 1 までの時間		圃場 2 までの時間		圃場 3 までの時間	
	移住前	移住後	移住前	移住後	移住前	移住後
農家 A	10 分	45 分	15 分	50 分	20 分	55 分
農家 B	1 時間	2 時間	1 時間	2 時間	1 時間	2 時間
農家 C	35 分	1 時間 15 分	20 分	1 時間	5 分	45 分
農家 D	1 時間	2 時間	20 分	1 時間	5 分	30 分
農家 E	1 時間	2 時間	1 時間	2 時間	30 分	1 時間 30 分

出所：筆者調査（2006 年）より作成。

存在した。こうした中で、H村の村長は村内の協力体制づくりの難しさを実感しているようであった。

　また、合併によって居住地（屋敷地）だけが移動したため、新たな居住地（屋敷地）から圃場までの距離は以前よりもさらに遠くなった。旧H1村の中心部から 3 つの旧村それぞれの中心部までの所要時間（徒歩）は、H2村まで30分、HT村まで40分、そしてP村まで 1 時間となっていた。さらには、村の中心部から圃場までの距離となると、もっと遠くなるのである。上記 4 村の合併後に、いずれの移住農家においても、通作時間は 2 倍あるいはそれ以上に増加した（**表2-1**）。その結果、特に、農家Bと農家Eでは作物の栽培管理時間の減少が深刻となってきた。特に除草作業に割り当てることができる時間が短くなったので、除草が疎かになってきた（註22）。農家Eでは、その結果、陸稲収量が減少した。

　農家Bにおける陸稲の収穫および脱穀は、移住前には世帯主と世帯主の妻の 2 人で15日を要していたが、移住後には20日を要するようになった。その他、刈り払いの日数が20日から25日へと増えた。刈り払い作業は、収穫作業と同様、世帯主と世帯主の妻によって担われていた。

　農家Cは、収穫および脱穀において、移住前には世帯主と世帯主の妻に加えて、兄弟 3 人との労働交換で対応していたが、移住後、さらに近隣農家との労働交換も行うようになった。それでも、収穫および脱穀の日数は、移住

95

前の４～５日から移住後６日へと増加した。

　農家Ｄでは、移住前には、除草作業を世帯主、世帯主の妻、および長男が担っていたが、移住後に孫５人が加わり、さらに近隣農家10～20人との間で労働交換が行われるようになった。これによって移住後も除草作業が間に合うようになったのである。また、播種においては、移住前に上記の家族労働力に加え、20～30人の近隣農家と労働交換が行われ、１日を要していたが、移住後には同様の労働交換で２日を要するようになった。

　農家Ｅは、移住前に、世帯主と世帯主の妻で播種作業に６日を要していたが、移住後には８日を要するようになった。また、移住前の刈り払い作業は、近隣農家との労働交換などによって確保した20人の労働力で１日を要していた。ところが、移住後には、世帯主と世帯主の妻と娘だけで刈り払い作業を担うようになったため、10日も要するようになった。

　以上みてきたように、移住後には、主要な作業において労働力あるいは労働日数が増加した。必要とされる労働量（個々の作業量）自体は変わらなくても通作時間が増えたため、一日当たりの作業量が減ったのである。そのため、全体の作業（労働）日数が増加したというわけである。他方、労働力あるいは労働日数の増加で対応できない場合には、栽培管理の粗放化へとつながっていったのである。

　以上の事例は、村同士の合併によって営農と農村社会において引き起こされた深刻な問題を示すものであり、合併の是非を問うものであると言えよう。上記でみたように、遠隔地の村から移住させられた人々の苦悩は深い。通作距離と通作時間の大幅な拡大は、元々労働集約的営農である焼畑農業の継続を一層難しくするものであった。また、異なる少数民族は、元々別の村で平和に暮らしていたのである。それを一つの村に押し込むというのが、この合併政策であった（**写真2-5**）。その結果、引き起こされる農村社会の亀裂は、想像以上のものであったと推察されるのである（註23）。そもそも村の合併策の意図するところは、教育や医療へのアクセスを改善するというようなものであったと考えられるが、これまでみてきたような合併の多大なる負の側

第 2 章　実践的農業経営学の模索

写真2-5　斜面に建てられた移住農家の住居（H村）

面に目をつぶってでも推進する価値があったのかどうか、疑問が残るところである。

【コラム2-6】
政策提言につながるマクロ分析とミクロ分析

　スーザン・ジョージ（1984b）によれば、途上国においては、換金作物は広大な耕地を占領し、もっとも地味の肥えたところでつくられる。たとえばフィリピンでは55パーセント、モーリシャスでは80パーセントが換金作物の耕作地である。セネガルでは農地の50パーセントを落花生にあてている。さらに、わずかな農業投資しかできない国で、その乏しい投資のほとんどを換金作物が食ってしまう。農産物輸出振興の名目で、灌漑設備、肥料、農薬、農機具の整備が優先され、さらに科学的研究や財政融資という無形のインプットにも力が注がれているのである（スーザン・ジョージ　1984b）。
　以上の考察は、マクロ的な考察であるが、いくつかの途上国において、自給作物の軽視という問題（フードセキュリティーの問題）と多様化・多角化

の喪失（リスク増大の問題）という二つの問題が鋭く提起されている。ここから先は、ミクロの世界すなわち農家レベルでの考察が必要であろう。この農家レベルでの考察とは、主として、上記で提起された二つの問題が個別農家の農業経営にどのような影響を具体的に与えているかという点の考察である。この影響を受けた農家の具体的対応とその限界なども含めて農業経営レベルにおける問題構造を解明することは、大きな説得力を持つであろう。それによって、政策提言に向けた確実な基礎固めが可能になるのではないだろうか？

第5節　農業経営者能力形成についての考察

　実践的農業経営学を考える場合、何よりもまず目指す方向を明確に定める必要があろう。それは、農業経営学の目的をより実践的なものにすることである。この目的という言葉をより噛み砕いて表現すれば、出口ということになるだろう。そこで、あらためて、実践的農業経営学の出口を示すならば、次のようになる。

　①農業政策提言の土台を形作る（農業政策提言のための基礎的知見を提示する）、②農業・農村開発プロジェクトの大枠や方向性を示す、③農業技術開発の方向性を提示する（技術の事前評価）、④農業技術を評価する（技術の中間評価と事後評価）、⑤農業経営者能力の形成条件を明らかにする、⑥農業経営管理改善の方向性と具体的方策を提示する

　以上6つの出口である。このうち、①と②については、前節において具体事例の検討を行ってきた。残りの出口のうち、③については、第4章において詳述することになる。④については、すでに国内の農業経営研究において経営評価という確固とした分野が確立されており、その研究成果の膨大な蓄積がある。そうした経営評価の研究が、途上国においても少しずつではあるが、広がりつつある。本書でも、バイオガスダイジェスター技術や稲作条播技術の経営的評価について、第1章で詳細に検討したところである。⑥については、第3章でベトナムとタンザニアにおける農業経営管理の事例が検討

第2章　実践的農業経営学の模索

されることになる。

　ところで、参加型開発の世界でエンパワーメントという概念が盛んに使用され、実際、途上国における多くの参加型開発プロジェクトなどの中でも、エンパワーメントが強く意識されてきた。ところが、途上国における個別農家の農業経営という最も基本的な局面で、エンパワーメントのあり方が具体的に議論されてきたであろうか？また、研究されてきたであろうか？　残念ながら、そのような研究や議論は極めて少ないのである。実は、この分野の核となるのが農業経営者能力形成論であろう。つまりは、上記⑤の出口の本格的検討が、今求められているのではないだろうか？　途上国農民のエンパワーメントの議論を基礎から支えるという意味合いにおいても、そして上記⑥の「農業経営管理改善」の主体（担い手）を考察するという意味合いからも。

　農業経営者能力形成論については、淡路和則らの優れた研究成果（主として国内農業を対象とした研究成果）が存在する。淡路は、著書『経営者能力と担い手の育成』の中で、経営者能力形成プロセスとそれに対応した育成方策の一般化を試みている。これまで、国内においても全く研究が手薄であった経営者能力論に果敢にアプローチした功績は大きい。ところが、淡路はじめその他の研究者の農業経営者能力形成論を踏まえた応用研究や事例研究が、途上国においてほとんどみられないのである。

　何故だろうか？　その理由は、おそらく第3章で議論することと深く関わっていると考えられる。つまり、途上国には経営管理というものが存在しないという暗黙の「了解」である。しかしながら、その「了解」が正しくないということを第3章で明らかにする予定である。そこで、ここでは、途上国における農業経営者能力形成論をいかに研究していくかということについて考えてみたいが、それに先立って淡路の研究成果からみていくことにする。

　淡路（1996a）は、まず農業経営者能力に関する先行研究を次の二類型に整理した。一つは、人的資質論的アプローチであり、もう一つは、能力形成論的アプローチである。淡路（1996a）によれば、このうち人的資質論的ア

99

プローチは、同一条件でも経営成果に差が生ずる要因を経営者という人間の内面に求めた研究アプローチである。しかしながら、このアプローチでは、限られた局面での「理想の経営者像」は描けるかもしれないが、それによって経営者の育成について展望することは難しい。他方、能力形成論的アプローチは、経営者能力を固定量としてではなく成長するものとして扱っている（淡路 1996a）。つまり、人的資質論的アプローチが静態分析であるのに対し、能力形成論的アプローチは動態分析であると言えよう。

淡路（1996b）は、稲本志良や重冨真一らの能力形成論的アプローチを評価した上で、そこで明らかにされた能力形成メカニズムを、経営者の育成という課題につなげるための必要条件について考察した。それは、どういった順序で何をdoingして、何をlearningすればよいのか、その階梯を明示することであった（淡路 1996b）。淡路が示した階梯とは、農作業→生産資材購入→生産物販売→財務→保全であり、それに対応した管理は、生産過程管理（農作業、生産資材購入）→経常的資金管理（生産資材購入、生産物販売）→長期的財務管理（生産物販売、財務）→財産管理（財務、保全）である（淡路 1996c）。

まず評価すべき点は、「能力形成メカニズムを経営者の育成という課題につなげる」研究を行なった点である。その意義は、経営者育成につながり得る研究、つまりは実践的研究を行なったという点にこそある。能力形成メカニズムの解明だけでは、その成果の受け渡し先が判然としないが、経営者諸機能を経営成長過程の中で位置づけることによって、経営者の具体的な育成課題が段階別に明らかにされた。ここに、淡路の研究における優れた実践性を見いだすことができるのである。

ただ他方で、淡路の研究成果においては、稲本や重冨が提示した重要な視点が十分に取り込まれているとは必ずしも言えない面もある。例えば、重冨（1983）は、熟練の形成過程について述べているが、その例として、稲の状態から即座に施肥判断ができるだけの能力が形成される過程を挙げている（重冨 1983）。しかしながら、厳密に言えば、淡路が示しているのは、熟練

第2章　実践的農業経営学の模索

が形成されていく諸段階であって、熟練が形成されるメカニズムそのものではない。つまり、総じて淡路が示しているのは、生産過程管理から始まり、財産管理にまでつながっていく諸段階の流れであるが、各段階の形成メカニズムは必ずしも示されていないのである。もちろん、熟練形成の諸段階を淡路が明示した意義は大きいが、重冨は、むしろそこの部分を能力形成メカニズムとして扱いたかったのではないかと考えられる。確かに一般化というものは難しいかもしれないが。

　なお、重冨（1983）によれば、農業経営主体が直面する問題はその関連領域が極めて広く、また問題解決のための情報の必要範囲も限定しにくい場合が多い。したがって、問題解決に関わる情報をどれだけ広領域にわたり、また的確に捉えているか、が重要な能力形成の指標になろう（重冨　1983）。途上国においては、こうした指標を考えるときに、情報アクセスが問題となってくる。途上国の多くの農家は、情報アクセスにおいて困難に直面している。そうなると、例えば販売管理などにおいても支障が生じてくる。そこに、SHEPアプローチ（市場志向型農業振興）のようなプロジェクト（JICAプロジェクト）が脚光を浴びる理由もある。「売るために作る農業」の実践のためには、農家自らが市場調査などを行ない、売れ筋の品目やその価格などを明らかにすることが重要である。それを他の農家にもフィードバックするわけである（註24）。

　市場情報は、重冨が言うところの広領域な情報の一つに過ぎないが、そのアクセスは農家自身による市場調査などを伴うものであり、そこには組織的対応も必要とされるであろう。こうしてみてくると、これは単なる能力形成というよりは、エンパワーメントと言った方が適切かもしれない。

　他方、淡路（1996d）は、担い手の成長過程が、経営外部との接触とも関わりを持つ点に注意しなければならないと指摘している。そして、経営外部との接触の例として、青年グループの活動への関与、とりわけ学習活動を主体としたグループ活動への関与、また、集落や各種組織の会合への出席などを挙げている。その上で、こうした経営外部との接触は、学習の機会でもあ

101

り、社会的交わりの中で自己を確立する契機でもある（淡路　1996d）と結論づけている。この経営外部との接触は、重冨が指摘する能力形成の重要指標、すなわち問題解決に関わる情報を広範囲かつ的確に把握することと密接に関わっていると言えよう。

　このことを途上国に当てはめて考えてみるならば、例えば、ベトナム・メコンデルタにおいて農業普及クラブや農協に参加することが、農業経営者能力形成につながるということになろう。もちろん、この点の実証研究が待たれるところではある。なお、農業普及クラブや農協などの農民組織については、第7章で検討することになる。

第6節　課題と展望

　本章の冒頭に、現状解明型研究という言葉を出した。農業経営学の世界で言えば、現状解明型研究の中心に構造の研究というものがあった。すなわち農業・農村構造や農業経営構造の研究、さらには、農業経営とそれを取り巻く社会経済環境との関連性の研究などである。

　他方、現状解明型研究と対をなす言葉に、問題解決型研究という言葉がある。門間（1996）は、社会科学の世界においてこれまで本流とされてきた問題発見・整理・類型・一般化といった学問から、経営・計画主体の意思決定支援、問題解決支援といった学問領域へ踏み込んでいく必要性を指摘した（門間　1996）。門間のこの指摘は、正に現状解明型研究から問題解決型研究への重心移行をも示唆するものであろう。この背景にあったのは、農業経営学の世界で昔から本流とされてきた現状解明型研究が、単なる「後追い研究」であるとの批判に晒されていたという事実だ。中には、「後追い研究」どころか「歴史研究」であるという揶揄を耳にしたこともある。こうした批判は、主として技術系研究者から出されたものであった。

　では、現状解明型研究から問題解決型研究へシフトしていけばよいのであろうか？　筆者は必ずしもそう考えているわけではない。問題の根本は、現

第2章　実践的農業経営学の模索

時点において、現状解明型研究と問題解決型研究が分離され、どちらかというと二者択一に近い状態に陥っているという点にこそある。現状解明型の農業経営研究の中に、かつて構造派とでも呼び得る農業構造研究に専心する研究者たちがいた。彼らが一生懸命取り組んでいたテーマの一つに農民層分解問題があった。しかし、農林水産省の一部の官僚の間での評判は芳しくなかった。農政に役立っていないと判断されていたからであろう。

　問題はどこにあるのか？　農民層分解論自体の問題なのか？　それもあるかもしれないが、むしろ、農民層分解問題から先に進まなかったことが問題だったのではないだろうか？　例えば、農村活性化や地域計画の研究などにおいて、農民層分解論が生かされたであろうか？　あるいは、そもそも農民層分解論は何につながり、何に役立ったのであろうか？　いずれにせよ、農村社会が多様化してくる中での地域づくりの現場では、多様化の具体的態様、階層化の実態などが明らかにされることで、議論が先に進んでいくであろう。こうした実態を踏まえた農村の組織化や農村社会における役割分担の議論へと実質的に進んでいくのではないだろうか？

　では、海外においてはどうであろうか？　現在、世界的な流行を見せているのがRCT（Randomized Controlled Trial）という分析手法である。山形（2011）によれば、RCTとは、属性が類似している2つのグループの人々に対して、プロジェクトの適用・不適用を無作為に割り振り、その後、2つのグループの間の目標の達成度の違いを検証するものである（山形　2011）。また、大塚（2020d）によれば、マイクロ・クレジットを例にとれば、RCTとは、次のような分析手法である。貧困者全員を対象として、ランダムに2つのグループを形成し、片方のグループにだけ融資をしたとしよう。もともと二つのグループの生活水準が同じであったのに、融資を受けたグループの生活水準が明らかに高くなったとすれば、それはマイクロ・クレジットに効果があることの強い証拠となる（大塚　2020d）。

　ところが、大塚（2020c）によれば、子供に虫下しや眼鏡を無料で配布する、農民に新しい技術に関するビデオを見せる、小作人の取り分を増やすな

103

ど、今や開発経済学の研究の大半がRCTを使っていると言っても過言ではない状況にある。しかし、その多くは、現場を注意深く観察することなく、研究者の思いつきで選ばれているような気がしてならない（大塚 2020c）ということなのである。

つまりは、研究の前段である現状分析や問題把握が疎かになったまま、社会実験が一人歩きしているような状態であるということだ。仮説設定のための地道なプロセスを避け、思いつきの仮説を設定した後、その検証に全ての労力をかけるというようなことであろうか。それは、KJ法の前半を手抜きして、ほぼ後半だけで済ますということに等しいであろう。あるいは、FSREの診断・設計を手抜きして、ほぼ試験・評価に集中するということにも等しいだろう。さらには、PCMの前半の企画立案編を手抜きして、ほぼ後半のモニタリング・評価編だけに労力をかけるというような類いの話でもある。なお、KJ法やFSREについては、第4章で詳細に説明する予定である。

結局、現状解明型研究を無視あるいは軽視して、「問題解決型研究」を行っているということでもあろう。現状解明型研究においては、地道な農業経営調査などが必要なのである。大塚（2020c）が、肝心なのは、まず現実感覚を磨いて、真に重要な分析課題を選び出していくことである（大塚 2020c）と主張している背景には、上記のようなRCTの孕む根本的問題が横たわっているのである。このようにRCTをみてくると、RCT自体が、論文ゲームの温床になりはしないかという懸念もやや生じてくるのである。杞憂であればよいのだが。

蛇足ではあるが、大塚啓二郎を委員長とする日本学術会議国際地域開発研究分科会では、2011年の提言『提言 ODAの戦略的活性化を目指して』において、米マサチューセッツ工科大学経済学部に設置されたジャミール貧困対策研究室の研究活動例などを挙げ、RCTを先端的研究潮流として高く評価している（日本学術会議 2011c）。しかしその後、RCTに対する大塚の評価が大きく転換したようである。筆者は、その評価の転換自体を評価する者である。

第 2 章　実践的農業経営学の模索

　次に、政策提言の土台を形作る研究についてである。本章では、ラオス北部山岳地域における農業経営と農村生活の事例を検討してきたが、結論としては、現行の焼畑抑制政策が焼畑農家の農業経営に負の影響を及ぼしているということと、村同士の性急な合併（政策）が、合併された村の住民（農家）の生活や生計に暗い影を落としている（悪影響を及ぼしている）ということであった。途上国における農業・農村政策が農業経営や農村生活に及ぼす影響を、エビデンスにもとづき明らかにすること、これこそ農業経営学の使命の一つである。その意味では、農業経営学の分野からラオス山岳地域の焼畑農業を研究することの意義は極めて大きかったのである。

　問題はここからである。この分析結果をその後どのように取り扱ったかということが問題になってくるのである。まず、筆者自身、北部山岳地域の焼畑農業に関する分析結果を含むラオス天水農業についての英文著書（Ryuichi YAMADA（2014）『Farm Management and Environment of Rainfed Agriculture in Laos』JIRCAS International Agriculture Series No.23.）を刊行し、ラオス国立農林研究所などに送った。政策提言につながり得る基礎的知見を日本語文献でまとめても相手には届かない。誰か訳してくれるであろうという期待は、他力本願ということになろう。これまで筆者が論文執筆してきた中で日本語論文に比べて英語論文が相対的に少ないことを考えると、筆者自身、大いに反省しなければならないのだが、この英文著書には非常にこだわった。

　しかし、これだけで済ますわけにはいかない。筆者自身、セミナー（研究成果発表会）の場で、この分析結果をラオス国立農林研究所の研究者と共有した。しかしながら、ラオス農林省（本省）に対しては提示することがなかった。確かに、ラオス国立農林研究所はラオス農林省傘下の研究機関であり、本省との人事交流もある。よって、研究所の研究者が本省にこの分析結果を伝えてくれるであろうという期待もあった。

　他方で、当時、研究者自身が途上国の政策に立ち入ることを控えるべきとの考えを持っている人たちも筆者の周りには存在した。しかし、道はあった

105

のである。当時、日本人の政策アドバイザー（JICA専門家）がラオス農林省に長期滞在していた。この政策アドバイザーを通じた問題提起という道こそ、最も理にかなった道であったのではないかと今考えるのである。その道に気がつかず、その道を選択しなかったことを筆者は後悔しているのである。また、残念ながら、この研究結果は、ラオス政府による焼畑抑制政策や村の合併政策の問題点を指摘するところまでで、実はその対案を示し得てはいない。その意味で、少なくとも政策の見直しの契機をつくるという役割は果たさなくてはならなかったと考えるのである。

　そして、その先も大事である。どのような提案をしていくのかということである。正にここからが政策研究ということになる。そこを途上国の政策担当者と一緒に考えたり、あるいは政策担当者の政策立案を支援するということもあり得るだろう。その政策立案を踏まえ、途上国の政策担当者が主体となって、政策実現のためのパイロット事業を実施し、その効果を評価するということもあり得よう。正に政策評価の領域である。ここで大事なことは評価の方法である。定量的な評価だけではなく、定性的な評価も重要であろう。そして、評価の基準についても多角的に考えていくべきであろう。それは、農業経営目標が地域や農家によって多様であることと関係しているのである。

　ところで、前述した政策提言のための土台となり得る研究には、農業経営研究、農村社会研究、および農業経済研究だけでなく、フィールド調査に基づいたいわゆる地域研究がある。実は、その地域研究を政策支援に実際に結びつける努力をしていた研究者がいる。その研究者とは富田晋介である。ラオス北部の村で長期間フィールド研究（地域研究）を続けてきた富田（2009c）は、何らかの形で村や地域の発展に貢献していきたいと考えるようになった。そこで、ラオスに長期に滞在して実情をよく知る仲間の何人かとアイディアを出し合い、自然資源管理に関する政策形成のためのプロポーザルを作成して、ラオス国立農林業政策研究センターのセンター長に相談したところ、承認してもらえたのである。ただし、自分勝手な正義感やグローバルスタンダードといった価値観の押し付けにならぬよう、ラオスの仲間と一

第２章　実践的農業経営学の模索

緒に考えながら政策形成を行いたいということである。そして、実務を含めた政策研究といった、今までとは異なるアプローチによって、さらに地域への理解を深めたいと考えているのである（富田晋介　2009c）。

　政策形成のためのプロポーザルをつくるというのは、並大抵のことではない。長期間、村で調査研究を行ってきた研究者だからこそできることである。ただもう一方で、プロポーザル作成に直接結びつく調査（プロポーザル作成を直接目指した調査）、あるいはプロポーザル承認後、さらには政策実施後の調査（政策の効果を評価するための調査）などが、おそらく必要となってくるであろう。だからこそ、富田は、地域理解を深めた後に政策研究を行うだけでなく、政策研究を通じて地域理解をさらに深めていこうとしていたのである。これこそ正に相乗効果というものであろう。

補説　モザンビーク北部農村における農作業日誌の記録
―ナンプーラ州MR村における農作業日誌記録モニタリングの事例 ―

　補説においては、農業経営研究者の国際協力活動の一事例についてみていくことにする。ここでは、筆者が小出淳司（国際農林水産業研究センター）とともにモザンビークで実施した天水畑作農家の農作業日誌記録に対する支援活動を取り上げる（註25）。この活動は、JICAプロジェクト（モザンビーク国ナカラ回廊農業開発研究・技術移転能力向上プロジェクト）の中の農業経営研究の一環として実施したものであるが、プロジェクト名にもあるように、「能力向上」とりわけ農業経営者能力向上を目指して研究活動を行なってきた。農業経営研究と農業経営者能力向上（支援）とを両立させながらの活動を展開してきたが、農業経営研究それ自身よりも農業経営者能力向上（支援）にやや重点が置かれた。そして、その中心となったのが、正に農作業日誌記録の支援活動であった。

　ところで、農家が自らの農業経営を改善していくうえで、農作業日誌を記録し、自らの農業経営を点検することはとても重要なことであるが、実際のところ、それほど簡単なことではない。特に途上国においては、農業簿記の

107

普及はもちろんのこと、農作業日誌の普及もほとんど進んでいないとみてよいだろう。途上国においても農業経営管理が存在するとはいえ、まだプリミティブな経営管理の段階に留まっている農家が多く存在すると考えられる。ただ、生産管理については、品種選択や品種の組み合わせ、それに応じた栽培技術などにおいて様々な選択肢が存在するし、様々な工夫の余地もあるだろう。また、換金作物を栽培する農家にとって、販売管理をどのようにしていくのかということは重要課題である。こうしたことを考えれば、自らの農業経営を記録し、将来の農業経営管理を展望していくことの重要性が分かるであろう。それは、いわゆる農業簿記というよりも、それ以前の農作業記録（農作業日誌）というものの重要性を示唆している。途上国の農家にとっての重要課題の一つは、自らの農業経営をどのように記録し、それを将来の農業経営にどのように活かしていくのかということである。

　以上のような観点に立って、モザンビーク北部の研究サイト（ナンプーラ州MR村とニアサ州LB村）において、農作業日誌の重要性を農民に説明するとともに、農家試験とそれに関連した農作業記録を希望する農民に対し農作業日誌の基本を説明した上で、農作業日誌記録の支援活動に踏み切った。その後、記録の実態をモニタリングし続けた。以下では、MR村の事例を中心にみていくこととする。

1．研究サイトMR村の概要

　ナンプーラ州の州都ナンプーラ市にIIAM北東地域農業試験場がある。ここは、モザンビーク農業研究所（IIAM）の支所である（**写真2-6**）。そこに所属する農業経済分野のカウンターパートとともに、ナンプーラの研究サイト（MR村）にて、天水畑作の農家試験（トウモロコシとダイズの間作試験など）とそれに伴う農作業日誌記録の支援を始めた。まずは、当村における農業経営の概要について、特徴的な点を以下整理しておく。

　第一に、トウモロコシを中心として混作が多く、単作もみられるが、間作は少なかった（註26）。

108

第2章　実践的農業経営学の模索

　第二に、トウモロコシやキャッサバ（**写真2-7**）などの食用作物の自給はほぼ達成されていた。しかしながら、他村からの移住者の中には、農地の保有面積が零細で農業雇用労働者として生計を支えている農民も存在した。こうした農民は十分な量の食料を購入することができず、食料不足状態に陥っていた。

写真2-6　IIAM北東地域農業試験場のオフィス（ナンプーラ市）

　第三に、低地部で米や野菜を栽培している農家もみられた。野菜は乾季の貴重な食料源および収入源であった。

　第四に、乾季に栽培できる作物は、野菜の他、雨季と乾季にまたがるキャッサバおよびキマメであり、極めて限定されていた。したがって、乾季における家族労働力の利用度は

写真2-7　キャッサバと家屋（MR村）

低い。こうしたことを考慮した場合、小河川周辺を中心とした農民灌漑による乾季野菜作の拡大の意義は大きいと考えられる。

　第五に、多くの農家は休閑地を保有しているが、全体に占める休閑地の面積割合は意外に小さかった。休閑年数も1～3年程度である。前述したように、移住者が新たな農地を保有することが困難であった。それとともに、以上の休閑期間および休閑地割合が少ないという点を考慮すれば、当村では、農地への人口圧力がかかっていると考えるべきであろう。

　第六に、多くの農家で輪作がみられた。一つの圃場で栽培される作物の暦年変化については、規則的な場合もあれば不規則な場合もある。

　第七に、地力低下については、まだそれほど深刻な状況にあるという農家

109

認識はみられなかったが、圃場によっては地力の低下が顕著なところもあり、そうした農家は休閑によって対応するという意思を示していた。

　第八に、農家にとって、営農活動以外に重要な活動（生計活動）として、一つは、薪集めや水汲み、二つ目に、タンパク源としての小動物（野ネズミなど）捕獲および漁労であった。薪集めや水汲みは年間を通してほぼ規則的に実施されるが、小動物捕獲や漁労は不定期に行われていた。小動物は森林資源の1つとしても位置付けられるわけであり、その意味でも、農地の外延的拡大を目指した森林伐採には一定の制限を設ける必要性が示唆された。

2．農家試験サイトにおける農作業日誌モニタリング（1年目）
1）試験実施村におけるベビー圃場農家の農作業日誌モニタリング

　2014年2月にIIAM北東地域農業試験場のカウンターパートとともに、農家試験サイトであるMR村を訪問した。当村では、トウモロコシとダイズの間作の技術的・経営的評価を行なうために圃場試験を実施していた。具体的には、マザー圃場とベビー圃場（註27）に4つの区画（ダイズ単作区、トウモロコシ＋ダイズ間作区、トウモロコシ単作無施肥区、トウモロコシ単作施肥区）を設定した。マザー圃場（**写真2-8**）は、研究者と農家によって共同で管理されていたが、ベビー圃場は各農家によって管理された。

　筆者と小出淳司は、カウンターパートとともに、ベビー圃場農家の農作業日誌記録状況の把握を行った。調査対象農家は、例外的に2か所のベビー圃場を有しており、夫と妻でそれぞれの圃場の管理を分担していた。ただし、両圃場についての作業スケジュール（播種時期や除草時期など）や交換労働者数は、夫婦で協議した上で決定されていた。他方、夫と妻は、それぞれの分担圃場（ベ

写真2-8　マザー圃場（MR村）

第2章　実践的農業経営学の模索

ビー圃場）にて交換労働者を確保するために、雇用希望者を募り簡易な会合を開き、そこでスケジュールが合う希望者（希望農家）を選定していた（註28）。なお、特に播種作業においては適期播種が極めて重要であるため、ベビー圃場農家間で労働交換が盛んに行われていた。

　上記農家の農作業日誌を確認したところ、1つのベビー圃場内の4つの区画を1種類のシートに一緒に記入していることが判明した。この問題は、他のベビー圃場農家でも共通していた。2013年12月の試験開始時点での当方の説明では4つの区画（ダイズ単作区、トウモロコシ＋ダイズ間作区、トウモロコシ単作無施肥区、トウモロコシ単作施肥区）ごとに、シートを分けて記入するよう、農家に依頼していたが、その依頼が徹底されていなかったようである。なお、試験開始時点に、別々の種類（4種類）の農作業日誌シートをそれぞれ各ベビー圃場農家には渡していた。

　農作業記録についての感想を聞いてみると、当農家の世帯主は、「農作業日誌への記入が容易に感じられるようになった。」と発言した。当農家の世帯主の妻については、農作業日誌を最後まで記録し続けたい意向を有していることが分かった。世帯主の妻によれば、その理由は、今の段階では農作業記録のメリットは特に感じられないが、最後まで記録を付け終わってからどのような結果になるかを確認したいと考えているからであった。

　以上の農作業日誌記録の把握から、次のような考察ができる。

　第一に、4つの区画（ダイズ単作区、トウモロコシ＋ダイズ間作区、トウモロコシ単作無施肥区、トウモロコシ単作施肥区）ごとにシートを分けて記入する意義は、農家試験結果を分析するためであった。そのことは、一義的には我々プロジェクト側の都合である。しかし、それは、研究者だけがメリットを受けることを意味しない。何故ならば、この農家試験はどの栽培様式を農家に推奨すればよいかを見極めるための試験であり、そのために農作業を記録していたからである。分けて記録できなければ試験結果を正しく比較し、評価することはできないのである。シートを分けざるを得ない理由はここにあった。比較試験の結果を評価できれば、推奨技術（栽培様式）が明

111

らかとなり、農家にメリットが生じるはずである。とは言え、農家にとっては、面倒な農作業日誌となっていることをあらためて認識させられた。少なくとも我々に求められていることは、シートを分ける意義を農家に再認識してもらうという点に尽きると考えられた。

　他方、第二に、上記試験農家の世帯主の妻が、農作業日誌をつけ終わってからどのような結果になっているかを確認したいという考えを示していることから、以下の点を指摘し得るであろう。つまり、このことは、正に農民の好奇心の表れであり、新たな取り組みへの積極性を示すものと考えられるということだ。であるならば、そのためにも、農作業を記録し、かつ圃場ごとに分けて記録することの意義をあらためて理解することも十分可能であろう（註29）。

2）MR村におけるGPS使用方法の農家への説明

　農家の農業経営データの中で極めて重要と考えられるのは、圃場面積の正確な把握である。実は、この点に関して、カウンターパートの研究者（農業経済分野）から、巻尺でも面積把握は十分可能ではないかという意見が出された。確かにそれは農家負担が少ない方法であろう。農家にとって、GPSを購入することは不可能でも、巻尺を購入することは可能であるからだ。しかし、不整形な圃場の場合には、巻尺で面積を把握することは極めて困難であると考えられた。

　そこで、農家組合のリーダー（組合長）に対し、GPSの使用方法をトレーニングする機会を3日間にわたってプロジェクト側が提供した（**写真2-9**）。また、最終日には、他の中核的農民2名に対してもトレーニングの機会を設けた。その時、彼らは予想以上にGPSに興味を示した。

写真2-9　GPS使用方法の説明（MR村）

第2章　実践的農業経営学の模索

決して難しいという素振りをみせるようなことはなかった。消極性は一切見られなかったのである（註30）。

GPSを使用する目的は、農地面積を正確に測定することによって、試験結果、特に単収を正確に評価することにある。本来、研究者がGPSによる面積測定を行ってもよいところかもしれない。しかし、農民のオーナーシップ（当事者意識）を高める

写真2-10　GPSで圃場面積を測る組合長（MR村）

上で、貸し出されたGPSを農民自らが操作し、自身の農地面積を測定することの意義は決して小さくないと考えられた。こうした試みから、農家試験の協働性が一歩ずつ高まっていったのである。組合のリーダー（組合長）だけでなく、他の中核的農民も夢中になってGPSを使っている姿は、実に印象的であった（**写真2-10**）。

3．農家試験の修正と農作業日誌の改良
1）MR村における農家試験内容および農作業日誌関連の圃場図作成

ナンプーラ州MR村にて、次期雨季作の農家試験内容をIIAM北東地域農業試験場のカウンターパートとともに農民に説明した。その試験とは、基本的にベビー圃場でダイズ作の最適播種時期を明らかにするための試験で、異なる播種時期の2プロットの比較試験であった。いずれのプロットもダイズ単作である。MR村の前回試験は凶作に悩まされる結果となった。栽培研究者を中心に検討した結果、MR村では単純な比較試験が好ましいという結論に落ち着いたのである。

農民は我々が提示した単純比較試験に合意するとともに、トウモロコシの試験も行いたい意向を示した。農民はトウモロコシ施肥区を希望しているようであったが、比較試験ということにも理解を示し、トウモロコシ施肥区と

無施肥区の追加を最終的に希望した。このような農民の積極姿勢は、十分評価に値するものであった（註31）（註32）。

２）農作業日誌の説明

農作業日誌の記録については、前回の経験があるが、勘違いなどによる記録ミスもかなりあったことから、そうした反省点も踏まえ、次期作の農作業記録の方法や注意点についてカウンターパートとともに参加農民に説明した。それに先立ち、今回、農作業日誌に若干の修正を加えたので、それについて説明した。修正点の第１は、降雨（註33）のあった日に印をつけることである。これは、ダイズの試験結果に対する栽培学的評価に関わることであった。第２に、家族労働の担い手については、作業ごとに誰が担ったか明記することである。このことはジェンダー問題などを考える上でも貴重な情報となるものであった（註34）。

３）農作業日誌記録農家の作付けシステム

MR村における農作業日誌記録農家の次期雨季作における栽培予定作目と作付け様式については、**表2-2**に示したとおりである。

４．農家試験サイトにおける農作業日誌モニタリング（２年目）

MR村において、２年目の農家試験が行われた。２年目雨季作では、前年の雨季作の経験などをもとにレイアウトを変え、ダイズの適期播種試験を中心的に実施した。MR村では、マザー圃場の一部に種子が流された箇所が見受けられた。が、近くのベビー圃場ではダイズとトウモロコシの生育は順調な様子であった。

前年に引き続き、IIAM北東地域農業試験場のカウンターパート（農業経済）とともに農作業日誌をチェックしたところ、前年と同様、ベビー圃場のプロットごとに労働時間が分けられておらず、合計労働時間が記入されていた（**写真2-11**）。その他については、投入財量の単位が抜けていたり、記入

第2章　実践的農業経営学の模索

表2-2　MR村の試験参加農家の作付予定（次期雨季作）

農家番号	作物の種類と作付様式
1	圃場1：トマト、キャベツ、タマネギ、レタス、豆、ニンジン、バナナ、サトウキビ（いずれも単作、豆については種類不明）
	圃場2：トウモロコシ+キャッサバ（間作）、ラッカセイ（単作）、ダイズ（ベビー圃場）
	圃場3：キャッサバ+豆（間作）、トウモロコシ+豆（間作）
	圃場4：キャッサバ+カシューナッツ（間作）、トウモロコシ、マンゴ（それぞれ単作）
	圃場5：マンゴ、カシューナッツ、レモン（……裏庭）
2	圃場1：バナナ、タマネギ、ニンニク、ニンジン、トマト、トウモロコシ、豆、サツマイモ（いずれも単作）
	ベビー圃場：ダイズ
3	圃場1：ラッカセイ+キャッサバ+豆（間作）
	圃場2：トマト、バナナ、サツマイモ、キャベツ、タマネギ、レタス（いずれも単作）
	圃場3：トウモロコシ（単作）、キャッサバ+ササゲ+？（混作）
	ベビー圃場：ダイズ
5	圃場1：ラッカセイ、トウモロコシ（いずれも単作）
	圃場2：トマト、キャベツ、タマネギ（いずれも単作）
	圃場3：インゲン、キャッサバ（いずれも単作）
	圃場4：キャッサバ、ダイズ（いずれも単作）
	ベビー圃場：ダイズ
7	圃場1：トマト、カボチャ、ササゲ（いずれも単作）
	圃場2：ダイズ、トマト、インゲン（いずれも単作）
	圃場3：トウモロコシ+キャッサバ（間作）、トマト、米（いずれも単作）
11	圃場1：ニンジン、サヤインゲン、トウモロコシ、インゲン（いずれも単作）
	圃場2：キャッサバ+ササゲ（混作）、トマト（単作）
	圃場3：ダイズ、タマネギ（いずれも単作）
12	圃場1：トウモロコシ（単作）、ダイズ（ベビー圃場）
	圃場2：トマト、キャベツ、タマネギ（いずれも単作）
	圃場3：タマネギ、ニンジン（いずれも単作）
	圃場4：ラッカセイ（単作）
	圃場5：米、トウモロコシ（単作）

出所：筆者ら調査（2014年）より作成。
注：農家番号は試験参加農家に付けた番号であり、表中の農家はそのうち情報が得られた農家である。

欄を間違えたりというミスが見受けられたが、前年に比べると記入に慣れてきている様子が窺えた。ただ、組合長が記入のサポートを行っている農家も存在した（**写真2-12**、**写真2-13**）。また、既に農作業日誌チェックのポイントを十分に心得ているカウンターパートA氏に対する農民の信頼も厚いことが、今回あらためて窺われた。チェック対象農民にプロジェクト終了後も農作業記録を続けたいかどうか尋ねたところ、ほとんどの農民が続けたいという意向を示した。農作業記録の能力向上とその意欲の持続は、何よりも農民の経営者能力向上に結びつくものであると言えよう。

　本プロジェクトは能力向上プロジェクトの側面を持っていたが、実際のところ、A氏のようなカウンターパートの能力向上と農民の能力向上とが表裏一体となっている点が特徴的であった。この点が大いに評価され得ると考えられる。中には組合書記R氏のように、圃場に行く際、野帳を携行し必要事項を記入しているという例も見られた（**写真2-14**）。記入事項については、農家試験のこ

写真2-11　農作業日誌のモニタリング（MR村）

写真2-12　組合長による記入方法の説明（MR村）

写真2-13　組合長による農作業日誌の個別指導（MR村）

第 2 章　実践的農業経営学の模索

とに限らず、彼の営農活動全般について気が付いたことをメモしているようであった。同様のことがニアサ州のLB村においてもみられたのである（LB村の農家組合書記の事例）。

他方、同時並行で実施されていた普及関係のプロジェクトでは、農家試験に伴う農作業記録法を我々のプロジェクトから学びたいとのことで、2人のローカルスタッフがMR村で

写真2-14　ある農民（組合書記）が使用していた野帳（MR村）

の農作業日誌モニタリングに同行した。彼らに対し、農作業記録の目的および記入様式を説明した上で、実際の農作業記録チェックの現場を観察してもらった。

その際に、彼らから、農作業日誌の中の作業内容の選択肢に再播種も入れるのが良いという提案がなされた。再播種は確かに重要である。前年、MR村で深刻な問題となったウサギによる食害、降雨不足による発芽不良、さらには大雨で種子が流されるといった問題などに対応して再播種が行われたからである。その他、品種名の記入の必要性が議論された。農家試験では統一（単一）品種が使用されているので、品種名の記入の必要はないが、農家試験圃場以外の圃場で品種名を記入することも今後検討した方がよいと考えられた。品種によって収量が大きく変わるのも事実である。また、自家採種か種子購入かによっても収量は異なってくる。

なお、普及関係のプロジェクトは、ナンプーラ州のリバウエ郡でFarmer Associationを、また同州メコンタ郡ではCooperative（農家の組織化がFarmer Associationより進んでいる）を、それぞれ対象として農作業日誌記録の指導を行おうとしていたのである。我々のプロジェクトにおいても、対象農家を農家組合構成員としたが、これは正しい判断であったとあらためて感じた。と言うのも、組合内で結束力を保ちつつ、互いに助け合いながら試

117

表 2-3　ベビー圃場における農作業記録例 1
（農家 A、ベビー圃場：ダイズ単作・早播き）

日付	降雨（降雨時には印）	作業名	家族労働（人）	家族労働（時間）	雇用労働（人）	雇用労働（時間）	雇用労働費（MT）
2014 年 12 月 3 日		耕耘	3	8	1	8	100
12 月 4 日		耕耘	4	9	なし		
12 月 31 日	○	播種	1	2	5	2	交換労働（組合内）
2015 年 1 月 15 日	○	除草	3	2	3	3	50
1 月 16 日	○	除草	1	4	3	4	50

出所：　筆者ら調査（2015 年）より作成。

表 2-4　ベビー圃場における農作業記録例 2
（農家 A、ベビー圃場：ダイズ単作・遅播き）

日付	降雨（降雨時には印）	作業名	家族労働（人）	家族労働（時間）	雇用労働（人）	雇用労働（時間）	雇用労働費（MT）
2015 年 1 月 13 日	○	耕耘	3	3	3	1.5	75
1 月 14 日	○	耕耘	3	5	3	2.5	交換労働（組合内）
1 月 15 日	○	播種	1	2	9	1	交換労働（組合内）
1 月 30 日	○	除草	3	3	なし		

出所：　筆者ら調査（2015 年）より作成。

験農家が農作業記録を続ける姿を筆者らはこれまで何度も目撃してきたからである。その助け合いとは、繰り返しになるが、農作業日誌の記録における助け合いだけでなく、試験圃場の播種作業等における労働交換なども含めた助け合いであった。

　以下、農作業日誌（小出淳司が中心となって農作業日誌の様式を作成）の記録例（一部）を示すこととする（**表2-3、表2-4、表2-5**）。

　農作業日誌においては、日付ごとに降雨の有無、作業名、家族労働者数、家族労働時間、雇用労働者数、雇用労働時間、雇用労働費が記録された。こ

第 2 章　実践的農業経営学の模索

表 2-5　ベビー圃場以外の農家圃場における農作業記録例
（農家 M、ベビー圃場以外：キャッサバ、ササゲ、ラッカセイの混作）

日付	降雨（降雨時には印）	作業名	家族労働（人）	家族労働（時間）	雇用労働（人）	雇用労働（時間）	雇用労働費（MT）
2014 年 9 月 28 日		耕耘	1	4	なし		
9 月 29 日		耕耘	1	5	なし		
10 月 1 日		耕耘	1	4	なし		
10 月 2 日		耕耘	3	4	なし		
10 月 4 日		耕耘	2	8	3	不明	400
10 月 10 日	○	播種	1	5	なし		
10 月 11 日	○	播種	4	7	5	不明	交換労働
10 月 16 日	○	播種	2	4	なし		
2015 年 1 月 3 日	○	播種	5	8	4	不明	250
1 月 14 日	○	播種	5	6	なし		

出所：　筆者ら調査（2015 年）より作成。

の他、投入された生産資材（種子や肥料など）の種類や量や購入価格も記録された。さらには、収穫後に収穫量や販売価格（販売された場合）も記録されたので、生産額（粗収益）を算出することが可能となった。また、雇用労働費と投入財費（投入財量×投入財価格）についても合計額を計算できるので、費用合計が算出可能となった。

　こうして、生産額（粗収益）から費用合計を引くことによって、農業所得が得られることになるのである。また、家族労働量についても、所得とともに確認する必要があった。というのは、所得の増加だけでなく、家族労働負担の減少が農業経営目標になり得るからである。農作業日誌においては、家族労働量を家族労働時間合計で把握することができる。

　こうしたことから考えると、我々が農家に勧めた農作業日誌は農作業だけの日誌ではなく、農業簿記の機能も一部兼ね備えたものであったと言えよう。

119

5. 試験農家の農作業記録に関する総合考察 ── ナンプーラ州MR村の事例より ──

　MR村における一連の農家試験や農作業記録のモニタリングを通じて、様々な発見や反省があった。それらについて、以下総合的に考察していくことにする。

　第一に、カウンターパートたちの認識の変化についてである。2014年11月および12月にIIAM北東地域農業試験場の場長らに、社会経済分野の活動および農家試験のモニタリング・評価について説明した際、前年の会議における消極的態度とは異なり、場長は明らかな積極姿勢に転じていた。これは、農家試験の重要性が場内でも浸透しつつあることを示唆するものであった。

　その背景として挙げられることは、試験参加農家の反応に対するカウンターパートたちの認識であった。これまで、農家試験サイトでカウンターパートたちとともに農家と様々な議論を重ねる中で、試験結果が必ずしも期待通りではないにもかかわらず、多くの試験参加農家が次期雨季作試験への継続参加を希望したり、新たな参加希望農家が現れたりした。こうした状況を目の当たりにして、カウンターパートたちのモチベーションが高まったとみることができよう。これこそ、カウンターパートの能力向上に向けた最も基本的なステップ（第一歩）であったと言えよう。

　第二に、試験参加農家が、何故、結果主義に陥らなかったのか？という点についてである。その理由として、一つには、1回の試験結果では判断はできないという農民の冷静な姿勢が存在していたということである。往々にして、農民の短期的な思考を強調する研究者も存在するが、実際には必ずしもそうではないのである。二つ目として、研究者が農民の意向を次期作の試験内容に反映させたことに対する農民の評価の表れではないかということである。三つ目には、農民の探究心の存在である。農民が研究者としての素養も持ち合わせているということを認識することは、極めて重要なことである。実際には、そこへ思いが至っていない研究者が未だに多い。しかし、そもそも営農活動自体、ある意味、日々の試行錯誤とそれに基づく地道な営農改善の積み重ねである。したがって、多くの農民は、1回や2回の失敗などでは

第2章　実践的農業経営学の模索

あまり一喜一憂しないということではないだろうか？　こうした認識が何より必要であろう。もちろん、その前提として小規模な農家試験（リスク回避的な農家試験）であったということが挙げられよう。

　ただし、注意すべき点は、我々が対象とした試験農家は農家組合のメンバーであったという点である。彼らは、地域内でも先進的な農家であったと言えよう（註35）。しかし、それは他の農家（組合メンバー以外の農家）を無視していることを意味しない。何故ならば、農家試験期間中および試験後における農家間の情報交換と技術波及の効果を我々は想定に入れていたからである。なお、ロジャーズ流に言えば、農家組合のメンバー農家は初期少数採用者として、また組合メンバー以外の農家は前期多数採用者、あるいは後期多数採用者として位置づけられるであろう。

6．農作業記録の課題と展望

　ここまで、モザンビーク北部農村の事例を見ながら、農作業日誌の記録実態について検討してきた。以上みてきたように、試験参加農家は、農作業日誌の記録という経営管理の基礎において試行錯誤しながらその能力を少しずつ向上させていったのである。

　そこで最後に、農作業記録の意義と課題についてあらためて整理しておくことにする。

　第一に、農業簿記ではなく農作業日誌だからこそ、農民にとっては取り組みやすいし、継続しやすかったという点である。この点については、既にみてきたように、ナンプーラ州のある参加農民から、農作業日誌の記入が容易に感じられるようになった旨の発言があり、最後まで記録し続けたいという意向が示された。その理由は、農作業日誌を無事最後まで付け終わってから、どのような結果になるかを確認したかったからである。つまりは、農民の好奇心の存在が背景にあったということである。

　また、補説では紹介できなかったが、ニアサ州の試験参加農家によれば、農作業時期や農作業日数・時間（耕耘、播種、除草など）を正確に把握する

121

ことが重要であった。その農家は、特に自給作物であるトウモロコシ作の情報が重要であるという認識を持っていた。そして、プロジェクト終了後の農作業記録の継続意向も示された。その背景には、自身の農業経営者能力を向上させる上で、農作業日誌が役に立つという認識が含まれていた。

　第二に、農作業記録の内容は、基本的には、農作業内容、農作業担当者、労働時間、投入財量、投入財価格などであったが、ここからも分かるように、ほぼ生産管理の記録となっているのである。このことは、モザンビークにおける畑作農家の多くが自給的経営を行っていることに対応するものであったと言えよう。和田照男（1978b）の農家分類で言えば、自給経済的家族農業経営と小商品生産的家族農業経営がモザンビークでは支配的であるということだ（註36）。

　よって、生産管理こそ農業経営管理の中心である農家がほとんどなのである。もちろん畑作物の中には、自給作物であるトウモロコシやキャッサバの他に、キマメやササゲなどの豆類があった。これらは換金作物であり、自給作物と換金作物を組み合わせた農家も多く存在した。だからこそ、販売量や販売価格の記録も行われたのである。ただし、これらの農家の多くは主作物が自給作物の農家であり、それ故小商品生産的家族農業経営にほぼ相当する農家であったと言えよう。

　第三に、前述したように、農業経営にとって重要な農業所得は、モザンビークで我々が考案した農作業日誌からも計算可能である。ただし、それは農業経営全体の所得に限定される。繰り返しになるが、作物ごとの生産量に販売価格を乗じた後、作物ごとの粗収益（生産額）を合計すれば経営全体の粗収益（農業粗収益）が得られる。その後、物財費と雇用労働費を合計すれば農業経営費（費用合計）が得られる。そこで、農業粗収益から農業経営費を引けば農業経営全体の所得（農業所得）が得られる。しかし、作物ごとの所得はと言うと、計算が極めて困難である。何故ならば、作物ごとの物財費や雇用労働費の算出が困難であるためだ。モザンビークでは混作や間作が盛んに行われているため、作物ごとの投入情報を得るのは極めて困難である。

第2章　実践的農業経営学の模索

その結果、作物ごとの収益比較が難しくなるということである。

　第四に、そうであっても、農業経営全体の所得が得られるという意義は小さくないであろう。もちろん、所得を計算するには一定の学習も必要である。これは今後の課題と言えよう。ただ、その前に、粗収益や経営費といった農業経営学の基本的な概念と算出方法をモザンビークの農業研究者や農業普及員が正確に把握する必要がある。それを踏まえた農家への研修が必要であろう。その意味では、研究者や普及員にとって、農業経営学の簡易な教科書がぜひとも必要であろう。タンザニアで作成したような簡易な農業経営学の教科書づくりは、モザンビークにおける今後の農業支援の重要課題になるのではないだろうか？

註

（註1）徳島県K町で実施したTN法第1ステップの評価結果については、以下の文献で明らかになっている。
　　　山田隆一（1998）「中山間地域における地域農林業支援システムの意義と課題」『農業経営研究』第36巻第1号、pp.169-170.

（註2）文化人類学者が既に入っているところでプロジェクトを実施するというのは現実的であろうが、プロジェクトの事前に1年間文化人類学者を派遣するというのは現実的ではないかもしれない。
　　　文化人類学者の開発プロジェクトへの貢献については、山森（1996）が整理しているが、その中でも次の三点に注目したい。
　　　第一に、簡易社会調査への参画である。これはRRA（迅速農村調査法）やPRA（参加型農村調査法）などの簡易調査手法によって実施されるものであり、人類学的調査手法が取り入れられている。
　　　第二に、地域社会についての情報の提供である。地域住民の実態を熟知する人類学者たちは情報源として貴重な存在である。
　　　第三に、社会組織の分析である。社会組織、地域の人的ネットワークの分析においては、文化人類学者のノウハウが必要とされる。対象地域における社会組織の機能や役割を十分把握していなかったために効果が上がらなかった開発プロジェクトが多いからである（山森　1996）。

（註3）生源寺（1993a）によれば、農業経営の構造は以下の4点の総合として把握される。第1に、農業の経営組織である。経営組織とは、土地・労働・資本・経営者能力といった基本的な経営資源の作目間配分である。第2に、

123

農業経営の企業形態である。これは家族経営とか会社組織といった経営のタイプのことである。第3に、個々の経営がお互いに、あるいは農業経営以外の経済主体との間に継続的に取り結んでいる諸関係である。第4に、農業経営の管理である（生源寺　1993a）。以上4点のうち、本書で想定する農業経営構造とは、第1と第2、すなわち農業の経営組織と農業経営の企業形態である。

　　なお、上記説明において、農業経営の構造の中に「農業経営の管理」が含まれているが、農業経営構造と農業経営管理は別概念と捉え、分けて考えた方が分かりやすいであろう。

（註4）熊谷ら（2010b）は、調査対象農家の選定において、第1に規模（農業経営面積規模）を、第2に農業経営部門組織（部門の組み合わせ）を考慮する必要があると指摘している（熊谷ら　2010b）が、筆者は、農家類型化（農家分類）における基準として、第1に規模、第2に部門構成、さらには第3に就業構造（兼業形態）を考慮したいと考える。

（註5）熊谷ら（2010c）は、タイにおける農家調査に基づき、農業経営規模による農家分類を行い、農家階層ごとの農業経営主体の意識をおおよそ次のように把握した。

　　①自給的農家：食べるために生産するため、自然生態系と調和した低投入・低生産型の農業を行う。

　　②小規模農家：限られた農地面積と労働力を最大限活用して家族の生活を賄う農業所得を確保しようとする。したがって、多種類の作物を組み合わせ、単位面積当たりの生産量を高める。このため物財を多投する、すなわち集約度を高める。

　　③中規模農家：農地面積と労働力を有効に活用し、家族の一層恵まれた生活と子供の教育、地域における社会的地位の向上をめざす。このため、農業労働力をあらたに雇用する。

　　④大規模農家：大規模な農地面積と多くの家族労働力、雇用労働力を有する企業的な農家は、農地面積の一層の拡大をめざして農地を購入する。同時に、雇用労働力と機械・施設をあらたに調達する（熊谷　2010c）。

　　以上のように、農業経営類型ごとに整理された農業経営意識こそ、後述する農業経営目標とほぼ同義のものであると言えよう。

（註6）辻村（2018）は、自家消費のための主食生産であれば、家族成員の年間消費量を安定的に確保する食料安全保障が最大の目標となり、利益の確保さえ、二の次となると指摘している。辻村は、さらに例えば、家族経営において子供たちの学費を稼ぐための換金作物生産の場合、そのための利益が確保されれば十分な成果とみなされ、それ以上の利益を強く求めない（辻村　2018）と指摘している。

第2章　実践的農業経営学の模索

（註7）筆者は、1987年、インド訪問中に主として鉄道を利用したが、ある時、一等車に乗り合わせた中年男性が大規模農場の経営主であった。おそらく、農場には多くの労働者が雇用されていたのであろう。その男性は長期間の国内旅行を楽しむ余裕があったのである。つまり、この男性にとって、所得獲得もさることながら、余暇も大切なものだったということである。そのことがとても印象深かった。

（註8）農業経営目標の理論については、吉田忠編著（1977）『農業経営学序論』の中で、詳しく展開されている。また、熊谷宏著（1981）『農業経営・計算の小事典』の中にも、農業経営目標についての詳しい説明がなされている。これらの著作から得られた知見は本書にも活かされている。

（註9）堀内（2004b）によれば、農業経営の使命と存在意義は、次の三点に集約される。すなわち、「人類が生きるために必要な食料の生産」、「地球環境の保護」、および「地域社会の継承」である（堀内　2004b）。これらは、磯辺の主張する国民経済的役割を超えており、むしろ社会的役割と表現したほうが良いであろう。したがって、現在、我々が考えるべき農業経営の二重の役割とは、私経済的役割と社会的役割ということになろう。そして、その社会的役割とは、正に堀内が指摘した三点に尽きるであろう。

（註10）ベトナム・メコンデルタで問題となっている水路の汚染は、稲作農家が引き起こしているものであるが、その結果、水路の水を生活用に利用する地域住民に被害が及んでいる。ただし、実は、その地域住民の多くは稲作農家自身である。その意味では、この場合の政策は国レベルの規制政策というだけでなく、地域レベルで、共同体機能を生かした何らかの規制が行なわれる余地があるものと考えられる。

（註11）黒崎（2015a）によれば、教育と所得水準の間には、国を単位としたマクロで見ても、家計や労働者を単位としたミクロで見ても、強い正の相関関係が生じる（黒崎　2015a）。つまり、このことは、教育を通じて人的資本が形成され、それが経済成長を促進させることにより所得水準を押し上げているということを示唆するものであると考えられる。

（註12）詳しくは、以下の文献を参照。
　斎藤文彦（2005c）『国際開発論』日本評論社、pp.64-65.

（註13）モザンビーク北部農村を対象とした農業経営分析（線形計画法による分析）では、農家の生計目標を農業経営モデルに反映させるため、食糧自給の志向性と生計労働時間の確保について考慮した。食糧自給の志向性とは、自給作物と換金作物を組み合わせて営農を行う農家において、まずは自給作物を優先させ、食糧自給を実現した後、余った農地と労働力で換金作物をつくるという経営行動を指している。また、生計労働とは、薪集め、水汲み、野草採集、および狩猟などを指しており、これら生計労働（生計の

125

ための労働）を、農業労働と共に、労働制約式に反映させた。

(註14) 生源寺（1993b）によれば、政策論において重要なことは、事実認識と価値判断を峻別することである。事実認識の領域で政策立案に間接的に貢献することが、経済政策論の標準的な立場であり、農業政策論も例外ではない（生源寺　1993b）。ただ、問題は、価値判断をするかしないかということよりも、むしろ事実認識に基づいた価値判断をしているか否かということであろう。事実認識に基づく価値判断であれば、研究者が行なってはならないとは必ずしも言えないであろう。

(註15) 熱帯アジアにおける畑作には、焼畑と常畑がある。今はどちらも熱帯アジアに広く展開しているが、焼畑の起源の方がずっと古く、分布範囲も広い（海田　1996a）。

西村（1996）によれば、焼畑耕作は、インドネシア、フィリピン、東南アジア大陸部のタイ、ベトナム、ラオスなどにまだ残っている。このような農家の経営は自給的な性格が強いが、一部の余剰生産物は他の商品との交換のために使われたり、販売に向けられたりする（西村　1996）。

(註16) ラオスにおける飼料用トウモロコシの生産量は10年間で、37万トン（2005年）から123万トン（2015年）へと急増している（横井　2018）。

(註17) Kimuraら（2019）によれば、バナナプランテーションは、北部のルアンナムター（Luang Namtha）県、ウドムサイ（Oudom Xay）県、ルアンパバーン（Luang Prabang）県、ボケオ（Bokeo）県の他、ヴィエンチャン（Vientiane）県にも広がっている。例えば、ヴィエンチャン県のバナナプランテーションは、2015年に中国の投資家によってつくられたもので、少なくとも300haの規模を有している（Kimura *et al.*　2019）。

(註18) 他の焼畑地域においては、複数年の連続耕作を行なった後に休閑するという例もみられる。現状の土壌肥沃度に地域差があることも考慮に入れる必要があろう。

(註19) 他方、河野ら（2008b）によれば、他の東南アジアの国々では、森林面積率が減少している。例えば、タイの森林面積率は、1960年代までは、60〜70％だったが、1980年代以降は30％前後へと減少した。ベトナムでは、同じ時期に44％から30％へと減少した。カンボジアでは、1990年まで70％以上だったのが、2005年には59％に減少した（河野ら　2008b）。

(註20) 焼畑の常畑化の事例として、中国への輸出向け飼料用トウモロコシの生産が挙げられる。ラオス北部ウドムサイ県の村の事例が河野ら（2008）によって報告されている。それによれば、飼料用トウモロコシが緩傾斜の休閑地に導入され、トウモロコシ生産の増加とともに焼畑の休閑期間が一層短縮され、ついには休閑期間がなくなって、焼畑が常畑化した（河野ら　2008）ということである。ラオス政府からすれば、これは、焼畑抑制政策

第 2 章　実践的農業経営学の模索

の流れに沿っているとみなされるのである。そもそも、河野ら（2008）によれば、ラオス農林省がトウモロコシ種子の調達と配布に介入し、トウモロコシ生産を支えているのである（河野ら　2008）。しかしながら、トウモロコシの連作は、地力低下を招く恐れがあるのではないだろうか？

(註21) 1980年代においては、H1村には約20戸が居住していた。

(註22) 陸稲だけでなく、トウモロコシなどの商品作物においても、除草作業は同様に重要である。

(註23) 伊藤（2003b）によれば、農村コミュニティーは、一定地域の住民すべてを含む社会集団（地縁、血縁、年齢別、性別、階層別、職種別、民族別など）として、住民の多様な利益対立を調整する機能を持っている（伊藤2003b）。この中でも、特に難しい問題を内包していると考えられるのは、民族の違いであろう。

(註24) SHEPアプローチについては、以下のJICAホームページに詳しく説明されている。https://www.jica.go.jp/activities/issues/agricul/approach/shep

(註25) アフリカ農業の特徴として、一人あたりの耕作面積は広いが、労働や肥料の投入が少ないこと、生産技術のレベルが低いことが挙げられる（福西2003）。このうち労働や肥料の投入が少ないのは、アフリカでは天水農業、とりわけ天水畑作が支配的であることに起因している。

(註26) 山田ら（2013）は、同じくナンプーラ州の二村（ML村とJ村）の農家調査を行ない、ML村では、混作と単作が支配的であるが、J村では、混作と単作の他、間作も盛んであることを明らかにしている。なお、J村では、混作から間作への転換事例もみられた。例えば、キャッサバとラッカセイの混作からキャッサバとラッカセイの間作へ転換した事例や、キャッサバとトウモロコシとササゲの混作からキャッサバとササゲの間作へ転換した事例などが明らかになっている（山田ら　2013）。
　　ところで、足達（2022）によれば、作物の混作が害虫の発生を抑制することは、古くから経験的に知られている（足達　2022）。混作には、この他、リスク分散や労働分散といった効果もある。なお、山田ら（2014）によれば、混作とは、複数の作物をほぼ同時に同じ圃場に栽培することである。これに対し、間作とは、ある作物の畦間や株間に他の作物を栽培することである。すなわち混作と間作との違いは圃場内の秩序の有無にある（山田ら　2014）。

(註27) 大前ら（2010）によれば、Mother-baby手法は、研究者がMother圃場で展示・実証する技術に応じて、農家が自ら選択した技術を、自（Baby）圃場で試行する手法である。自圃場での技術の選択および試行割合の推移により普及可能性が評価できる（大前ら　2010）。

(註28) ここで、競合が起き、農家間の争いが起こるようなことはなかった。

（註29）その他の農家における農作業記録上の問題点としては、以下の点が確認された。

　　　第一に、ベビー圃場12か所の農作業日誌のうち、記入されていた日誌は７つであった。残り５つについては文字を書けない農家の日誌であることが判明した。文字を書けない農家が存在することを事前に確認していなかったことを反省しなければならなかった。

　　　第二に、ベビー圃場以外の圃場の情報が混在している例が見つかった。そもそも、ベビー圃場農家のうち３戸の農家については、ベビー圃場以外に他の圃場についても別々の農作業日誌シートを既に渡していたが、事前の説明が徹底されていなかったものと推察された。

（註30）ただし、使用したGPSでは、ボタンを長押しし過ぎる場合やボタンの押し方が弱過ぎる場合には、面積計算に失敗するので、その辺りの微妙な指の使い方を習得するのに予想外に時間がかかった。しかし、最終的には、農家組合長が使用法をほぼ習得した。

（註31）マザー圃場は、組合長の自宅（集落の中心部）から徒歩15分の位置にあった。

（註32）参加予定農家は12戸であり、そのほとんどは前回の農家試験参加農家と同じであった。農家の選定は組合に一任されていた。基本的に希望農家を募った結果であった。

（註33）ここで言う降雨とは、土が湿るほどの降雨である。そのような説明が参加農民になされた。

（註34）筆者と小出淳司は、農作業日誌記入の説明にあたっては、以下のようなチェックリストを用意して臨んだ。

　　①記録方法説明者を試験農家から選定（我々の説明後に、しっかりと理解した農民が、理解不十分な農民に記録方法を説明するということが極めて重要であると考えられた。）

　　②各試験農家に圃場の位置関係（一枚紙）の記入を依頼（家からの圃場位置と雨季作の作物と作付システム）（後述）

　　③ベビー圃場の位置を上記一枚紙に記入依頼

　　④農作業日誌シートの配布およびノートとペンの配布

　　⑤農作業日誌の（記入方法）説明（重要なことは、ベビー圃場において試験区ごとに別々に記入すること）

　　⑥各試験農家に対し、農作業日誌記入者（基本的に家族構成員の中で誰が記入するかということ）の確認

　　⑦文字を書けない農家に対する代筆者農家の確定（農家による話し合いによって）

　　⑧GPSによる実測依頼（電池供給）（例えば、MR村の農家組合長に対し、

第 2 章　実践的農業経営学の模索

　　　　　GPS取り扱い方法を説明済みであったため、農民による実測は可能で
　　　　　あった。)
（註35）これについては、ニアサ州における試験農家とも共通していた。
（註36）和田（1978b）によれば、自給経済的家族農業経営とは、商品経済が未発
　　　　　達な段階で、家族の生活の充実が直接の経営目標であるような家族農業経
　　　　　営のことである。また、小商品生産的家族農業経営とは、経営の基本が生
　　　　　活充足にあり、商品生産は家計に従属したものになりやすいという特徴を
　　　　　持った家族農業経営である（和田　1978b）。

129

第3章　農業経営管理と農民技術にみる　主体性

— ベトナムとタンザニアの事例を中心として —

第1節　内発的発展と主体性

　国際協力の世界において、参加型開発が一つの潮流になってから久しい。多くの開発関係者がロバート・チェンバースの考え方に共鳴し、そして実践に活かそうとしてきた。これはもちろん、日本の国際協力にとって大きな意義を有するものであったと言えよう。ただし、「参加」という言葉が漠然としていて、その具体的な捉え方となった場合、多様な解釈ができるというのも事実ではないだろうか？

　ところで、参加型開発は全く新しい概念のようにも思えるかもしれないが、実はそうではない。類似の概念はあったのではないだろうか？　それが「内発的発展」という概念である。

　西川（2001）によれば、内発的発展とは、第一に、自分固有の文化を重視した発展を実現していく自立的な考え方であり、第二に、発展のための主要資源（人的資源を含む）を地域内に求め、同時に地域環境の保全を図っていく持続可能な発展であり、第三に、地域レベルで住民が基本的必要を充足していくとともに、発展過程に参加して自己実現を図っていくような路線である（西川　2001）。

　この中でも、「地域レベルで住民が…発展過程に参加して自己実現を図っていく」という部分は、参加型開発と特に類似している。ただ、筆者が特に注目したいのは、「第二に、発展のための主要資源（人的資源を含む）を地域内に求め、」という部分である。内発的発展においては主要資源を地域内

131

に求めるということだが、重要な点は、その主要資源の中に人的資源が含まれているという点である。地域や組織を動かしていくのは住民や農民自身である。あらためて確認すべきことは、内発的発展の源泉は個々人の主体性にあるということだ。つまりは、個々の住民や農民が主体性を有し、かつ主体性を発揮していかなければ、地域や組織の内発性は生み出されないし、結果として地域や組織は発展していかないということである。

　次に注目したいのは、「地域レベルで住民が…発展過程に参加して」の直後の「自己実現」というキーワードである。何故、この「自己実現」に注目するのかということについて、以下説明しておきたい。

　自己実現の欲求は、マズローが提示した欲求５段階（生理的欲求、安全の欲求、所属と愛の欲求、承認の欲求、自己実現の欲求）の中でも、最上位の欲求に位置付けられるものである（マズロー　1987）。内発的発展は、基本的に地域レベルの概念ではあるが、個別農家に当てはめて考えた場合には、自己実現とは、具体的には農業技術の創出や農業経営の発展などを指すものと考えられる。その場合、自己実現の中には農業経営者としての能力形成、さらには人間としての成長も含まれていると考えるべきであろう。だからこそ、自己実現欲求が個別農家の内発的発展（主体性発揮）のモチベーションとなり得るのである。その意味において、内発的発展は労働疎外（註１）の対極にあるものでもあろう。

　佐藤仁（2021a）によれば、日本の内発的発展論は開発の主体性（オーナーシップ）を重視する（佐藤仁　2021a）ということであるが、その基礎にあるものが自己実現欲求ということになろう。

　さて、農民の主体性については、その動きが1990年代から顕著になってきたという見方がある。コールドウェル（2003a）によれば、農村においても情報が増え、農民は経済参加の機会を自ら探し、作っている。農民は、能動的当事者となって、より主体的に問題を解決しようとしてきているということである（コールドウェル　2003a）。さらに、最近の新たな動きとして、生計アプローチ（livelihoods approach）が注目されてきた。斎藤文彦（2005c）

第3章　農業経営管理と農民技術にみる主体性

は、この生計アプローチを次のように紹介している。すなわち、このアプローチは、Ellis（2000）によって唱えられたアプローチであるが、基本的に参加の考え方を延長し行為者主体の開発を模索したものであり、このアプローチの前提となる農家の生計戦略では、作付けする作物の選択から、出稼ぎなど季節外非農業労働への従事まで、農家主体はリスクを分散しつつ、最適と思われる組み合わせを決定している（斎藤文彦　2005c）ということである（註2）。

【コラム3-1】
観光客向けビジネスの意義と問題点

　途上国の農村開発において、近年、注目されるのは非農業収入源の多角化である。その中でも、例えば、農村観光などの産業は特に有望である（斎藤文彦　2005d）と言われている。観光客向けのビジネス展開には、収益性が期待でき、将来性もあるかもしれない。

　筆者の研究対象地域（プロジェクト対象地域）の中で言えば、一つは、タンザニアのンゴロンゴロ国立公園内で、観光客と一緒に写真撮影することで現金収入を得ていたマサイ族の人たちがいたが、おそらく本業の牧畜を営む傍らで、巧みに副業（兼業）収入を稼いでいたのではないだろうか？（註3）

　また、ラオス北部のルアンパバーン市中心部のナイトマーケットで、観光客相手に様々な織物や小物類を売っている少数民族の女性たちがいる。この女性たちは近隣の山岳地帯で本業の焼畑耕作などを営む傍ら、機織りなどの副業を行い、つくりあげた製品を最も有力な市場（ルアンパバーン市）まで運び、泊まり込みで販売することで現金収入を稼いでいるのである（写真3-1）。

　いずれの事例にも共通する観光客相手の副業は、将来的に有望なものとなるであろう。ラオスの山岳地域

写真3-1　ナイトマーケット
　　　　　（ラオス・ルアンパバーン市）

133

では、近年エコツアーが盛んになってきているが、これも観光客を対象とした非農業収入源として、巧みな生計戦略の一つであると言えよう。しかしながら、一方で、佐藤寛（1995b）の次のような指摘もある。すなわち、現金所得獲得の機会が増え、外国人と接する場面が増えることで人々の文化的アイデンティティーに急激な変化をもたらし、それが社会的な摩擦を惹起する場合が多い（佐藤寛　1995b）。この指摘は、主として農村観光に対する一つの警鐘であろう。ただし、だからと言って、農村観光が否定されるべきものでは決してないのである。

第2節　途上国には本当に農業経営管理が存在しないのか？

　上述したように、個別農家レベルの自己実現とは農業技術の創出とともに、農業経営の発展そのものである。その農業経営発展の原動力こそ、農業経営管理である。

　鈴木福松（1977a）は、東南アジアの農業を、かつて東畑精一が戦前の日本農業について語った言葉と同じく、「生産はあっても経営はなし」と評している（鈴木福松　1977a）。つまり、開発途上国の農業を対象として、本来の農業経営研究（農業経営管理研究）を行うには無理があると言っているのである。さらに、鈴木福松（1977a）は、農家の生産・経営は、土地所有制度、水利用制度、金融制度などの生産関係をとおして運営されているものであるから、農業生産や個別経営の改善問題を考えていくには、それを取り巻くこうした生産関係を究明してゆかねばならないとし、それを、いわゆる本来の経営研究（経営管理研究）に対して、生産構造的な経営問題と呼んだのである（鈴木福松　1977a）。そして、鈴木福松（1977b）は、結論的に、開発途上地域においては、経営管理問題を内容とする調査よりも生産構造的な経営問題を内容とする調査の方が有意義で望ましい（鈴木福松　1977b）と主張した。

　鈴木福松（1997d）は、ファーミングシステムを説明する中で、下図のような営農体系図（**図3-1**）を描いた。ここで、注目すべきは、図の中心に位

第3章　農業経営管理と農民技術にみる主体性

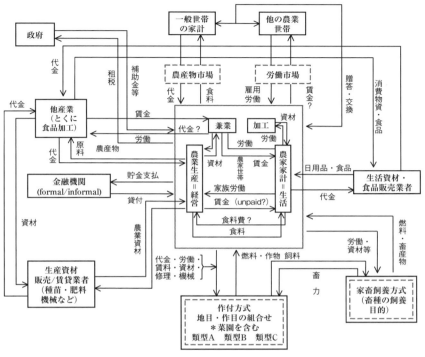

図3-1　営農体系図

出所：鈴木福松（1997d）

置する枠内の個別農家とその外部環境との関係の複雑さである。外部環境の中には、政府（政策・制度環境）の他、農産物市場、労働市場、生産資材販売／賃貸業者、生活資材・食品販売業者、金融機関などの様々な市場環境等が存在する。この個別農家と外部環境との関係の中に、生産構造的な経営問題がある。これは、開発の制約要因把握において重要な視点になると考えられる。

　鈴木福松の主張する開発途上国農業経営学においては、その成果の受け渡し先は政策・制度に責任をもつ行政当局ということになろう。そして生産構造を変えるような政策を提言する基礎を、生産構造的な経営問題を内容とす

135

る調査から導き出そうとしたと理解できるのである（山田　2016b）。

　それでは、開発途上国の農業には本当に経営は存在しないのであろうか？
本当に経営管理問題はないのだろうか？

　そもそも、農業経営管理というものは、主として、生産管理、販売管理、
資金管理、および労務管理から成り立っている。確かに自給的農業において
は、販売管理や資金管理はほとんど存在しないであろう。しかし、どのよう
な形態の農業であれ、生産管理というものが存在することは自明のことでは
ないだろうか？　そこには、一定の水条件や土壌条件や地形条件などの自然
環境条件の制約があるとはいえ、部門選択や作目選択や技術選択の自由度は
存在するのである。また、土地利用方式や地力維持方法などにおいても、一
定の自由度（選択肢）は残されている。つまり、農家の主体性発揮の余地は
存在するのである。さらには、男性労働中心の主幹部門だけでなく、自家菜
園的な副次部門においては、女性労働による自由度のある生産管理が存在す
る（註4）。

　このように、途上国といえども、経営管理の存在しない農業はあり得ない
と言えよう。多角的な自給的農業によるリスク分散などは、典型的な農業経
営管理の一例であろう。例えば、山田（2010a）によれば、ラオス中部の低
地天水地域では、稲作の他、野菜作（自家菜園での多種多様な野菜栽培）、
小規模家畜飼養（牛、豚、鶏など）、キノコやタケノコなどの特用林産物採
集、および漁労などを組み合わせた多角経営（多角的農業経営）がみられた
（山田　2010a）。また、山田ら（2013）によれば、モザンビーク北東部地域
では天水畑作が展開しているが、そこで栽培されている畑作物は、トウモロ
コシ、キャッサバ、ラッカセイ、キマメ、ササゲなど多様であり、混作や間
作の事例も多くみられるところである。また、この畑作が零細な家畜飼養
（鶏や山羊など）と組み合わされているのである（山田ら　2013）。

　先進国の企業的農業においては、リスク選好的な経営（行動）がみられ、
正に経営管理の典型例のように捉える向きもあるが、途上国の自給的農業に
おけるリスク回避的な経営行動も立派な経営管理であると言えよう。また、

136

第3章　農業経営管理と農民技術にみる主体性

リスク選好とリスク回避の二元論ではなく、その中間に位置する経営の存在
も認めなくてはならないであろう。例えば、途上国には、自給的農業経営だ
けではなく、小商品生産的農業経営も存在する。この小商品生産的農業経営
の中の自給部門ではリスク回避的行動が採られても、換金部門ではリスク回
避ばかりとは限らず、リスク選好的行動が採られることもあり得る（註5）。
例えば、ベトナム・メコンデルタにおける汽水域エビ養殖経営の一部などが
それに該当する。

　なお、小商品生産的農業経営（註6）においては、販売管理が重要な経営
管理の要素となる。さらには、「緑の革命」で稲作の収益性が向上した地域
においては、雇用労働依存度が高まり、そこにおいて労務管理の重要性が増
してくる。それは、東南アジアだけではなく、アフリカの一部地域において
もみられるのである。例えば、山田（1997b）は、タンザニアにおける「緑
の革命」波及地域において、雇用労働依存の実態を明らかにした上で、雇用
労働者の起こした問題（モラルハザード）、例えば、前金の持ち逃げ、米な
どの生産物の盗難、鍬や鎌といった農具の盗難などの発生に対応して、労務
管理、特に人間関係管理が様々な形で行われていることを指摘している。人
間関係管理とは、人間関係を良好にすることによって雇用労働者との間の信
頼関係を築き、モラルハザードを回避しようとする（取引費用を節減しよう
とする）試みである。タンザニア・キリマンジャロ州における具体例として
は、「食事などを共にする」、「言葉遣いや接し方に気をつける」、「一緒に働
く」、「迅速な賃金の支払いをする」、「食料などを提供する」、「小遣いを与え
る」、「お金を貸す」、「プレゼントをする」、「家に招待する」などである（山
田　1997b）。

　また、資金管理はどうであろうか？　小商品生産的農業経営にとって資金
管理は無縁の存在であろうか？　資金管理の中で重要な位置を占めるのは資
金調達である。七戸（2000b）は、資金調達について以下のような諸形態を
挙げている。一つは、生産物を売ってその代金を得ること、二つには、兼業
に出て労賃を得ること、三つ目に、資金の借り入れ、四つ目には、預金をお

137

ろすことである(七戸 2000b)。このうち、途上国の小商品生産的農業経営に当てはまるのは、主として一つ目(生産物を売ってその代金を得ること)と二つ目(兼業に出て労賃を得ること)の形態である。ただし、マイクロクレジットや村の共同基金などが存在する地域では、資金借り入れの機会も生じる。加えて、親戚や近隣農家などからの資金借り入れも考えられよう。

他方、得られた資金をどのように使うのかという点が資金管理のもう一つの局面となってくる。このとき、小商品生産的農業経営といえども、農業経営への投資に使うのか、消費に回すのか、あるいはその配分をどうするのかといった判断に迫られる。また、当然ながら、どのような投資やどのような消費を行なうのかという判断、すなわち投資内容や消費内容の選択・決定がより重要である。ここにもう一つの意思決定の場が存在すると言えよう。堀内(2004a)によれば、農業投資と家計消費との「分配問題」は、突き詰めると、現在の消費と将来の消費との間の選択の問題であり、獲得した"パイ"を今すぐに消費するか、あるいは、当面は我慢して農業投資に振り向け将来の大きな"パイ"に期待するかを決定することである(堀内 2004a)。

ただし、例えば、ラオスにおける小商品生産的農家の中でも貧しい農家(零細農家)においては、現在の最低限の消費が優先されるため、農業投資に回す資金がほとんど残らない。その際には、「現在の消費と将来の消費との間の選択」の余地はほとんどないということになろう(註7)。他方、例えばベトナム・メコンデルタの事例で言えば、小商品生産的農家の中に、播種機の購入やバイオガスダイジェスター装置の購入、さらには、稲-エビシステムや稲-魚システムの導入のために圃場改変(dike-ditch(畦-溝)システム(**写真3-2**)の形成)を行なう農家が存在することも事実である。その場合、「現在の

写真3-2 Dike-Ditchシステム(TP村)

第3章　農業経営管理と農民技術にみる主体性

消費と将来の消費との間の選択」という意思決定が確かに行なわれていることになる。

　なお、渡辺兵力（1995）は、農業経営を組織して、それを運営する仕事（計画と管理）を以下のように列挙している。①農業経営の経営目標の設定、②経営組織の選定（作目編成と生産順序）、③各生産部門の生産規模と集約度の決定、④生産技術の選択と採用、⑤経営諸手段の調達、⑥生産の技術的過程の管理、⑦経営諸手段の保全と蓄積的形成、⑧生産物の処理、⑨経営成果の整理と経営計画、⑩経営関連諸情報の収集（渡辺兵力　1995）

　渡辺兵力が言うところの「農業経営を組織して、それを運営する仕事（計画と管理）」とは、正に農業経営管理に他ならない。そして、上記の仕事の中で、「②経営組織の選定（作目編成と生産順序）」、「③各生産部門の生産規模と集約度の決定」、「④生産技術の選択と採用」および「⑥生産の技術的過程の管理」は生産管理に含まれるであろう。自給経済的農家と言えども、これらの生産管理において、様々な考慮に基づき意思決定がなされていると考えられる。

　また、自給経済的農家に比べて、小商品生産的農家の場合には、「⑤経営諸手段の調達」、「⑧生産物の処理」、「⑨経営成果の整理と経営計画」、「⑩経営関連諸情報の収集」のウエイトがより高まるであろう。さらに、商業的家族農業経営や企業的家族農業経営となると、それらのウエイトはさらに高まっていく。なお、「①農業経営の経営目標の設定」については、いずれの段階の農家においても存在することは自明であろう。

　ただし、上記生産管理をよくみると、作目の選択にしても、生産技術の選択にしても、規模や集約度の決定にしても、商品化が進展するにつれ、その判断根拠となるものが、栽培環境や経営条件（労働力保有状況や農地保有状況）だけでなく、農産物市場環境や農業生産資材市場環境にも及んでくる。そのうえ、これらのウエイトが次第に高まってくるであろう。生産管理を経営管理とは見做さない人たちは、おそらく、生産管理において栽培環境しか考えていないのかもしれないが、経営条件や市場環境（特に農産物市場

139

環境）に応じて生産管理の形も異なってくるという点を十分に考慮しておかなくてはならないのである。

　そして、その経営管理は、鈴木福松の言うところの生産関係、あるいは生産構造を一定程度反映したものになっているであろう。一定程度と表現した理由は、経営にも一定の自律性が存在するからである。それこそが本章のキーワードである主体性とも関連する。

　以上の考察を踏まえた場合に、途上国における農業経営管理の存在を軽視するような農業経営学では、参加型開発やエンパワーメントの可能性と展望を十分に描くことが難しいのではないだろうか？　また、安藤益夫（2014d）も、東畑精一の「単なる業主」という概念を途上国農家に当てはめようとした。東畑の「業主」規定はこうである。「頭を要する仕事もなく、年々歳々ルーチン化された再生産の反復に終始するだけで、商品経済になじめず、価格競争に立ち向かえず、資本蓄積もできない単なる業主」（東畑　1978）であると（安藤益夫　2014d）。

　農家の主体性を否定する「単なる業主」論のはるか以前、1880年代に篤農や老農が農法発展において活躍していた（註8）（註9）。

　篤農や老農だけでなく、普通の農家も試行錯誤を重ねながら生産管理を行なっていたのである。田中学（1996）によれば、明治の農業は、堆厩肥を自給する（糞尿などを内部循環的に利用する）ということを核としながら、購入肥料も利用するというような二重構造になっていた。一種の（近世農業と現代農業との）過渡的・中間的段階にあった。ただし、近世以来の自給的な物質循環の方のウエイトが基本的には高かった。こうした内部循環的な農業であるため、例えば糞尿の河川等への放出はなく、環境汚染、水質汚染という問題はなかった。この点については、社会的規制が働いていたという側面もあった（田中　1996）。

　これこそ明治期の農業、あるいは戦前の農業における明確な生産管理だったと言えよう。加えて、環境への配慮が社会的規制という形で生きていたということである。つまりは、単なる私的な性格ではなく社会的（公共的）な

第3章　農業経営管理と農民技術にみる主体性

性格のものとしても、明治期の農業経営が位置づけられるということになるであろう。以上の説明に加えるならば、明治期の農業においても、農家は堆厩肥と購入肥料（金肥）の配分割合をどのようにするか、また様々な種類の金肥の中からどれを選択するかという判断をしていたはずである。そのときの判断の背景には、技術的なことだけでなく経済的なことも当然あったであろう（註10）。

東畑は、商業的農業の担い手だけが経営者に値するという考えに傾いていたようである。そうすると、前述の和田による家族農業経営の分類に即してみるならば、商業的家族農業経営と企業的家族農業経営だけに経営の存在を認め、残りの自給経済的家族農業経営、小商品生産的家族農業経営、および兼業自給的家族農業経営に対しては、経営の存在をほとんど認めないということになるのではないだろうか？　また、関連して言えば、東畑においては、おそらく生計という概念もほとんど存在していなかったということなのかもしれない。

【コラム3-2】
「単なる業主」？

　東畑（1936）が、かつての我が国の農家を「生産あって経営なし」と評し、これを「単なる業主」と名付けたことに対し、和田（1978b）は、「これをより正確に表現するならば、」と前提をおいて、フォローしている。それによれば、「そこには本来の意味での経営問題、つまり経営者が独自の意志決定を行なう上での条件があまり存在せず、個別経済は国家、地主、共同体、自然環境等の外的環境条件によってその行動を主として規制されていたということ」である。

　戦前の日本の農家が置かれた環境についての認識としては、和田の述べたとおりで間違いないだろう。だが、そうした環境認識から「単なる業主」という認識に東畑が至ったことが、論理の飛躍だったのではないだろうか？　むしろ、そうした制約条件の中においても、農家の主体性に焦点を当てることこそ、農業経営学の重要な使命の一つだったのではないだろうか？　どの

141

ような時代背景であれ、農業経営構造があるところに農業経営目標があり、
その下での農業経営管理が存在するはずである（註11）。

　ところで、金沢（1978）は、大正期に活躍した静岡の老農で日本一の百姓
といわれた松本喜作の「農家経営法」という著作に注目している。松本は、
著作の中で、経営者としての信念を述べ、これからの農家は明確に利益の目
的を高く掲げるべきことを説いている。生産販売、雇用労働者の取り扱い、
周囲の農家とのつき合い関係、土地の取得売買法など、営利の明確な主張が
ある（金沢　1978）。この中でいえば、「生産販売」は、生産管理と販売管理、
「雇用労働者の取り扱い」は労務管理、「土地の取得売買法」は資金管理に、
それぞれ対応するであろう。金沢は、営利の明確な主張ということに注目し
ているが、筆者は、松本喜作が正に経営管理自体を説いていた点にこそ注目
したい。

　いずれにせよ、東畑の理論や概念を途上国に援用しようとすることには、
疑問を投げかけざるを得ない。安藤益夫（2014d）は、途上国開発研究に
とって重要なことは、農家を「単なる業主」になさしめている外部環境条件
とそれを踏まえた「単なる業主」の発展の論理を解明することである（安藤
益夫　2014d）と述べている。外部環境条件の究明は当然ながら重要であろ
う。しかしながら、究明された外部環境条件を踏まえたとして、農家の主体
性を否定された「単なる業主」にどのような経営発展の論理があるというの
であろうか？　「単なる業主」論にこだわる限り、経営発展の論理を展望す
ることなどできないのである。経営主体（註12）と経営管理の存在を前提と
して、そこに経営管理の選択肢を広げる外部環境条件の改善があることに
よって、経営発展というものが展望され得るのである。

　途上国には、日々の生活に追われ、生存していくだけで精一杯という人々
がいることも事実である。しかし、彼らは彼らなりの生存戦略（生計戦略）
を立てているのである。置かれた状況に、ただ流されているわけではない。
そうではなく、彼らの選択の幅の狭さ故に、戦略と対応が見えにくくなって

第3章　農業経営管理と農民技術にみる主体性

おり、結果として「単なる業主」に見えてしまうということではないだろうか？　途上国の農民のエンパワーメントなどを考えるときに、その起点となるのは、彼らを主体としてどのように捉えるのかということなのである。Hildebrand（2000a）は、自ら経験した現地実証研究プロジェクトの経験を通じて、以下のように述べている。すなわち、資源に恵まれない小農が保守的で変化を好まないかというとそうではない。むしろ、彼らは、新たな技術が彼らの経営条件に適しているときには、積極的に新技術を導入しようとする（Hildebrand　2000a）。このことは、シュルツの考え方（途上国農民の経営行動は合理的であるという考え方）とも通じるであろう。

　なお、農業経営レベルのこうした議論と類似の議論が農村社会レベルでも行われている。相川良彦（1991）は、商品経済や近代化の進展と構成農家の異質化が一方的に村落のまとまりを弱めるとする通説の再検討が必要であると指摘している。その根拠が以下の考察の中にある。すなわち、日本国内の二つの村落の事例（山形部落会と佐賀農事実行組合）においては、高度経済成長期以降、組織活動が活発化していたのである。この事実は、高度経済成長期以降の外部条件の変貌とそれとの接触の増加、構成農家の異質化等により、さまざまな利害調整の必要性がいままで以上に増し、それが村落活動を活発にしていたためであると考えられる（相川良彦　1991）。つまり、このことは、村落を取り巻く社会経済的環境の変化だけから一方的に議論するのではなく、村落の主体的取り組みにも光を当てる必要性があることを示唆しているのである（註13）。

第3節　ベトナム・メコンデルタの農家の農業経営管理

　ここからは、途上国農家における実際の農業経営管理事例について検討していくことにしたい。その検討を通じて、途上国の農家においても農業経営管理が確かに存在していることを実証したいと考える。まず、ベトナム・メコンデルタの農家の農業経営管理事例について検討していく。ベトナム・メ

143

コンデルタにおいては主体性や自立性が強い農家が多く、彼らの農業経営管理事例から学ぶことは少なくないのである。

1．メコンデルタ農民の主体性と開放性

ベトナム・メコンデルタはベトナム随一の稲作地帯であり、ベトナム全土の米生産量の過半を占め、米輸出量のほとんどを担っている。このように説明すると、水稲単作地帯を想像するかもしれないが、実はメコンデルタでは果樹作（多種類の果樹作）も畜産（特に養豚）も水産養殖（淡水魚養殖やエビ養殖）も盛んである。また、メコンデルタと一言で言っても、思った以上に多様性が大きい。もちろん、その中でも稲作中心の地域は多いわけだが、そのような地域でも小規模な養豚部門を有していたり、樹園地を有している農家は多い。また、沿岸部では天水稲作とともに汽水域エビ養殖の盛んな地域が広がっている。さらには、メコン川中流域を中心とした果樹作が盛んな地域では、養魚部門や養豚部門を併設する農家が多く見られる。そして、同時に水田も保有している農家が多い。いわゆるVACシステムは、こうした地域を中心に広がっているのである（註14）

このようなメコンデルタでは、開拓の歴史が浅く、フロンティア精神が旺盛な農家が多く存在する。原（2001b）によれば、メコンデルタの農村は、正に外向きで開かれた農村社会そのものである。ドイモイ政策の展開に即座に反応したのは、このメコンデルタの農民であった（註15）。

メコンデルタにおける山田（2004）の研究では、農家、普及員、研究者という異なる主体間における営農問題の認識（問題間の因果関係に関する認識）のギャップが、DEMATEL法によって明らかにされている。それによると、普及員や研究者は、様々な営農問題の根源的な要因を主として農産物価格問題という外部環境の問題に求めているのに対し、農家は、様々な営農問題の根源的な要因を主として技術・知識不足問題といった主体的努力によって改善可能な問題に求めているのである（山田　2004）。正に、ここにおいて、メコンデルタ農民の主体性や自立性を読み取ることができよう。

144

第3章　農業経営管理と農民技術にみる主体性

写真3-3　汽水エビ養殖農家（バクリュー市）

　大原（1996）によれば、総じてメコンデルタの開発は新しく、この地の農民は進取の気質が盛んで、より個人的・個性的な振る舞いが強かったと言われる。そのため、農民の新知識・新技術の受容が容易であるというに留まらず、農民自身の創意工夫があちこちにあり、農民の見いだした技術を試験研究施設で確定・公

写真3-4　汽水エビ養殖池の造成工事（バクリュー市）

認して一般に普及したものも少なくない。例えば、米＋魚方式、不耕起直播、催芽籾の播種、酸性土壌における畝立て栽培などがある（大原　1996）。

　加えて言うならば、紅河デルタの農家は総じてリスク回避志向であるのに対し、メコンデルタの中には、収益優先・リスク選好の志向性を有する農家が存在するのである。リスク選好の一例として、メコンデルタ南部地域（カマウやバクリュー）の汽水エビ養殖農家の事例を挙げることができる（**写真3-3、写真3-4**）。汽水域で養殖しているエビはウシエビ（別名はブラック

145

タイガー）やバナナエビである。これらのエビは、稲作－汽水エビ養殖システム（註16）の農家や単一汽水エビ養殖農家（単一経営農家）によって飼養されている。

　特に、近年、稲作を止め、エビの集約的飼養に特化した農家（単一エビ養殖農家）が増える傾向にある。そうした農家こそ、正に収益優先・リスク選好の志向性を有する農家なのである。その中にはエビ御殿を建てている農家も存在するが、他方で、負債を背負ってしまった農家の存在も忘れてはならない。何故、このようなことが起きるのか？　それは、一つには、エビの飼養密度と病気の発生にも関係しているのではないかと考えられる。なるべく沢山儲けようとしてエビの飼養密度を高め過ぎると、病気が発生しやすくなるのである。エビの生存率を高めるためには、適正な飼養密度を保つことが重要なのである。

　ここまで、フロンティア精神が旺盛なメコンデルタ農民について紹介してきたが、他方で、注意しなければならないのは、メコンデルタには土地なし農民も存在するという点である。古田（2017）によれば、紅河デルタや中部では、零細農家が多いが、土地なし農家は少ない。これに対し、メコンデルタや南東部では、相対的に零細農家が少ないが、土地なし農家は多い。因みにメコンデルタにおける土地なし農家の割合は約12％である（古田　2017）。土地なし層がリスク選好ではなくリスク回避志向性を有することは明らかである。さらには、零細農家についても同様であろう。やはり、志向性や選好を一般化することには慎重であるべきだ。地域差だけでなく、農家階層差（農家階層による違い）もしっかりとみておく必要があるからだ。

【コラム3-3】
メコンデルタの土地なし農民

　筆者は、ベトナム赴任当初、土地なし農民の家を訪ねたことがあったが、家の狭さと造りの粗末さ、そして土間だけの住居に驚き、インタビューする

のをとても申し訳なく感じた。農家の平均像を語ることも時として大事かもしれないが、こうした土地なし層の存在を忘れてはならないのである。

　土地なし層だけでなく、階層別にきめ細かく農家をみていくことが実に大事である。カントー大学の研究者（ファーミングシステム研究者）はPRA実施の際に、大抵、農家を三分類していた。すなわち、富農、中農、貧農という具合に。その基準が必ずしも明確でないのは問題であるが、集落のリーダーに任せると、実態に合った選定をしてくれた。有力な選定基準の１つは、家の造りである。竹とニッパヤシで造られているか、木造か、それともコンクリート製かによって、その農家が富農、中農、貧農のどの階層に属するかが一目瞭然となることが多い。ただし、このようにして選定された貧農の中に、土地なし農民（註17）（註18）は含まれていなかった。それは、手落ちであったと言わざるを得ないのである。

2．メコンデルタの「老農」が発揮する農業経営管理能力
―― ベトナム・メコンデルタの篤農家兼普及員の経営転換事例より ――

　ここからは、プロジェクトサイトにおける農業経営管理の具体事例についてみていくことにしたい。その具体事例とは、メコンデルタ旧カントー省のTP村における篤農家であり、かつ普及員でもあったT氏の農業経営管理事例である。とりわけ、カンキツグリーニング病（註19）の発生に対応した積極的な経営転換（多角化と集約化）の詳細についてみていくことにする。

　T氏は1982年に0.7haの水田と0.7haの樹園地を保有していた。樹園地ではオレンジ、マンダリン、およびマンゴの間作を行っていた。1992年には0.7haの水田を樹園地に転換した。また、新たに樹園地を購入した。樹園地拡大の理由は、その当時、オレンジとマンダリンの収益性が高かったからである。水田から樹園地への転換に伴い、豆、バナナ、ナスなどをつくり始めた。これらの作物は果樹との間作によって栽培された。その理由は、第１に、生育初期にはまだ果実が得られないため、他の換金作物を必要としたからであり、第２に、果樹が小さい（樹高が低い）うちは、他の作物にとっては日光が十分得られるからであった。

　T氏は、グリーニング病の発生以前には果樹を基幹作物とし、現金収入の

表3-1　カンキツグリーニング病に対応したＴ氏の経営転換（多角化と集約化）

カンキツグリーニング病発生後の経営展開（Ｔ氏の経営管理と営農技術）
①カンキツ類以外の果樹（ドリアンやマンゴスチンなど）を栽培し始めた。
②養豚部門の規模を拡大した。（繁殖用母豚の頭数の拡大）
③豚糞から厩肥をつくり始めた。
④養魚部門の規模を拡大した。（養魚池の新たな造成）
⑤養魚部門の魚種構成を変えた。（メコンナマズ以外の魚も多種類飼養し始めた。）
⑥魚のエサとして多様な植物資源（アオウキクサ、ヨウサイ、サツマイモなど）を利用するようになった。
⑦dike（畔）を高くして、かつ ditch（溝）の幅を広げるとともに深くした。（年々深刻化する洪水への対応）

出所：メコンデルタの TP 村における筆者調査（2002）より作成。

ほとんどを果樹作に依存していたが、1995年〜1996年にカンキツグリーニング病が深刻となった後、以下のような経営転換を図った（**表3-1**）。

第一に、グリーニング病に罹ったカンキツ類の栽培面積を減らす一方で、ドリアンやマンゴスチンなどの他の果樹を栽培し始めた。1999年にはマンダリンとオレンジの苗の生産を止めた。

第二に、養豚部門の規模を拡大した。グリーニング病発生前には繁殖用母豚１頭、肥育豚４頭であったが、グリーニング病発生後には、肥育豚４頭を維持しつつ繁殖用母豚を５頭に拡大した。

第三に、1997年には豚糞から厩肥をつくり始めた。

第四に、養魚部門の規模を拡大した。グリーニング病発生前には40m^{2}の養魚池を持っていたが、グリーニング病発生後には、100m^{2}の養魚池と200m^{2}の養魚池を新たに造成した。

第五に、養魚部門の魚種構成を変えた。具体的には、グリーニング病発生前には40m^{2}の養魚池に250匹のメコンナマズ（Mekong catfish）を飼養していたが、グリーニング病発生後には100m^{2}の養魚池にジャイアントグラミー（Giant gouramy）を400匹、スネークスキングラミー（Snakeskin gouramy）を1,000匹飼養し、40m^{2}の養魚池には引き続き250匹のメコンナマ

ズ（Mekong catfish）を飼養し、200m^{2}の養魚池には1,000匹のHybrid catfishを飼養するようになった（註20）。

第六に、魚のエサとして多様な植物資源を利用するようになった。アオウキクサ、ヨウサイ（葉と茎）、サツマイモ（葉と茎）、およびタロ（葉と茎）などがそれである。それに加えて、豚糞や鶏糞なども利用した。

第七に、1997年に樹園地のdike-ditch（畝－溝）システムを改良した。洪水深度が年々大きくなってきたため、それに対応してdike（畝）を高くした（註21）。また、ditch（溝）の幅を広げ、かつ深くした。

以上のように、T氏は、グリーニング病の発生後、果樹の多品目化、果樹作以外の部門（養豚部門と養魚部門）の規模拡大・集約化、および副産物・植物資源の一層の利活用という方向に経営を大きく転換させ、自身の経営を好転させていったのである。

以上のことから、T氏が優れた篤農家であると評価することができよう。そして、前述のようにT氏は普及員でもある。頻繁にTP村の農家を訪問し、技術普及にも努めていた。当然ながら、自身の農業経営改善についても、多くの農家に説明していたと考えられる。さらには、我々研究者とともに農家調査にも参加した。こうしたことを考慮すれば、T氏はベトナム版「老農」であったと言えるのではないだろうか？

なお、TP村全体の傾向としても、グリーニング病の蔓延を契機として養豚や養魚が盛んになった。また、養豚や養魚の飼養技術をカントー大学から学び始める農家もみられるようになった。そして、養豚部門や養魚部門の拡大と同時に、VACシステムがさらに広がっていったのである。TP村では、T氏以外の農家においても、複合化や集約化などにみられる農業経営管理過程が存在したということである。

３．ベトナム・メコンデルタ農民の販売管理能力（価格交渉力）の形成

メコンデルタのTP村においては、従来から、稲作農家と集荷業者が交渉を行って価格（庭先販売価格）が決定されていたが、1990年代半ば頃から、

次第に農家の交渉力が高まってきた。その背景には、第1に、集荷業者数の増加が挙げられる。米の生産量や販売量が増加するにつれて、集荷業者の数が増加した。第2に、農家の流通チャネルであるが、農家は集荷業者だけでなく、精米業者などにも販売するようになった。第3に、農家の情報収集能力の向上である。テレビやラジオを購入した農家は、価格情報を毎日チェックすることが可能となった。また、それに伴い、農家同士の情報交換も盛んになってきた。かつて、価格情報のない交通の不便な地区においては農家の庭先価格が相対的に低位であったが、次第に地区間や農家間の価格差は縮小してきた。

　しかし、農家庭先価格は国際価格の影響も受けることに注意する必要があろう。農家の価格交渉力が高まってきたとはいえ、常に有利な価格が実現されるというわけではない。例えば、2001年の大幅な米価（農家庭先価格）下落は、国際価格下落の影響を受けたものであった。

　稲作農家の価格交渉力の向上は、販売管理能力向上の一環でもある。その基礎にあるものとして、情報収集能力の向上が注目される。農家のスマホ所有が広がってくれば、尚更であろう（註22）。こうした動きが、将来、農協組織や他の任意農家組織における共同販売の動きへとつながる可能性を多少なりとも秘めているのではないかと考えられる。これについては、第7章で詳しい説明を加えていきたい。

【コラム3-4】
稲作部門と養豚部門との結合条件は?

　米の生産量が一定量以下の場合には、輸送コストが相対的に割高となるため、稲作農家は集荷業者への庭先販売を選択する。他方、一定量以上の米の生産量がある場合には、稲作農家は精米所へ米を運び精米してもらうこともある。したがって、一定規模以上の稲作農家は、精米所での精米過程で生じた副産物である米ぬかや屑米を持ち帰り、豚の飼料として利用するのである。これが、稲作部門と養豚部門との結合関係（副産物交換を通じた結合）を作り上げて

第3章 農業経営管理と農民技術にみる主体性

表3-2 部門結合類型における経営比較（TP村）

	V+A+C	V+A+C+R
農家戸数（戸）	17	30
水田保有面積（a）	38	52
樹園地保有面積（a）	42	45
養魚池面積（m^2）	470	278
肥育豚頭数（匹）	2.5	4.6

出所：山田（2007）の表6を修正。
注：上記二つの類型は、VACRシステムの中の部門結合関係を示した類型である。表中の「+」は部門結合関係、すなわち部門間の副産物交換関係を表している。

いるのである。

よって、稲作部門と養豚部門の結合関係は、稲作の規模すなわち保有水田面積に影響されるということになる。これは、農家調査結果からも裏付けられるものである。表3-2にVACRシステムの中の二つの部門結合類型を示したが、C（養豚）とR（稲作）の間に副産物交換関係が成立している（部門が結合している）「V+A+C+R」類型においては、C（養豚）とR（稲作）の間に副産物交換関係が成立していない（部門が結合していない）「V+A+C」類型と比較して、水田保有面積が大きい。つまりは、前述の通り、一定規模以上の稲作農家が精米所から米ぬかや屑米を持ち帰り、豚の飼料として利用している（稲作と養豚が部門結合している）ことが示唆されるのである。

第4節　タンザニアにおける「緑の革命」初期の農業経営管理

タンザニア・キリマンジャロ州のローアモシ地域では、JICA灌漑稲作プロジェクトが実施されてきた長い歴史がある。本プロジェクトの第1フェーズでは、水田造成や灌漑施設整備（写真3-5）などが行なわれ、第2フェーズでは、稲作栽培技術などの指導が行なわれた。プロ

写真3-5　頭首工（キリマンジャロ州・プロジェクト地区）

ジェクト地区（ローアモシ）では、プロジェクトの効果として、米の収量の飛躍的な向上によって所得（稲作所得）が大幅に増加した。また、それに伴って稲作における雇用機会の拡大が地域経済を活性化させたことが香月（1989）によって報告されている。

　以上の現象は、正に「緑の革命」がタンザニアにおいて進行し、経済的効果を上げたということを意味する。もちろん、負の影響がなかったわけではない。例えば、灌漑稲作普及後に、マラリア感染者が増加したことなどが挙げられる。マラリアを媒介するハマダラカは、川沿いや水路沿いに好んで生息するからである。

　そうした負の影響があったものの、その後、プロジェクト地区から周辺地域に「緑の革命」が波及していったことも事実である。波及地域の農家は、プロジェクト地区のような灌漑排水施設（コンクリート製）を自らつくれるわけではなかったが、自力で土水路を造成するなどして水田面積を拡大し、高収量品種を用いた集約栽培（化学肥料と農薬の投入）を行なっていった（**写真3-6**）。

　　写真3-6　キリマンジャロ州における収穫風景（灌漑稲作・雨季米の収穫）

第3章　農業経営管理と農民技術にみる主体性

　そこで次に焦点となってくる問題は、こうした周辺波及地域において、果たして「緑の革命」が定着するのかどうかということであった。そのことを確認するために、当該地域において農家調査（主として農業経営調査）を実施し、波及した「緑の革命」の実態を経営レベルで把握することとした。

1．経営規模と雇用労働依存および経営管理

　山田（1997ab）によれば、キリマンジャロ州の「緑の革命」波及地域における稲作農家調査結果では、小規模農家層において単収水準が相対的に高くなっている。また、小規模農家層においては雇用労働依存度が低い、すなわち家族労働依存度が高い。このことは、小規模農家層において労働集約的な肥培管理が行われていること、および雇用労働力に対して家族労働力の生産性が相対的に高いことを示唆している（山田　1997ab）。

　この点については、さらに詳しく調べる必要があったので、次年度において、特に雇用労働に関する調査を行った。その結果、雇用労働力の質、すなわち作業能力の問題だけでなく、雇用労働者の信用（信頼性）の問題が稲作生産性に大きな影響を及ぼしていることが明らかとなった。このことは、雇用労働力を利用することに伴い、生産性が低下する可能性が存在することを意味する。また、このような雇用労働者をいかに監督するか、あるいは質の高い雇用労働者をいかにして確保するかという点が、農業経営管理（労務管理）の重要ポイントの一つとなっていた。

　この点に関する農業経営改善の方向は、農家同士の情報交換を頻繁に行い、信用できる雇用労働者を確保すること、さらに、このような雇用労働者とは長期的な信頼関係を築き、毎年同じ労働者を雇えるようにするということである。さらには、労務管理の中でも最も重要とされる人間関係管理の具体的な内容は、「食事を共にする」、「一緒に働く」、「自宅に招待する」、「迅速に賃金を支払う」、「食料を提供する」などといったものがあり、一部の農家で実践されていた（註23）（註24）。

153

2. 灌漑の自主的改良効果

　タンザニアにおける稲作農家調査の分析結果の中で、キリマンジャロ州に属するMA村とK村の栽培技術条件および灌漑条件の比較と単収の比較が行われた。それによると、ローアモシの近隣に位置する上記両村の稲作農家は、高収量品種および集約的栽培技術（高収量品種導入に伴う集約的栽培）を導入していた。さらに、両村の稲作農家の栽培技術条件はほとんど同じであるが、灌漑条件だけが異なっていた。両村における水路が土水路かつ用排兼用である点では共通していたが、次の点で相違が認められた。すなわち、MA村では、各圃場が三次水路に接続されていたのに対し、K村では田越し灌漑が支配的であった。このことが両村の0.5t/haの単収差につながったものと考えられるのである。

　MA村の三次水路は、農家の自助努力によってつくられたものである。すなわち、この0.5t/haは、自主的な小規模灌漑改良効果（註25）とみなすことができよう。したがって、田越し灌漑地域において、自助努力による灌漑施設改良（小規模灌漑改良）の意義が認められるということになるだろう。

【コラム3-5】
自立性とインパクトの評価 ─タンザニアの灌漑稲作から考える─

　タンザニア・キリマンジャロ州では、州内における灌漑稲作の広がり（「緑の革命」の波及）によって、新たな問題が発生した。それは、河川上流域の農家と下流域の農家との水争いであった。上流域にあるMA村の農家の取水によって、下流域にあるプロジェクト地区（ローアモシ）が水不足に陥ったのである。プロジェクト関係者は困惑するとともに、複雑な気持ちになった。というのも、近隣のMA村に灌漑稲作が波及したことは、プロジェクトの展示圃場効果が示されたという何よりの証でもあったからだ。これこそ、正にプロジェクト評価項目（PCMにおける評価項目（註26））の1つであるインパクトの典型例であったと言えよう。

第3章 農業経営管理と農民技術にみる主体性

　また、ローアモシ周辺農村におけるその後の「緑の革命」（註27）の定着状況をみれば、当該地域（周辺農村）の農家の自立発展性をも示し得たということになるだろう。自立発展性は、PCMにおけるプロジェクト評価項目の1つであるが、最も重要な項目であると筆者は考えている。何故ならば、これこそが、技術などの定着や持続性を示しており、いわば最終目標ともなり得るからである。

3．有機肥料投入効果と課題

　タンザニア・キリマンジャロ州のN村は灌漑稲作が盛んな村であるが、近年、地力低下の問題が顕在化してきた。そこで、これに対応するために、一部の農家が自発的に有機肥料を水田に投入するようになった。そこで、N村の稲作農家調査において有機肥料の投入効果を調べた。それによると、一定量以上の有機肥料を投入した多くの農家において、単収が向上したという回答が得られた。このことは、地力維持において有機肥料の投入が一定の効果を発揮していることを示唆するものであった（註28）。タンザニアにおける有機肥料の投入事例は少ないが、今後、有機肥料の適切な投入について、有機肥料投入に要する必要労働なども含めて検討していくことが求められるであろう。

　なお、高橋和志（2010b）によれば、サハラ以南アフリカでは、肥料を製造する企業が自国内に少ないため、その大部分を輸入に頼らなければならない一方で、道路整備の遅れから、輸送コストが高くつく結果、肥料価格が穀物価格に比して割高である。そのため、アジアと同じような形で緑の革命を導入することが困難である。アフリカの実態に沿うように、家畜の糞など安価な有機肥料を利用した技術開発の必要性が、研究者の間では提案され始めているのである（高橋和志　2010b）。他方、牛糞利用の課題も指摘されている。古沢紘造（1992）によれば、第1に、運搬が重労働であり、第2に、牛糞が燃料として利用されているということであり、第3に、伝統的信仰や慣習が牛糞利用を妨げている側面がある（古沢紘造　1992）ということだ。

第5節　途上国の農民技術にみる主体性 ― 生産管理の主体性 ―

1．ベトナム・メコンデルタの稲作における農民技術

1）「緑の革命」以前の多様な稲わら利用

　かつてベトナム・メコンデルタで在来種の稲が栽培されていた頃、収穫後の稲わらが様々な形で利用されていた。そこに農民技術をみることができるのである。当時の稲わらの利用形態は以下のようであった。第1に、薪を自給できない一部の農家が、家庭用の燃料として稲わらを利用していた。在来種の稲わらは太くて長いため、近代種の稲わらよりも燃料として適していたのである。第2に、マッシュルーム栽培を行う農家が稲わらを利用した。通常、収穫後に集められた稲わらは4時間程度水につけられた後、マッシュルーム栽培に用いられた。そうすることによって、稲わらの腐植が容易に進むのである。近代品種に比べ在来品種の稲わらを使用すると、マッシュルームがより大きく育ち、味も良くなった。第3に、稲わらの堆肥としての利用である。特にカンキツ類を栽培していた農家は、稲わらにエビの殻、さらには調理用として利用した籾殻の燃かすなどを混ぜて堆肥をつくった。また、マッシュルーム栽培が終わった後、これに用いられた稲わらが堆肥として樹園地で利用されていたのである。第4に、稲わらは樹園地においてマルチ用に利用された。雑草防除などにおいて効果があったようである。

2）稲作におけるその他の農民技術

　メコンデルタのTP村においては、バナナの茎を利用した水田均平化（**写真3-7**）の工夫が観察された。均平化はとても重要な作業である。何故ならば、水田が均平でなければ、潤土直播（註29）の効果が薄れるからである。つまり、田面にでこぼこがあれば、水が来ない部分（凸部分）がある一方で、水に浸かり過ぎる部分（凹部分）も生じ、苗立ちを阻害するからである（註30）。

156

第3章　農業経営管理と農民技術にみる主体性

　また、TP村ではネズミによる被害（食害）が深刻化していた。農家聞き取り調査の結果では、「三期作を始めた後、ネズミの被害が増えた」、「出穂期前後にネズミの害が発生する」、「ネズミが圃場に穴を空ける」などの問題が抽出された（註31）。これに対し農家の対応としては、罠による駆除、毒エサによる駆

写真3-7　バナナの茎を利用した水田の均平化

除、ネズミ穴への水注入による駆除、および動物を使った駆除などが行われていた。これらは、一定の効果を発揮していたものと考えられる。ただし、これらの駆除だけでは十分とは言えなかったので、ネズミ防除の実証研究をメコンデルタプロジェクトにおける選択肢として考えたが、専門家が見つからなかったため、研究を断念せざるを得なかった。

　なお、メコンデルタではネズミを食することもある。筆者自身、TP村の中心部に近い食堂にてネズミ鍋を食したことがある。少し土臭かったが、比較的淡白な味であった。カンボジア南部のタケオ県の農家でもネズミ被害が深刻になっていたが、カンボジアの農家ではネズミ食の習慣がないため、捕獲後にはベトナム人にネズミを売っていたようである。

2．ラオス北部山岳地域における農民技術 ― 焼畑農家の養魚技術 ―

　次に、ラオス北部山岳地域における焼畑農家の事例を紹介する。第2章でも説明したように、ラオス北部山岳地域においては、焼畑抑制政策が採られており、陸稲にしても商品作物にしてもその生産展開が大きく制約されていた。このような中で、ルアンパバーン県のH村において、一部の農家が経営多角化の一環として養魚を始めた。そこで、養魚を行なう農家の経営実態、特にその経営管理（生産管理）の特徴と課題を、主としてYamada（2014b）の指摘に基づいて、明らかにしていくことにする。

まず、一部の焼畑農家が養魚経営を始めたきっかけは次のとおりであった。第1に、川での天然魚の漁獲量がますます不安定になってきたことである。これに対し、養魚の場合、供給（生産量）が安定するということである。第2に、焼畑における陸稲などの収量低下に対応するため、焼畑以外の部門に取り組みたいという意向（経営多角化の意向）が存在したことである。

　養魚池をつくる場所は、水を十分確保できる場所でなくてはならず、川沿いの土地、あるいは川の近くにある土地が養魚池造成に適していた。そうした適地は焼畑や常畑の中にあることが多かった。しかし、そのような場所で養魚を始めても、近年の降雨の不安定化などに伴う水不足によって、養魚を止めざるを得なかった農家も一部に存在した。

　ところで、養魚労働に関しては、以下のようなものがあった。第1に、カーン川での稚魚取りと養魚池への稚魚放流である。第2に、給餌（米ぬかや白アリの供給）である。自身で精米して米ぬかを確保している農家が存在する一方で、米ぬかを購入している農家も存在した。また、白アリは、巣を掘ることによって確保されていた。この白アリ取りは、焼畑圃場へ除草作業に行くときなどに行われた。第3に、池の周囲の草刈りである。これは蛇などの天敵（魚の天敵）対策として一定の効果があった。第4に、池の周囲にある土手の修復作業などである（註32）。第5に、収穫である。その他の養魚労働としては、魚が逃げないように網を張ることや池の泥さらいなどがあった（Yamada　2014b）。

【コラム3-6】
ラオス北部山岳地域における篤農家と国際協力プロジェクト

　ラオス北部山岳地域に位置するルアンパバーン県のパクセン郡におけるJICAプロジェクト（註33）の対象村には、合計90戸の農家が存在した。当プロジェクトのコンセプトは、焼畑（陸稲生産）からの転換（多角化）ということであったが、プロジェクト開始後に村の発展に特に貢献したのは、織物

第3章　農業経営管理と農民技術にみる主体性

と養魚と山羊飼養であった。これらは、村人にとって貴重な収入源となっていたからである。織物と養魚はプロジェクトが始まってから新たに導入されたものであった。このうち、養魚については、以下のようにプロジェクトの支援（稚魚の無償提供など）が篤農家による養魚経営の展開を後押しした。

　まず、プロジェクトが稚魚だけを無償提供し、養魚技術（飼養技術）のトレーニングコースを開催した。対象農家は、かつて水田だったところを養魚池に改変した。当農家は、掘削機を借りて自身で養魚池を掘った（註34）。魚のエサはペーパーマルベリー（Paper mulberry）（註35）の葉、家畜糞、およびトウモロコシであり、いずれも自給飼料であった。これらのエサは、農家自らが工夫を重ねながら考案したものであった。魚の販売先は、村内と近隣村から買いに来る農家であった。安定した需要があり、販売で特に苦労することはないようであった。

　なお、養魚開始時にはプロジェクトから稚魚の無償支援があったが、その後は自ら稚魚を確保し始めた。対象農家の経営主の兄がルアンパバーン市で稚魚を生産しており、そこで確保することができるようになったのである。

第6節　総括と展望

　以上、主としてベトナムとタンザニアにおける農業経営管理事例を詳細に検討することによって、途上国における農業経営管理（生産管理を中心とした農業経営管理）の存在を確認した。また、農業経営管理と農民技術の具体事例を通して、そこに息づく農家の主体性も確認することができた。

　実のところ、途上国農家の農業経営管理の詳細については、これまで既往の研究であまり扱われてこなかった。その背景には、本章冒頭で検討したように、生産構造的な経営問題を重視する考え方が研究者の間において支配的であったためではないかと考えられる。つまりは、途上国における農業経営管理の存在が否定ないしは軽視されてきたということであろう。しかしながら、途上国においても、実際には様々な形で農業経営管理は存在し、その基底に農民の主体性が息づいているのである。この主体性こそが、SHEPアプ

159

ローチ（市場志向型農業振興アプローチ）のような取り組みを成功に導いた主たる原動力であったと考えられる。

　今後、我々は、農民の主体性といかに向き合い、いかに支援していけば良いだろうか？　そのときに重要なことは、農業経営管理能力が向上していくプロセスに注目することである。主体性の存在を単に指摘するだけでは、捉え方が静態的にならざるを得ない。その意味では、稲本志良や重冨真一にみられるような動態的な農業経営者能力論から学ぶべきものは多いのである。この点については、第2章で詳述したとおりである。農民の主体性と持続的な能力形成は、農民のエンパワーメントにつながるものであるが、そのプロセスを十分考慮した支援こそが我々に求められていると言えよう。

　さて次に、農業経営管理の中の生産管理について再び検討していこう。生産管理こそ途上国農家の経営管理の中心的位置を占めるものである。そして、その生産管理の核となるのが農民技術である。農民技術とは、文字通り、農民自身がつくりあげた技術そのものを指しているが、他方で、研究者技術というものも存在する。この両者を比べた場合に、何が見えてくるだろうか？

　ここでは、実践技術との関連で比較してみたい。農民技術の形成主体たる農民は、常に実践を意識しながら技術をつくっていく。より現実に即して言うならば、技術を改良していくことこそ農民が技術に向き合う主たる形であろう。そのモチベーションの源は、実践で使いたい、実用化したいという思いである。生活がかかっているため、農民の思いは切実である。それに対し、研究者技術のモチベーションは何か？　もちろん、実用化の使命に燃えた研究者も多く存在するであろう。しかし、生活がかかっている農民と使命で動く研究者の場合、モチベーションの次元は自ずと異なってこよう。

　ここで、筆者は、技術研究者を批判したいわけではない。彼らの多くも、使命感に突き動かされながら頑張っているわけである。筆者がここで強調したいのは、農民技術をもう一度見直し評価し直すことの合理性である。その合理性の根拠こそ、実践技術創出に向けた農民のモチベーションの高さにあると考えられる。したがって、農民技術というものは、改良途上の技術も含

第3章　農業経営管理と農民技術にみる主体性

めて格好の研究対象である。研究者が農民技術の科学的解明を行う余地は十分にあるのではないだろうか？　そして、その科学的解明の対象技術が改良途上の技術であれば、研究者の解明結果を農家にフィードバックする意義も大きいと言えよう。

　足達（2006a）によれば、伝統的農法には、環境を持続的に保全したり、作物を保護したりする仕組みが内在していることが、近年の研究によって明らかになりつつある。こうした農法の効果について現代農学による説明と全く同じと言ってよいような説明をする農民も例外的に存在するが、ほとんどの農民にとって、伝統的農法は「昔からやってきたから」行うものなのかもしれない（足達　2006a）。そこにこそ、研究者が行う研究（農民技術の科学的解明）の余地があると言えよう（註36）。

　他方、ベトナム・メコンデルタのように、開放的な農村社会の中で開拓精神と好奇心と向上心をもった農民が多く存在する世界では、新技術が普及し易いと言える（註37）。しかし、農民は、ある日突然、新技術に飛びつくわけではない。安藤和雄（2001）が指摘しているように、農民は技術の在来的要素に外来的要素を交ざり合わせ、置かれた自然環境や社会経済条件の中で日々技術適正を吟味し続けているのである（註38）（註39）。

　こうした農民の主体性を通じて技術が改良され、適正化され、定着していくということではないだろうか？　安藤和雄（2001b）はこうした技術を「在地の技術」と呼び、そこに農民の主体性を吹き込ませた。つまり、在来技術を伝統的技術、外来技術を近代的技術とするような二元論（註40）を批判したところに「在地の技術」が提示されているのである（安藤和雄2001b）。そこには、試行錯誤を伴う農民の技術創出プロセスが存在するのである。

161

【コラム3-7】
農業技術の捉え方について

　特に途上国の農業開発の場で、適正技術という言葉がよく使われる。佐藤寛（1995a）によれば、この適正技術は、その地域にすでに存在する「土着技術」を活用することを意味する場合と、近代技術を土着の状況に適合的に改変して「地縁技術」を開発することを意味する場合があり、さらには、受け入れ社会の技術的吸収可能性を考慮して技術レベルをあえて落とした機器、道具を導入する「中間技術」も適正技術の一部と考えられる（佐藤寛1995a）。ただし、途上国の農業開発の場において、果たしてどの技術も同じ程度に重要であると言えるだろうか？

　我々が途上国における農業技術を考えるとき、最も大事な点は、在来技術（上記の「土着技術」と同じと考えてよい）を土台として、農民自身が環境の変化などに適応して、主体的に改良を加えていくという視点ではないだろうか？（註41）　確かに、「緑の革命」は近代技術である。ただし他方で、「緑の革命」においては、地域特性に応じたIR品種の改良などの事例が各地でみられたのも事実である。その意味では、「地縁技術」に類似した側面も有していると言えそうだ。

　ただし、「緑の革命」のような事例（近代技術の普及事例）もさることながら、「土着技術」をベースとした改良事例の方が、途上国では多く観察されるのではないだろうか？　その中には、「土着技術」に近代技術の要素も取り入れ、在地化していくといった事例が含まれる。これが、正に安藤和雄が提唱する「在地の技術」に他ならない。ある意味、我々が考えなくてはならない「在地の技術」は「地縁技術」の逆である。土台は近代技術ではなく、あくまで在来技術（土着技術）なのである（註42）。

　もう少し詳しくみていくならば、足達（2006）の次のような考え方が示唆に富んでいる。すなわち、農民もかたくなに伝統的農法にしがみついているわけではなく、栽培様式を変えたり、近代的農法の要素を取り入れたりしながら、常に環境の変化や人口の増加に対処している。生物が自らは意図せずに環境に適応して進化してきたように、伝統的農法もその地域の自然環境に

第3章　農業経営管理と農民技術にみる主体性

うまく適応できたものだけが、現代まで持続してきたのだと考えられないだろうか？　伝統的農法も「進化」するのである（足達　2006）。

　足達が言うところの「伝統的農法の進化」と「在地の技術」は類似している。足達が指摘する「伝統的農法の適応」過程とは、どの地域でも普通に行なわれてきた在地化の試行錯誤プロセスであったとも言えるのではないだろうか？　したがって、**コラム3-7**でも示したように、実際には「土着技術」をベースとした改良事例の方が多く観察されるのは、ある意味当然のことであろう。なお、ここで注意を要するのは、「伝統的農法の進化」プロセスは極めて長期スパンの話であるということだ。

　さて、安藤和雄（2001a）は、農民の技術改良・普及の輪に研究者などの外部者がいかに参加していけるかが、在地の技術の発見と発展に最も寄与できる方法であると指摘している（安藤和雄　2001a）。前述した研究者による農民技術（篤農家技術など）の科学的解明といったことが、ここでも深く関わってくる。研究者の参加と貢献である。参加型研究とか参加型開発と言うと、農民が研究や開発の場に参加するという捉え方が従来支配的であったが、むしろ、農民の取り組みの輪に研究者や開発ワーカーが参加するという捉え方の方が、農民の主体性を尊重する自然な捉え方と言えるのではないだろうか？　（註43）

　他方、研究者も参加し貢献しようとする点においては、チェンバースのやや行き過ぎた考え方（参加型開発の中で、住民・農民の能力を高く評価する一方で、研究者などの外部者の能力を過小評価する傾向）とは一線を画すものであろう（註44）。

　また、生活改善の側面においても類似の議論が行われているので、併せてみておくことにする。水野（2016）は、生活改善アプローチを提唱し、それによる開発が主体性をもった持続可能なものになることを次のように主張している。

　生活改善アプローチによる開発プロジェクトの中心は、改善活動を実践する人にある。実践を通して、生活（生産を含む広義の）のみならず、人間主

体そのものが改善されていく。だから、生活改善は人間開発を含んでいる。さらに、人間生活が存続する限り、改善の課題や目標が存在するため、生活改善アプローチの開発はもとから持続的である。生活者が生活改善活動の主体になる開発は、自己責任の原理に基づいているので、プロジェクトのオーナーシップは確実である（水野　2016）。

　以上のように、水野が提示する生活改善アプローチによる開発は、内発性（主体性）と持続性の視点とともに動態的な視角からも捉えられていることが分かる。いわばプロセス重視ということでもあろう。なお、生産も含む広義の生活という捉え方をしているので、生活改善アプローチは生計アプローチと類似しているとも言えよう。

註

（註1）マルクス（1964a）は、労働疎外について以下のように述べている。「…労働が生産する対象、つまり労働の生産物が、ひとつの疎遠な存在として、生産者から独立した力として、労働に対立する…」

（註2）ただし、農村貧困層の場合、自由度の高い選択ではなく、自由度が制限された中での選択をせざるを得ない状況に置かれているということに十分留意する必要がある。高橋和志（2010a）によれば、農村貧困層は、教育水準が相対的に低く、安定した賃金職を得ることが困難であるため、家族の労働力を、農業労働や参入の容易な非農業労働、あるいは出稼ぎなど多様な生産活動に振り分け、それぞれから少しずつ所得を得ることで生計を立てているのである（高橋和志　2010a）。

（註3）これまでタンザニアは、動物という自然資源を活用したサファリツアーの目的地として注目を浴びてきたが、近年の傾向としては自然資源を活用する旅行形態であるエコツーリズムを政府も推進する方向にあり、新たな観光文化をつくろうとしている（中嶋　2006）。

（註4）第1章で既に指摘したように、紙谷（1996）によれば、途上国において、水田や畑という圃場での生産を対象とする「表の農業」だけでなく、屋敷地において生活のために多様な生産を行う「裏の農業」（Back-yard Farming）が重要な役割を果たしている。また、生産力の低い段階では、「表の農業」が天候や市場のリスクに晒されるが、その際に「裏の農業」が保険し、生計の安定を保っているということである（紙谷　1996）。

（註5）稲本（1971）は、小農経営の経営行動を、経営を取り巻く諸条件の変化に

第3章　農業経営管理と農民技術にみる主体性

対する単なる適応行動とみなす一方で、これと対置させる形で、企業的経営の経営行動を戦略的競争行動と呼び、経営発展のための経営行動と捉えている。その経営行動の具体例として、新品種の積極的な導入、多様化、生産物の品質による差別化などを挙げている（稲本　1971）。ただし、例えば多様化については、適応行動としての多様化もあるだろう。また、諸条件の変化に対する適応行動も経営管理の一環であると言えよう。

（註6）和田照男（1978a）は、家族農業経営を以下のような類型に分けている。1）自給経済的家族農業経営（商品経済が未発達な段階で、家族の生活の充実が直接の経営目標である）、2）小商品生産的家族農業経営（経営の基本は生活充足にあり、商品生産は家計に従属したものになりやすい）、3）商業的家族農業経営（商品経済が発達し、農業経営は基本的に商品生産の原理で営まれる）、4）企業的家族農業経営（家族経営ではあるが、家計と経営は分離され、経営の行動は企業の原理とあまり変わらない）、5）兼業自給的家族農業経営（家族農業経営というよりは小土地保有勤労者家族といった方が適切かもしれない）（和田　1978a）このうち、途上国の家族農業経営の多くは、1）自給経済的家族農業経営と2）小商品生産的家族農業経営に分類されよう。

（註7）ただし、ラオスの小商品生産的農家の中でも、相対的に規模の大きな農家においては、耕耘機を購入するといった投資行動もみられる。

（註8）1880年代、政府は篤農や老農の重要性を認識していた。篤農と呼ばれる革新的な農民が開発・発見した農法や品種などに関する実践的な情報が老農によって収集され、他の農民に共有されたのである（和田ら　2000）。

（註9）田中学（1978）によれば、老農とは幕末から明治期において農事の改良や普及に努めた民間の指導者達である。老農達は、徳川期における宮崎安貞、大蔵永常、佐藤信淵などの農学思想の流れをくみ、さらにさかのぼれば、中国における農業技術や農学思想の影響をも受けており、農事改良の方法は概して経験に依拠していたが、試作や比較栽培なども試みているのである。明治期の代表的な老農として船津伝次平、奈良専二、中村直三、林遠里、石川理紀之助等々を挙げることができる。彼らの経験的農法は、欧米農学の立場から科学的根拠を欠くものとして批判されることも少なくなかったが、林遠里による牛馬耕の普及や、「神力」、「愛国」、「亀の尾」などの老農品種（米）のように明治農法の中軸となったものもある（田中学1978）。

（註10）七戸（2000a）によれば、肥料や農薬の購入の際に注意すべきことは、以下のとおりである。①その生産資材の技術的な特性を詳しく調べる。②適切な使用方法を理解する。③必要量を正確につかむ。④適正な価格で販売し資材情報にも詳しい業者から購入する（七戸　2000a）。

165

(註11) この点に関しては、主として吉田忠（1977）の考え方に基づいている。
(註12) 金沢（2001）によれば、経営主体と呼ぶのは自分の意志と経営方針をはっきり持っていてその実現のために行動をおこす農民を指している（金沢2001）。この定義に従うならば、多くの農業経営の経営主は、経営主体と呼び得るのではないだろうか？　つまり「単なる業主」ではないということである。
(註13) 相川良彦が指摘した日本の村落における主体性と極めて類似した事例が、タイの村落においてもみられるようである。北原（1986b）によれば、タイの村落においては、人口増加に伴い、かつてのようにこじんまりとした凝集的対面関係が消え、通婚圏の拡大による他県出身者の増加や階層分化によって村の構成員の異質性が増してきた。こうした異質性やあつれき・摩擦が強まるにつれて村落内の統合のための対策や行事が強調されるようになった（北原　1986b）。
(註14) "米・魚・家禽・果樹複合"と呼ばれるような多角的かつ複合的な土地利用は、メコンデルタの他、チャオプラヤーデルタや中国広東省の珠江デルタなど、経済活動が活発なところで急速に拡大しつつある（海田1996b）。
(註15) 他方、開放的なメコンデルタと対照的なのが紅河デルタである。原（2001a）によれば、紅河デルタの農村は、村人と外部のヒトとを区別する慣行を形成させた内向きで閉ざされた農村社会である。
(註16) マーシー・ワイルダーら（2000）によれば、汽水域の稲作－エビ養殖システムとは、雨季に天水稲作を行い、乾季には水田でエビを養殖するシステムのことである。このシステムでは土塁が水田を囲んでおり、その内側に溝をつくり、さらにその内側で稲を栽培する。また、水の入れ替えのために水門がある（マーシー・ワイルダーら　2000）。このレイアウト（土塁（dike）

写真3-8　稲作－淡水エビ養殖システム
（メコンデルタ・TP村）

が水田を囲み、その内側に溝（ditch）があるレイアウト）は、稲作－淡水エビ養殖システムの場合においても共通している（**写真3-8**）。
(註17) ベトナムにおける土地なし農家については、出井（2004b）が次のようにその動向を示している。すなわち、ベトナム全土の土地なし農家数は、1994年の農業・農村総合調査時に10万9116戸であり、農家総世帯の1.15％

第 3 章　農業経営管理と農民技術にみる主体性

を占めていたが、2001年には土地なし農家戸数はその 4 倍に増加した。この土地なし農家の比率は特にメコンデルタで高く、13.6％を占めていた（出井　2004b）。

　このように一方で土地なし農家が増加する中、他方で、出井（2004a）によれば、2003年の改正土地法において農地使用権の流動化が促進され、輸出商品作物生産を担う富裕農民層への農地集積が法的に容認され、同時に、私営のチャンチャイ（Trang trai＝大規模商業生産農場）の創出も盛り込まれた。換言すれば、市場経済化に対応できる経営主体の生産基盤の強化を目的としたものであった（出井　2004a）。つまりは、農家の階層分化が進んでいるということである。

(註18) バングラデシュでは、「土地なし農民」とよばれる、耕すべき耕地を所有しない世帯が全世帯の過半を占めている。土地なし農民の収入の糧は、農作業や土木作業などの日雇い労働が主なものである（安藤和雄　2000）。土地なし農民は、特に南アジアに分厚く存在しているのである。

　また、土地なし住民が慣習的に農業労働者として雇用されたり、冠婚葬祭における相互扶助関係に取り込まれたりすることで最低限の食糧を確保し、生存を維持できるといった例がある（小國　2007a）が、これらはいわば農村社会におけるセーフティーネットと捉えられよう。

(註19) 山本（2022）によれば、グリーニング病（黄龍病：HLB）は、ミカンキジラミが媒介する難防除病害である。感染すると果実の着色が不良となり小型化し、樹体が衰弱して枯死する。世界的に感染拡大が著しく、カンキツ栽培の大きな障害となっている（山本　2022）。

(註20) T氏の説明によれば、Hybrid catfishやキノボリウオ（Climbing perch）は、水質が悪くても飼養可能であるが、ティラピア（Tilapia）、キッシンググラミー（Kissing gouramy）、ジャイアントグラミー（Giant gouramy）、ハクレン（Silver carp）、およびコイ（Common carp）は、水質が悪いと飼養困難となる。

(註21) 果樹園は、一般に排水性のよい山の傾斜地や丘陵地に多いが、デルタのような低湿地帯にも形成される。このような地帯では、排水性をよくするために幅広い畝を立てて果樹を栽培する（宇都宮ら　1996）。

(註22) これに関連して、SHEPアプローチが世界的にも注目されている。相川次郎ら（2021）によれば、SHEPアプローチとは、市場志向型農業振興（Smallholder Horticulture Empowerment & Promotion）アプローチの略称で、2006年から始まったケニア農業畜産水産灌漑省とJICAの技術協力プロジェクトにおいて開発された農業普及手法である。園芸作物を生産する小規模農家に対し、「作って売る」から「売るために作る」への意識改革を起こし、栽培技術や営農スキルの向上による園芸所得向上を目的とす

167

るものである。SHEPアプローチにおいては、農家の主体性を最大限引き出すため、①農家が目的と成功体験をイメージし、②農家による市場調査を通して市場の価値を知った上で、③農家自らが作物を選定して栽培計画を作成し、④選定した作物の栽培技術を習得する、というプロセスが遵守されている（相川次郎ら　2021）。

(註23) タンザニアにおける稲作労働者雇用については、以下の文献において詳細に分析されている。

　　　山田隆一（1997b）「タンザニアにおける稲作労働者雇用に関する考察」『農業経営研究』第35巻第3号、pp.11-23.

(註24) 八木（1993）によれば、労務管理には一般に、①労働力管理、②労働者管理、③労使関係管理の3つの領域がある。このうち、労働力管理の領域は、経営内での従事者（家族労働力を含む）の合理的な配置と組作業の編成、賃金および教育・訓練に関わる領域である。また、労働者管理の領域は、従事者のモラルや経営への帰属意識、経営理念、人間関係の円滑化などに関わる領域である（八木　1993）。ここで言うところの労働者管理は、本文で指摘した人間関係管理と重なるであろう。

(註25) この小規模灌漑改良効果については、以下の文献において詳細に説明されている。

　　　山田隆一（1997aa）「タンザニアにおける「緑の革命」初期の農家経済」『農業経営研究』第34巻第4号、pp.3-4.

(註26) PCM（プロジェクト・サイクル・マネジメント）においては、次のような5つの評価項目がある。すなわち、妥当性（プロジェクト目標および上位目標が、受益者や政府のニーズ・優先度と合致しているかどうか）、有効性（アウトプットを通じてプロジェクト目標がどの程度達成されたか）、効率性（プロジェクトの人的・物的・金銭的な投入はどれだけアウトプットに転換されたか）、インパクト（プロジェクトの実施によってもたらされた正負の影響。直接的・間接的な変化、予期した・予期しなかった影響の両方を含む。）、および自立発展性（プロジェクト終了後も、プロジェクト実施による便益が持続すること。「持続可能性」ともいう。）の5つである（FASID　2009）。

(註27) アフリカにおいても、JICAやJIRCAS（国際農林水産業研究センター）が「緑の革命」などによる稲作振興を強力に推進してきている。とは言え、大塚（2015）によれば、問題はアフリカの水田の80%以上が天水田であり、多くの天水田で粗放的な栽培が行われているということである。アフリカには畦のない水田や平らでない水田がいくらでもある。畦がないと水が溜まらず、雑草の成長を許すことになる。また、化学肥料を投入しても、畦がないと周りの水田に流れていってしまうので、そもそも化学肥料は投入

第 3 章　農業経営管理と農民技術にみる主体性

されないことになる。さらには、水田が平らでないと、発育の不揃いばか
りでなく発育不良が起こりやすくなるのである（大塚　2015）。

(註28) N村の灌漑稲作における有機肥料投入については、山田（1997ac）におい
て詳細に説明されている。

(註29) 潤土直播とは、水田の代かき後に排水し潤土面に催芽籾を播き、苗立ち後
に灌水する直播方法である。

(註30) 因みに、ラオス・カムアン県のNT村では、農家は直播ではなく移植（田
植え）を実施していた。実は、NT村の水田の均平度は極めて低かったの
である。

(註31) TP村におけるネズミによる被害については、山田ら（2003b）が詳しく説
明している。

(註32) 雨季、特に8～9月に、降雨によって土手が崩れた場合にその修復が行わ
れていた。

(註33) プロジェクト名は、Forest Management and Community Support
Projectであり、通称FORCOMと呼ばれていた。

(註34) 掘削機のレンタル料は合計280万キープであった（1時間70万キープで、
計4時間）。

(註35) ペーパーマルベリー（Paper mulberry）とは、梶の木のことである。ク
ワ科カジノキ属の高木である。

(註36) ただし、この点に関連して小林和彦（2011b）が、優れた農家の実践（多
年の経験から農家が編み出した「わざ」の体系としての農法）に科学が学
ぶことは多いが、全てを科学的に解明できるとは限らないと指摘している。
というのは、農法には、科学では肯定も否定もできない事柄（例えば、
「植物が本来持っているちからを活かす」こと）の説明が含まれるからで
ある（小林和彦　2011b）。

(註37) ベトナム・メコンデルタは、北部の紅河デルタと比較されることが多い。
メコンデルタに比べ、紅河デルタはやや閉鎖的で、相対的に保守的で内向
きな世界である。この背景には、洪水から村を守らなければならなかった
紅河デルタの地勢的な特徴の他にも、歴史自体の古さというものが関わっ
ているかもしれない。河合ら（2003）によれば、東南アジアでは、デルタ
の大部分が比較的新しい時代まで全面的に利用されることはなかったのだ
が、紅河デルタは例外的な存在である（河合ら　2003）。

(註38) 在来技術とともに考慮すべきは、伝統的知識である。それは、営農だけで
なく、生活にも関わるものである。入江（2017）によれば、地域の伝統的
知識と文化は、在来植物の多様性とその利用に由来し、薬用植物の利用や
伝統料理を維持し、文化的な儀式や祭りなどの重要な機能を提供している。

(註39) 農村に残されている未利用な生態資源、あるいは、人々の日々の暮らしや

169

記憶の蓄積である在来知は、現地での地道な調査によって「偶然に」見出され、記録されて初めてその価値が評価を受けて残されるのである（園江 2016）。

(註40) そもそも、在来技術、外来技術という分け方は、技術の由来を基準としているが、技術の由来は二義的なものである（安藤和雄 2001b）。

(註41) 西尾（1998a）は、現場の農家の工夫が研究者と見事につながった日本の事例として、保温折衷苗代の開発事例を挙げている（西尾 1998a）。なお、保温折衷苗代とは、苗床を油紙で被覆して保温する苗代のことである（西尾 2003）。

(註42) ただし、近年、東南アジアの一部に広がってきた最先端技術の行方にも目を向ける必要があるかもしれない。樋口（2019）によれば、日本でもようやく実用化され始めたリモートセンシング技術や電子制御技術を応用した高度な圃場管理などが東南アジアの一部の農村ですでに実用段階にある。その背景の一つとして、様々な先端技術・機器が安価になり、容易に入手可能になった面がある（樋口 2019）。

　こうした技術は、現地の環境に適合するような改善が必要になってくる場合もあり得よう。その意味では、「地縁技術」となっていくこともあろう。ただ、先端技術・機器がいくら安価になったとは言え、誰でもアクセスできるというものではない。東南アジアでは一部に広がったとしても、アフリカではどうなのか？という話にもなろう。また、同じ東南アジアでも、国や地域は多様であり、また同一地域の中であっても多様な農家が存在する。したがって、こうした議論をする際にも、ターゲットとなり得る地域や農家をある程度特定して考える必要があろう。

(註43) これは、正に参加型開発の本来の姿として位置づけられよう。参加型開発の本来のあり方は、斎藤文彦（2002ab）によって次のように説明されている。すなわち、「われわれ（途上国農村の人びと）は彼ら（援助機関）と共同でプロジェクトを決定するので、専門家の彼ら・彼女らがわれわれの活動に参加する」のである（斎藤文彦 2002ab）。

(註44) Chambers（2000）は、「農民は優れた農業分析の推進役（facilitator）であることが明らかになっている」と述べているが、その通りであろう。しかし、「農民の知識が比較優位を持つ」という考えに固執するあまり、外部者をやや敬遠する傾向がみられるのではないだろうか？

第4章　ファーミングシステム研究の実践性

― メコンデルタ総合研究プロジェクトを主な素材として ―

第1節　ファーミングシステム研究の現代的意義

　ファーミングシステム研究の勢いが無くなってきたという話が聞かれるようになってから久しいが、近年、グローバリゼーションの弊害や地球環境問題の深刻化を目の当たりにして、潮目が変わりつつあるのではないだろうか？

　古沢（2019）によれば、世界動向としては、地球環境問題や南北問題の是正をめざす環境・開発レジーム形成の動きの一方で、グローバル市場経済のさらなる拡大・強化がより強力な勢力として世界を牽引しており、多くの軋轢と矛盾を激化させている（古沢　2019）（註1）。

　グローバリゼーションの中心的推進者は多国籍企業であるが、多国籍企業が地域や生態系にもたらす負の影響は深刻である。豊田（2001）によれば、多国籍企業は開発途上国の輸出指向型アグリビジネスの育成により、基礎食料の自給率を低落させ、食生活の西欧化を進め新しい貧困を生み出している。農業開発は地域間格差を拡大して社会的公正を損ない、モノカルチャー農法は地力を破壊し生態系の維持と環境の保全を危うくしている（豊田　2001）（註2）。

　そうした中で、地球環境問題や開発・貧困問題などをめぐる環境レジーム・開発レジームの近年の動向をみるかぎり、特に市民セクター、NGO等の発言力が力を持ちつつあり、個別利害を超えた地球市民的な主体形成とその影響力が強まり始めている（古沢　2014）。

表 4-1　FSR 概念の枠組みにおける変化

	1970 年代	1980 年代	1990 年代
研究対象	作付システム	作付システム 家畜システム 営農システム	作付システム 家畜システム 営農システム コミュニティー
研究目標	生産性	生産性 安定性	生産性 安定性 持続性
ターゲット	小農	小農 女性	小農 女性 次世代

出所：Hart（2000）の表を一部修正。

　ファーミングシステム研究は、そもそも1970年代から、小農をターゲットにした作付システムを研究対象としてきた。つまり、ファーミングシステム研究は、グローバリゼーション下の市場競争と生産性向上を至上命題とするような研究、さらにはモノカルチャー研究などとは全く異なる研究、もっと言えば対極にある研究なのである。また、**表4-1**にあるように、ファーミングシステム研究は1980年代から家畜システムと営農システムを研究対象に加え、研究目標に安定性を加えた。1990年代からは、様々なシステムとともにコミュニティーをも研究対象に含め、研究目標には生産性と安定性の他に、持続性を新たに加えてきたのである。

　さらには、1980年代以降、小農に加えて女性をターゲットにしてきたというように整理されているが、Ranweera（2000b）によれば、FSREの実践者は、女性の役割を理解し強調すべきであり、それを研究設計や研究評価に反映させるべきであるということだ。その上で、研究管理者は、女性をFSRE活動の受益者としてターゲットにすべきである（Ranweera　2000b）と。つまり、実際には、それまで女性が十分にターゲットとはなっていなかったことが示唆されているのである。

　このように、ファーミングシステム研究は1970年代から1990年代まで進化

172

第4章　ファーミングシステム研究の実践性

してきたということが理解できよう。

　ニールス・G・ローリング（2002a）によれば、市場の圧力が、環境汚染、景観破壊、生物多様性喪失、食料安全性リスクなどにつながる非持続的農業形態を招いている。また、市場の圧力が地域になじんだ知識の様式を喪失させている（ニールス・G・ローリング　2002a）。ニールス・G・ローリングの上記見解は、グローバリゼーションを中心とした過度な市場自由化、そしてその影響をもろに受けた農業近代化の負の側面について整理したものであるが、悪影響が広範に及んでいることをあらためて認識させられるのである。したがって、こうした状況の中で、安定性や持続性を目標とするファーミングシステム研究の意義が正に高まってきていると考えられるのである。

　また、1991年には、FAO（国連食糧農業機関）が国際会議を開催し、「サステナブル農業・農村開発」（Sustainable Agriculture and Rural Development, SARD）に関する基本概念や戦略、行動指針を確立したことにもみられるように、サステナブル農業ないしはサステナブル農業・農村開発が、国際的な途上国農業政策の中で市民権を得つつあることも事実である（樫原　1998）。さらには、2014年に国連が国際家族農業年を設定したこと、その後、2017年に「国連家族農業の10年」（2019年～ 2028年）が採択されたことにみられるように、家族農業や小規模農業が確実に見直されてきた。これらの主体こそ、持続的農業の担い手たり得るものである（註3）（註4）（註5）。

　したがって、同様に、こうした状況の中で、小農や女性を主なターゲットとするファーミングシステム研究の意義が正に高まっていると考えられるのである。

　他方、近年、学問の分野では全般的に細分化・専門化が進む中で、研究結果の現場への応用性や実用性が益々問われるようになってきている。こうした状況を、津谷好人の主張に沿ってより詳しくみていこう。津谷（2008a）によれば、科学がややもすれば分解的（分析的）研究にのみ偏り、特に応用科学ではそのような分解的研究の結果を直ちに実地に応用しようと試みる者が多く、そのため学と実地が一致しないそしりを招いている。実地家は総合

173

的に研究するしかない。他方、学者はあまりにも分解的研究に偏って総合的研究を度外視する（津谷　2008a）。つまり、現場（実地）には複雑な世界が広がっており、そこに応用できる研究とは自ずと総合的にならざるを得ないということであろう。総合性と実用性はある意味、表裏一体のものでもある。これは特に農学の世界に言えることであろう（註6）。

　このような中で、学問としては成果が上がっていると評価されたとしても、その研究結果が十分に社会還元されてはいない現実を、多くの人たちが次第に直視するようになってきた。そこに現れたのが「社会実装」という概念であった。研究結果の実用化を重視する考え方にはもちろん賛同する。ただ一方で、ようやく今になってこのような議論をしているのかという印象も少なからずあるし、木俵（2021）によれば、大学や国立研究所の研究者の中には、社会実装の意味を十分には理解していない者も多い（木俵　2021）とのことである（註7）。

　農業研究の分野でも、こぞって「社会実装」が唱えられ始めた。そもそも農学は実学であるにもかかわらず、実用化の重要性を今あらためて主張するというのは、やや奇異な感じもするが、研究結果の実用化が大事であることをあらためて認識したことに対し、まずは評価したい。

　しかしながら、同時に、これまで必ずしも陽の目を見ない場所で実用化のための地道な取り組みをしてきた研究者たちが存在することも忘れてはならない。「社会実装」という言葉の「目新しさ」から、「新たな取り組み」を一から始めようとする前に、こうした研究者の取り組みをあらためて掘り起こし、味わってみる必要もありそうだ。これまでの実用化の地道な取り組みの一つが、ファーミングシステム研究の取り組みだったと言えるのである。横山（2005a）によれば、研究機関で開発された技術が現場に普及・定着しないのは何故か。この古くて新しい課題に応えようとしたのがファーミングシステムアプローチであった（横山　2005a）。ファーミングシステム研究者がいかに現場で問題を把握し、その問題を解決するために、いかに技術の実用化に向けて農家とともに試行錯誤を重ねてきたか。その一つ一つを吟味し、

第4章　ファーミングシステム研究の実践性

そこに現代的意義を再発見していかなければならないであろう。

　では、あらためて、ファーミングシステム研究とは何かということである。それを説明するには、まず、ファーミングシステムとは何かということを明らかにしておく必要があろう。そこから始めていきたい。

　ファーミングシステム研究においては、実体としてのファーミングシステムと方法論としてのファーミングシステム（ファーミングシステムズ・アプローチ）がある。より詳細には、３つの捉え方がある。農法、営農体系（世帯が基本単位）、そして方法論（註８）という捉え方だ。最初の２つは実体としてのファーミングシステムである。

　まず、農法としてのファーミングシステムとは、基本的には栽培システムのことである。例えば、同部門内での各種の混作、間作、あるいは輪作などの栽培システムである。アフリカ畑作では、リスク分散や作物保護（害虫抑制など）のために混作や間作（註９）を、また地力維持のために輪作を行っている事例がある。また、異部門間の統合システムもファーミングシステムと呼ばれている。ベトナムの事例で言えば、稲作をベースとしたファーミングシステム（稲－魚システム、稲－エビシステム、および稲－アヒルシステムなど）、あるいは、園芸（主として果樹作）と養豚と養魚が各副産物（豚糞や池の底に沈殿した泥など）の交換関係で結びついたVACシステム（資源循環型複合農業システム）などがある。これらは、いずれも環境保全型農業あるいは資源循環型農業として注目されていることを付け加えておきたい。

　もう一つ、考慮すべきことは、農法の基礎・基盤となるエコシステムである。山崎耕宇（2005b）によれば、農業生産の場はひとつのエコシステムと見ることができる。そこには主役である農産物があるほかに、雑草やこれらを食害する虫や鳥獣、あるいは寄生する病原菌がおり、また土の中には厖大な量の微生物が日夜活動している。畜産が行なわれていれば、これに牧草とこれを食う家畜が加わる。耕地のエコシステムでも、そこに生活する生物群集のそれぞれが、お互いに関係しあって生きており、さらにそれらが生きていくためには、生物群集を取り巻く様々な環境要因が不可欠に関わっている

175

（山崎耕宇　2005b）。

　耕地が様々な生物と環境要素が複雑に関わりあったエコシステムとして成り立っているからこそ、総合的雑草管理や総合的土壌管理といった総合化が必要とされているのであり、エコシステムは、従来の科学技術研究を推し進めてきた要素還元主義では到底解明することができないのである（山崎耕宇　2005c）（註10）。

　なお、生物の世界において、要素還元主義を戒めているのが今西錦司である。今西（1972）は、次のように述べている。生物存立の物質的基礎について少しも疑いをさしはさむものではないが、生物という物質はもはや単なる化合物の集積ではなくて、物質のすこぶる複雑な有機的統合体である。この統合体とは一つの全体性を具備したものであって、この統合体を分析すればなるほど細胞となり、また原子や電子にまで追跡することが可能であっても、電子や原子や細胞の現わす現象がただちにこの統合体自身の現わす現象の説明とはならない、ということを忘れてはならないのである（今西　1972）。

　以上の今西の見解は、何か近年の農学に対しても向けられているように思えてきて仕方がないのである。もちろん、今西自身、農学の現状を批判しているわけではないが、生物学の世界と農学は重なっているだけに、農学研究を行なう者が己を顧みる機会を与えられているようにも思えてくるのである。この点で言えば、ファーミングシステム研究は、ある意味、要素還元主義のアンチテーゼの研究としても位置づけられるのである。

　ところで、これまで、ファーミングシステムと聞いて、多くの方々が想定したシステムは、上述した農法であったと考えられる。これも立派なファーミングシステムではあるが、実は狭義のファーミングシステムである。広義の、というか本来のファーミングシステムとは、これに加え、営農体系（世帯が基本単位）としてのファーミングシステムであり、方法論としてのファーミングシステムである。先ほど説明した狭義のファーミングシステム（農法）は、営農体系としてのファーミングシステムの中にサブシステムとして包摂される（つまり、農法は農家世帯の一部である）ものであるから、

176

第4章　ファーミングシステム研究の実践性

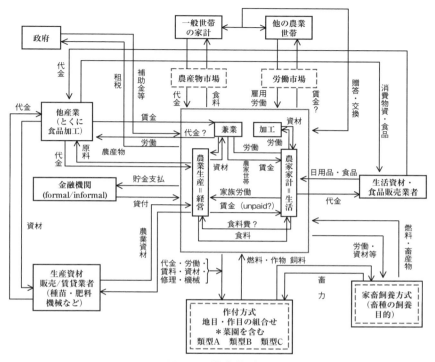

図4-1　営農体系図

出所：鈴木福松（1997d）

全体の営農体系の中でこのサブシステムを捉えなければ、サブシステムの動きを十分には把握できないし、説明できないのである（註11）。

では、営農体系としてのファーミングシステムとは何か？　**図4-1**に示されているように、営農体系とは、農家と農家を取り巻く環境を丸ごと把握するものである。これについては、第3章において既に説明したとおりである。営農体系としてのファーミングシステムを図解したものは他にも存在するが、鈴木福松が描いたこの図こそが、ファーミングシステム（営農体系）を最も詳しく描いているものであると言えよう。

営農体系としてのファーミングシステムが何故重要なのかといえば、農家の意思決定がどのように行われるのかということを総合的に理解できる枠組

みだからである。作物・部門の選択や作付け体系の選択、さらに技術選択などは、すべて農家の意思決定に基づくものである。そこには、何らかの優先順位が働いていると考えるのが自然だ。その背景には、第2章において説明した農業経営目標が存在している。そして、上位目標は生計目標と言えるだろう（註12）。この生計目標を考える上で、営農体系という概念は極めて有効である。

　以上の点を別の角度から説明するならば、農家の意思決定が全体を制御・統制することによって、生物の世界で今西が語った「有機的統合体」のようなシステムを成り立たせることができていると言えよう。農家の意思決定があって初めて統合体たり得るのである。その統合体（システム）こそ営農体系そのものである。

【コラム4-1】
現場重視の哲学か?　実用性重視の哲学か?

　筆者の知り合いの若手研究者より聞いた話を紹介したい。ある大学に、同じ農学系研究者であるが、時として競い合い、時として反発しあう人たちがいる。一方は、農学部の一部の研究者であり、他方は、学部とは独立した研究所の一部の研究者である。後者の研究者によれば、「農学部の研究者は、全く現場が分かっていない」と。他方、前者のある研究者によれば、「研究所の研究者が書く論文は、結局はただの滞在記に過ぎない」と。かなりの応酬ではあるが、筆者にとっては、大変興味深いやり取りだ。

　筆者は、その研究所の研究者たちのパフォーマンスについてはある程度把握しているし、高く評価しているので、それを「滞在記」と一刀両断に切り捨てる農学部の研究者には賛同できない。ただ、筆者が想像するには、この農学部の研究者は、「いつまで現場を描写すれば、先に進むのか?」と言ったようなことを問い正したかったのかもしれない。この農学部の研究者は、技術の実用化を強く意識して、日々、実験や試験に励んでおられるのであろう。他方、研究所の研究者からすれば、農学部研究者が現場を知らないままに「実用研究」という名のもとに暴走しているというように感じたのかもしれない。

第4章　ファーミングシステム研究の実践性

ここはあくまで想像の世界ではあるが。
　この相反する交わりのなさそうな議論の背景には、現場重視の哲学と実用性重視の哲学があるのではないだろうか？　実は、この2つの哲学を同時に包摂した研究こそファーミングシステム研究なのである。

　以上2つのファーミングシステム（農法と営農体系）は、いわば実体としてのファーミングシステムである。これに対し、方法論としてのファーミングシステムがFSRE（Farming Systems Research & Extension）である。営農体系というところまでは、ファーミングシステムを捉えているという方々も多いのかもしれないが、方法論としてのファーミングシステム（FSRE）となると、そこはほぼ死角となっているのではないだろうか？これについては、後ほど詳しくみていくことにしたい。

第2節　ファーミングシステムの変遷
　― ベトナム・メコンデルタにおけるVACシステムの形成過程 ―

　ファーミングシステム（実体としてのファーミングシステム）の現状分析を行うことは言うまでもなく重要なことであるが、現状のファーミングシステムを単に静態的に捉えただけでは、それが今後どのように動いていくのか見当がつきにくい。ファーミングシステムの過去から現在までの変遷を把握し、現状を動態的に捉えることによって、その変化の方向を見定めることが可能となり、それが問題解決にもつながり得るのである。この点に関連して、Horneら（2003d）は、ファーミングシステムの長期的変化を考察することは、「開発のための機会」（opportunities for development）についての議論につながっていく（Horneら　2003d）というように評価している。
　ここで、ファーミングシステムの変遷について、ベトナム・メコンデルタの事例（VACシステムの形成過程）を紹介しながら、以下、山田ら（2014a）に依拠して簡単に考察してみたい。
　ベトナム・メコンデルタの中流域に位置するTP村では、ドイモイ政策以

179

前、多くの農家が、平均50～100m²の小さな池やDitch（溝）に、主としてメコンナマズを飼養していた。メコンナマズの餌となるのはプランクトンであり、それを増殖させるために、人糞が投入されていた。その後、豚の舎飼いが始まると、人糞に代わって豚糞が池に投入されるようになり、また養殖用魚種としてティラピア等が導入された。ティラピアは雑食性であり、悪環境にも適応できるので疾病の発生が少ないのである。また成魚になるまでに3～4ヶ月しか要しない。成長がとても速いのである。このようにティラピアは自家消費用、販売用いずれにおいても養殖魚としての適性が高く、その飼養が広まっていった。

また1990年代後半になると、豚の飼養頭数を増やす農家が多くなってきた。濃厚飼料が出回り始めたことに加え、稲作所得の向上等によって営農資金に余裕が生まれ、農家が子豚の購入頭数や飼料の購入量を増やせるようになったからである。そうして、主な飼料構成は、米ぬか、屑米、濃厚飼料、およびヨウサイ（空芯菜）となったのである。このように、豚の飼料構成と管理法が変化する中、豚の飼養頭数が増加し、生じた糞尿を池に投入することがティラピア等の餌となるプランクトンの増殖を促進し、結果、養豚部門と養

写真4-1　養魚池に接続された豚舎（TP村）

第4章　ファーミングシステム研究の実践性

魚部門の結合が強まったのである（山田ら　2014a）（註13）（**写真4-1**）。

　最も大きな転換点は、1986年に始まったドイモイ政策の下での市場経済導入にあった。これによって、外来種の舎飼いが始まり、自給型養豚から市場志向型養豚へと転換するとともに、養豚部門と養魚部門との密接な結合が可能となったのである。そのことが、さらには堆厩肥を媒介とした養豚部門と果樹作部門との結合、養魚池に沈殿する泥の有機肥料としての利用を契機とした養魚部門と果樹作部門との結合を可能にし、VACシステムの発展につながったと考えられる。そして、養豚部門は、VACシステムという代表的な資源循環型農業の基幹部門としての役割を果たすことになったのである。さらに言えば、稲作部門からの米ぬかや屑米の供給を通じて、養豚部門と稲作部門が結合するようになった。いわゆるVACRシステム（註14）の形成である（註15）。

　以上のようなファーミングシステムの変遷を踏まえて今後の方向性を展望すると、次のようになる。このVACシステムあるいはVACRシステムの発展を考えたときに、養豚部門の安定化が大きな課題となる。豚肉価格の変動（価格の乱高下）あるいは飼料価格の高騰に伴う交易条件の悪化や不安定化による養豚経営のリスクの高さが、問題視されてきているからである（山田ら　2014b）（註16）。

　こうした中、山崎正史（2007）によれば、農家にとって購入飼料の一部を

写真4-2　水路に自生するホテイアオイ
　　　　（TP村）

写真4-3　ホテイアオイを食べる肥育豚
　　　　（TP村）

181

地域飼料資源（地域に存する農業副産物や野草等といった低価格もしくは労力の提供だけで入手可能なもの）で代替することによって飼料コストを低減する必要性が生じている。その地域飼料資源としては、メコンデルタで広く自生し、河川や水路に浮遊する繁殖力旺盛な植物であるホテイアオイ（**写真4-2、写真4-3**）などが注目されているのである（山崎正史　2007）。

第3節　方法論としてのファーミングシステム

　前述のように、方法論としてのファーミングシステム研究（FSRE）、いわゆるファーミングシステムズ・アプローチは1つの盲点である。技術分野の研究者はファーミングシステムを農法と捉え、社会科学分野の研究者（特に農業経営研究者）はそれを営農体系と捉える場合が多いかもしれない。しかし、ファーミングシステムズ・アプローチは、診断、設計、試験、評価・普及の一連のプロセスから成り立つ方法論である。この方法論としてのファーミングシステム（FSRE）が死角であり、盲点になっている日本の現状（農業研究の現状）を考えるならば、FSREこそ、何はさておき最も詳細に検討していかなければならないものであろう。

1．FSRE（Farming Systems Research & Extension）とは？

　FSRE（Farming Systems Research & Extension）とは、営農技術を開発あるいは改良し普及するまでの方法論のことである。具体的には、対象地域の営農の特徴や問題点を把握し、それに基づき開発・改良すべき技術を選定し、農家試験を実施し、その結果を評価（経営的評価）する一連の方法である。

　コールドウェル（2000a）によれば、ファーミング・システム研究の方法論とは、農家構成員の目的や好みを実現するために、農業体系における制約や機会に優先順位を付け、そして制約を小さくしたり、なくしたり、機会を有効に活かすために計画した研究を農家の構成員と一緒に実現しようとする

第4章　ファーミングシステム研究の実践性

ものである（コールドウェル　2000a）。

　簡単に定義づけするならば、以上のようになるが、もう少し詳しく説明していくことにする。FSRE（註17）は、診断、設計、試験、および評価・普及という4つの段階より成り立っている。このうち、診断とは、ある地域の農業の特徴を把握し、技術的・経営的な問題点、制約要因（生産の増大や安定性などを制約あるいは阻害する要因）を明らかにすることである。設計とは、診断によって明らかとなった問題点を解決するための選択肢をリストアップし、これに優先順位をつけ、それにもとづき試験すべき技術を選択することである。試験とは、推奨しようとする技術（設計段階で選択された技術）を現行技術（慣行技術）と比較試験する（対照区と処理区を設け、それらを比較する）ことである。評価・普及とは、試験対象となった技術の導入の効果や影響を総合的に評価し、農家への導入の可能性や条件を明らかにし、その上で普及に移すことである。正に、研究から開発（普及）までの一連の作業がまとめられた方法論である。第1章で考察した「研究と開発」が、実はこのファーミングシステムズ・アプローチの中で一体的に関係づけられているのである。

　鈴木福松（1997）によれば、FSREはプロジェクト実施のための方法論であり、その理論はプロジェクト実施体験の蓄積から体系化されたものである（註18）。他方、横山（2005a）によれば、FSREは現場での試行錯誤の積み重ねによって発展してきた研究・開発・普及の方法論である（横山　2005a）。この定義は鈴木福松の説明とほぼ同じである。しかし、横山（2005a）は、続けて、「したがって、学問として体系化されたものではないし、それを目指してもいない」（横山　2005a）と断言しているのである。この点が、「体系化された」と主張する鈴木の見解と異なるのだが、筆者は横山の認識が正しいと考えている。FSREは実践的な方法論であるが、それを体系的にまとめた著作や教科書らしきものがほとんど見当たらないのである（註19）。学問として体系化されたという証に乏しいのである。FSREは精緻な方法論とは言えず、むしろ方法論の大枠（枠組み）を示したところにこそ、最大の意

183

義があるのではないだろうか？　また、FSREについては、具体的な実践例から学ぶのが良い。そこからどういう教訓を得るかということが大事な点であろう。

　ファーミングシステムズ・アプローチの特徴は、①現場主義、②総合性、③問題解決志向である。和田（1988）は、ファーミングシステムズ・アプローチの特徴を次のように詳しく説明している。第1に、問題解決型調査研究ということである。調査チームは現場において最も重要かつ解決可能な課題を発見し、それに対して科学的方法での解決策を見出し、それを農民に指導するということである。第2に、チームによる学際的、総合的調査研究ということである。チームとは、技術学（自然科学）と社会科学（経営、経済、社会）に大別される。第3に、現場での問題発見・課題設定調査の手法である。これは、仮説（先入観）をもたないフリー・トーキングのヒアリング（open型調査）に象徴される。文化人類学的調査手法を簡略化したものとしても位置づけられる（和田　1988）。

　上記ファーミングシステムズ・アプローチの特徴の一つである総合性は、実体としてのファーミングシステムの総合性や複雑性と深く関わっていると言えよう。

　和田が「農民を指導する」という言葉を使った辺りに関して言えば、FSREの本質についての理解が必ずしもまだ十分には及んでいないようにも感じられるが、以上の説明はFSREの重要な特徴をほぼ網羅した説明となっている。また、上記技術学（自然科学）チームの中には、作物ごとの栽培技術や栽培環境などの専門分野が多様に含まれていることは言うまでもないが、社会科学チームの中にも、経営、経済、社会という三分野が明記されている。これらは、主として農業経営学、農業経済学、および農村社会学ということになろうが、社会科学も多様なのである。その多様な分野が、総合的に農家や地域を捉えていかなくてはならないということである。

　このように、多様な技術学（自然科学）分野と多様な社会科学分野の連携による総合化は、いわば横の総合化、あるいは水平的総合化と言えよう。こ

れに対し、診断→設計→試験→評価／普及という一連の（問題解決の）流れ
は、縦の総合化、あるいは垂直的統合とでも言えよう。FSREには、水平的
総合化と垂直的統合の両側面が備えられているのである。

　FSREは手法、方法というよりも方法論に近い。細かい手法に関しては、
いろいろな問題解決手法を取り入れたらよいだろう。現場に適合した手法の
選択の余地は十分に残しておいてよいのではないだろうか？

　FSREの各段階の中で分かりにくいというか、言葉からイメージが湧きに
くいのは「設計」であろう。これは、要するに、診断段階で明らかになった
問題点を踏まえた研究課題化（この場合の研究課題の中には、解明型研究課
題ももちろん含まれる）であり、その中心となるのは、研究対象として実証
すべき技術（試験すべき技術）の選択、そのための技術の事前評価である。
板垣（2023a）は、コーネル大学Center for Teaching Innovationが唱える問
題解決学習の手順を紹介している。その手順とは、次のようになっている。
問題の所在を明確にする→（一部省略）→問題解決にあたりいくつかの可能
な選択肢を検討する→問題を解決する→一連の過程を記録に残しておく、と
いうものである（板垣　2023a）。この手順の中の「問題解決にあたりいくつ
かの可能な選択肢を検討する」という段階が、FSREの設計段階にほぼ相当
すると言えよう。

　Tripp（2000b）によれば、FSRの設計段階（註20）において、従来のよ
うに研究者と普及員だけが中心となるのではなく、もっと農家が参加できる
ように取り計らう必要がある（Tripp　2000b）。逆に言えば、これまで（少
なくとも1990年代までは）、FSRの設計段階は農民参加型ではなかったとい
うことであろう。

　この点に関して、メコンデルタプロジェクトでは、診断段階で、農民から
問題点を聞き取った上で問題の深刻度を農民に評価してもらい、それを踏ま
えた設計段階（問題解決のための技術の選択肢提示）では、農民と研究者が
それぞれに技術の事前評価を行い、その評価結果を両方勘案しながら技術選
択（試験すべき技術の選択）を行なった。つまりは、FSREの診断・設計段

階において、農民と研究者の協働が実現されていたということである（註21）。

1）FSREとKJ法の類似性

　山田ら（2012）によれば、問題解決のプロセスという観点からみた場合、FSREは、現場的な問題解決のための方法論（発想法）として川喜田二郎が考案したKJ法に類似している（山田ら　2012）。

　そこで以下、まずKJ法についてみていくことにする。川喜田二郎（1993a）は、最初に「作業」と「行為」を峻別している。川喜田は、判断、決断、執行をすべて含むものが「行為」であり、行為には主体性が必須である（川喜田　1993a）と述べている。他方、主体性を伴わない「作業」の多くは、「疎外された労働」ということになるであろう。マルクスは資本主義社会における「疎外された労働」について『経済学・哲学草稿』の中で詳述している。マルクス（1964b）によれば、資本主義社会における労働者は、自ら生産した諸生産物から疎外されるとともに、生産の行為、つまり生産的活動そのものからも疎外される（マルクス　1964b）。現代社会においても、判断と決断から疎外され、執行だけを命じられるというような状況が各所で見られる。しかしながら、他方で、川喜田が言うところの「行為」の余地が十分ある領域の存在も見逃してはならない。「行為」を、それぞれの領域においていかに具現化し確立していくかということこそ肝要であろう。

　川喜田（1995a）は、「行為」をさらに「一仕事」という概念に発展させた。彼によれば、「一仕事」は、次の12段階から成る。1．問題提起、2．情報集め、3．整理・分類・保存、4．要約化（同質的なデータを集めて要約する）、5．統合化（異質なデータを組み合わせ、まとめる）、6．副産物の処理（要約化や統合化の過程で取り残された貴重な仮説や発見を拾い集める）、7．情勢判断、8．決断、9．まとめの計画（プランニング）、10．手順の計画（プログラミングあるいはロジ）、11．実施、12．結果を味わう、というのがそれである（川喜田　1995a）。

第4章　ファーミングシステム研究の実践性

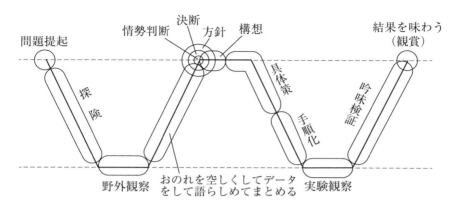

図4-2　W型図解における各ステップ
出所：川喜田（1995b）

　川喜田は以上のことをさらに発展させ、KJ法のW型図解（川喜田1995b）に辿り着いた。**図4-2**に示されているように、川喜田の提示したW型図解とは、「問題提起」→「探検」→「野外観察」→「情勢判断」→「決断」→「方針」→「構想」→「具体策」→「手順化」→「実験観察」→「吟味検証」→「観賞」という一連の問題解決プロセスを分かりやすく図解したものである。

　このW型図解こそ、プロジェクトマネジメントの基本となり得るものであり、ファーミングシステムズ・アプローチ（FSRE）に通じるものでもある。FSREはW型図解（問題解決型プロセス）の農業研究版とでも言えるのかもしれない。FSREの基本プロセスは、診断→設計→試験→評価・普及というプロセスであるが、これをW型図解の各段階と対応させてみると、以下のようになるだろう。

　W型図解の中の「探検」、「野外観察」、および「情勢判断」は、FSREの「診断」にほぼ相当するだろう。また、「決断」、「方針」、「構想」、および「具体策」というのが、FSREの「設計」にほぼ相当する。そして、「手順化」と「実験観察」はFSREの「試験」に、「吟味検証」と「観賞」はFSREの

187

「評価」に、それぞれ相当するであろう。

　このW型図解の特徴は、「決断」までに全体のほぼ半分の労力を費やしているという点にある。いわば前半戦である。川喜田が示した一仕事の構造（判断→決断→執行）においても、判断と執行は同じくらい重要というわけである。FSREの中で言えば、「診断」と「設計」が前半戦であり、「試験」と「評価」が後半戦である。同様に、同じくらいの比重なのである。

　しかしながら、実際のプロジェクトではどうなっているであろうか？　往々にして、プロジェクト開始前の短期間で判断と決断をしているのではないだろうか？　前半戦が手薄になっているというのが多くのプロジェクトの現実ではないだろうか？　今後、現場に適合した的確なプロジェクトを実施していくためにも、この前半戦の重要さに気づき、従来よりも多くの勢力を結集すべきと考えるのである。

　加えて重要なことは、問題解決型プロセスの前半における「探検」および「野外観察」では、問題点を明らかにするための仮説は何も持たずに現実（現場）から問題を拾うという点にある。だから、川喜田（1995c）が指摘するように、「探索」（捜し物が何か見当がついている状態）ではなく、「探検」（未知の世界。捜し物は何か見当がついていない状態）なのである（註22）。

　もう一つ、あらためて確認すべき点がある。それは、KJ法というものが、単なるカード化やカード組み合わせの方法などではないという点である。KJ法のMethod（方法）の部分、とりわけカードによる整理にばかり意識が向いている人が多いが、Methodology（方法論）、さらには、その背後にある哲学にもっと目を向ける必要があろう。KJ法の哲学部分こそKJ法の真骨頂なのである。とかく効率的に勉強しようとするためか、各種理論を簡潔に理解しようとする習性をもっている人たちが一部に存在する。そこで陥るのは単純化、そして表層のみの理解である。そこに落とし穴があるし、何よりも折角の理論の勉強が、全くの中途半端になるもったいなさがあるように思われる。

　さて、ここまで、KJ法のW型図解とFSREの診断から評価までのプロセス

188

第4章　ファーミングシステム研究の実践性

の類似性について説明してきたが、PCM（プロジェクト・サイクル・マネジメント）でのPlan（計画）→Do（実施）→See（評価）も基本的にこれと同じ流れである。ただ、PCMにおいてはFSREの先頭にある「診断」にあたる部分が相対的に弱いと言わざるを得ない。それは、PCMの流れが、Diagnosis（診断）→Plan（計画）→Do（実施）→See（評価）となっていないことからも分かるであろう。実際のPCMでは、FSREやKJ法と比べて、肝心のDiagnosis（診断）がそれほど重要視されていないようである。「診断」は、本来、PlanではなくDiagnosisである。

　PCMでは、PRAやRRAや通常の農家調査のように、現場で問題点を把握することよりも、関係者（普及員や行政担当者など）が集まってワークショップを行うといったケースが多い。問題は、この関係者として想定される途上国の普及員や行政担当者の現状認識や問題認識が、往々にしてやや希薄であるという点だ。それは、彼らの能力が低いことを意味するものではない。そうではなく、彼らの多くが現場をあまり知らないということに尽きる。彼らは現場に行く予算をほとんど持たないからである。もちろん、途上国では特に行政担当者が権力を振りかざすケースも時折見かけられるが、そういう人は予算があろうとなかろうと、現場で情報を集めることなどに関心を寄せないであろう。実は、この問題も無視はできない。ただし、途上国では、地道に仕事に取り組む地方の中堅役人なども多く存在することをここでは付言しておきたい。

【コラム4-2】
KJ法を巡って

　KJ法は、ただの問題解決技法などでは決してない。高橋誠（1984）は、KJ法を問題解決技法の一つとして、収束技法の空間型という類型に分類している。「空間型」とは、「データを同一内容でまとめる方法」と説明している（高橋誠　1984）。しかし、KJ法をこうしたただの技法としてしか捉えられないので

189

あれば、KJ法を理解しているとは言い難い。

　KJ法の肝は、アブダクション（仮説形成過程）にあるが、その主たる基礎となるのは、野外科学である。川喜田（1993b）によれば、野外科学の方法では、問題意識こそあっても仮説を前提的に定めるのではなく、まず観察が先行し、その観察の中から仮説そのものをつかみ出してくるという「仮説発想型」の方法が重要になる（川喜田　1993b）。

　これまでみてきたように、KJ法とFSREは類似している。KJ法の前半段階は、FSREの前半（診断段階と設計段階）に相当する。そして、両者はフィールドワークを重視しているという点においても共通する。KJ法もFSREも、現場での実践によって鍛えられたものである。だからこそ、そこには生きた理念と哲学が存在し得るのである。

２）FSREの意義

　研究と普及、あるいは研究と開発をどのように統一するのか？この問いに対する答は、研究がどこまで応用性および実践性を追求できるかにかかっていると言えよう。研究の応用性と実践性は、実践研究（例えば、アクションリサーチなど）とはやや異なる概念である。実践の中で研究を行う（研究者が実践者でもある）というのがアクションリサーチである。が、ここで重視したいのは、自然科学系の農学であれば、実践技術を生み出し得るような研究である。また、社会科学系の農学、例えば農業経営研究であれば、実際に経営発展・組織発展、あるいは政策展開が可能となるような提言、あるいは提言の基礎部分を生み出し得るような研究である。研究が実践的であることによって、普及や開発ともつながることが可能となるのである。

　方法論としてのファーミングシステム研究は普及の世界の研究であるという誤解は、ファーミングシステム研究の本質、すなわちファーミングシステム研究が診断、設計、試験、評価という一連のプロセスを通じて実践技術を生み出そうとする研究であり、そのための方法論であるということを理解していないことによるものであると考えられる。ここでいう実践技術とは、経営経済的な裏付けのもとに実際の経営に適合し導入され得る技術のことであ

第4章　ファーミングシステム研究の実践性

る。この点については、第1章で詳述したとおりである。

　次に考えなくてはならないことは、研究の寸断状況をどのように乗り越えていくかということである。農水省系の農業研究機関では、機関内で得られた研究成果を、成果の受け渡し先という観点から、「研究」、「行政」、「普及」（あるいは「国際」）というように分類している。これまでの研究成果の多くは「研究」に分類されてきた。つまりは、さらに次の段階の研究に引き継がれていくことが期待されている研究成果というわけである。では、その先には何を見通せるのか？　それは、研究を越えた先、つまり現場の世界につながっていくことであろう。いずれは、実践技術として高められることが、当然、期待されているはずである。

　そのためには何が必要であろうか？　それは試験場技術を農家圃場で試験し、複雑な自然環境や経営環境の中でリスクを最小化し、経営に適合するための改良を積み重ねていくということであろう。そこでは、当然、現場と研究との間の行き来、フィードバックシステムが伴われるものであろう。このプロセスこそが、純粋技術や合理技術から実践技術への発展プロセスそのものである。

　さらに、コールドウェル（2000b）によれば、そもそもFSREは、診断、設計、試験そして普及という4つのステージを何回も繰り返しながら解決に近づいていくプロセスである。試験を実施すると、さらに診断が必要な新たな問題がしばしば現れるのである（コールドウェル　2000b）。

　しかし、この長い道のり（純粋技術や合理技術から実践技術への長い道のり）を誰が支えていくのか？　この研究環境の保障体制こそが重要である。それは、場合によっては、異なる担い手に引き継がれていく、いわば継続的・持続的な研究連携であろう。これこそが、実践技術を生み出す研究環境（支援システム）そのものであると言えるのではないだろうか？

【コラム4-3】
FSREと日本における総合研究

　FSREに類似した研究は、実は日本でも実施されてきた。それは、農水省傘下の農業研究機関が行ってきた総合研究である。そこでは、農業経営研究者と農業技術研究者（自然科学系研究者）がチームを形成し、特定の地域を対象に技術の実証試験を行い、その経営的評価を農業経営研究者が行うというものである。それらは、これまで一定の成果を上げてきたし、地域密着型の研究として評価もされている。

　しかし、FSREとは異なる点が一つある。それは、「初めに技術ありき」という点である。農水省傘下の農業研究機関では、技術系研究者があらかじめ自身の得意とする技術を持っており、その有効性を実証試験で確かめようとする傾向がある。技術系研究者主導の総合研究プロジェクトの中で、農業経営研究者の主要任務は、基本的にその試験結果を経営的に評価することにほぼ限定されてきた。もちろん、事前に対象地域の概況調査などをすることもよくあることだ。しかし、そこで何らかの問題把握がなされたとしても、その結果がプロジェクトの方向性の決定や技術選択にしっかりと反映されるとは必ずしも言えなかったのではないだろうか？　これをFSREの用語で説明するならば、「診断」から「設計」という流れが十分には確立されていなかったということになろう。

　ただし、海外、特に途上国と日本では、「診断」の重要性、さらには位置づけも異なってくる。統計が全く整備されておらず、既存の現地調査などもほとんどなされていないような多くの途上国における「診断」は、より重要な位置を占めるということである。その意味では、海外と同じように国内での「診断」の意味を論じるわけにはいかないかもしれないが、「診断」が重要であることには変わりはないだろう。「診断」と「設計」、およびその両者の関係性は、ある意味、FSREの真骨頂である。そこを理解したうえでの総合研究の実施が今後期待されるところである。

第4章 ファーミングシステム研究の実践性

２．FSREの実際 ―診断（Diagnosis）―

１）RRA（迅速農村調査法）― ソンデオ（Sondeo）・アプローチを中心として ―

RRA（Rapid Rural Appraisal 迅速農村調査法）は、1980年代初め頃から注目された調査法であるが、それは何も特別な調査法ではない。その重要な特徴は、第１に、仮説を持たずに調査するということ。つまり、これはKJ法における「探検」と同じである。第２に、定性的なデータをなるべく集めるということ。定量的なデータを集める質問紙調査は、どちらかというと仮説を検証するための調査であることが多い。農家に自由に話をしてもらう方法は、仮説をつくる上で適している。問題の核心に辿り着くための近道であるとも言えよう。

チェンバース（2011d）は、RRAの原則として、①三角検証（意図的に異なる観点、情報提供者、情報源、方法、場所などから情報にアプローチする）、②速くて漸進的な学習、③土着の知識の十分な利用、④学際的アプローチとチームワークなど（チェンバース 2011d）を挙げている。このうち、①三角検証と③土着の知識の利用は、仮説を持たずに調査すること、および定性的なデータを集めることと深く関わっているだろう。

西尾敏彦（1997）は、農業研究センター主催のシンポジウム（1997）において、マレーシアで田植機の導入が失敗したことの原因として、現場から問題を探すという姿勢がなかったこと、つまり野外科学（フィールド・サイエンス）を実践しなかったこと（西尾 1997）を挙げている。筆者は、自身の失敗を素直に認めた西尾の姿勢を高く評価したい。こうした素直な反省こそが、次につながるのではないだろうか？ 農業・農村研究や農業・農村開発に関わるすべての人たちが西尾のような謙虚な姿勢を示すのであれば、多くの失敗が共有され、そこから次の発展方向が見いだされていくはずである。こうした謙虚な姿勢こそ、失敗学の前提となるものではないだろうか？（註23）

193

表4-2　ソンデオ（Sondeo）の概要

日程	主な活動内容
初日	①チーム全員による当該地域の概況視察。共同討議。
二日目	②社会科学と技術の専門家がペアを組み、農家へのインタビューを行う。 ③調査結果について共同討議を行う。 　これを通じて、チーム員は地域の農民が抱える問題点を理解する上で、異なる視点からの解釈の重要性を学ぶ。 　また、その結果が次の日の調査に生かされる。 ④2日目には仮説を暫定的につくる。
三日目以降	⑤毎日、ペアが入れ替えられる。 ⑥次第に質問項目が絞られてくる。

出所：P. E. Hildebrand（2000b）に基づいて筆者が作表した。

　西尾（1997）は、野外科学を実験科学と対置して、何よりもまず、仮説を一切立てずに、現場に密着して、調査を行ない、主要矛盾を探し出すことの意義を高く評価している（西尾　1997）。これこそ、正に、前述した「探検」である。もちろん、実験科学を否定するのではなく、野外科学が威力を発揮する局面での野外科学の実践を強調しているわけである。続けて西尾（1997）は、一番いい例として、京都大学の猿の研究を挙げている。そこでは、猿をひたすら見ながら、猿に文化の伝承があるなどといった発見をしていくことが紹介されている（西尾　1997）。

　さてそこで、FSRE版の「探検」として位置づけられるRRAの実践例を紹介することにしよう。それは、グァテマラ農業科学技術研究所によって開発されたソンデオ（Sondeo）と呼ばれる調査技術（農業研究に先立ち、農民の抱える諸問題や技術ニーズの評価を行う手法）である。その概要は以下のとおりである（表4-2）。

　ソンデオの主要目的の1つは技術開発チームの仕事を方向付けることである。社会科学と自然科学の専門家（研究者）が集まり、一つのチームを形成するところから始まる。まずはチーム全員で対象地域の概況把握のための視察（踏査）を行なう。その後、社会科学の専門家と技術（自然科学）の専門家がペアを組み、農家の話を聞きに行く。このインタビューは、調査票を用

第4章　ファーミングシステム研究の実践性

いずに自由な対話によって進められる。それと同時に、圃場や周辺環境の観察などを行なう。そこで得られた知見を持ち寄って、その日のうちに全体で議論が行なわれる。その議論に基づき、翌日以降も調査を行なう。その際にはペアが入れ替えられる。そして、同様に調査した結果をもとに、その日のうちに全体で再び議論が行なわれる。これを繰り返していくに連れて、より焦点が絞られた調査が次第に行なわれていくのである。最終的には、対象地域の営農の問題点とそれを解決していくためのプロジェクトの方向性が提示されることになる（註24）。

　川喜田（1974）は、開発の出発点たるニーズ把握の段階においては、スペシャリスト（専門家）よりゼネラリストが適しているとし、その理由として、専門家は自身の専門領域の開発テーマが最も重要な現地ニーズであると思いたがる（川喜田　1974）と指摘している。川喜田の主張には確かに頷けるものがある。ゼネラリストの存在とその重要性は否定できないであろう。

　しかしながら、農業・農村開発の現場把握においては、農学の専門性なくしては掴めない問題も多い。作物の生育状況、例えば、苗立ちや根の張り具合がどうなのか？とか、どのような病害虫が発生しており、その被害状況はどうであるか？とか、土壌の肥沃度がどの程度で、どういった要素が欠乏しているのか？とか、川や水路や池の水質がどうか？など、挙げればきりがないくらい様々な専門的な疑問が存在する。それと同時に、専門的見地から観察や測定などを通して発見される問題などがあろう。こうした問題を把握するのは、ゼネラリストではなくスペシャリストの仕事である。もちろん、問題把握や問題発見はスペシャリストだけの仕事ではない。ゼネラリストだからこそできる問題把握や問題発見もあろう。ただ、ゼネラリストができない問題把握や問題発見もかなり多いということを言いたいのである。

　さて、それらの問題に対し、どのように対応していくか（例えば、プロジェクトをどのように実施していくかなど）という局面に至ったときには、どうであろうか？　その段階こそ、ゼネラリストの出番である。もちろん、解決策などを具体的に提案するのはスペシャリストであるかもしれないが、

提案された様々な解決策の優先順位を決めるのはスペシャリストではなく、ゼネラリストであるからだ。つまりは、スペシャリストとゼネラリストの連携こそが、重要なのである。

チェンバース（2011a）は、専門化が進むことの問題点を次のように説明している。すなわち、自分が何を知りたいのかはっきりしており、知るための時間が限られている専門家は、農村でさらに一層狭い視野しか持たなくなる。自分の専門分野以外のことは何ひとつしようとせず、自分の考えにうまく合うものを探し出す。その例として、水文学者は地下水位を尋ね、土壌学者は土壌の肥沃度を調べ、農学者は収穫高を調べ、経済学者は賃金や物価について尋ね、社会学者は保護－依存関係を探る（チェンバース　2011a）。

しかしながら、この指摘こそ問題を孕んでいる。というのは、専門家があらかじめ探し物を決めて、それだけを農村で調べるということと、専門性の問題（専門化が進むということ）とは次元が異なるからである。前者は、川喜田二郎が戒めている「探索」の問題である。専門化の問題ではない。農村に入るとき、とりわけ初めてその地を訪れるときに「探索」ではなく、「探検」をしなければならないと川喜田は説いている。正にその通りであるが、それを専門家が実行できないと主張すること自体が問題を孕んでいると言えよう。もちろん「探索」好きの専門家も存在するかもしれないが、「探検」を心がけている専門家が存在することは言うまでもないであろう。

チェンバースが挙げた専門家の調査項目事例はやや偏狭過ぎるため、おそらく多くの専門家にとって受け入れ難いであろう。「実際には、専門分野以外にも、周辺環境や周辺事情を調べている」と反論する専門家も多いであろうし、筆者もその反論に賛同する。スペシャリストと言ってもタコツボ型ではなく、自身の専門領域内であっても少し視野を広げて現場を観察したりする専門家は少なからず存在している。

第1章では、メコンデルタプロジェクトにおける渡辺武の研究について紹介したが、彼は本来土壌学者である。しかし、プロジェクトにおいて彼がカバーした領域は、稲わら堆肥研究（稲作における稲わら堆肥利用の実証研

第4章　ファーミングシステム研究の実践性

究）の他、糞尿処理を核として、地域内物質循環研究（窒素循環を中心とし
て）、バイオガスダイジェスター実用化研究、豚糞堆肥化研究、および養殖
池（豚糞の受け皿としての養殖池）の水質評価研究などに及んでいたのであ
る。もちろん、物質循環研究以外はベトナム人研究者との共同研究であった
が、いずれの分野の研究においても、渡辺は頻繁に現場を訪れていたのである。

　同様に、筆者の場合も、農業経営研究とりわけ開発技術の経営的評価（開
発技術の導入効果と部門構成の最適化など）が主な任務であったものの、プ
ロジェクト対象地域における農業構造の把握とともに、稲作、養豚、果樹作、
養魚の各部門の技術的・経営的問題点の把握（FSREの診断）、さらには各
部門の技術の事前評価と技術選択（FSREの設計）も行なった。その他、メ
コンデルタのファーミングシステムの類型化、技術普及状況の把握、さらに
は農産物の流通構造の把握なども、共同研究として行なった。そして、これ
らの研究においては、農民とのコミュニケーションおよび現地調査を頻繁に
実施したのである。

　さらに、同プロジェクト所属の畜産研究者や稲作研究者（いずれも日本人
研究者）も自らの専門（畜産研究者の専門は養豚飼料改善研究、稲作研究者
の専門は水稲直播栽培研究）を越えて畜産部門全体、稲作部門全体をカバー
しながら、自身の研究と共同研究、および関連する現地調査を実施していた
のである。

　ただ、もちろん、以上のように近隣領域を幅広くカバーする専門家であっ
ても農村の全体像を把握できるわけではない。だからこそ前述したゼネラリ
ストの登場ということになるのである。ただし、ゼネラリストが役割を発揮
する前提は、スペシャリストの専門領域内での一定の視野の広さにあると言
えよう。

　Hildebrand（2000a）によれば、ソンデオにおいては、社会経済学者チー
ム5人と技術試験チーム5人の合計10人のソンデオチームがつくられるが、
社会経済学者チームは人類学者、社会学者、経済学者、農業経済学者、エン
ジニアから構成されている（Hildebrand　2000a）。通常、農業研究の分野構

197

成においては、各技術分野と並んで社会科学分野が存在する。いわば数多くの分野の中で、社会科学が一分野を形成しているに過ぎないわけである。そのことを考えると、ソンデオにおいては、技術試験チームに比べ社会経済学者チームの分厚さが理解できるであろう。

　類似のケースとして、熊谷ら（2010a）がタイで実施した農村調査（環境と調和し、持続的に発展する「地域農業・農村」の総合的解明のための調査）における共同チームの編成が挙げられる。チーム構成員の専門分野は以下のようであった。作物学、土壌・肥料学、農業病害虫学、農業経営学、農業マーケティング学、農村経済学、農村社会学、農村自然・環境学、農村景観学、農村計画学の計10分野であった（熊谷ら　2010a）。この中での社会科学分野は、ソンデオと同じく5分野（農業経営学、農業マーケティング学、農村経済学、農村社会学、農村計画学）である。

　ところで、Hildebrand（2000c）は、グァテマラでのソンデオ・アプローチ（RRA）の結果（穀物と野菜を主要作物とするグァテマラのある地域におけるソンデオの結果）に基づいて、以下のようなまとめの勧告を行なっている。

　第一に、トウモロコシはその地域で最も重要な自給作物である。農民は家族と家畜に最低限必要な量を確保しようと考える傾向にある。また、トウモロコシ作と野菜作との間に労働と資本の競合がある。

　第二に、作付体系については、野菜やトウモロコシの輪作または間作を行なうよう改めるべきである。

　第三に、野菜作技術の中では、防除と地力の維持増進が優先課題である。

　第四に、豆類は、重要な自給作物ではあるが、野菜の重要性と研究資金の不足状況を考慮した場合、現時点ではこの地域において豆研究に重点を置くことはできない。

　第五に、小農に対する信用計画には問題があるため、短期的にはそのような計画に対する期待に基づいて技術開発が行なわれるべきではない（Hildebrand　2000c）。

第4章　ファーミングシステム研究の実践性

　以上のまとめの勧告は、非常に興味深いものである。ここから何が読み取れるであろうか？　それは、社会科学的見地からの見解が想像以上に多いということである。そのことは、以下の点に表れている。

　第一に、トウモロコシ作と野菜作との間の労働競合および資本競合である。これは正に農業経営学の世界である。労働量や資本量には、一定の限りがある。そうした制約の中で、資本や労働を作物間でどのように配分するのかという課題が生まれてくるのである。つまり、これは経営計画の課題そのものである（註25）。

　第二に、「豆類は、重要な自給作物ではあるが、野菜の重要性と研究資金の不足状況を考慮した場合」とあるが、「野菜の重要性」の判断はどのようにしてなされるであろうか？　「重要性」とは、農業経営の中での重要性であるはずだ。何故ならば、農業経営レベルの判断によって、はじめて当該作物の導入や拡大は決定されるのであるから。つまり、それは、農業経営目標と合致しているかどうかという基準に基づき農家が判断するものである。そこを分析するのは、正に農業経営学の専門家ということになろう。

　第三に、「小農に対する信用計画には問題がある」という認識は、農業経済学および農業経営学の見地からの認識である。上記第一と第二の点は、多少なりとも自然科学的見地が絡んでいるが、第三のこの認識は、社会科学独自の認識である。

　第四に、「野菜作技術の中では、防除と地力の維持増進が優先課題である」とある。一見、自然科学独自の話のように捉えられるかもしれないが、何を基準に優先順位をつけているのかという点を考えた場合、どうであろうか？

　これは、農業経営における技術の優先順位の話をしているわけである。つまりは、技術の重要性は自然科学分野で把握できたとしても、技術の優先順位となれば、営農体系全体の中で技術を比較評価する農業経営学分野でしか把握できないのである。そして実を言えば、この話は、すでにファーミングシステムズ・アプローチの診断段階（第1段階）を越えて、設計段階（第2段階）に入ってきているのである。

以上のことから、RRAにおいて自然科学と社会科学の研究者がほぼ同数ずつ参加するという事例には、納得がいくのである。繰り返しになるが、本来、農学の世界では、社会科学（特に農業経営学）は農学の様々な専門分野の中の一分野である。大学の農学部や農業研究機関の組織構成をみれば、一目瞭然である。ところが、RRAのように、共同でフィールドワークを行なう局面になると、構成割合が大きく変化するのである。それは、上記で見たように、フィールドワークにおいては社会科学的見地、特に農業経営学的見地から認識しなくてはならないことが意外と多いからなのである。もちろん、社会科学の研究者が多い分、社会科学的見地からの認識も多くなるという見方も当然あろう。しかしながら、農業経営における部門の優先順位や技術の優先順位に関わる情報などは、営農試験（技術開発・改良）を行っていく上で、最も重要な知見と言えるものではないだろうか？　だからこその診断チームにおける社会科学分野の分厚さなのである。その中でも農業経営学が要の位置を占めていると言えよう。

　また、Hildebrandら（2000a）は、FSRが農学（作物栽培学）に及ぼす総体的な効果を以下のように整理している。一つ目は、農家に優しい技術の設計とその評価（農家レベルの評価）である。二つ目は、小農によって管理されている土地やその他の資源の特質を評価することである。三つ目は、農家システムにおける部門間の相互作用を理解することである。四つ目は、小農の多様性を理解することである（Hildebrandら　2000a）。以上の効果は、いずれも、主として社会科学とりわけ農業経営学の貢献によるものではないだろうか？　もちろん、技術系の研究者との連携が必要な部分が多々あることも確かだが、全体としては、FSRにおける社会科学とりわけ農業経営学の役割の大きさが、あらためて示されていると言えよう（註26）。そして、上記の効果（FSRが農学に及ぼす総体的な効果）のうち、二番目から四番目までは、主として診断段階に関わるものであると言えよう。つまり、RRAや農業経営調査（いずれもFSREの診断段階）などによって明らかにされなければならないものである。

200

第4章　ファーミングシステム研究の実践性

　ではあらためて、FSR（あるいはFSRE）および農業経営学の役割の大きさの源泉は何であろうか？　それは、意思決定の基本単位が農家であるという事実に存する。どの技術を選択するかは、農家が経営全体あるいは営農体系全体をみて総合的に判断するものである。そこが正に農家の意思決定である。農家の意思決定は、農業経営あるいは生計構造の態様に影響される。そして、その農業経営あるいは生計構造は外部環境の影響を受けるから、そこでは農業の自然環境と社会経済環境の両方を見ていく必要があり、ここで、農業経済学や農村社会学ともつながるし、自然科学分野ともつながるのである。しかし、意思決定の基本単位が農家であることに変わりはない。

　ところで、ベトナム・メコンデルタにおけるRRAの実践では、多くの課題を残した。メコンデルタプロジェクトにおいて、プロジェクトの初期段階に実施したのがRRAであった。このRRAは、技術の実証試験に先立ち、現場の実態把握や問題点把握のために実施されたものである。その中間報告会において、あるベトナム人研究者（畜産研究者）が発言した。農民が豚の病気を問題視するのはおかしいと。この研究者はRRAにおいても、同様の意見を農民にとうとうと話していた。そこには、農民から学ぶという姿勢がほとんど見られなかった。ワクチンがあるので、問題になるはずがないという意見であった。しかし、問題点発見の段階で重要なことは、研究者の意見や価値観を調査の中に反映させることではなく、農民の意見に素直に耳を傾けることである。実際には、豚が病気になって死亡するケースは多く見られ、そのことが養豚経営の中止につながることもあった。これは後の詳しい聞き取り調査で明らかになったことである。

　また、TN法第1ステップ（註27）で挙げられた問題点の1つに「窒素過多による稲の倒伏」という問題点があり、そのスコア（深刻度）が高い点にベトナム人研究者から疑問が出された。すなわち「窒素過多による稲の倒伏」が深刻な問題であるという農民の評価は、奇妙であるという意見だ。しかし、農民がそのように考えているということ自体が1つのデータなのであり、それを無視することは許されないことである。もし、「奇妙」と思われ

201

ることを農民が本当にそう考えているのであれば、何故なのか？その背景は
何か？という点の追求こそ必要なのではないだろうか？

　繰り返しになるが、農民の意見や農民の評価というのは一つの重要なデー
タと捉えるべきであり、その理由や背景を分析することこそ科学の重要な一
環である。そこにこそ研究者の重要な役割が存在するのである。

２）TN法（むらづくり支援システム）第１ステップによる問題把握

　ベトナムにおけるRRAの実践は、残念ながら漠然とした問題点把握に留
まった。そもそもRRAによる問題点把握は農家との自由な対話の中で行わ
れるものであり、特別に確立された手法や手順はそれほど多くはない（註
28）。つまり、研究者個人の資質に大きく左右されるということである。

　ベトナム側研究者は、手法や手順が比較的しっかりと確立されている
PRA（註29）には慣れていたが、自由度の大きいRRAには不慣れであった。
否、慣れる、慣れないといった問題ではないかもしれない。主として質問力
の問題ではないだろうか？　むしろ調査技能の問題であろう。

　ベトナムにおけるRRAでは、問題把握が極めて不十分となったので、さ
らなるRRAの続行によって問題の具体的把握を行う必要性が生じた。しかし、
メンバー個々の意識としてはプロジェクトの一環でRRAを行っているとい
う意識が薄かった。実際にRRAチームは、その後十分に機能しなかった。
そこで、RRAチームの機能停止後は、農業経営研究者（筆者）、ファーミン
グシステム研究者および現地普及員が中心となってRRAを続けていった。
この結果が、むらづくり支援システムであるTN法の第１ステップ（註30）
における調査票作成の基礎となったのである。

　RRAの実施によって問題の掘り起こしはできたが、どの程度の割合の農
家がそれらを深刻な問題として捉えているのかは把握できなかった。そのよ
うな中で、問題の代表性把握のためには、多数の農家による問題点評価を行
うことができるTN法が有効であるという判断に至った。そこで、研究サイ
トにおける53戸の農家を対象としてTN法第１ステップを実施した。この

202

第4章　ファーミングシステム研究の実践性

TN法第1ステップでは、VACシステム構成各部門における技術的・経営的問題についての評価（農家による評価）が行われた。

　TN法実施においては、ベトナム側技術研究者の協力を期待したが、協力はほとんど得られなかった。これは前述したようにRRAチームが機能停止したためである。そこで、農業経営研究者（日本側）、ファーミングシステム研究者（ベトナム側）、および現地普及員が一体となって、問題点のリストアップ、プレテスト、TN法調査票修正を行うこととなった。こうした過程において、より現実的な問題項目の設定が可能となったのである。また、現地普及員や篤農家との協力関係が徐々に形成されていった。TN法の実施にあたっては、単に問題把握だけではなく、将来実施される農家試験の対象技術を選定することにつながることの重要性を現地で詳細に説明した。これによって、TN法はこうした技術実証試験を行うプロジェクトの一環としての調査であるという認識が、次第に現地で広がっていったのである。

　TN法はコンピューター処理をその特徴の1つとしていることから、当初、ベトナム側ファーミングシステム研究者には、アカデミックなものに映った。しかし、TN法の実施によって問題点の優先順位や技術ニーズの把握などが可能となることが分かり、ベトナム側研究者は、TN法がFSREの診断段階に必要な実践的手法の1つであるという認識を次第に持つようになった。

　さらには、TN法第1ステップによる評価結果においては、TN法評価得点にもとづき技術問題の優先順位が一覧になって示されたため、技術研究者に対するインパクトは大きかった。その評価結果（稲作部門の問題把握）のうち、得点の高い問題群（主要問題群）を特定することにした。得点の高い問題群とは、群内における個別問題の得点の平均が相対的に高い問題群のことである。その主要問題群とは、籾乾燥問題、病害虫・農薬問題およびネズミ被害問題であり、それら問題群の平均得点はそれぞれ3.89、3.48、3.40であった。

　表4-3に、これら主要問題群と群内の問題点およびその得点（農家による問題の深刻度評価結果）を示した。同表より、以下のことが明らかとなった。

203

表4-3 TP村における稲作の問題点に関するTN法評価結果 (主要問題)

	個別の問題点	得点
籾乾燥問題	1. 籾を未乾燥で数日置くと品質が低下する。	4.35
	2. 乾燥する場所が見当たらない。	4.08
	3. 雨季においては庭での乾燥が困難である。	3.88
	4. 乾燥機を所有していない。	3.23
病害虫・農薬問題	1. 農薬が人間の健康に深刻な影響を与えている。	3.89
	2. 農薬は川魚や川の汚染をもたらしている。	3.67
	3. 紋枯病が発生して深刻な問題となっている。	3.51
	4. トビイロウンカの被害が深刻である (註33)。	3.40
	5. ラッキッドスタント病が深刻な問題となっている。	3.20
	6. 農薬を使用しない病害虫の防除法が分からない。	3.19
ネズミ被害問題	1. 三期作を始めた後に、ネズミによる被害が増えた。	3.77
	2. 出穂期前～出穂期にかけてネズミの害が発生している。	3.58
	3. Dike-Ditch システムをつくってからネズミの害が増えた。	3.18
	4. ネズミが圃場に穴を空ける。	3.08

出所：山田ら (2003a) の表4を一部修正。
注：1) 上記の表は、TP村における53戸の農家による問題点評価結果を整理し、稲作部門の評価結果だけを示したものである。
　　2) 上記TN法はTN法第1ステップである。
　　3) 上記得点は、問題の深刻さと問題が解決した場合の効果の両面から評価した得点である。深刻さの得点については、「非常に深刻」(5点)、「やや深刻」(3点)、「深刻でない」(1点)とし、効果の得点については、「非常に効果がある」(5点)、「やや効果がある」(3点)、「効果がない」(1点)とした。上記リストアップされた問題点は、平均得点が2点以上の問題点である。

　第一に、最も深刻な問題として籾乾燥問題が挙げられた。籾乾燥問題は、雨季に深刻な問題となっていた。その背景には、降雨後に籾をすぐに家の中に取り込めるようにするとなれば、屋敷地の周りしか乾燥スペースがないという事情があった。そのため、十分な量の籾乾燥が困難であるということが窺われた。また、実際には、雨季において家屋内で籾乾燥をする農家も多く存在した。降雨の心配があるので、庭での乾燥も困難であるということだ。さらには、籾乾燥の不備が品質低下につながるという認識を農家が有していた。

　第二に、メコンデルタにおける農薬使用による水質汚染の問題がSanhら

第4章　ファーミングシステム研究の実践性

（1998）によって指摘されていたが、TP村で実際に農家の声を集約する形で
そのことが実証されたという点に意義が認められよう。また、農薬の使用が
環境だけでなく人体にも深刻な影響を与えている点が注目された（註31）。
確かにTP村では、様々な病害虫が発生しており、農薬の使用が不可欠な状
況となっていたが、他方で、「農薬を使用しない防除法が分からない」とい
う問題が認識されていた。このことは、TP村の農家の間で、IPMが十分に
普及しているとは言い難い状況を示唆するものでもあった（註32）。

　第三に、三期作やダイク（dike）システムがメコンデルタ全体で多くみら
れるが、これら三期作やダイク（dike）システムは、同時にネズミによる被
害を誘発するものであった。こうした点についての農家の認識が注目された。
三期作の問題点は、これまでも稲作研究者や農業経営研究者によって指摘さ
れてきた。金（2000）は、メコンデルタにおける三期作の場合、乾季作の播
種時期を早めるため、土壌管理が粗末になるという問題を指摘している（金
　2000）。また、長（1996）は、地力の低下傾向などを理由に、メコンデル
タの三期作が限界に近づいていると指摘した（長　1996）。集約的稲作の否
定的側面にもあらためて目を向ける必要性を、このTN法評価結果からも読
み取ることができよう。

　問題点評価結果を即時にコンピューター処理できるところにTN法の優れ
た特徴の一つがある。ノート型パソコンやプリンターなどを用意するととも
に、データ入力する要員を揃えるならば、即日、関係者に評価結果をフィー
ドバックすることも可能である。しかも、性別、年齢別、集落別、経営規模
別などのクロス集計結果をもフィードバックできる。ただし、繰り返しにな
るが、TN法の最大の貢献（FSREへの貢献）は、問題の代表性の確保とい
う点にあると言えよう。つまり、RRAやPRAによって問題が抽出されても、
その問題がどれだけの農家においてどれほど問題なのかが分からない。つま
り問題の代表性が不明であるということだ。そこに、TN法を実施する最大
の意義が認められるのである。そしてもう一点指摘しておきたいことは、前
述のように、条件さえ揃えばTN法評価結果を即日、その場で農家にフィー

205

ドバックすることもできるので、このことが外部者と農家との連携、さらには協働を後押ししていくであろうということだ。

3) メコンデルタにおける「緑の革命」後の問題構造
―「緑の革命」後のTP村の稲作を事例として ―

　前述のとおり、TN法第1ステップによってTP村における稲作の主要問題が明らかになった。TN法の得点が高い問題点や問題群が明確になったのである。そこで、これらの問題に限定して、詳細な聞き取り調査を行った。

　いずれにしても、農民との自由な対話を通じた問題の詳細把握は、研究であれ開発であれ出発点であり、プロジェクトの土台を形作るものでもある。開発途上国での研究開発に占めるこのプロセスのウエイトは、国内でのそれに比べると、はるかに大きいと言えよう。というのは、繰り返しになるが、開発途上国における二次資料は極めて限られているからである。

　ここで、対象村（TP村）の農民との対話に基づき、近代品種の採用すなわち「緑の革命」の後に発生した上記問題（TN法によって明らかとなったTP村における稲作の主要問題）について、その詳細な聞き取り結果を示すことにする。

　第一に、籾の乾燥問題である。前述したとおり、TN法に基づく農家評価の結果では、籾乾燥問題が最も深刻度の大きい問題であった。在来種（年1作）の時代の籾乾燥は乾季での乾燥であったので、特に問題にはならなかった。しかし、近代品種の採用後、二期作や三期作へ移行したことに伴い、雨季一作目（春夏作）や雨季二作目（秋冬作）の籾乾燥が問題となってきたのである。前述のとおり、TN法評価結果からも、雨季の籾乾燥が困難である様子が窺えた。乾燥問題は籾の品質に影響を与えるのである。特に、籾の水分含量によって農家庭先価格は異なってくる。水分含量が多過ぎる籾の価格は低位となる。

　他方、乾燥機の設置に対して、農業農村開発銀行の融資が受けられるようになったこともあって、1995年頃より籾の乾燥業者が出現した（註34）。1

第4章　ファーミングシステム研究の実践性

写真4-4　幹線道路での籾乾燥
　　　　（TP村）

写真4-5　生活道路での籾乾燥
　　　　（TP村）

つは富農が経営する乾燥場であり、他は精米業者が経営する乾燥場であった。これまで、多くの農家は庭先あるいは道路（幹線道路や生活道路）で籾乾燥を行っていたが、乾燥業者が出現した後、特に雨季の乾燥において乾燥業者を利用する農家も現れた（註35）。ただし、乾燥業者を利用すると、乾燥籾総量の7％を利用料として現物支払いしなくてはならなかった。また、小規模稲作農家の場合、ロットが小さいため乾燥業者に乾燥を拒否されるケースも発生した。乾燥業者は、ロットの大きな農家を優先する傾向にあった。また、村内には乾燥業者が2つしかないため、農家は順番待ちをしなければならなかった。こうした事情があったため、1995年以前に比べ減少したとはいえ、依然として庭先や道路での籾乾燥を続ける農家が多数存在したのである（**写真4-4、写真4-5**）。

　しかし、道路での籾乾燥はいくつかの問題を孕んでいた。実は、路上での籾乾燥は政府によって禁止されていた。見つかった場合、5万VNDの罰金が科せられた（註36）。と言うのは、籾乾燥している路上でのオートバイの横転事故が多発していたからである。また、雨季における路上乾燥の場合、雨が降り出してから急いで路上の籾を片づけようとする農民が、車にはねられるケースもあったようである。

　第二に、病害虫の発生である（註37）。特に深刻であったのは、1993年に発生したトビイロウンカによる被害である。この年の水稲作収量は、平年の

207

写真4-6　水路での洗濯（TP村）　　写真4-7　水路での水浴び（TP村）

約3分の1となったのである。その後、カントー大学で開発されたトビイロウンカに耐性を持つ品種（註38）の普及によって、約90％のトビイロウンカが消滅した。その他、1990年に発生したコブノメイガは、依然として問題となっていた。

　第三に、病害虫の発生に対応した農薬使用に伴う環境や人体への被害である。環境悪化については、特に水質の悪化が懸念されていた。近年における稚魚や稚エビなどの天然資源の減少は、農薬使用の増大と無関係ではなかった。また、川や水路の水は生活用水として利用されており、これらの人体への影響も懸念されていた（**写真4-6、写真4-7**）。また、農薬使用の人体への直接的な影響も深刻であった。具体的には、①息ができなくなる、②皮膚が赤くなり痛みが伴うといったような症状がこれまでも観察され、病院に運ばれるケースも生じていた。こうした被害を防ぐために、ヘルメット（眼鏡付き）やマスクをつける農民もいたが、そうした農民は極めて少数であった（註39）。

　以上のような病害虫の発生と農薬使用に伴う環境や人体への被害を防ぐため、IPM（Integrated Pest Management）が注目され、一部で普及し始めていた。TP村の一部の稲作農家で実施されていたIPM（註40）（註41）（註42）の内容は、以下のようなものであった。

　一つには、農薬散布時期の選択であった。これは害虫の定期的観察を前提として害虫の発生が一定以上深刻になった場合にのみ農薬を散布するという

第4章　ファーミングシステム研究の実践性

方法である。また、一部の先進的農家は、被害許容限界（経済的に見過ごせ
ない被害がでる限界）（大串　2000b）における害虫密度、すなわち被害許
容密度（経済的被害水準）（大串　2000b）の把握にもとづいた農薬散布を
行っていた。

　二つ目に、害虫に応じた殺虫剤の選択である。また、蜘蛛やテントウムシ
といった天敵類を殺すような殺虫剤使用の回避であった。

　三つ目には、アヒルの飼養による防除である。アヒル飼養はスクミリンゴ
ガイの防除だけでなく、害虫防除にも効果的であった。害虫を水田で見つけ
た農家が近隣のアヒル飼養農家に、アヒルを自分の水田に放飼するよう依頼
する場合もあった。この場合、対価を支払う必要はなかった。依頼されたア
ヒル飼養農家は、アヒルのエサ代を節約できたからである。

　四つ目に、水管理による様々な防除法である。一つは、排水によってコブ
ノメイガなどの害虫やスクミリンゴガイなどを防除することであった。例え
ば、スクミリンゴガイの防除の際には、すべて排水し、最大で３日間水なし
の状態にするのである。また、農薬散布前や施肥前の排水の励行である。そ
の他には、例えば日が照っているときに農薬散布を行うことであった。日が
照っているときには、害虫の天敵である蜘蛛は地面に移動して身を隠すため、
農薬の被害を受けにくくなるのである。

　第四に、ネズミによる被害の発生である。在来品種を栽培しているときか
らネズミによる食害問題は発生していたが、二期作、さらには三期作になっ
てからネズミによる食害はより深刻となった。年間の総栽培期間が長いほど
ネズミが繁殖し易くなるからである。ネズミが最も多く発生するのは冬春作
の時期であった（註43）。他方、この時期にはスクミリンゴガイも多く発生
する。ここで問題が生じた。ネズミ対策のためには水を水田に十分溜めてお
く必要があるが、スクミリンゴガイ対策のためには排水が必要なのである。

　また、ネズミ対策として、農民は殺鼠剤を投入したり、水田の周りにワイ
ヤを配置し、そこに電気を通したりした。その他にも、穴を掘ったり、犬を
使ってネズミを捕獲したりしていた。

4）小括

　Frankenbergerら（2000a）は、迅速農村調査法（RRA）から引き出される多くの利点にもかかわらず、このアプローチの限界も知るべきであると主張している。彼らは続けて、以下のように指摘している。研究者は調査された農民がその地域の農民を代表しているとは確信できない。時間の制約のため、たいてい体系的な抽出ができないからである。したがって、RRAは、フォーマルな調査や詳細な人類学的研究の補佐として位置付けるべきである（Frankenberger and Coyle　2000a）と。だからこそ、メコンデルタプロジェクトでは、RRAの後に詳細な聞き取り調査を行ない、その後TN法第1ステップを実施したのである。

　また、上記指摘の中で、人類学的研究ということが挙げられているが、ここは議論の分かれるところではないだろうか？　人類学的研究がFSREの中で可能であろうか？　もし、FSREの中に組み込めるということであれば、FSREの過程において、診断や試験などを研究者と共に担った農民や村のリーダーたちがどのように変化していったかを観察するという取り組みも考えられる。それはとても興味深いことである。意外なところに、開発人類学者の関与の余地があるかもしれない。しかし、実際のところ、予算の制約の中で、考えられる専門家の優先順位からすると、人類学者の順位が特に高いとは必ずしも言い切れない。人類学者は、基本的には、現地での長期滞在を前提としなければその任務を完遂できないからである。

　参加型開発の現場では、人類学者の役割の重要性や優先順位が相対的に高まるが、技術の実用化を主目的とするFSREにおいては、上記役割は、副次的な位置に留まらざるを得ないかもしれない。実際のところは、本来、人類学者が担うべき役割を全専門家が共同で担うこともある程度可能であろう。特に、農業経営研究者などがサイドワークとしてモニタリングの役割を果たすことは、現実的かもしれない（註44）。つまり、学際的研究・開発であるFSREを真に学際的なものとしていくには、参画研究者各々の一定の学際性が要求されるのである。一人一人の専門性は確保しつつも、関与領域を広げ

第4章　ファーミングシステム研究の実践性

ていくことによってはじめて点と点が、線となり、さらには面へと広がっていくのである。

　また、上記Frankenbergerらの指摘の中で、RRAがフォーマルな調査、例えば、農業経営調査（質問紙調査）などの補佐的役割を果たすことについては、一定程度同意できる。ただし、その理由が農家の代表性確保ということであるが、もう一つ重要な理由は、RRAで形成された仮説をフォーマル調査で証明するためである。仮説形成と仮説証明の両過程をRRA（インフォーマル調査）と質問紙調査（フォーマル調査）が担っているということである。

　このような関係性からすれば、補佐的役割というのは必ずしも適切な表現とは言えないであろう。例えば、営農技術的問題が各農家階層でどのように異なるかといったこと（仮説段階）をRRAである程度つかんだ後に、一定数の農家に対する質問紙調査を実施し、その仮説を検証するといったことが考えられる。その結果を設計段階や試験段階（農家試験）に反映させることは可能であろう。例えば、技術開発・改良のターゲット農家の特定（設計段階）であるとか、農家階層ごとに異なる設計をした農家試験の実施（試験段階）などである。

　ところで、診断段階では、いかに問題を掘り下げて把握していくかが重要なポイントであるが、同時に、問題がいかにして形成され、いかに展開されてきたのか、それに対し農家がどう対応してきたのかといったことが動態的に描かれなくてはならない。そのことによってはじめて今日に至った問題の位置づけ、問題構造の把握、そして問題の展開方向の一定の予測が可能となってくるのである。

　したがって、実体としてのファーミングシステムの変遷論とFSREの診断（問題発掘）は、結合されていなければならないのである。特に営農体系の根幹に位置する農業経営の構造とりわけ技術構造が、どのような変遷の中で現在に至っているかといったことを明らかにしなくてはならない。後の設計や試験につなげていくためにも。その意味において、メコンデルタプロジェ

211

クトにおけるファーミングシステム変遷論が必ずしも経営レベルでは捉えられておらず、したがって、技術構造の動態的把握が不十分なままとなった点を反省しなければならないのである。

以上の点に関連して、小國（2003e）の以下の指摘は正鵠を射たものであると言えよう。すなわち、農業の現状と問題に関する直接的な質問を通じて、外部者が住民のニーズをつかむだけでは実際の事業の実現可能性や持続性を測りきれない。これを検討するには、まず人々の経験の蓄積とそれまでの取捨選択の過程に目を向け、何故今があるのか、因果関係に注目しながら、コミュニティーが抱えてきた問題や、実現した住民の努力に耳を傾けるべきである（小國　2003e）。

3．FSREの実際 ― 農家試験 ―

Hildebrandら（2000b）によれば、試験場の人工的環境から現実世界へと移っていくことは、農学（栽培学）という専門分野にとっては、大きな挑戦であったし、これからもそうあり続けるだろう（Hildebrandら　2000b）。つまり、研究所内の試験場試験と違って、農家試験は多くの困難を伴うということである。何故ならば、制御された環境、つまり人工的な環境ではないからである。しかしながら、農家試験を経ることによって技術の普及（農家による技術導入）が現実味を帯びてくるのである。その意味においては、諸困難を覚悟で農家試験に取り組む意義は極めて大きいと言えよう。

農家試験とは、実際の農家圃場において、対照区（農家慣行技術）と処理区（推奨技術）を設け、その試験結果を両者比較することである。試験場試験で推奨技術が有利性を示したとしても、農家試験において必ずしも同様の結果が得られるとは限らない。農家試験では予期せぬ事態が発生することもあり、制御が難しいという面もある。実際には、考慮しなくてはならない諸問題ともしばしば遭遇する。

さらに言えば、同じ内容の農家試験を行なったとしても、農家によっては異なる結果が生じる可能性もあるだろう。だからこそ、興味深いとも言えよ

第 4 章 ファーミングシステム研究の実践性

う。一見論文を書きにくい世界だという印象を与えるかもしれないが、必ず
しもそうとは言えない。様々な制約要因を考慮しながら、そこにどう適応し
ていくかという農家行動の観察は面白いのではないだろうか？　ここで言う
ところの農家行動とは主として農業経営管理ということになるが、技術的な
側面とりわけ生産管理については、主として栽培研究者などの自然科学系研
究者がその適応過程をモニタリングしていけば、面白い研究になる可能性が
高いだろう。

　他方、農業経営者能力論の立場からは、同様の過程を農業経営研究者がモ
ニタリングしていけば、農業経営者能力形成研究の面白い素材も見つけられ
るのではないだろうか？　従来、農業経営研究者は、試験結果が得られた後
の評価（経営的評価）を主として行なっていた。もちろん、モニタリングを
ある程度行なう研究者もいたであろうが、そのプロセスがメインテーマとは
ならなかった。だからこそ、淡路和則以降、農業経営者能力形成研究が停滞
したのではないだろうか？

　さて農家試験であるが、本来、農家試験の主体は農家である。しかし、農
家の主体性の度合いについては、いくつかの類型が考えられる。研究者が設
計し研究者が管理し、農家は作業を行なうだけといったタイプの試験も農家
試験と呼んでいるケースが見られるが、これは本来の農家試験とは言えない。
理想的な農家試験とは、農家が設計し、農家が管理し、農家が評価するとい
う形の試験である。しかし、こうした農家試験が、いきなり実行可能となる
わけではない。研究者主体の農家試験から農家主体の農家試験へと、どのよ
うに移行（発展）していけるだろうか？　この点も重要な研究課題となり得
よう。

　これに関連して、Stroudら（2000）は、農家試験を以下の三つの類型に
分けている。一つは、研究者が管理し、研究者が実施する試験である。これ
を農家試験と呼ぶのは、農家の圃場と農家の労働力を利用しているからであ
る。なお、それは契約に基づくものである。二つ目は、研究者が管理し、農
家が実施する試験である。これは、研究者が試験を計画し、実施段階で、農

213

家が研究者とともに試験を行うというものである。この試験は、実施段階において農家の主体性を引き出そうとするものである。三つ目は、農家が管理し、農家が実施する試験である。この試験では、農家は試験設計を研究者に相談するかもしれないが、すべての意思決定は農家自身によって行われる（Stroudら　2000）。

　以上の類型において、農家主体の、農家のオーナーシップが強い農家試験が理想であるという見方ができるが、前述のとおり、どこでもどの農家においても、そうした農家試験が可能となるわけではない。試験内容や農家の農業経営管理能力（特に生産管理能力）に応じて適切な農家試験の選択がなされるべきであろう。その上で、仮に研究者主体の農家試験が選択されたとしても、その後の試行錯誤の中で、農家主体の農家試験（理想の農家試験）に近づいていく努力がなされなくてはならないだろう。これこそが農家試験の肝であると考える。研究者側はこの点を意識しながら、農家試験の発展プロセスを模索していかなければならないだろう。

　なお、農家試験をより農家主体の試験にするためには、試験設計の段階だけでなく技術選択（試験する技術の選択）の段階においても、農家の主体的な関わりを実現すべきであろう。設計段階（設計段階の主目的は試験技術の選択にある）の農家の主体性は、試験段階の農家の主体性に影響を及ぼすのである。何故ならば、自ら選択した技術を自ら試験することは、農家のオーナーシップを高めるからである。したがって、そうした農家は、より主体的に農家試験に取り組んでいくはずである。

　以上の点に関連して、Lightfootら（2000）は次のような指摘を行なっている。すなわち、複雑で多様な環境の中で農業生産を安定させ持続させていくための技術を開発する上で、地域における伝統的な知識は不可欠な前提条件である。それゆえ、農民たちこそ自らの営農体系を巧みに取り扱い、新技術の開発や試験を実施する最適な主体であるはずだ。しかしながら、これまでのファーミングシステム研究（FSR）において、農家の協力のもとに試験が行われてきたものの、農家自身が設計や試験の中心的存在となることはほ

第4章　ファーミングシステム研究の実践性

とんどなかった（Lightfootら　2000）。

　他方、農民試験には対照区がなく、規則的な定量や反復試験区もまれにし
かないという意見（Baker　2000）も存在する。確かに反復試験は、研究者
が得意とするところであり、農家にとっては、一定の訓練を受けていなけれ
ばその実施は難しいであろう。しかしながら、対照区設定は農家にとって難
しいことではないし、その必要性を農家も十分に理解できるであろう。そも
そも対照区がない圃場は、試験圃場というよりは、展示圃場（註45）と呼ぶ
べきである。

　実は、ベトナムでもモザンビークでも、試験を行わず、展示圃場をつくっ
てモニタリングしている研究者に遭遇した。農家ではなく研究者である。メ
コンデルタプロジェクトにおける果樹作のIPM試験では、果樹栽培のベテラ
ン研究者が農家試験圃場と展示圃場を混同していた。カンキツグリーニング
病が蔓延していたプロジェクトサイトで、IPM技術としてオレンジの圃場の
周囲にマンゴの木を植え、グリーニング病を媒介するミカンキジラミが飛ん
でくるのを防ごうとしていたのである。マンゴの木は高木なので、ミカンキ
ジラミが圃場内に入り込めないという想定であった。しかし、対照区の設定
が全くないし、そもそもそれ以前に、試験場試験すら十分に実施された形跡
がなかった。

　我々日本人研究者の間では、このことが問題となったのではあるが、当の
ベトナム人研究者がベテラン研究者であったことなどから、農家試験の見直
しを促すことを遠慮してしまった。日本人研究者の中に、果樹作の長期派遣
専門家がいなかったことも影響したのであるが、こうした遠慮はとても反省
すべきことであった。なお、モザンビークの事例については、第5章で説明
することにしたい。以上のように、途上国の農家ではなく、途上国の研究者
の中に、試験に対する基礎的知識に欠ける研究者が存在するということこそ、
我々は問題にしなくてはならないのである。

　ところで、研究者が農家試験を設計する場合、何ら問題なく対照区を設定
できるであろうか？　実は、必ずしもそうとは言えない事例を、メコンデル

215

タプロジェクトで経験したのである。それは養豚の飼料試験における対照区設定に関する問題であった。この農家試験は、既存の養豚飼料にはタンパク質が不足しているという問題認識に基づいて、既存飼料の米ぬかや屑米、および若干の濃厚飼料などに、タンパク質を豊富に含む地域資源であるヨウサイ（空芯菜）やホテイアオイを最適量加えようとする試験であった。

写真4-8　米ぬかを食べる豚（TP村）

　ところが、ベトナム側養豚研究者は、肝心の対照区において、養豚の教科書にあるような栄養バランスがとれる飼料構成を設定してしまっていたのである。実際には、研究サイトの多くの農家、特に貧しい農家においては、コストのかかる濃厚飼料などの購入を抑える傾向があり、米ぬかと屑米に過度に依存する傾向がみられた（**写真4-8**）。そのため、前述したように、現状では多くの農家において、飼養する肥育豚がタンパク質不足に陥っていたのである（註46）。

　そこで、筆者と同僚研究者（ファーミングシステム研究者）が養豚の研究者に対照区の見直しを促した。現状を反映した対照区の設定が、何としても必要であると訴えたのである。その際、飼料構成を含む養豚経営に関する我々の農家調査データを開示し、さらに、このデータを提供することを申し出た。時間は少々かかったが、説得は功を奏し、ベトナム側養豚研究者は、対照区設定の見直しを決意してくれたのである。しかも、その研究者は、我々が提供を申し出た農家調査データを使うことなく、対照区設定のための養豚農家調査（飼料調査）をあらためて実施する決断を下したのである。我々は、その養豚研究者に敬意を表した次第である。この養豚研究者の自立性と主体性をみた思いであった。そして何よりも、その決断の背景にあったものは、本人の専門家としてのプライドであったのかもしれない。

第4章　ファーミングシステム研究の実践性

実のところ、農家試験において対照区をどのように設定するかということは、分野によっては、それほど容易なことではないのである。何故ならば、そのために、農家慣行技術とはどのようなものなのかを正確に把握しなくてはならないからである。時として、農家慣行技術把握のための本格的な農家調査が必要になるの

写真4-9　養豚研究者による分析の様子（カントー大学）

である。もちろん、調査の難しさは分野によって異なる。例えば、メコンデルタにおける稲作の慣行播種技術が散播であったが、これは疑いもない。ただし、播種密度となると、農家によってばらつきがある。200〜300kg/haといった幅があるときには、本来、慣行の播種密度の調査が必要である。しかし、それ以上に難しいのが養豚飼料の調査であった。飼料の種類が様々である上に、その構成割合は農家によって様々であるからだ。つまり、平均的な慣行飼料構成を決めるのが非常に難しかったのである。

　後日談であるが、このベトナム人養豚研究者（**写真4-9**）は、自ら実施した農家調査をもとにして対照区を設定し直し、再試験を行ったが、その後の分析結果にもとづき、プロジェクト終了後に博士論文を書き、日本で博士号を取得することとなったのである（註47）。研究開発プロジェクトの中に教育的要素を組み込むとは、正にこうしたことであると、つくづく感じた次第である。プロジェクト期間中、この研究者を熱心に指導・支援し続けた畜産研究者山崎正史（国際農林水産業研究センター）の貢献も大なるものがあったと言えよう。

　ところで、農家試験においては、農家の試行錯誤のプロセスが重要である。技術の創造過程とは、小さな失敗をたくさんしてそこから学んでいくことでもある。ベトナムにおけるプロジェクトでは、総じて農家の創意工夫の余地をもう少しつくるべきであった。が、その中にあって、バイオガスダイジェ

スターの耐用年数の向上は、主として農家の工夫によるものであった。実は、メコンデルタプロジェクトの中では、バイオガスダイジェスターの農家試験に関連して、研究者が最も頻繁に現場に通い、農民との様々な対話を行なってきた。バイオガスダイジェスター技術の改良においては、そうした地道な努力も影響していると考えられるのである（註48）。

4．技術の総合化について考える

「稲のことは稲に聞け」と横井時敬は説いたが、この哲学を見事に体現し、現場主義を徹底的に貫いた栽培研究者として、松島省三を挙げることができよう。角田（2002）によれば、松島省三は著名な栽培学者で稲作研究の第一人者であった。そして、その基本姿勢は、「研究のテーマは圃場や農家の水田でつかむべきものだ」ということであった。机上の構想や諸外国の文献だけによってテーマを設定するという最近の研究者、特に若い研究者にみられる姿勢（悪弊）を強く戒めていた。松島の研究において特筆すべきは、考えられるほとんどの栽培処理（移植時期、栽植密度、施肥法、水管理、変温処理、二酸化炭素濃度処理など）を稲に加え、その反応を徹底的に調べたという点である（角田　2002）。

社会科学の世界、例えば農業経営学や農村社会学などの世界では、現場で問題を拾うことについてその重要性がよく説かれたりして、ある意味当たり前のことに近いようにも思われるのだが、栽培学の世界でも、こうしたことの重要性が随分昔に指摘されていたことに感銘を受ける。また、松島の研究スタイルについて言えば、総合研究の原型をみたような思いに駆られる。しかも、それは一人総合化というようなものであったことに驚かされるのである。

松島省三のような人材こそ、ファーミングシステム研究に求められる人材ではないだろうか？　ファーミングシステム研究は、多様な分野の連携と総合化によって成立するが、それは、個々の研究者レベルでの一定の総合化があってこそ成立するものであろう。

第4章　ファーミングシステム研究の実践性

第4節　ファーミングシステム研究の展望

1．診断（Diagnosis）の重要性

　友松（2009）は、数ある国際協力の現場では、いまだに地域社会の「実態」からかけ離れたプロジェクトが遂行され、実りある成果を残せずに終わってしまうことが多いと指摘した上で、その原因について、支援者側が地域社会を十分理解していないか、あるいは地域の実態を尊重する態度や関心が低いからではないか（友松　2009）と指摘している。地域社会を十分理解するためには、診断を行なう必要があろう。医者は診断をするから患者の体の状態を理解することができ、そこから適切な治療を施していくことができる。ごく当たり前のことである。同様に、診断の重要性こそ、国際協力に携わる人々が再認識、再確認すべきことであろう。地域社会に聴診器を当てることから国際協力は始まるのである。このことは言うまでもないことのようにも思われるかもしれないが、実際には、地域社会の理解、そのための診断というものの重要性が必ずしも浸透しているわけではない。途上国における様々な開発プロジェクトの評価を真剣に行った場合に、うまくいかなかった原因が現場把握の不十分さや診断の軽視に求められる事例は、意外と多いのではないかと思われるのである。

　だからこそ、本章で展開したファーミングシステム研究の第1段階は、診断なのである。適切な診断手法に関する議論、さらには診断手法の精緻化に関する議論ももちろん重要ではあるが、何よりもまず診断の重要性そのものを認識することである。そこが出発点である。それはプロジェクト成功のための最重要条件であると言っても過言ではなかろう。そして、そのような認識は、プロジェクト構成員が最も共有しなくてはならない認識（共通認識）であろう。既にみてきたソンデオ・アプローチにおいても、チーム構成員によるこの認識の共有が原点となっているのである。本章でファーミングシステム研究についての説明を様々行ってきたが、診断段階に最も力点を置いた

219

のは、正にこうした考えが背景にあるからだ。

　今後のファーミングシステム研究を展望するときに、診断を行ったことによる効果を明らかにすることが求められる。診断の重要性の再認識を促すためでもある。と同時に、ファーミングシステム研究の第4段階の評価においては、技術の経営的評価に留まらず、プロジェクトの各段階（診断、設計、試験）の評価を行い、その結果に基づき、診断、設計、および試験の方法やあり方について必要な改善を行っていくことが大事であろう。そうした評価（振り返り）を通じて、診断活動の精度を上げ、地域特性に応じたより適確な現場理解へと進んでいくことも可能となるであろう。

2．政策提言へのアプローチ

　2000年以降、FSREがこれまで技術開発に偏り過ぎていたという反省が一つの流れになってきているようである。それは、FSREの政策へのインパクトの弱さに対する反省でもあった。Ranweera（2000a）は、FSREの実践者は、技術創出と技術導入に影響を与える制度的な制約要因や農業政策といった非技術的要因（技術以外の要因）により注意を向けるべきであり、政策担当者はFSREの研究結果の顧客（受益者）としてみられるべきである（Ranweera　2000a）と主張している。また、Olukosi（2000）によれば、アフリカにおける初期FSRプログラムのほとんどは、技術開発に集中しており、農業政策問題を無視していた。アフリカの営農についての理解を政策につなげようとしなかったことに対し、多くの研究者が批判されたのである。また、研究者と政策担当者を結び付ける公の仕組みが未だに存在していないという問題もある（Olukosi　2000）。

　類似のことがNGOの活動においても問われている。伊勢崎（1997）によれば、NGOがどんなに斬新なプロジェクトを成功させても、そのイニシアティブを将来に向けて保護、または拡大すべく、「政策」へのロビーイングがない限り、NGOの活動は慈善事業の域を出ることはない。また、家庭レベルのニーズと開発政策の間の橋渡しをする、若しくは、政策そのものをグ

第4章　ファーミングシステム研究の実践性

ラス・ルーツのニーズに近づけることが、開発にかかわるNGOの最も重要な役割である（伊勢崎　1997）（註49）。増見（2002d）によれば、ガーナでは欧米の多くのNGOが保健、教育、農業等の分野で活発な活動を行なっており、ガーナ政府、地方行政に対し政策的な影響力を持っている。彼らの活動の多くは地方でのフィールドワークを中心とし、その経験をもとに積極的な政策提言も行なっている（増見　2002d）（註50）。

　こうした役割は、NGOだけでなく、ODAにも与えられていると考える。メコンデルタプロジェクトもその一つである。メコンデルタプロジェクトは、郡の普及員や村の役人を巻き込んで、プロジェクトを進行させていった。また、プロジェクトサイトなどの現場の問題やニーズに基づいて、県の役人（農業担当者）と度々議論の場を持ったこともあった。しかしながら、そのことが、伊勢崎の強調するロビーイングでは必ずしもなかったという点を反省しなければならない。

　このように考えてくるならば、FSREの中に位置づけられる農業経営研究に、技術の経営的評価（事前評価や事後評価）だけでなく、政策提言の基礎の提示という明確な役割を付与していく必要があろう。この役割は、既に第2章において、実践的農業経営研究の役割の一つとして挙げられたものである。ただし、その折には、プロジェクトの中での研究ということを特に意識していたわけではない。が、本章のこれまでの検討から、FSREの中に農業経営研究を位置づけ、かつ農業経営研究を技術評価といった狭い領域に押し込めるのではなく、プロジェクトと関連する範囲内で、政策提言の基礎の提示を目指した農業経営研究も認めることが求められているのではないだろうか？

　さらに留意すべきは、政策提言の基礎の提示に至るプロセスである。新井（2010g）は、現場を変えるための政策提言に関わるNGOの役割として、以下の4点を指摘している。すなわち、第1に、草の根レベルと政策レベルの情報の橋渡し、第2に、政策が人びとにマイナスの影響を与えないかの監視、第3に、政策が正しく機能しているかの調査、第4に、政策を変えるための

221

問題提起である（新井　2010g）。

　これらをもう少し整理するならば、次のようになるであろう。まず、第2の役割（「政策が人びとにマイナスの影響を与えないかの監視」）と第3の役割（「政策が正しく機能しているかの調査」）に基づいて現行政策を改善する必要性が生じるならば、結果として、第4の役割（「政策を変えるための問題提起」）を果たす必要が出てくるということになろう。他方、第2と第3の役割の土台は、当然、現場レベルの実情把握にある。その意味では、第1の役割（「草の根レベルと政策レベルの情報の橋渡し」）と重なっている。なお、第1の役割は、現行政策の改善だけでなく、新たな政策提言にもつながる役割であると言えよう。つまりは、政策がないところ（現場）に問題が生じている場合には、その問題を解決できるような新たな政策の提言も必要になるということである。

　このように考えてくると、プロジェクトと関連する限りにおいて、現場レベルで政策評価を実施していくことの重要性が浮き彫りになってくる。そのときには、農業経営学だけでなく農業経済学や農村社会学など他の社会科学分野も必要になってこよう。

3．政策提言や技術普及の適用範囲について —固有性と普遍性の考察—

　上記政策提言における重要な留意事項について、以下、考えていきたい。それは、ファーミングシステム研究がサイトスペシフィックな研究であるが故の留意事項である。つまり、ファーミングシステム研究は特定のサイトを対象として展開されるわけなので、その結果を政策提言につなげていくといった場合に、必ず問われることは、普遍性や一般性がどうなのかということであろう。この点ではフィールドワークと同じである。もちろん、ファーミングシステム研究もフィールドワークと重なるものであるが。

　原田（2006）は、その地域にしか通用しない政策提言をしても汎用性がなければ意味がないと言われたことがきっかけとなり、結局、次のように自身の考えを締めくくっている。すなわち、政策提言を提示することとフィール

第4章　ファーミングシステム研究の実践性

ドで詳細なデータを収集することとは切り離して考える、すなわちフィールドをそれほど知らない方がむしろ政策提言は可能である、と割り切るほうがいいのかもしれない（原田　2006）と。原田は、地域の固有性と政策の普遍性の狭間で悩みながら、上記のような結論を出したわけである。原田の悩みは、特別な、あるいは特殊な悩みではないだろう。現場型の研究をしている人たちの多くが持つ悩みでもあろう。それを論点として提示した意義は大きい。ただ、やや苦し紛れに導き出した「結論」のようにもみえるのである。

　第一に、フィールド、もっと言えば現場をあまり知らない政策提言にどれほどの意味があるだろうか？　政策提言の可能性や政策提言のし易さの問題よりも、政策提言の中身の問題こそ議論すべきであろう。国際協力の世界に限らず、現場を熟知しないでつくられた頓珍漢な政策によって、関係者が苦しめられたり、悩まされたりすることは、時として観察されることではないだろうか？　そうしたことが、新井（2010g）の指摘の中にある政策の監視（政策が人びとにマイナスの影響を与えないかの監視）を必要とする状況を招く一因にもなっているのではないだろうか？

　第二に、では、その地域にしか通用しない政策提言でいいのかという問題であるが、もちろん、そういうわけにはいかないだろう。多くの研究者は、サイト（研究対象地域）を思いつきで選んでいるわけではない。サイトの選定理由が存在するのである。その選定理由の中で、プロジェクトの目的に合致しているという理由の他に、大事なことは代表性の確保である。つまり、このサイトはどれだけの地域を代表しているのかという点である。

　その前提として、一定の地域（場合によっては全国）の類型化を行なう必要性があろう。そのような手間のかかることは、なるべくなら回避したいと思う人もいるかもしれない。しかし、その手間を省くと、前述のように、「汎用性がなければ意味がない」と批判されてしまうのである。ここで注意したいことは、汎用性の捉え方である。もし、農業分野において、全国どこにでも通用するという意味で汎用性という言葉を持ち出すのであれば、それは農業に対する理解が足りていないということになるだろう。もちろん、全

223

国共通の政策の存在も認めなければならないだろう。しかしながら、農業研究において、地域性を考慮することは様々な面において有効であり、かつ必要なことなのである。そして、そのことが、地域性を考慮した政策、あるいは地域類型ごとに特色のある政策の形成につながるのではないだろうか？

　その上で、一つの村の事例がその村だけではなく、一定の地域（地域類型）をある程度代表するものであるということを主張できるよう、我々研究者は努力すべきであろう。そこは一つの頑張り所でもある。

【コラム4-4】
ベトナム・メコンデルタの類型化

　ベトナム・メコンデルタの総合研究プロジェクトにおいては、資源循環型複合農業について研究を行っていくことが決まっていた。そこで、まず第一段階として、研究サイトの選定を行なわなければならなかったが、これが簡単なことではなかった。メコンデルタのファーミングシステム（農法）は実に多様なものであった。また、ファーミングシステムに影響を及ぼす自然条件も多様であった。そこで、我々は先行研究を踏まえ、メコンデルタの類型化を試みることとした。以下は、山田ら（1999a）のメコンデルタ類型化研究の一端である。

　第一に、自然条件による類型化である。これを筆者らはエコシステムの類型化と呼び、以下の三つの条件による類型化を試みた。灌漑条件（灌漑か天水か）、洪水深度、そして土壌条件（沖積土壌か酸性硫酸塩土壌か塩類土壌か）がそれである。

　第二に、ファーミングシステム（農法）による類型化である。この中には、例えば、稲二作システム、稲三作システム、稲作＋畑作システム、果樹作システム（VACシステムなどが含まれる）、エビ養殖システム、メラルーカシステムなどが存在した。

　第三に、上記エコシステムと上記ファーミングシステム（農法）との関係性を明らかにすることであった。

　第三に、だからこそ、ファーミングシステム研究の中にドメイン（類型）

第4章　ファーミングシステム研究の実践性

表4-4　メコンデルタ地域の類型化
（エコシステムとファーミングシステムとの関係）

	灌漑条件	土壌条件	最大洪水深度(cm)	エコシステム(面積割合　%)	果樹作システム(面積割合　%)
1	灌漑	酸性硫酸塩土壌	D > 60	14.3	8.3
2	天水	酸性硫酸塩土壌	30 < D <60	13.9	12.3
3	灌漑	沖積土壌	D > 60	12.7	12.7
4	天水	酸性硫酸塩土壌	D > 60	10.5	8.4
5	天水	塩類土壌	30 < D <60	8.8	15.8
6	**灌漑**	**沖積土壌**	30 < D <60	8.0	22.9
7	**灌漑**	**沖積土壌**	D <30	7.7	23.1
8	天水	塩類土壌	D <30	7.3	16.6
9	灌漑	酸性硫酸塩土壌	30 < D <60	5.8	15.8
10	天水	酸性硫酸塩土壌	D <30	2.4	11.2
11	天水	沖積土壌	D <30	1.8	11.4

出所：Yamada ら（1999b）の表1を加筆修正。

という考え方が存在するのである。ドメイン（Domain）の通常の和訳は、「領域」である。しかし、コールドウェルら（2000）が、ファーミングシステム研究の中でのドメインの意味するところをなるべく分かりやすく表す日本語を探した結果、「類型」という語に辿り着いた（コールドウェルら2000）。

　ここで、ドメイン（類型）の一つの事例を示しておきたい。以下は、メコンデルタプロジェクトの当初、研究サイトの選定と研究サイトの代表性確保のために行なったメコンデルタの類型化結果である。

　メコンデルタのファーミングシステム（農法）に影響を与える自然条件は、主として、灌漑条件、土壌条件、および洪水深度である。よって、これらの条件でメコンデルタ地域全体を類型化し、その類型ごとのファーミングシステム（農法）、ここでは果樹作システムについてみていった。その結果が**表4-4**に示されている。

　表4-4には、三つの自然条件に基づき類型化されたエコシステムごとに、ファーミングシステム（果樹作システム）の面積割合（各エコシステムの中

225

での面積割合）が示されている。実は、メコンデルタプロジェクトのターゲットである複合農業とりわけVACシステムやVACRシステムは、この果樹作システムの中に主として存在しているのである。そこで、この果樹作システムが、各エコシステムにどれくらい存在するかを明らかにすることによって、ドメイン（類型）、つまりプロジェクトの成果が適用され得る範囲をある程度示すことができるのである。

　表4-4によれば、この果樹作システムは、灌漑・沖積土壌地帯（第6類型と第7類型）に相対的に多く存在している。これらの地帯は、比較的肥沃な土壌が広がる地帯と言える。Yamazaki（2004）によれば、低肥沃度地帯では農地保有規模が相対的に大きいのに対し、高肥沃度地帯では農地保有規模が相対的に小さい。この背景には、低肥沃度地帯から高肥沃度地帯への頻繁な移住という事実が存在する。結果、メコンデルタ全体で所得が平準化しているのである。加えて、低肥沃度地帯に比べて高肥沃度地帯において多様化・複合化がより進んでいる（Yamazaki　2004）。

　ただし、このことは、低肥沃度地帯でVACシステムが全く形成されていないということを意味しない。また、高肥沃度地帯であってもVACシステムが形成し難い場合があることにも注意しなくてはならないだろう。その要因は洪水深度である。ここで言う洪水とは、雨期の後半にメコン川の水嵩が増し、水田や樹園地が水に浸かる現象を指すが、その際の水位が洪水深度である。洪水深度が大き過ぎれば、果樹作や養豚や養魚は営み難いのである。**図4-3**に、洪水深度（最大洪水深度）によるメコンデルタの類型化結果を示した。この図から分かるように、メコン川の二つの主流を遡り、カンボジア国境に近くなると、洪水深度が大きくなっている（D > 60cm）。

　ところで、類型化は、自然条件だけに基づいて行なわれるものではない。社会経済条件に基づいても行なわれるべきである。例えば、日本では、市町村レベルで様々な社会経済データが存在する。したがって、主成分分析とクラスター分析によってかなり精度の高い類型化が可能となるのである。しかしながら、途上国においてはそのような統計が不備であるので、ドメイン設

226

第4章　ファーミングシステム研究の実践性

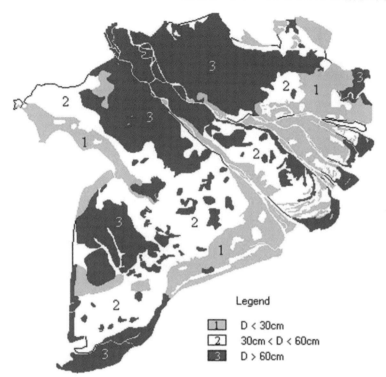

図4-3　洪水深度にもとづくメコンデルタの類型化
出所：ベトナム・カントー大学農学部土壌学科作成
注：図中のDとは最大洪水深度のことである。

定（註51）は困難を極めるのである。したがって、結果として、ベトナムでは主としてGIS（地理情報システム）の活用に頼らざるを得なかったのである（註52）。

　ドメインは、そもそも技術の適用範囲（地域）あるいは普及範囲（地域）を想定して考えられた概念であるが、農業経営調査や農村調査で得られた知見についても、それが政策提言の基礎として取り上げられる際には、同様に考慮されるべき概念（政策の適用範囲）であると言えよう。

　第四に、政策提言を提示することと政策提言の基礎を提示することとは分

けて考えた方がよいということである。原田が結論を導き出した背景には、政策提言ということに対するこだわりがあったのではないだろうか？ だが、ファーミングシステム研究者やフィールドワーカーができることは、政策提言ももちろんではあるが、政策提言の基礎あるいは材料を提供することではないだろうか？ そう考えれば、仮にサイトの位置づけを一切しなかった場合の調査結果であったとしても、政策提言の材料としては全く無意味ということにはならないのである。

　齋藤哲也（2006）は、正確な現状把握にもとづいた論考の先に、「～すべき」という提案、または少なくとも、いくつかのオプションの提示をすべきである（齋藤哲也　2006）と主張している。とてもよく理解できる主張である。ただ、必ずしもそうとは言い切れない場合もあるように思われる。政策提言の材料（の一つ）となり得るものを提示できるならば、それが仮に現状把握だけで留まっていたとしても、価値あるものだと評価できるからである。むしろ、無責任なあるべき論こそ厳に慎まなくてはならない。例としては、二種類ある。一つは、不正確な現状把握に基づいて、提案や提言を行なうという例である。もう一つは、正確な現状把握はしたものの、そこから大幅に飛躍した提案や提言を行なうという例である。後者の場合は、それほど深刻ではないかもしれないが、前者の場合はかなり深刻な問題であると言えよう。

【コラム4-5】
TN法と政策提言

　TN法第１ステップを使って、営農技術に関わる問題点や社会経済環境・地域環境に関わる問題点を明らかにしようとした。これは、そもそもプロジェクトの方向性（とりわけ技術開発の方向性）を明らかにするための調査であった。しかし、その結果は、政策提言の基礎資料をも提供し得るものとなった。
　というのは、表4-5に示されているように、左側は資本不足の問題が具体的な対象ごとに順位づけされている。つまりは、政策的に支援する場合の支援対象（この場合、融資対象）の優先順位が明らかになっているということで

第4章　ファーミングシステム研究の実践性

ある。同様に、**表4-5**の右側にある社会経済や地域環境の問題の順位づけは、優先的に取り組むべき社会経済対策や地域環境対策を示唆しているのである。

表4-5　農業政策に関連する問題の評価結果（TN法第1ステップ）

資本（初期投資）不足問題		社会経済問題および地域環境問題	
具体的な対象	得点	具体的な問題点	得点
ビニール製バイオガスダイジェスター	4.10	加工施設が存在しない（養豚）	4.17
レモン加工施設	3.73	農産物の価格変動が大きい	3.92
ポンプ	3.72	中間マージンが大きい	3.84
農業機械（耕耘機など）	3.57	融資の貸付期間が短い	3.74
豚舎	3.50	栽培技術の指導体制が不十分	3.68
外来種（ランドレース種等）の子豚	3.44	川が農薬で汚染されている	3.67
化学肥料（稲作）	3.41	農産物の品質評価システムが不十分	3.52
養魚池	3.38	販売組織が存在しない	3.49
米ぬか・屑米（養豚飼料）	3.24	農業技術をトレーニングする機会が少ない	3.43
籾乾燥機	3.23	豚肉の貯蔵施設が存在しない	3.31
魚のエサ	3.22	銀行からの借入書類手続きが煩雑	3.31
Dike-ditch（畝―溝）	3.16	普及所の指導が不十分	3.19
濃厚飼料（養豚）	3.00	市場によって価格差が大きい	3.15
		新技術の実証農家の数が少ない	3.07

出所：メコンデルタのTP村における筆者調査（1998）より作成。

4．新たな農家試験（On-Farm Trials）とそれに対応した評価の方向性

　Ashby（1991）によれば、多くの研究者は、研究システムで生み出す技術が試験を受け生産基準に見合いさえすれば、農民は採用するだろうと考えている。しかしながら、農民はしばしばそれらの長所を取り、それらを彼ら自身の資源や目的に合うように変える（Ashby　1991）。Frankenbergerら（2000b）は、農民を試験時に早期に参加させる意義があると主張し、その理由として、彼らの早期参加により、彼らの環境に技術を適応できるからである（Frankenberger and Coyle　2000b）と説明している。

　以上の見解は、農民の技術適応と（農家）試験参加（註53）に関して、農民の主体性を尊重した見解であり、傾聴に値する。ただし、以下、これらの見解の難点について指摘しておきたい。

　第一に、Ashbyは、それら（研究システムで生み出す技術）を彼ら自身の

229

資源や目的に合うように変えると説明しているが、本来、資源（経営資源）と目的（経営目標）は並列関係ではないはずである。資源（経営資源）は目的（経営目標）に反映されるものである。つまり、自らの経営資源たる農地の質と量（保有農地面積および土壌特性）、労働力保有状況、および資本構成などが、農業経営目標に色濃く反映されるのである。

第二に、Frankenbergerらは、農家の早期試験参加を主張しているが、本来は、農家主体の試験を試験段階の中心に据えるべきであるということだ。通常、試験場試験の成功を受けて農家試験が実施される。その農家試験が研究者主導の試験になることも往々にしてあり、その場合、研究者主導の農家試験に農家が「参加」するというような話になってくる。この場合の問題は、農家の創意工夫の余地が狭まるということである。

本来は、農家自らが試験の主体となってこそ、文字通りの農家試験なのである。ただし、どこでも農家試験の主体となり得る農家が存在するわけではないことも事実であろう。農家の能力に応じた参加のあり方があるし、農家によって、また地域によって異なってこよう。大事なことは、農家試験を通じて農業経営者能力の向上が図られるべきであるということだ。その結果としての農家主導型農家試験の実現ということになろう。

第三に、環境の多様性という視点が欠落しているという問題である。環境というのは、営農体系を考えた場合、自然環境や社会経済環境といった農業経営を取り巻く環境のことである。この環境を農家レベルでみると、同じ村であっても農家によって土壌特性や肥沃度が様々であるし、水利条件も農家によって様々であろう。さらには市場アクセスや金融アクセスも農家によって異なってくる。つまり、多様な環境の中に多様な農家が存在するが故に、技術の適応・適合の形も多様なものになるということである。

以上の諸点を踏まえた場合、今後の農家試験においては、数多くの農家が農家試験の主体となり、環境の変化にも対応した様々な試行錯誤を経ながら、様々な工夫を重ねていき、そのプロセスを研究者がモニタリングしていくことも考えられてよいのではないだろうか？　農家と研究者の協働による技術

第4章　ファーミングシステム研究の実践性

創出・改良と並んで、こうした形の試験があっても良いだろう。この場合、農家によっては、農家試験という形をとらなくてもよいかもしれない。場合によっては対照区と処理区の設定を、農家に任せてもよいかもしれない。

　推奨技術の評価もさることながら、推奨技術を農家自身がどのように使いこなしていくか、どのように改良していくか、あるいはどのような制約・課題に直面するか、そしてそれをどのように乗り越えていこうとしているかなどを逐一モニタリングしていくのである。

　ここで頭に浮かぶのは、川喜田二郎が提唱した野外科学である。川喜田（1993a）によれば、野外科学の対象である野外的自然は、複雑極まりない諸要素の網目であって、おまけに常に変動している。その中のただ一つの事柄を明らかにするためにも、おびただしい要素や複合的な状況をつかまなければならない。単に認識するだけでなくそれに働きかけるときには、極めて総合的な施策と、絶え間ない調整とが必要である（川喜田　1993a）。

　単純系（実験や試験場試験）の中で開発されただけでは、往々にして複雑系の環境に簡単には適応できないのである。だからこそ、野外科学なのである。現場で鍛えられた技術、実践で鍛えられた技術とは、野外的自然で農家の試行錯誤を通じて獲得された技術のことである。そのモニタリングを研究者が行なえば十分研究になり得る。それどころか、極めて面白い研究になるのではないだろうか？（註54）その結果、多様な適合技術が発見され、評価されていくのではないかと考えられるのである。その結果を農業経営構造や農業経営目標と関連づけながら類型化していくならば、多様な適合技術（改良技術）のそれぞれのターゲットも明らかになるものと考えられる。

　また、試験農家選定の際には、村や集落の意思を尊重しつつ、既存の農民組織の中にも農家試験の主体となる農家を見つけ、そこを起点に農家試験自体が広がっていき（特に農民組織内での広がりは容易であろう）、さらに試験プロセスや試験結果の共有と相互学習を図っていくことが重要であろう。そのプロセス全体についても研究者がモニタリングし、評価していくことが求められよう。つまり、ここで研究者が行うべき評価とは、従来の経営評価

（開発技術の経営的評価）をはるかに超えたものになると言えよう。

5．ファーミングシステム研究に関するプロジェクトの形とは？

上記と関連して、もう一つ付け加えておきたい。前述した「環境の変化にも対応した様々な試行錯誤を経ながら、様々な工夫を重ねて」いくことで創り出される技術こそ「在地の技術」と言うべきものである。

ただし、松田（2019）が指摘するように、在地の技術は、伝統的技術と同様に、各地の農民らによって偶発的に生成される、ある地域に特化した技術であるので、実施期間と達成目標が定められたプロジェクト形式をとることが多い開発（援助）事業に対しては相性が良いとは言えないということである（松田　2019）。この点が悩ましい点である。しかし、少なくとも言えることは、技術を創り出そうとするプロジェクトであれば、ある程度長期にわたる我慢強さが求められるということである。また、フォローアップ調査が必ず求められるし、そこで、初めて成果が確認されるということも十分あり得るだろう。

要は、「在地の技術」の形成過程にも適合した開発援助の形が模索されるべきであるということだ。ファーミングシステム研究もプロジェクトという形で進められることが多いわけであるが、本来、診断→設計→試験→評価という一方向の一回限りのプロセスではないのである。例えば、評価段階において当該技術の問題点や改善点が発見されたとすれば、評価段階から試験段階へ、あるいは評価段階から設計段階、さらには診断段階へ戻ることが想定されているのである。その意味で、ファーミングシステム研究そのもの、およびそれにもとづくプロジェクトについても、ある程度息の長いものであることが想定されるべきであろう。

註

（註1）松岡（1998）によれば、伝統的な南北問題論アプローチの背景には、途上国に共通の次のような政策メカニズムがあった。すなわち、自然環境の収

第4章　ファーミングシステム研究の実践性

奪的利用による一次産品輸出にもとづく外貨獲得と、外国資本の積極的導入であり、こうした政策過程で、丸太輸出を目的とした森林伐採による熱帯林の減少や、キャッサバ等の商品作物の限界地耕作による土壌侵食などが生じたのである（松岡　1998）。

（註2）多国籍企業は、グローバル化した資本主義社会の頂点に君臨しているようにも見える。近年、この多国籍企業の負の側面を指摘する動きが強まってきている。西川潤（2004）によれば、今日、多国籍企業は世界に約4万社以上あり、その生産額は、世界のGNP総額の約四分の一に相当する約7.5兆ドルとみられる。これは日本のGNP4兆ドルを大幅に上回り、アメリカやEUのGNPに匹敵する額である。注目すべきは、世界的なマネーの流れが著しく増えていることである。多国籍企業と関連金融機関は、「マネーがマネーを生む」カジノ経済の動因であり、近年急ピッチで拡大している南北格差を進める主体でもある（西川潤　2004）。

（註3）厳しい条件の下で、生存のため自己の持つ資源の価値を最大にしようとする小規模家族経営の行動は、自家労働のみならず、副産物の有効利用、廃棄物の極小化、持続可能性への配慮といった方向にも向かい、結果的に環境や資源に良い影響を与えることが多い（坪田　2014）。このことは、正に、地域に根ざした家族農業を対象とするファーミングシステム研究、そして持続的農業を対象とするファーミングシステム研究の今日的意義を明確に示すものであると言えよう。

（註4）2008年の世界食料危機を踏まえた食料安全保障サミット（2009年）の宣言においては、小規模な家族農業への支援の重要性が確認されており、そして、2014年は国連第66回総会の決議に基づく国際家族農業年である（北野　2014）。

（註5）「国連家族農業の10年」および「農民と農村住民の権利宣言」の採択の背景について、村田（2021）は以下のように説明している。すなわち、それは、WTO農産物自由貿易体制が生み出した国際的な農業危機、特に途上国の農民の危機を背景にした国際的農民組織ビア・カンペシーナの運動の広がりであり、それが特に国連人権理事会や食料の輸入に依存する低開発途上国を動かしたことの力が大きいということである。このビア・カンペシーナという途上国発の農民運動の役割が決定的であった「国連家族農業の10年」における最大の課題は、WTO農産物自由貿易体制の転換・「食料主権」と、途上国政府に国内農業・農民保護政策への転換を求めることにあった（村田　2021）。

（註6）広瀬（1990b）によれば、今後益々熱帯における農業技術研究、特に、多くの個別技術が結合され、総合化された技術が要求される（広瀬1990b）ということである。

233

(註7) 木俵（2021）によれば、大学や国立研究所の研究者に「社会実装とは何か？」と質問すると、返ってくる答えは様々である。論文として技術を公開すること、オープンソースなどでプログラムやデータを公開すること、特許を書くこと、実証実験をすること等の回答が返ってくる。しかしながら、どのような形でそれらを社会で活用してもらうのかと尋ねると明確な回答が返ってこないことが多い（木俵　2021）。

(註8) ファーミングシステムの捉え方としては、若干違った捉え方もある。例えば、横山（2005b）によれば、ファーミングシステムに関して、世帯が基本単位の場合、「営農体系」、農業生態学的観点から広く捉えようとすれば、「農業体系」、技術的側面に着目（限定）する場合には、「農法」といった用語が適当である（横山　2005b）。ただし、この中で、農業生態学的観点から広く捉えた「農業体系」という概念が、やや曖昧なようにも思えるのである。

(註9) 混作と間作に関しては、その利点について広瀬（1990a）が以下のように整理している。①土壌の被覆保全、②土壌養水分および栽培期間の均一な有効利用、③不作に対する作物間の相補作用、④収穫期の分散と食糧の年間供給にある。熱帯の農民にとっては、間作と混作は、様々な作物被害、危険を少しでも軽減する手段あるいは農耕様式の一つである（広瀬1990a）。

(註10) 山崎耕宇（2005a）によれば、要素還元主義とは、自然現象を構成要素に分解（還元）単純化し、個々の要素にみられる因果関係（原因と結果とのつながり）を実験的に確かめることによって、自然を理解しようという方法のことである（山崎耕宇　2005a）。

(註11) このことに関連して、増見（2002a）によれば、途上国に対する従来の技術協力は、そこに住んで農業を担っている農民の営農の仕組みや行動パターンに視点を据えて技術協力を考えようとする姿勢に欠けていた（増見2002a）。

(註12) 生計とは、営農と生活、つまり農業と暮らしを結合させた概念と言える。ファーミングシステム研究では、このうち営農に重点を置いているが、生活あるいは家計を無視しているわけではない。ただ、近年台頭している生計アプローチのように生計概念を前面に出していたわけではない。田中耕司（2000）は、「農」のある暮らしという視点から、在来農業について次のように述べている。すなわち、在来農業をとりあげることは、「農」を営む人たちがもつ技術や知識そして暮らしの中に、自然がいかに文化として取り込まれているかを明らかにすることである。在来農業の技術がちょうどそれが営まれる「場」に即した技術として成立しているように、「農」のある暮らしもまたその地域の自然を暮らしのかたちとして取り込みなが

第4章　ファーミングシステム研究の実践性

ら営まれている（田中耕司　2000）。
(註13) TP村のファーミングシステムの変遷については、以下の文献においてより詳細に説明されている。
　　　山田隆一・山崎正史（2014a）「ベトナム・メコンデルタにおける養豚部門の変遷―メコンデルタ中流域の村の事例より―」『開発学研究』第25巻第1号、pp.56-57.
(註14) Rは森林を指すこともあるが、メコンデルタプロジェクトでは、ベトナム語のRuong（水田）および英語のRiceの頭文字Rを取って稲作部門を表すこととした。
(註15) ベトナムには、VACシステムを支援するベトナム園芸協会（VACVINA）という組織が存在する。堀内（2006）によれば、この組織は、1988年に設立されたボランティア組織であり、VACシステムの発展と先導、VACシステムに役立つ科学技術の応用、水産、畜産、農業（野菜作、果樹作）の発展などに関する国際協力の強化を使命としている。ベトナム政府が奨励するVACシステムは、地域の特性に応じて多様なものとなっている。ベトナム全土からみると、北部山岳高原地域、紅河デルタ地域、メコンデルタ地域など7つの地域分類がある（堀内　2006）。
(註16) ドイモイ政策以降のTP村におけるファーミングシステムの変遷についても、山田ら（2014b）においてより詳細に説明されている。
(註17) FSREについては、その実践がベトナムの地にだけ限られているわけではない。また、アメリカの研究者だけがFSREにこだわっているわけでもない。FSREは、世界的に広がっているのである。Berdegue（2000）によれば、1986年に、カナダのIDRCの支援の下、複数の研究機関やプロジェクトなどが共同で、FSREの概念や手法を発展させることに専念した研究ネットワークを形成した（Berdegue　2000）。この流れの中で、ベトナムにおいてもファーミングシステム・ネットワークが形成されたのである。
(註18) 「プロジェクト」というものの定義に関しては、伊藤（2003a）による次のような定義がある。すなわち、プロジェクトとは、利用可能な資源で、与えられた期間内に、定められた目的を達成しようとする活動である。
(註19) 数少ないFSREの教科書の一つとして挙げられるものは、以下の本である。
　Shaner,W.W., P.F.Philipp,W.R. Schmehl eds.（1982）Farming Systems Research and Development, Westview Press.
(註20) Trippの論文には、「計画段階」と書かれているが、これを設計段階とみなすことができよう。
(註21) ベトナム・メコンデルタの総合研究プロジェクトで実施した「設計」については、以下の文献で、実践事例とともにその全容が明らかにされている。
　　　山田隆一（2004）「ベトナム・メコンデルタにおけるファーミングシス

235

テムの事前技術評価と技術選択 ― AHP法を活用して―」『農村計画学会誌』第23巻第2号、pp.149-160.

(註22) 「探検」と「探索」の違いが、川喜田（1995c）によって詳細に説明されている。

(註23) なお、失敗学については、以下を参照されたい。
　　　　畑村洋太郎（2000）『失敗学のすすめ』講談社

(註24) 以上のソンデオの概要についての記述は、P. E. Hildebrandの以下の文献を参考にした。以下の文献には、ソンデオのより詳細な記述がなされている。
　　　　P. E. Hildebrand（2000）「迅速調査における諸学問分野の結合 ― ソンデオ・アプローチ ―」国際農業研究叢書第9号『ファーミング・システム研究　理論と実践』農林水産省国際農林水産業研究センター、pp.42-51.

(註25) こうした課題に対しては、線形計画法（リニアプログラミング）を用いて対応することが可能である。

(註26) 例えば、稲作生産力というものを取り上げてみても、社会科学とりわけ農業経営学の視点が重要であることが分かる。鈴木福松（1997a）によれば、現実の稲作生産力は、技術的要因のみでなく、階層的な経営規模、土地所有形態、労働力の有無、融資へのアクセスなどといった諸要因が複雑に絡み合って形成されている（鈴木福松　1997a）。例えば、経営規模が小さい場合、より多くの収穫量を得ようとして労働集約的な栽培を行うことで、より高い単収を実現するケースは往々にして見かけられる。また、融資アクセスが悪い場合には、肥料・農薬の購入が困難となったり、適時適切な施肥・農薬散布が難しくなり、収量が少なくなるケースはよくあることだ。

(註27) TN法とは、日本国内における地域づくりを支援するために、東北農業試験場において開発された手法で、住民参加型むらづくり支援システムとも呼ばれている。門間（2001a）によれば、TN法は、地域活性化対策の抽出、評価および選択に関する地域住民の意思決定を支援するシステムである（門間　2001a）。その主要な特徴の一つは、住民による評価（問題点の評価や対策の評価）を数値化し客観化することによって、住民の意思決定を支援する点にあると言えよう。

(註28) RRAの説明で、地図づくりや歴史年表などの手法が紹介される場合もあるが、それはPRAの手法でもある。と言うか、PRAの手法として紹介されることの方が多い。RRAのイメージが最も沸きやすいのはソンデオ・アプローチであろう。

(註29) 地図づくり、歴史年表づくり、季節カレンダーづくり、そして問題点のリストアップ、問題の因果関係把握などにみられるように、PRAでは手法や手順がかなり確立されている。

第4章　ファーミングシステム研究の実践性

(註30) TN法は第1ステップから第3ステップまであるが、その中で最も実践されているのが第1ステップであると言えよう。門間（2001b）によれば、TN法第1ステップは、単に地域づくりの場面ばかりでなく、地域資源の発見、学校や教育機関におけるカリキュラム編成、生活環境改善施設の整備がもたらす多面的な効果の評価、事業制度や普及制度が抱える問題の解明、営農が抱える問題の発見、新しい政策展開がもたらす多面的な効果の解明など、実に様々な問題に適用されている（門間　2001b）。

(註31) 「緑の革命」の負の側面について、中島（2018）は次のように指摘している。すなわち、化学肥料多肥が病虫害の多発を招き、必然的に農薬使用が増加し、環境汚染が拡大するとともに、各地で農薬中毒事故が多発した（中島　2018）。環境汚染の問題だけでなく、農薬中毒事故の多発をも指摘している点が、注目されるであろう。つまりは、この点はTP村の特殊問題ではないということである。

(註32) なお、West-East-South Programme（1997）は、メコンデルタの多くの果樹作農家がIPMを実行していないという問題を指摘している。

(註33) メコンデルタは、一年中気温が高く稲の周年栽培が可能であることから、1970年代になってトビイロウンカの発生が恒常的にみられるようになった（野田孝人ら　2000）。

(註34) 乾燥機の価格は3,000 〜 5,000万VNDであった。融資の際の利子率は月1％と低利で、返済期間は4 〜 5年であった。

(註35) TP村では、多くの農民が、水路を利用して小舟で籾を乾燥業者まで運んでいた。

(註36) 1回目は注意だけで済むが、2回目以降については罰金が科せられた。なお、1円＝167.90ドン（VND）（2023年5月31日時点）である。

(註37) ベトナム・メコンデルタのティンジャン（Tien Giang）省における水稲作の事例調査をもとに、藤本（1998）は、次のように述べている。調査村では、集約的な水稲三期作が20年近く行なわれている。これは、氾濫期間である9 〜 10月を除くと、水田のどこかに常時水稲が生育していることを意味し、農民によれば、病害虫が繁殖しやすい状態が形成されている（藤本　1998）。

(註38) この品種はIR5040、別称MTL87であり、その開発には約3年を要した。

(註39) 多くの農民は農薬使用に伴う危険を知っていても、自分は健康だから大丈夫であると過信していたようである。

(註40) IPMとはIntegrated Pest Managementの略であり、総合的病害虫防除法のことである。これは、病害虫発生の予測や天敵の活用などによって、農薬や殺虫剤の使用を必要最小限にとどめる防除方法である。大串（2000a）によれば、IPMとは、科学的防除法に対する反省から提唱されたものであ

237

り、農薬散布などを必要最小限にとどめ、耕種的防除法、物理的防除法、生物的防除法などの各種の防除法を総合的に組み合わせ、病害虫が増えないように栽培管理していく方法のことである（大串　2000a）。

(註41) チェンバース（2011f）は、農民参加型研究などとともに、IPM（総合害虫防除）を評価している。チェンバースによれば、IPMのおかげで農民は稲に付く害虫を制御できるようになり、農薬の使用が激減した。2000年代初めまでに、インドネシアだけで約100万人、世界中で数百万人の農民の参加があった。IPMでは、農民自身の行動研究を本来の場所で学習できるよう、農民たちを農民野外学校へ招集した。昆虫・害虫の「動物園」の観察、地図作り、実験と分析などを行ない、昆虫・害虫をどのように管理し制御するかについて、自分たちで結論を出した（チェンバース　2011f）。「農民野外学校」とは、いわゆるファーマー・フィールドスクールのことである。IPMのファーマー・フィールドスクールは、インドネシアの他、フィリピンなどでも盛んである。筆者が共同研究していたベトナム・カントー大学にもIPMのプロジェクトがあり、ファーマー・フィールドスクールを度々開催していた。

(註42) 上路（2010）によれば、総合的病害虫・雑草管理（IPM）の体系は、①予備的措置として：病害虫・雑草の発生しにくい栽培環境の整備（耕種的対策の実施、輪作体系の導入、抵抗性品種の導入、種子消毒の実施、育苗箱施用や移植時の植穴処理など少量の化学農薬による予防、フェロモン剤活用など）、②的確な防除要否と防除タイミングの判断：発生予察情報の活用、圃場状況の観察など、そして、病害虫・雑草の発生が経済的許容水準を超えることが予測される段階で、③多様な手法による防除：天敵やウイルスなどによる生物的防除、粘着板などによる物理的防除などである（上路　2010）。

(註43) ネズミの発生が最も少ないのは、水が最も多い夏秋作や秋冬作の時期である。

(註44) ただし、文化人類学をより高く評価する意見もある。例えば、McCorkle（2000）によれば、文化人類学は社会学と比べて、FSREにおいてより活動的であった。その理由として、文化人類学の対象地域がいわゆる途上国の未開発地域であり、対象とする人々が土着の部族であったり貧農であったからだ（McCorkle　2000）。しかし、この理由だけでは弱いのではないだろうか？　社会学者であっても途上国の農村研究を行なっている。農村開発社会学という分野も確かに存在するのである。

(註45) 展示圃とは、農業者が、普及員の指導を受けて、自分の耕地で、自家の労力、農機具、肥料などを使って、改善技術を取り入れ、同時にその経過や成果を周辺の人たちに展示する圃場を言う（藤田康樹　1995）。

第4章　ファーミングシステム研究の実践性

(註46) 生雲（2000）によれば、メコンデルタの小規模農家においては資金的余裕がないため、自給飼料である屑米と米糠の配合割合が高まり、全体の50〜70％を占めている。他方、大規模農家は、屑米と米糠のほかにも、トウモロコシ、大豆粕、落花生粕、魚粉、エビ紛などのタンパク質含量だけでなくエネルギー含量にも富む流通飼料を多く購入して使用している（生雲　2000）。

(註47) このベトナム人研究者の養豚飼料研究、とりわけ地域資源を利用した小規模・中規模農家に適した飼料構成の分析は、次の代表的論文の中に結実されている。本論文こそ、彼女の博士論文の中核となった論文である。Le Thi MEN, Seishi YAMASAKI, John S. CALDWELL, Ryuichi YAMADA, Ryozo TAKADA and Toshiaki TANIGUCHI（2006）Effect of farm household income levels and rice-based diet or water hyacinth (Eichhornia crassipes) supplementation on growth/cost performances and meat indexes of growing and finishing pigs in the Mekong Delta of Vietnam", Animal Science Journal 77, pp.320-329.

(註48) こうした中で、中南米で活発化しているCIALという農家試験者グループが注目される。コールドウェル（2003b）によれば、CIALとは、1990年から、CIATの参加型研究プロジェクトが始めた方式である。CIALは、試験する能力と関心を持つ農民4人とファシリテーターから構成され、診断（課題選定）を行ったうえで、農業技術の試験を行い、分析・評価を行う組織（研究サービスを提供する組織）である（コールドウェル2003b）。CIALは、外部でつくられた技術を推奨するために組織された地方の普及サービスではないのである（Ashbyら　2000）。CIALは、正に、ファーミングシステムズ・アプローチを農村の現場で農民が主体となって実践する組織なのである。

(註49) 高橋径子（2005）は、NGOによる現場での実践は、草の根レベルでかつ息の長い活動をじっくり行うところに比較優位性があるとした上で、NGOの役割について次のように指摘している。一つは、現場レベルのインパクトを着実に出していくこと、そしてもう一つは、その現場レベルでのインパクトを通じて政府の政策に影響を与えていくことである（高橋径子　2005）と。

(註50) Ranweera（2000b）によれば、政府系のFSREプログラムは、NGOとの連携を強めるべきである。研究資源が限られている時に、NGOは、小農に向けた技術創出活動において多大な助力をしてくれるものであるし、さらに言えば、そのことがFSREの発展にも寄与することができる（Ranweera 2000b）。

(註51) ドメイン（類型）の設定に関して、鈴木福松（1997c）は次のように述べ

239

ている。農業生態的な地域分類と社会経済的な農家分類は、その均質性に関して相関する場合と相関しない場合があり、両者を組み合わせながら勧告対象とする農家グループを絞り込んでいかねばならない。鈴木福松は、分類指標の参考例として、灌漑へのアクセスの程度（農家のもつ問題点は灌漑田と天水田では全く違う）、家畜密度、標高、家族労働力の利用可能性、および融資へのアクセス（融資が可能な農家とそうでない農家では技術選択が全く異なる）を挙げている（鈴木福松　1997c）。鈴木福松は「勧告対象」という言葉で説明しているが、正にドメイン（類型）のことである。また、鈴木福松が示した分類指標（類型化の指標）は、非常に示唆に富むものであると言えよう。

(註52) なお、サイト選定一般については、以下の文献において詳しく述べられている。

山田隆一（2011）「サイト選定の重要性」独立行政法人国際農林水産業研究センター・小田正人［編］『インドシナ ― 天水農業 ―』養賢堂、pp.17-18.

(註53) 試験については、実験との比較において、その特徴が鮮明になるであろう。この点に関し、祖田（2017d）はその違いを次のように説明している。

すなわち、実験は与件を単純化したより基礎的な研究と結びついた検証方法であり、試験は与件が多く複雑で、より応用的実際的な研究と結びついた検証方法である（祖田　2017d）。ただし、試験には、試験場試験と農家試験の二種類があり、後者の方がさらに複雑な環境の中での実践的な検証方法であると言えよう。

(註54) 稲泉（2012）は、エチオピアにおいて、若い農民に汎用型脱穀機を見せて使ってみるというデモンストレーションを行ったところ、農民がどんどん自分の中でアイディアを広げていって使うようになったという事例を紹介している（稲泉　2012）。この事例からも、研究者によるモニタリングの余地とその面白さが伝わってくるのである。

これは普及の事例であるが、デモンストレーションが契機となって農民自身による技術改良が行なわれたということである。つまりは、デモンストレーションイコール普及という単純な捉え方ではなく、デモンストレーション後の技術改良も含めて普及というものを捉えることが大事ではないだろうか？

第5章　参加型研究と参加型開発の実践性

― ベトナム・ラオス・モザンビークにおける
実践事例に基づいて ―

第1節　参加型研究と参加型手法の位置づけ

　本書は、社会科学系の農業研究者である筆者が、途上国における実際の農業研究プロジェクトの現場経験などに基づき、国際協力と実践的農学のあり方を追求していこうとするものである。現場経験の中では、様々な失敗もしており、そこでの学びや教訓などが国際協力と実践的農学を展望する基礎となっている。

　筆者が各地のプロジェクトに関わりながら持ち続けた一つの思いは、実践的な研究を行うことによって、開発へと確実につながり得る研究プロジェクトを目指したいということであった。そのときに、実践的な研究とは、まずは現場に密着することから始まると考えた。そして、それをプロジェクトという形で遂行していく際に、現地の農民にできる限り主体的に関わってもらうということが大事であると考えた。オーナーシップの問題である。それが、副産物としての的確なニーズ把握にもつながると考えた。そうした形の研究プロジェクトというのが、正に参加型研究の実践を意味するものであったと言えよう。この参加型研究の出発点は診断（第4章で詳述）ということであるが、この診断を参加型診断にしていくうえで有効であると考えられる手法こそがPRAであった。

　チェンバース（2000e）によれば、PRAとは、地域住民が自らの生活の知識や状況を共有し、高め、分析し、さらに計画し、行動し、監視し、評価することを可能にする、一連のアプローチや方法のことである（チェンバース 2000e）。このような定義の背景には、PRAは参加型開発を実現する手法

であるという暗黙の了解があるだろう。

　しかし、現実には、PRAが主として機能している局面は、診断段階（問題把握段階）である。その背景には、チェンバースが言うところの「地域住民が自らの生活の知識や状況を共有し、高め、分析」するための手法は確立されているが、「計画し、行動し、監視し、評価する」ための手法が確立されているとは言い難い状況があると考えられる。したがって、本章では、PRAはあくまで参加型開発の初期段階の手法であるという前提で議論を進めていくこととする。もちろん、PLA（Participatory Learning and Action：参加による学習と行動）という用語が近年登場し、参加型開発に近い意味が込められているが、現場がそれに十分ついて行っていないようにも思われるのである。

　既に説明してきたファーミングシステムズ・アプローチでは、研究者主導のRRAが実施されることが多かったため、農民のオーナーシップが確保されにくいという問題があった。下記に示したチェンバース（2000f）によるRRAとPRAの比較表（**表5-1**）にもあるように、RRAの場合、外部者の機能は、住民から知識や情報を引き出すことであり、そのこと自体が目的となっている。これに対し、PRAの場合、住民のエンパワーメントそのものが目的であり、それを促進することが外部者の機能として位置付けられてい

表5-1　RRA（迅速農村調査法）とPRA（参加型農村調査法）の比較

	RRA	PRA
主な発展期	1970年代後半〜80年代	1980年代後半〜90年代
革新の主な担い手	大学	NGO
主な利用者	援助機関、大学	NGO、政府の現場機関
従来見落とされていた重要な資源	地域住民の知識	地域住民の能力
主な革新の内容	手法	行動様式
外部者の機能	（住民から）引き出す	促進する
目的	データ収集	エンパワーメント
主な実施者	外部者	地域住民
長期的な成果	計画、プロジェクト、出版物	持続可能な地域活動と組織

出所：チェンバース（2000f）

第5章　参加型研究と参加型開発の実践性

るのである（チェンバース　2000f）。したがって、PRAを実施することによって、住民や農民のオーナーシップが実現されるということになる。

　ただし、このような対比について、以下、若干のコメントをしておきたい。

　第一に、チェンバースは、RRAとPRAの違いが明確になるよう、敢えて極端に対照的な表現をしているように思われる。RRAの目的がデータ収集とあるが、実際にはプロジェクト化のための問題把握やニーズ把握などを目的としたRRAは、単独の学術研究におけるようなデータ収集とは異なる。例えば、個別研究のためのデータ収集と比べた場合に、RRAでは、問題点の把握を中心とした診断活動（問題解決のために行なう診断）により重きが置かれている。

　他方、世の中にはPRAと称しながら、RRAと同様の研究者主導型の問題把握やニーズ把握に近いものも数多い。それらは、本来のPRAとは言い難いであろう。ただし、**表5-1**にあるエンパワーメントというPRAの目的が、かなりハードルの高いものとなっていることも否定できない。現在広く使われているPRAの手法を短期間使ったとしても、エンパワーメントの入口くらいにしか立つことができないのではないだろうか？　それはそれで意義を有することではあるが。エンパワーメントという目的は否定されるべきではないだろうが、それはむしろ、表の一番下にある「長期的な成果」という項目に入れた方が適切ではないだろうか？

　第二に、PRAにおいては、外部者の機能として、「促進する」とあるが、これはエンパワーメントを促進することと捉えられよう。そうすると、どうしてもエンパワーメントのプロセスが気になってくるのである。そこには、いくつかの段階が存在するのではないだろうか？　つまり、ほとんどエンパワーメントされていない状態から、何段階も階梯があり、最後にエンパワーメントされた状態に辿り着くということである。そうであれば、初期段階においては、主な実施者が必ずしも地域住民だけとはならないこともあるのではないだろうか？

　もし、どうしても、主な実施者が常に地域住民だけであると主張するので

243

あれば、そもそも住民をエンパワーメントする必要もないし、それを促進する必要もないという意見が出てくるかもしれない。これは少し意地悪な言い方にも聞こえるかもしれないが、いずれにせよ、PRA自体をもっと動態的に、かつ段階的に捉えていく必要があるという考え方が重要ではないだろうか？

チェンバースの場合、参加型開発を実現する手法としてPRAを想定しているのであるから、PRAを動態的にみていくのは当然のことであるとも言えよう。

なお、ファーミングシステム研究については、参加型開発の源流の一つとして位置付ける考え方もあるだろう。現にチェンバースはそういう位置づけを与えている。しかし、手法としてのファーミングシステム研究、すなわちFSREにおいては、実際にはPRAをその中に取り込んでいる例が数多くみられるのである。その意味では、ファーミングシステム研究が参加型開発の源流の一つという考え方は必ずしも適切とは言えないだろう。ファーミングシステム研究が、参加型開発の核となる手法を現に利用しているのであるから。

参加型開発の核となるPRAは、診断手法としての側面が強く、むしろファーミングシステム研究（FSRE）の中に、あるいはもっと言えば、農民参加型研究（FPR：Farmer Participatory Research）の中に取り込まれるべきものであると筆者は考えている。また、Farrington（2000）によれば、PRAは、主として診断手法として使われてきたが、試験段階や評価段階では、PRA自身が未開発であり、十分な貢献ができていないということである（Farrington 2000）。したがって、我々は参加型手法たるPRAだけにこだわるのではなく、参加型研究および参加型開発の新たなあり方と方法を模索していかなければならないのである。

本章では、ベトナム、ラオス、およびモザンビークにおける研究プロジェクトの中で、参加型手法をどのように導入し、そこでどのような試行錯誤があり、反省があったかということについて、実践事例に基づきながら検討していく。そして、こうした検討を踏まえ、研究と開発のあるべき関係性や参加型研究と参加型開発の課題や方向性を考察していくことにする。

第5章　参加型研究と参加型開発の実践性

　ところで、参加型開発とは、1990年代に本格化した開発潮流の一つであるが、そこに至るまでの開発潮流の変遷について、山田（2005a）は、以下のような整理を行っている。

　1950年代〜1960年代においては、トリクル・ダウン仮説、すなわち、国全体が経済成長することにより、その効果が広く国民一人一人に行き渡るという仮説にもとづいて、開発途上国への資本投下と技術移転が行われたが、結果的には貧富の格差が拡大した。その反省から、1970年代には、公正性とともに、食料、保健衛生、教育などの人間にとっての基本的ニーズを充足させることを中心に考えるBHNアプローチが登場し、注目された。しかし、1980年代には、深刻化した途上国の累積債務問題を契機として、世界銀行やIMF（国際通貨基金）が中心となって構造調整政策が多くの途上国で実施された。これは財政支出を極力抑制し、市場メカニズムに全面的に委ねる政策（価格の自由化、金利の自由化、および貿易の自由化）であった。しかし、その結果、社会的弱者が増加し、貧困問題がより深刻化していったのである。そして、1990年代に入って、従来の経済中心あるいはモノ中心の開発観から人間中心の開発観への転換が起こった。それは「人間開発」という言葉に集約される（山田　2005a）（註1）（註2）（註3）。

　この「人間開発」に関連して、アマルティア・センの考え方をみていくことにする。セン（2002）は、東アジアの社会経済発展の諸要因を考察する中で、人間の基本的な潜在能力の拡大を主眼とする戦略の意義を指摘している。センによれば、これら潜在能力の拡大は経済発展にも拍車をかけるが、たとえ、そうではない場合であったとしても、識字能力の拡大、平均寿命の伸長、病気による死亡率の低下などによって生活の質の向上に貢献できると主張している。そして、センは、その主張の背景として、公共政策の究極目標が豊かな人生と自由の拡大にある（アマルティア・セン　2002）と付言することを忘れなかった。このような考え方は、第1に、教育や医療といった分野を扱う社会開発の重要性を示唆するものである。さらに重要な点として、第2に、豊かな人生と自由の拡大という究極目標を敢えて持ち出すことによって、

245

基本的人権をも提起していると言えよう。そして、第3に、豊かな人生と自由の拡大を実現する手段の1つとして、潜在能力の拡大が位置付けられるということも示唆しているのである。

　このように考えてくると、アマルティア・センの功績は大きく、その先の参加型開発につながっていく基礎を築いているとも言えるのである。アマルティア・センの潜在能力の拡大は、参加型開発におけるエンパワーメント概念と重なっているからである。エンパワーメント概念と比較する場合に、特に自由の拡大という観点が重要であろう。何故ならば、太田（2007d）が指摘するように、エンパワーメント概念の中には、弱者が強者から資源へのアクセスとコントロールを奪回し、選択肢、意思決定権、自由を増大する（太田　2007d）といった内容も含まれているからである。

　他方、開発手法という観点から、参加型開発を位置付けることも必要であろう。そこで、斎藤文彦（2005b）の論考に沿って開発手法の潮流をみていくと、1960年代以降の「緑の革命」、そして1970年代に活発となった総合農村開発手法は、共通点を有していた。それは、外部の専門家が青写真を描いて農村の人々はそれに従うという構図であった。しかし、特に総合農村開発においては、地域の人々のニーズに沿った開発ができず、そこには、農村における貧困問題などを乗り越えるために社会的弱者の参加を踏まえて地域の意思決定を促すという発想が極めて薄かった。こうした背景を踏まえた反省から、農村地域において社会的弱者を含めた多くの当事者が決定過程に参加する開発手法としての参加型開発が脚光を浴びるようになったのである（斎藤文彦　2005b）。

　さて、ここで、参加型開発について少し考察しておこう。参加型開発は、上記のような潮流の中で形成されたものであるが、その本質は以下の点にある。すなわち、開発の主体は住民であり、外部者は触媒（ファシリテーション）の役割を果たすということである（註4）。

　住民の住民による住民のための開発こそ、参加型開発の本質である。この類いの議論は、至る所で聞かされているかもしれないので、敢えて筆者がこ

246

第 5 章　参加型研究と参加型開発の実践性

こで詳しく述べるまでもないであろう。本質の議論はかなりなされているし、多くの途上国農村開発関係者の間で、一定のコンセンサスが得られているようにも思われる。問題は、どうやって実現するのかという点にこそあるだろう。このことについて、そろそろ、本格的な事例研究が待たれるところである。それが置き去りにされれば、参加型開発はただの理想論、絵に描いた餅ということになりかねないだろう。

　もちろん、参加型開発の実践事例を描いた本や論文もあるにはあるが、その実践事例に基づいてエンパワーメントのプロセス、そして理想的な参加型開発へのプロセスを丹念に提示しているとは言い難いのである。我々にはそのプロセスの全課程を提示するという宿題がずっと残されているのであるが、まずは、現状のプロジェクトから出発し、どこをどう改善していけば、本来の参加型開発に少しでも近づけるのかという観点に立つことが当面重要であろう。

　しかも、我々の専門分野である農学の世界では、様々なプロジェクトのパターンがあるが、営農技術の開発・改良ということが往々にして主軸となる。そうした際に、参加型開発の理想型のように、「外部者は触媒（ファシリテーション）の役割に徹して下さい」などと言ったところで、果たして、多くの農学研究者が納得するであろうか？　もちろん、研究の世界で言えば、参加型開発ではなく、参加型研究ということになる。そこで、敢えて参加型研究というのであれば、現状の農学の世界においては、農家と共に技術を創り上げていきましょうということになるであろう。それすら反発する研究者が出てくることも予想はされるのだが。

　そして、当然のことではあるが、いわゆる技術創出・技術改良における協働というものは、技術の種類によってその形態が様々に変わってくるだろう。農家と共に技術を創り上げるというのは、農民と研究者が共に技術の実証試験を企画し、実施し、評価していくというようなことである。このような技術実証試験（農家試験）では、研究者主導型ではなく、農民主導型の試験が望ましいという判断が参加型開発の専門家によってなされるかもしれないが、

247

そこでは地域特性や農家特性などによって事情が様々に異なってくるものと考えられる。

　ただし、将来的には、第4章で提案したような農家試験の形が想定される。第4章で、在来技術や在地の技術の形成過程を研究者がモニタリングしていくことがあってもよいという提案をしたが、この場合には、松田（2019）が指摘するように、参加型開発が目指す方向性と本質的に同じ（松田　2019）になるということである。何故ならば、本来の参加型開発は住民（農民）主導の開発（外部者はファシリテーター）であるし、第4章の提案（正に参加型研究の一つの形態）は農民主導の農家試験（研究者の役割はモニタリング・評価）であり、主体が農民であるという点で共通しているのである。もちろん、以上述べた参加型研究や参加型開発の様々な在り方は、繰り返しになるが、地域特性（地域条件）や農家特性（農家条件）によって異なってくるのである。

　ここまで、参加型研究の中の技術開発（試験）の段階における参加型手法のあり方を中心にみてきたが、実際には、参加型手法がよく使われるのは、参加型研究における初期段階、すなわち問題把握の段階（診断段階）においてである。筆者が関わったベトナムやラオスのプロジェクトにおいても、プロジェクトの初期段階でPRAを実施した。また、モザンビークにおいては、プロジェクトの途中で参加型手法を実践したことがあった。

　しかし、我々の研究プロジェクトにおいては、参加型手法を導入した後の展開が不十分であった。つまり、参加型研究・開発、すなわち参加型研究から参加型開発までの一貫した研究開発の活動というところまでは至ってなかったと言わざるを得ない。

　とは言え、途上国農業の研究プロジェクトに、少しでも開発の要素を付与したという意義は認められるものと考えている。そして、それが、参加型研究・開発に向けた一歩であったと考えるのである。実を言えば、多くの農業研究プロジェクトが確かに技術開発を目指してはいるが、実際には、つくった技術が普及するところまでは十分に見届けていないプロジェクトも散見さ

第5章 参加型研究と参加型開発の実践性

れる（註5）。また、社会開発という側面に目を向けた場合に、その先に
あるものの一つとして特に注目しなければならないのは、地域住民のエンパ
ワーメントであるが、この点まで考慮に入れた農業研究プロジェクトとなると、
その数は少ないであろう。これは、ある意味、致し方ないことではあるが。

　本章では、参加型手法を取り入れた農業研究について多角的に考察してい
く。その中でも、参加型か否かということの問題以上に、「参加型」の中身
の問題を俎上に載せなくてはならないと考えるところである。この点に関し
て、池上（2019a）は、「開発客体から開発主体としての農民像へ」という問
題意識に照らしてみたときに、実際に行われているPRAの多くは、かなり
形式的で、ファシリテートするよりも介入型のワークショップとして実施さ
れているようである（池上　2019a）と指摘している。

　この指摘は、確かに的を射たものであろう。筆者を含めた多くの研究者や
開発関係者が反省を促されているように思われるのである。ただし、今求め
られているのは、開発客体か開発主体かという二分法の議論ではなく、開発
客体から開発主体への途上で、農民の主体性発現を模索している現場から議
論していくことではないだろうか？　少なくとも、筆者が経験してきたプロ
ジェクトは、この点に関して一定の試行錯誤を繰り返してきた。現場でどの
ような工夫がなされ、そして何が課題として残ったのかといったようなこと
を具体的に検討することによってこそ、開発主体への道筋を展望することが
可能になると考えられる。

　参加型開発や参加型研究の抽象論にはそろそろ疲れてきた方々もいるかも
しれない。本章では、具体的な実践事例に基づいて、参加型手法と参加型研
究および参加型開発についての考察を行っていくこととする。

第2節　参加型手法に対するアレルギーの存在

　「参加型」という言葉は、とりわけ国際協力の場において頻繁に聞かれる
言葉だと思うが、その中心的な手法となっているのがPRAである。前述の

249

とおり、海外では、1980年代後半あたりから、農業・農村開発の現場で PRAが盛んに実施されるようになってきた。実際に、東南アジア諸国でも アフリカでも現地の多くの開発ワーカーや研究者が、この手法を習得し利用 している。近年、日本においても、PRAは開発ワーカーなどから注目され てきた。しかしながら、日本の農業研究者となると、PRAを知らない人た ちもかなり多い。ましてやPRAを使ったことがある研究者となると、極め てマイナーな存在ということになろう。日本におけるこうした状況は、世界 の中でもやや特異なケースと言えるかもしれない。

　ある研究機関の研究会にて、ラオスの研究サイトにおけるPRA実施結果 を筆者が報告した際に、参加者の1人が次のような感想を述べた。「研究者 自身がPRAを実施しているということを知って、正直驚きました。」と。こ の背景には、PRAとは、開発の現場において開発ワーカーと呼ばれる人た ちによって実施されるものであるという先入観が存在していたのではないだ ろうか？　事実、これまで、研究者がPRAを自らの研究の中で実践するこ とは極めて少なかった。研究者がPRAを語るのは、PRAの実践者としてで はなく、多くの場合、参加型開発論あるいは国際協力論などの理論家として であった。

　しかし、果たして、研究者にとってPRAは無用なのだろうか？　また、 同じ研究会の場で、「PRAのような手法では、現状を客観的に把握できない のではないか？」というコメントも受けた。PRAで明らかになるのは農民 の主観的な意見に過ぎないという考え方が、このコメントの背景にあるよう だ。

　実は、かつて東京大学の非常勤講師として筆者が行っていた授業の後にも、 同様のコメントがあった。学生の授業感想文の中にあったコメントである。 このようなコメントは決して奇異なコメントでも突飛なコメントでもなく、 予想されるコメントと言ってもよいかもしれない。素朴ではあるが、有意義 なコメントと言えるだろう。議論を発展させるきっかけを作るコメントで あったからだ。

第5章　参加型研究と参加型開発の実践性

　上記のコメントへの回答は以下のとおりである。

　第一に、農民の主観とは何かが不明確である。主観と客観の区別が不鮮明
でもあろう。主観かどうかが問題ではなく、ただの感想かそれとも事実に裏
付けられた感想かという点が問われるのではないだろうか？　その点につい
ては、農民とのコミュニケーションの仕方によって異なってくるであろう。
つまり、農民の意見をダイレクトに聞くか、それとも農民からまず事実を引
き出し、それを積み上げていく中で農民の認識を聞くかで、結果が異なって
くる可能性がある。

　第二に、農民の話から、部門選択、作目選択、あるいは技術選択の背景な
どを知ることができるということである。個別専門分野に精通する研究者に
とっては、専門分野の把握は容易であっても、経営全体における部門や技術
の優先順位や様々な意思決定メカニズムを把握することは困難であろう。経
営全体を見通しながら日々格闘している農家こそが、総合的に思考し、総合
的に判断しているのである。もし、そこを研究者が独自に判断するならば、
それこそが主観的判断となる恐れも出てくるだろう。

　第三に、農家は、単なる研究開発対象ではなく、研究開発主体となり得る
ということである。PRAの主たる目的は、情報収集ではなく農民の主体性
を後押しし、開発の主役になっていくことを支援することである。その意味
において、農民とのコミュニケーションを通じて、農民に対し様々な気づき
を促すことの意義も認められるのではないだろうか？

　ところで、佐藤仁（2021a）によれば、日本においては、自国の開発経験
に基づいて「地域おこし」などの実践と関連づけられながら日本版の内発的
発展論が独自の充実をみた。日本の内発的発展論は開発の主体性（オーナー
シップ）を重視する。つまり、内発的発展論は自主・自立という「隠れた理
念」とも共鳴する内容を持っていたのである。ところが、その内発的発展論
を開発協力の明示的な理念に取り入れる努力は見られなかった。先進諸国の
技術や制度を途上国に売り込む側面が強かった開発協力の潮流を考えれば、
「そこにあるもの」を重んじる内発的発展論との相性の悪さは想像できるの

251

である（佐藤仁　2021a）。

　佐藤仁の考え方からすれば、国際協力においては、研究分野だけでなく開発分野においても、内発的発展論を十分に生かしきれなかったということになるであろう。第3章で述べたように、参加型開発の概念と内発的発展の概念は類似している。参加型開発が大きな潮流となる以前から、日本では内発的発展論が形成されていたにも関わらず、参加型開発の世界的潮流からはやや取り残されたということになるようだ（註6）。もちろん、参加型開発の潮流に乗ればよいというものでもなく、その内実こそが問われなければならないのだが。

第3節　PRAとは、どのような手法なのか？

　PRAでは、まず参加住民が皆生き生きと楽しく取り組めることが重視される。というか、少なくとも筆者はこの点を極めて重視してきた。その根拠は、端的に言えば、楽しさのないところにエンパワーメントなどあり得ないからである（註7）。

　ただ、楽しさを感じてもらうことは、簡単なようで実は難しい。それ相応の工夫が求められる。その1つが村の地図をつくることである。例えば、どこに田畑があって、どこに川や水路や森林や道路があって、どこに診療所や小学校や家屋があるかといったようなことが、地図づくりの内容となる。ベトナムにおけるPRAでは、社会マップ、資源マップ、トランセクトマップ（**写真5-1**）などをそれぞれ別々につくっていたが、ラオスでは全部一括して1つの地図にした。この地図づくりにおいては、予想以上に場が盛り上がることが多い。ファシリテーターは、なるべく参加住民全員が実質的に参加できるよう心がける必要がある。時として、声が小さい参加者に積極的に話しかけて聞いてみることも大事であろう。PRAの多くがここからスタートする。その後がスムーズに行く可能性が高まるからである。"Break the ice."（「話の口火を切る」あるいは「場を和ませる」という意味）と呼ばれ

第5章　参加型研究と参加型開発の実践性

写真5-1　ベトナム・メコンデルタにおけるトランセクトマップ作成のための現地踏査（農民と研究者の協働による）

写真5-2　PRAにおける村の地図づくり　　写真5-3　PRA参加農家が描いた地図
　　　　　（ラオスNT村）　　　　　　　　　　　　　　　（ラオスNT村）

る所以である。Horneら（2003c）も、村の資源地図づくりを"Break the ice"の契機として推奨している（Horneら　2003c）。

　この地図づくりにおいては、単に地図をつくって場が盛り上がるというだけではなく、営農や生活に関する貴重な情報（農家の関心事項）も引き出される。それは、ファシリテーターである外部者のコミュニケーション能力にかかっている。例えば、ラオスの貧困村（NT村）で我々のプロジェクトが

253

**表5-2 地図づくりの過程における農民とのコミュニケーション結果
（ラオス・カムアン県 NT 村における PRA を通じて）**

PRA における地図づくりの際に農民から得られた各種情報
①降雨が多いと洪水になるし、少なすぎると水不足になる水田がある。
②各農家に菜園（home garden）があるが、ほとんど自給用である。
③自家菜園では水が足りない（乾季に水不足）ので、売るほどは野菜を作れないし、自分たちで食べるにも少ない。2～5月に野菜作においては水不足が起こる。
④野菜作では井戸水が利用される。しかし、井戸水の量が少ないので、野菜栽培面積は制限される。なお、自分たちでも井戸を掘ることができる。3mも掘れば水が出てくる。ただ、砂地なので崩れやすい。
⑤家屋の周囲に果樹（バナナやパパイヤなど）を植えている場合もある。
⑥女性が森でキノコやタケノコを採ってくる。森で山羊や牛を放牧させている。
⑦イノシシなどの野生動物はいない。
⑧村内には、個人の井戸2つと共同の井戸が3つある。

出所：ラオス・カムアン県 NT 村における PRA（2007年）結果より筆者作成。

実施したPRAにおいては、地図づくり（註8）（註9）の過程で、様々な情報が農民から得られた（**表5-2**）（**写真5-2**、**写真5-3**）。

それが、地図づくりを契機とした営農・生活環境についての気づきや再認識（再確認）のプロセスでもあり、この中には、すでに問題把握も一部含まれている。地図づくり（註10）という作業をメインに考えれば、こうした認識は副産物であるかもしれないが、PRA本体にとっては、実はこれが主産物の一つであったと言ってよいだろう。

その後、村の歴史（例えば、ここ30年の間の主な出来事：洪水や干ばつなどの被害、病害虫の被害、土地利用の変遷、行政の転換、移住、道路や水路の建設、電気の整備、村内組織の形成など）や季節カレンダー（作物ごとの栽培時期、作業時期と作業内容、家畜ごとの飼養内容、農作業や家畜飼養の主な担い手（註11））などへと進んでいく（**写真5-4**）。

村の歴史を記述することは、長老のような人がいないと少し難しいかもしれない。因みに、ラオス・ヴィエンチャン県に位置するNS村では、長年小学校教師を務めていた住民の方が、歴史年表作りの最初から最後まで、中心的役割を果たした。日本でいえば、郷土史家のような人物と言えるのかもし

第5章　参加型研究と参加型開発の実践性

写真5-4　PRAにおける季節カレンダーづくり（ラオスNT村）

写真5-5　PRAにおける村の歴史年表づくり（ラオスNS村）

れない。（**写真5-5**）

　開発途上国の場合、日本に比べて季節カレンダー（註12）に幅（栽培時期の幅）がある。その幅に注意する必要があるだろう。また、そこでは、作物ごとの作業時期や作業内容が分かるだけでなく、例えば裏庭にある小さな菜園で栽培される作物や野菜の種類も分かる。ラオス貧困村（カムアン県NT村）でのPRAでリストアップされたものは、トウモロコシ、キャッサバ、サツマイモ、田芋（水芋）、その他のイモ（タロイモのようなもの）、ラッカセイ、キュウリ、ナス、ニガウリ、ネギ、唐辛子、ショウガ、ニンニク、レモングラスなどであった。つまり、自給的農業を支える菜園の多様性がここから見えてくるのである。PRAに先立って実施された踏査（フィールド・トリップ）では全く見落とされていた点である。

　また、リストアップされたもののうち、最も重要な作物がキャッサバであり、米が不足したときにキャッサバを食べるということも分かった（註13）。つまりは、非常時用の作物というわけである。

　地図づくり、村の歴史、季節カレンダーと続いてきたが、ここからいよいよ営農や生活における問題点把握の段階に入る（**写真5-6**）。PRA参加者によってリストアップされた問題は、「米が不足している」（後に詳細説明）、「資金が不足、手持ち資金がない」（第6章で事例に基づき詳細説明）、「家畜

255

を所有していない、家畜が足りない」(第6章において米不足との関連で詳細説明)、「労働力不足」(後に詳細説明)、「土が良くない、土壌改良技術が足りない」(後に説明)、「耕耘機を所有していない」(コラム5-1で詳細説明)、「水田が洪水になる」、「水不足」(後に説明)、「稲作における害虫の問題」(後に説明)、「家計が苦しい」、「稲の良い品種が不足している」(後に説明)、「風が強い」、「野菜の品種が不足している」、「養魚を行なう場所が見当たらない」などであった。

写真5-6　PRAにおける問題点の整理（ラオスNT村）

　この中で、「労働力不足」に関しては、田植え作業に雇用されたり、農外就業で忙しい農家（主として零細農家）では、自身の田植え作業が遅れるという問題が発生しており、これを労働力不足ととらえていたようである。こうした零細農家は、多就業形態を採らざるを得ず、結果として自身の営農に十分な労力を割くことが困難になっていたということである。

　「土が良くない」とは、砂地で水はけが良すぎるということである。「土壌改良」に関しては、技術的指導を受ける機会に恵まれていないということである。よって、これまでの対処としては、水田に牛糞を投入するくらいであった。「水不足」とは、雨季の始まりが遅いと移植時に水不足となるし、乾季の始まりが早いと出穂時に水不足になるということである。また、「稲の良い品種」とは、耐病害虫の品種であり、かつ砂地でも育つ品種のことである。なお、NT村には稲の品種が4種類存在した。このうち1種類は改良品種であった。

　さて、PRAによる問題把握段階では、通常、カード（紙）に問題点を書いてもらうのだが、その際に重要なポイントは以下の二点である。一つ目は、1つのカードに1つの内容を書いてもらうということである。二つ目には、

第5章　参加型研究と参加型開発の実践性

通常、「…がない。」、「…が不足」などという表現を避け、「…がない。」、「…が不足」ということの結果、実際にどういう問題が起きているのかということを書いてもらうということである。

これらは、PCMの計画立案段階で気をつけることと同じである。ただ、実際には、この点が徹底されなかった。それは、おそらく、農民が直感的に認識しているものとして、「…がない。」、「…が不足」というのは、表現しやすいものであったからだと考えられる。筆者らは、時間的な制約の中で、農民に対し質問をあまり繰り返さなかった。もちろん、農民から出された問題点（カード）についての上記補足説明内容は、農民がカードに記入した後にあらためて確認した点である。ただ、それ以上に詳細に聞くことを少し躊躇した感は否めない。時間的制約を理由にして、質問の労を惜しんだ感もあったかもしれない。この点において反省材料が残された。

他方で、前述したように、地図づくりの過程で営農環境や生活環境に関する多様な農家認識が示された。この点では、我々も対話能力をある程度発揮したと言えよう。むしろ、ここで示された農家認識を起点にして、さらに深掘りしていくことを問題把握段階のメインに据えた方が良かったのかもしれない。その方が、自然な形のコミュニケーションになったであろうと考えられるのである。

ただし、どのようにうまく対話能力を働かせたとしても、PRAにおける問題点把握はある意味、中途半端に終わるであろう。時間的制約を考えれば当然である。それで何も不都合はないのである。十分な問題把握は、その後の検証作業をどのようにしっかりとやっていくかということにかかっていると言えよう。

【コラム5-1】
「耕耘機を所有していない」ことへの対応

「耕耘機を所有していない」ことへの対応事例について、補足説明しておき

257

たい。

この対応として、農家は、親戚などのネットワークを利用した一種の労働交換を行っていた。耕耘機を所有していない農家は耕耘機所有農家に耕起をしてもらい、その見返りに耕耘機所有農家の水田で田植え作業を行っていた。これは労働交換の変形と言えるかもしれない。この場合、耕耘機所有農家にガソリン代や耕起サービス料が支払われる。例えば、1haの水田においてガソリン代10万キープ（註14）を支払うという事例が認められた。また、同規模の水田における耕起サービス料として、30万キープが支払われるという事例もあった。

また、労働交換ではないが、親しい間柄のケースでは、兄弟や親戚の耕耘機所有者に耕起してもらう際に、ガソリン代だけが支払われる事例や、父親から独立した農民がガソリン代だけを支払って父親から耕耘機を借り、自ら耕起するという事例なども認められた。

NT村のS氏は、耕耘機を兄から無料で借りて耕耘した。ガソリン代として16万キープ支払った。一般的に耕耘機を所有している人は他人に貸したがらない。耕耘機が壊れたときの修理などが困難であるためだ。当農家は、兄との間に信頼関係があるので、耕耘機を特別に借りることができたようである。

【コラム5-2】
PRAで役立つカード

PRAの問題把握段階で威力を発揮するのが、実はFASID（財団法人　国際開発高等教育機構）開発の大きなポストイット（正式名称は別製ポイントメモ）である。何故かというと、これに問題点などを書いて、大きなボードに貼り付けるが、中には類似内容のカードがいくつも出てくる。そのときにボードに貼ったり、剥いだりするのが自由自在だと実に助かるのである。これまでのPRAの経験から、ボード上でカードを自由自在に動かせることがどれだけ便利であるかを痛感してきた。というのも、例えば、ベトナムにおけるPRAでは、普通の紙をカード大に切ってそれをテープでボードに貼り付けていたが、これは極めて効率が悪く、機動性が悪かった。正直なところ、かなり苦労したものである。

ポストイットなど当たり前と思う方々も多いかもしれない。しかし、市販

第5章　参加型研究と参加型開発の実践性

のポストイットは小さいものばかりで、PRAにおいては役に立たないのである。やはり、別製ポイントメモの威力は大きいのである。

　問題把握段階においては、農民が記述した問題点カードをボードに貼り、似たカードをある程度ひと固まりにする（註15）。そこで、それぞれの「ひと固まり」に表題をつけると良い。この表題づくりがとても大事なポイントである。ここで、表題が付けられた「ひと固まり」の問題群の中から、主要な問題群を農民に選んでもらう。

　次の作業は、これらの問題群に優先順位をつけることである。その目的は中心問題（あるいは主要問題）を把握（特定）するためである。その優先順位の付け方には基本的に3つの方法がある。1つ目はランキング（ranking：順位付け　例えば、最も深刻な問題が1位で、以下、深刻度が低くなるにつれて順位が下がっていくというもの）、2つ目は、スコアリング（scoring：得点化　例えば、1点〜5点までの点数を前提として、最も深刻な問題に5点を付け、以下、深刻度が低くなるにつれて得点も小さくなっていくというもの）、そして3つ目はウェイティング（weighting：重み付け　例えば、作物の種などを参加者各自に30粒程度渡しておき、それぞれの問題の深刻度に応じて、種を置いていくというものである。深刻な問題であれば、より多くの種をそこに置くことになる。問題ごとに置いていく種の数は、各自の判断で自由に決められる。）である（註16）。

　診断段階においてさらに重要なこととして、Horneら（2003b）は、村で最もその問題の影響を受ける人の特定とこれらの問題を共に解決するために一緒に活動する村の責任者の推薦を挙げている（Horneら　2003b）。これは、PCMの関係者分析（Stakeholders Analysis）を想起させる。PCMの関係者分析では、プロジェクト実施を前提として、便益を受ける関係者（受益者）、マイナスの影響を受ける関係者（被害者）、地域代表者（地域を代表する関係者）、プロジェクトの実施を支援する関係者（協力者）、反対、妨害が予想される関係者（潜在的反対者）などが関係者の例とされている（FASID

259

2004）（註17）。

　以上の関係者分析は、地域には様々な立場の住民が存在するという考え方に基づくものであり、その意義を高く評価することができる。上記で挙げられた様々な関係者は、プロジェクト実施前から、すでにそれぞれ多様なニーズを抱えているとも推察できよう。その意味では、Horneらの理論（村で最もその問題の影響を受ける人の特定とこれらの問題を共に解決するために一緒に活動する村の責任者の推薦）を超えていると言えよう。

　ただし、この中で、地域代表者に関しては、誰が地域を代表しているのかという問題が付いて回るのである。地域代表者については、地域リーダー的な意味合いももちろん大事だが、地域が抱える問題、ニーズ、機会などを正しく発信できる代表者であるかどうかが問われる。

　この点に関して、野田直人（2019d）は、多くの場合、村長など村のリーダーができるのは政治的な代表であって、それ以上のものではないと断言している。また、民主的に選ばれた村長であっても、決して住民すべてを代弁することはできないと付言している（野田直人　2019d）。確かに、野田直人が主張するように、村長が住民すべてを代弁することはできない、ないしは困難であろう。ただし、村長がただの政治的な代表であるかというと、一概にそうとは言えないであろう。地域によって村長の様々な存在形態があるので、一般化は難しい。

　また、住民のニーズは多様であるが、その中には共通のニーズもある。その共通ニーズを村長が代弁することは可能であるし、実際にそのような村長も存在する。共通ニーズ以外のニーズについては、住民の間の多様な意見を聞く必要があるということだろう。また、村長と言っても行政上の村長と伝統的な村長が同じ村に併存する場合がある。これは、モザンビークでみられた事例である。この場合、行政上の村長はさておき、伝統的な村長は住民のニーズをある程度は代弁できるものと考えられる。これは、モザンビークで何人かの村長（伝統的な村長）にインタビューした経験から言えることである。

第5章　参加型研究と参加型開発の実践性

　こうしたことは、フィールド調査においても重要となる。もちろん、注意しなくてはならないのは、村長など一部の関係者からの聞き取りに偏らないということである。住民のニーズなどを十分に把握できていない村長も存在する中で、こうした点の注意も必要である。このことに関して、山下（2006）は、キーパーソンやリーダーへの聞き取り調査だけでは限界があると指摘している。例えば、地域を少しでも良くしようと活動しているキーパーソンへの聞き取りからは、地域づくりの活動が実際よりうまくいっており、地域活性化にも役立っているように聞こえてくる。また、リーダーへの聞き取り調査では、活動が抱えている課題についても聞くが、そこからは出てこない課題が、活動の中心から距離をおいて関わる人には見えている（山下　2006）。

　以上のことを考慮した場合、対象とする村において、参加型診断と併せて村内の人間関係などを注意深く観察することも重要であると言えよう。この点では、文化人類学者などから学ぶことも必要かもしれない。もちろん観察期間には限りがあるのだが。

第4節　ベトナムにおけるPRAの実践と反省

　筆者は、ベトナム滞在中にベトナム人研究者（ファーミングシステム研究者）が実施するPRAに度々参加した。そのほとんどのPRAは、住民や農家の方々ではなく、ベトナム人研究者自身が主導する形で実施されていた。

　ただ、そのときに感心したことは、彼らが決して上から目線で農民と接していないということであった。これは、筆者のカウンターパート機関であったベトナム・カント─大学ファーミングシステム研究所（現在の名称は、メコンデルタ開発研究所Mekong Delta Development Research Institute）の研究者が身につけているすばらしい気質であった（註18）。彼らは農村によく通うし、農民と友達感覚で話をし、農民の四方山話にもよく耳を傾けていた。また、農民の話を途中で遮ったりすることも決してなかった。おそら

261

く、農民の話をしっかり聞く姿勢をとることによってこそ、はじめて農民から信頼されるようになるという確信があったのではないだろうか？　農民との関係は1回限りではない。特にプロジェクトであれば、なおさらである。農民との持続的な信頼関係の構築にこそ最も力を入れるべきであるということが、我々の常識になることが大事であろう。

ところで、上記のような農民とのすばらしいコミュニケーション能力が、休憩時間や農民との食事時間などでは遺憾無く発揮されるのだが、PRA本体の時間帯においてはすっかり影を潜めてしまっていた。ファーミングシステム研究所の研究者は、休憩時間などでの会話を、あくまでただの四方山話としか考えていないようにも思えた。彼らは、そうした会話の中から重要な情報が引き出せることもあるという確信を、あまり持ち合わせていなかったのではないかと考えられる。

もし、ただの四方山話ではないという位置づけをしていたならば、そうした能力はPRA本体においても発揮されていたはずである。八木（1993b）は、調査対象者の家にホームステイさせてもらい、農作業の手伝いなどをしながら、休み時間に調査票の聞き取りを行なうことなどを潜在調査と呼んでいる（八木　1993b）。この潜在調査の中には、上記のような四方山話などにおいて農家の経営や生活のことを把握するケースも含めて良いだろう。ベトナム人研究者を想定したときに、このような潜在調査の意義を認識することがまず大事であり、その上ではじめて本調査（質問紙調査など）やPRAのスキルアップが展望できるのではないだろうか？

ベトナム人が実施したPRAに対して、上記と関連した筆者の印象は、四方山話のような農民とのコミュニケーションができるはずのベトナム人研究者が、意外にもPRAという手法を機械的に適用しているという印象であった。この印象はとても強い印象であった。彼らは、地図づくり、歴史年表づくり、季節カレンダーづくり、因果関係分析、および解決策評価など基本となる手法を一通り使えるのだが、それぞれの手法で得られた情報の中で漠然としたものや意味不明に近いものについて、農民に詳しく聞くということがほとん

第5章　参加型研究と参加型開発の実践性

どなかった。その結果、問題把握も解決策評価もやや抽象レベルの高いものとならざるを得なかったのである。

　ところで、PRAにおいては、時として一部の声の大きな住民に全体の議論が支配されがちである。そこで、ファシリテーターがそれを制御し、声の小さい住民の意見をなるべく多く聞こうとする。参加者全員から、なるべく公平に意見を聞くことは重要なことではある。ただ、それだけではなく一歩踏み込んで、村内にどのような人間関係（支配・被支配関係の有無も含めて）があるのか、そして声の大きな住民は、そうした人間関係のどこに位置づけられるのかなどを見ておく必要もあるだろう。声の大きい住民をただ押さえ込もうとしてファシリテーターが努力したとしても、うまくいかないことが多いであろう。それは、前述した村内における人間関係を把握していないところに起因するのではないだろうか？

　メコンデルタプロジェクトのサブサイト（旧カントー省フンヒェップ郡H地区）で実施したPRAでも、こうしたケースに遭遇した。そのときに、ほとんど発言を独占していた声の大きな住民を一生懸命なだめていたのが、ファシリテーターではないが、脇で同席してPRAを見守っていたカントー大学H実験農場長のN氏であった。彼は、常日頃から地域住民と密にコミュニケーションを取っていた研究者で、ファーマードクターとして世界的にも有名なボー・トン・スワン（Vo-Tong Xuan）先生（元カントー大学副学長、元アンジャン大学学長）の後継者候補の一人とも目されていた実践派研究者であった。そのため、うまく場は収まったものの、声の大きな住民が本当に納得していたのか、またPRA後に不満を漏らしていなかったか、PRA参加者同士の人間関係にひびが入らなかったか、そして何よりも、ファシリテーターから発言の機会を与えられた他の参加者がこの住民に遠慮しながら発言していなかったか、彼らは本当のことを正直に話したのかなど、様々なことが気になったのである。その辺りをフォローできていなかった筆者自身、反省点を残すことになった。

　このことは、集落内部や村内部の人間関係などの実態をどのように把握す

263

るのかという問題と関わっている。佐藤寛（1996）によれば、「コミュニティの内部状況」は、コミュニティが何らかの協議、共同作業を行なう際のルールなどに表れる。例えばリーダーシップのあり方である。政府から任命された村長が権威をもっているのか、それとも村の長老たちが権威を持っているのか。あるいは、相互依存、相互扶助のシステムがみられる社会がある一方で、地主が地域の権力を一手に握り、住民は村の中でも階層によって分断されているような社会もある（佐藤寛　1996）。以上の例にあるような内部状況は、主として村レベルの状況のようにみえるが、これに加えて、集落レベルやもっと狭いエリアの内部状況（人間関係など）についても、ある程度把握しておくことが肝要であろう。

第5節　ラオスにおける参加型手法の実践
― ベトナムにおける反省を踏まえて ―

　PRAや農村調査における活動の両輪とも言えるものは何か？　それは、対話（農家とのコミュニケーション）と現場観察（農村や農業の現場の観察）である。つまりは、「聞くこと」と「見ること」である。農業経営学をはじめとした社会科学の研究者は、主として農家への聞き取り調査を通じて問題把握を試みようとするし、自然科学の研究者は主として観察によって、作物の生育状況、病害虫の発生状況、土壌特性、水文・水利の特徴などを把握しようとする。しかし、そのような区分けをするのは、やや貧しいデマケーション（区分、役割分担）ということになるのではないだろうか？

　社会科学の研究者が、農家の圃場や暮らしぶりを観察することで、聞き取りの際のイメージも膨らんでくるだろう。他方、自然科学の研究者も、生育状況や栽培環境などに関する観察内容だけでなく、農民の意識や考え方などに触れることによって観察結果がさらに生きてくるだろう。ベトナム長期滞在時に、京都大学の海田能宏先生と田中耕司先生（いずれも自然科学系の先生）が率いる調査チームとベトナム・メコンデルタの農村を調査したことが

第5章　参加型研究と参加型開発の実践性

あったが、圃場やその周辺の観察などを行った後、必ず農家に立ち寄り、聞き取りを行った。そのときの両先生の質問と対話ぶりはとても印象的であった。技術についても経営内容についても万遍なく農民に聞いていた。自然科学系の先生方であるにもかかわらず、農民から学ぼうという姿勢がとてもよく窺えたのである。

　さて、PRAにおいても、地図づくりから始まる一連の活動の前に、サイト踏査（観察）というものが用意されている。この踏査には、現地住民や農民とともに研究者が参加する。参加研究者には、自然科学系研究者だけでなく社会科学系研究者も含まれている。ラオスでは、正に第4章で紹介したソンデオチームのような陣容でサイト踏査に臨んだのである。

　本節では、サイト踏査から始まるPRAの実践事例（ラオス・カムアン県NT村での実践事例）を再び詳しく紹介するとともに、それを素材としてPRA実践の課題と方向性について検討していきたい。

1．サイト踏査（フィールドトリップ）の経験から考える

　ラオスの研究サイトにおけるプロジェクト立ち上げ時に、現地の農民、および社会科学分野と自然科学分野の現地研究者達とともにサイト踏査を実施した。その結果の一部を以下紹介したい。

　2007年6月に、カムアン県NT村で実施したPRA初日の午前中に、サイト踏査を行った。参加者は、NT村の農民数名、ラオス人研究者3名（農業経済の専門家3名）、タイ人研究者3名（農業経済1名、普及1名、水利1名）、および日本人研究者4名（栽培2名、農業経済1名、水利1名）という大所帯となった。田植えで忙しい時期に農家の方々に迷惑をかけて大変申し訳ないという気持ちがあったのだが、田植えの様子を見ておきたいという強い意向もあって、農家の方々に無理をお願いしたのである。このこと自体、大いなる反省点ではあった。

　このサイト踏査の結果、各研究者の印象として語られたことを表5-3、表5-4、および表5-5にそれぞれ示した。サイト踏査の間に、農民とのコミュ

265

表5-3　サイト踏査を通じた研究者の発見（NT村の自然環境について）

村の自然環境に関する研究者の印象
①NT村は、面白い自然環境を有している。
②近隣の他村では山と平地だが、NT村には山と平地と丘がある。
③水という面からみたとき面白い。水の流れが複雑である。
④雨季にもかかわらず水が少ない。水が有効に利用されていないのではないか？
⑤これから雨が降ったときに水がどのように流れるか、みてみたい。

出所：ラオス・カムアン県NT村における合同サイト踏査（2007年）結果に基づき筆者
　　　が整理。

表5-4　サイト踏査を通じた研究者の発見（NT村の作物について）

稲作についての印象	野菜作などについての印象
①堰が4つあった。	①野菜作がみられなかった。
②近くに湧き水があっても、それが水田で利用されていない。	②食事にも野菜がみられなかった。
③タイでは、水田の近くに池を掘って、そこで魚を飼っている。その池の水は、水田の用水不足時に利用されている。しかし、NT村ではそうしたことは観察されなかった。	③村内に井戸が4つあった。毎年、掘り直さなくてはならないようである。
	④考えられる対策として、井戸を深く掘ることである。
④移植したばかりの稲の中で、枯死しかかっているものがあった。	⑤子供の栄養不足、特にタンパク質不足ということが窺われた。
⑤水不足が低収量につながり、結果として米不足となっているのではないか？	
⑥考えられる対策としては、無駄に流れている水を水田に流すことではないか？	
⑦水田で有機肥料が投入されていないようである。	
⑧陸稲もみられた。	

出所：ラオス・カムアン県NT村における合同サイト踏査（2007年）結果に基づき筆者
　　　が整理。

ニケーションも自然な形で行われるようになった。サイト踏査とはいえ、観察だけではなく、聞き取りも実は行われていたという点、および踏査中に観察と聞き取りが密接につながっていたという点については、特筆しておかなければならない。

第 5 章　参加型研究と参加型開発の実践性

表 5-5　サイト踏査中の農民とのコミュニケーション結果（NT 村）

【水問題と野菜作】 ①雨季には野菜が栽培されていないが、乾季には栽培されている。 ②水が制約要因となっているため、野菜の栽培面積が小さい。 ③村内には池（養魚池）が2箇所ある。 ④養魚池の造成費用が牛1頭分に相当する。 ⑤特に養魚池造成に関して言えば、初期投資のための資金が不足しているという問題が大きいのではないか？
【森の役割】 　雨季には、村内の森で、キノコやタケノコなどの非木材林産物（NTFP）、カニやカエルなどの食用資源が得られる。そのうち、一部が販売されている。
【村内の組織】 ①村には多様な組織（例えば、女性同盟や青年同盟など）がある。 ②村内に牛銀行が存在しているが、そこでは、貸し手と借り手が子牛を半数ずつ分ける。 ③NT村では、牛1頭が8,000バーツ（注19）で販売されており、貴重な収入源ともなっている。

出所：ラオス・カムアン県 NT 村における合同サイト踏査（2007年）結果に基づき筆者が整理。

　以上のことは、研究者がサイトについてのイメージを持つ上で大変効果的であった。例えば、PRAの中で、水不足や米不足の問題が主要問題として農民から出された。その時に、サイト踏査での観察・発見と重なり合ったのである。と同時に、農民にとっても新たな認識の機会となった。それは、特に水の有効利用の必要性と可能性についての認識を新たにしたという点である。

　また、タイの研究者（註20）の観察ぶりも面白い。水田周辺における溜め池造成と水利用についてである。タイのコンケン県では、水田の近くに養魚池が一部存在するが、その養魚池の水は水田の用水不足時に利用されていた。ところが、NT村では、そのような事例が観察されなかったのである。他方で、養魚池造成費用が牛1頭分に相当するという事実が農民から突き付けられ、あらためて初期投資の大きさを研究者が知らされることになった。

　さらには、水が制約要因となり野菜栽培が限定されているということだが、

267

雨季には野菜が栽培されていないのは何故かという疑問が生じたのである。後で分かったことだが、雨季には病害が発生するという問題があったのである。

2．PRAによる学習を補完する調査（補足調査）の意義

PRAによる問題点把握においては、資本不足や技術不足という言葉が良く出てくる。しかし、そこにただ留まっていては理解が深まらないであろう。前述したとおり、ベトナム人のPRAでは、機械的にPRAを進めていくことが多かった。正に、「仏作って魂入れず」という状況に似た状況が生じていたのである。多くの場合、現地研究者がPRAにおけるファシリテーターの役割を担っていたのだが、ファシリテーターの腕の見せ所の一つは、農家の問題点をいかに広く深く引き出せるかという点にある。

鈴木福松（国際協力事業団農業開発協力部 2000）の言葉を借りれば、「なるほど調査」ではなく「いもづる」調査が大事なのである。すなわち、質問事項に対する農家の回答を「ハイ、ハイ」とそのまま受け取る調査を「なるほど調査」と呼び、その回答をきっかけに対話を続け、関連した事実を掘り下げていくことを「いもづる調査」と呼んでいる（国際協力事業団農業開発協力部 2000）。これは、農家聞き取り調査のあり方として述べられたものであるが、PRAのような参加型手法の場合にもある程度当てはまると考えられる。PRAにおける時間的制約を考えれば、難しい面もあるのだが。

ここで重要なことは、PRAのプロセスにおいて研究者や開発ワーカーがいかに学習するかという点である。これら外部者の学習と参加農民のエンパワーメントは、表裏一体のものであろう。すなわち、外部者が農民から学ぶと同時に、農民が自らの認識を深めたり、潜在的な問題意識を顕在化させたりするということである。また、慣習的あるいは伝統的に実践されていた営農技術（篤農技術）を顕在化させるということでもある。いわゆる暗黙知の形式知化（言葉や図表などで表現できるようにすること）である。

ただし、PRAには時間的制約がある。PRAにおいても補足情報を得るた

第5章　参加型研究と参加型開発の実践性

めの一定の質問は可能であるが、これには限度がある。そこでラオスにおいては、PRAの1ヶ月半後に、時間を見つけて同じ参加農民から聞き取りを行ったのである。PRAで我々が十分学習できなかったことを、あらためて学習するためである。これを、PRAに接続した補足調査というように位置づけた。

　他方、PRAで村全体のことをある程度把握したつもりになっていても、個々の農家では、あるいは農家階層ごとでは状況が異なるということに留意しなくてはならない。このことは、外部者が誤解を招かないようにする上で極めて重要なことである。また、潜在的なニーズや機会（Opportunity）というものを農民が実は認識していなかった（気づいていなかった）というような場合もある。よって、上記のような補足調査の実施とそれにもとづく分析は意義を有するのである。

　チェンバースはPRAと従来の農家調査を比較して、PRAの優れた特徴をよく説明しているが、PRAが農家調査を代替することはできないのである。両者は補完関係にある。この認識が極めて重要であろう（註21）。そこで以下、ラオスの研究サイトでPRA後に実施した補足調査の具体事例を簡単に紹介していくことにする。詳しくは第6章において、貧困の具体的な態様を中心として、PRAでは把握できなかった実態が詳述されている。

1）水田への家畜糞の投入

　サイト踏査の段階では、水田への有機肥料投入は行われていないと我々はみていたが、その後の補足調査で、家畜糞を投入している農家（PRA参加農家）の存在が確認された。対象農家は、毎年3月と4月に、それぞれ1回ずつ牛や山羊の糞を水田に投入していた。飼養している牛や山羊の糞を乾季に乾燥させて、そこに鶏糞を混ぜていた。

　対象農家の水稲収量は0.7t/ha 〜 1.0t/haくらいであった（註22）。この収量水準は極めて低いものである。他の天水稲作地域と比較しても明らかに低位である。農家によれば、土壌が肥沃ではないということであるが、聞き取

269

りだけでは詳細は掴めなかった。水田土壌については、砂地なので水はけが良すぎるという問題もあるようだ。水稲収量を上げるには有機肥料の投入が必要であるという認識を農家は持っていたが、所有している水牛と牛だけでは糞が足りないということであった。1 haの水田に投入する牛糞量としては10袋（註23）程度が必要であるが、2袋分しか投入されていなかった。牛をつないでいる場所でしか糞は集められていなかった。放牧している場所では手間がかかるので、糞を集めていないということであった。

以上が簡単ながら家畜糞の投入実態であるが、次のような疑問が生じた。

第一に、家畜糞の水田への直接投入（堆肥化しないで直接投入すること）がどれほどの効果を持つのかという疑問である。

ただ、直接投入の効果が全くないかどうかについては、後々の調査で少し確認されたことがあった。それは、1997年から2006年の10年間で水稲の収量（単収）が低下したと回答した農家の中で、その低下理由として水牛や牛の飼養頭数の減少を挙げている農家が存在したからである（**表5-6**）（註24）。

表5-6　NT村における稲作農家の水稲収量（単収）の低下理由

農家番号	1997年～2006年における水稲収量の低下理由 （稲作農家の認識）
2	①かつては、水稲の収量が（相対的に）多かった。家畜糞をたくさん投入していたからである。 ②親が家畜（牛、水牛、豚）を所有していたが、牛も水牛も死んだ。 ③ 他人の家畜糞を取りに行く勇気はない。
8	①かつては、より多くの水牛を飼養しており、水田にもより多くの糞が投入されていた。 ②ただ、水牛は病気にかかりやすく、飼養が難しかった。
9	①かつては、水牛や牛をたくさん飼養していた。 ②耕耘機が導入されたことや病気による死亡などによって、水牛の頭数が減少した。

出所：山田ら（2012）の表4を簡潔にした上で、一部修正した。

注：上記農家は、収量が低下したと答えた調査対象農家20戸のうち、水牛や牛の飼養頭数減少に言及した農家である。表中の農家番号は、その調査対象農家に付していた番号である。

第5章　参加型研究と参加型開発の実践性

もちろん、農家へのインタビュー結果だけでは断定できないが、全く効果が
ないわけではないという感触を得た。

　第二に、農家は、家畜糞を直接投入するのではなく、厩肥にすることによ
る効果をどれほど把握しているのかという疑問である。

　第三に、農家が上記効果をある程度把握していた場合に、農家は何故厩肥
をつくらないのかという疑問が残る。考えられることは手間がかかるという
問題であり、また厩肥をつくる場所を確保できるのかという問題もあろう。
加えて、厩肥づくりの技術をどのように習得するのかという問題もある。厩
肥づくりの技術は簡単な技術とは言えないし、失敗のリスクもある技術なの
で、ただ単に普及員が教えれば良いというものではなく、篤農家の技術を観
察したり、農家同士のつながりの中で厩肥づくりの経験を共有することなど
が重要であろう（註25）。

　ただし、厩肥だけを投入するというのも問題があるようだ。日本の事例で
あるが、和田博之（1996）によれば、通常、堆肥（主材料として、落葉、稲
や麦などの殻、枯草、木の枝、オガクズ、残菜など）に厩肥を加える方法が
昔から採られていた。厩肥はチッソ成分が強すぎるので、厩肥の量が多すぎ
ると疑問が残る（和田博之　1996）。つまりは、堆肥に加える厩肥の量が適
度でなくてはならないということである。ということは、水田への家畜糞の
みの直接投入自体も問題があるのではないかと推察されるのである（註26）。

2）牛銀行について

　サイト踏査中に農民が話題にした牛銀行については、その後の補足調査に
よって以下のことが明らかとなった。まず、2003年に女性同盟が牛銀行を始
めたようである。そのきっかけは、村が女性同盟に対し支援を要請したこと
にあった。その結果、カムアン県の女性同盟（註27）が、NT村に対し牛銀
行の支援を開始したのである。

　村内の牛銀行は6名で運営されていた。その6名とは、村長（責任者）、
獣医役、女性同盟担当者、村の治安役、村の兵隊役、そして村の長老（相談

271

役）であった。村内の牛銀行は22頭の牛を所有しており、6戸の農家に牛（親牛）を貸していた。牛（親牛）を借りた農家に子牛が複数産まれた場合、その農家はそれらの子牛を女性同盟と分け合うことになる（註28）。親牛の貸付期間は5年間であり、5年過ぎると他の農家に親牛を貸すことになる。当初、牛銀行の仕組みが分からなくて、農家の多くは参加したがらなかったが、牛銀行の仕組みが分かり、またその効果が分かるようになってからは牛銀行希望者が増えていったのである。後に、牛銀行についてさらに調査を続けた。その結果については、第6章で詳しく述べることにする。

【コラム5-3】
NT村の家族労働と労働交換の実態

　NT村のS氏の家族は3人で、3人とも農作業の貴重な担い手（家族労働力）となっていた。15歳の子供も家族労働の一翼を担うので、一家としてはそれほど労働力不足とはなっていないようであった。村内では、子供は10歳くらいから家の手伝い（山羊や豚へのエサやりとその他の世話、掃除、水汲みなど）をする。18歳くらいからは農業労働力として1人前となる。ただし水牛の世話は難しいようだ。

　労働交換はそれほど行なわれていないが、以下のようなものがあった。

　第一に、一般的に、近隣農家に対し耕耘を行った場合、その見返りとして田植え作業を行なってもらう。

　第二に、収穫作業については、近隣農家に手伝ってもらう。収穫作業においては、村総出の手伝いが常態化されていた。

　なお、S氏の場合、夫婦2人だけで田植えを行なっていたので、相当な労働時間を要していた。村内各農家の田植えは、ほぼ同時期に実施されるので、労働交換は困難であったようだ。

第5章　参加型研究と参加型開発の実践性

3．小括

　ここまで検討してきたことからも分かるように、我々が留意すべき点は、PRAの効果とともに限界についても正しい認識をしておく必要があるということだ。確かに、外部者による問題把握については完全である必要はないし、細部にあまりこだわる必要はないのかもしれないが、問題は具体的にどの程度の問題把握をすべきかが明確でない点にある。

　現場でPRAを実施している人たちは、こうしたことについてどのように考え、どのように行動に移しているのであろうか？　これまでの筆者の経験からすれば、PRAの後に続く補足調査は不可欠であると考えられる。その補足調査はPRAとは言えないが、PRAとセットで一体的に位置づけられるべきものだと認識している。厳密に言えば、そういう認識に至ったということである。これを農家調査あるいは農家概況調査と位置付けることも可能であろう。重要なことは、それらはPRAに続くものとして実施されるということ、つまりPRAで提起された問題を掘り下げることに主として力を注ぐべきであるということだ。

　繰り返すと、ただ、PRAを行なえばよいというものではない。その後の研究や開発の展開につながり得る一定の具体性を持った問題把握と展望が求められているのである。PRAの内容にもよるかもしれないが、往々にしてPRAの直後にいきなりプロジェクトの計画・立案を考えるのは、多くの場合、少々無謀ではないかと思われるのである。しかしながら、他方で以下のような反省点が残った。

　それは、実施者である我々側からしかPRAを見ていなかったのではないかという点にある。問題把握にばかり気を取られてはいなかったか？　確かに、農家の方々とのコミュニケーションを取りながらPRAを進めてきた。PRA参加農民を含めた多くの村人が、PRAの終了直後に我々のためにバーシー（註29）というラオスの伝統的儀式も執り行ってくれた。儀式後の懇談の場においても、様々な楽しい会話があった。

273

しかし、PRAの実施過程において、我々がどれだけ参加農民側の視点に立っていただろうか？ この点が大きな反省点として残されたのである。我々はPRAの最後に参加農家の方々一人一人から感想を聞いた（**写真5-7**）。だが、彼らから発せられた言葉は、「楽しかった。」、「気づきがあった。」、「勉強になった。」など、ごく簡単な言葉であった。外部者が

写真5-7　PRAの感想を述べる参加者（ラオスNT村）

大勢いる前で、否定的な感想を述べることはほとんど不可能であっただろう。にもかかわらず、我々外部者は、参加農民の本音を聞こうと努力することを怠っていたのではないだろうか？ 参加農民の本音を引き出してこそ、真のコミュニケーションと言えるのではないだろうか？ 厳しい言い方をすれば、PRAにおいて、我々は農家の方々にお付き合いしてもらっていたのではないだろうか？ こうした疑問が残ったのである。

では、我々は、一体どのように行動すべきだったのだろうか？

第一に、機会（Opportunity）の発見の重要性にもっと気づくべきであったということである。PRAで重要なことは、問題把握とともに機会（Opportunity）を住民と共に発見していくことである。農業・農村開発における機会とは、村の発展や個別農家の営農・生活の改善にとってプラスとなるような資源や環境のことである（註30）。

この機会の発見に続いて有効であったと考えられるのは、将来構想図の作成である。プロジェクトPLA編（2000d）によれば、将来構想図は、地域の未来について考える手法である。住民が自らの将来の展望、希望や構想、例えば10年後、20年後の自分たちの暮らし、地域の状況や、どのような地域にしたいかなどについて自由な発想で想像して絵を描き、この将来構想図に基づいて地域の将来について話し合うのである（プロジェクトPLA編

2000d)。

　クマール（2008d）は、上記将来構想図と同様のものを夢マップ（Dream Map）と呼び、将来の夢を絵で描いてもらう夢マップについて説明している。その際、現状マップ（現状を表すもの）と夢マップ（望ましい未来を表すもの）の両方を描いてもらい、それを比較するのが通常である。そして、夢にたどり着く手助けとなる力（一つは内在する力としての「強み」、もう一つは外にある力としての「機会」）を挙げてもらう。他方で、前進を妨げる力（一つは、内在するものとして「脆弱性」、もう一つは、外にあるものとして「リスク」）を挙げてもらうのである（クマール　2008d）。以上のプロセスは、正にSWOT分析そのものであると言えよう。

　第二に、農民の積極的な質問を歓迎し、そこからコミュニケーションを深めていくという態度の重要性である。PRAや農民集会（PRAという手法には特にこだわらないシンプルな対話の場）では、研究者や開発ワーカーが農民に質問する、あるいは農民に発言を促すというのが基本パターンである。しかしながら、PRAや農民集会の途中で、農民も疑問に感じることがあるはずだ。特に、研究・開発プロジェクトが走り出す前後、あるいはその中間段階あたりで農民との話し合いの場が持たれたときに、農民が疑問を感じるようなことが多々あって当然である。その際には、自由にどのような類の質問もすることができる雰囲気をつくっておくことが極めて重要であろう。むしろ、農民がその場を楽しみにするくらいの雰囲気づくりが求められる。

　他方、研究者や開発ワーカーも、それに対して喜んで答えたいものである。すぐに回答が見つからないような質問もあるだろう。それで良いではないか。何故ならば、そこに、さらなる研究・開発のヒントが隠されているということも往々にしてあるからだ。そこを起点とした研究・開発の必要性を確信することもあろう。

　ラオスの焼畑地域における農民集会の場（**写真5-8**）で、参加農民に対し研究結果の説明を行っていた時に、ある農民から「休閑をしたら、何故、土壌（地力）が回復するのか？」という素朴な質問を受け、研究者が正確には

答えられなかったということがあった。研究者らしく、実証データに基づいて正確な（そして厳密な）回答をしようと思ったからである。

　より詳しくは、この研究サイトの焼畑圃場では、窒素やカリに比べてリンの欠乏がより深刻であるので、休閑期間中にリンがどのくらい回復するかという点の実証が必要であった。実は、地上から30cm以内の浅

写真5-8　プロジェクト現地説明会
（ラオスH村）

い土壌の中にあるリンの動きについては、可給態リン（植物が吸収できる形態のリン）がどれだけ増えたかという測定がすでに行われていたが、30cmより深い土壌の中のリンについては、まだ研究が行われていなかったのである。こうしたことは、今後のさらなる研究課題を農民から与えてもらったという一つの事例でもある。貴重な経験であったし、ここから学ぶべきは農民と対話すること（特に農民からの質問に十分聞き入ること）の重要性であり、かつ対話を継続させていくこと（質問にしっかり答える場を新たに設けるなどして、対話を継続していくこと）の重要性でもある。対話中に出された質問への回答（研究結果にもとづく回答）が農民に説明された上で、それを農民が十分に理解し納得できたときに、農民が研究者の研究結果を利用する可能性も生じてくるかもしれないのである。

第6節　ファシリテーターの条件は？

　太田（2007a）によれば、近年、開発援助に携わる外部者に求められるようになった役割は、住民がもてる力を顕在化する過程（エンパワーメント）を支援し、その効果や持続性を促進（ファシリテート）することである。これこそがファシリテーターの役割である（太田　2007a）。

第5章　参加型研究と参加型開発の実践性

筆者の経験からすれば、ファシリテーターとして備えなければならない第1の条件は、住民と同じ目線に立つということである。そのことによって住民からの信頼が得られるし、住民から率直な意見や正しい情報が得られるのである。よって、理想は、農民リーダーや地域リーダーがファシリテーター（直接的ファシリテーター）にな

写真5-9　農協組合長がファシリテーターとなったPRA（ベトナム北部・Quang Ninh省Y地区）

ることであろう。外部者はファシリテーターのファシリテーター、つまり間接的なファシリテーターになることが望ましいと考えられる。そうした考え方の妥当性を裏付けるのが、以下の事例である。

ベトナム紅河デルタにおける参加型水管理プロジェクト（註31）のモデルサイトの一つであるQuang Ninh省のY地区では、当初PRAにおいてカウンターパート機関の研究者がファシリテーターを務めていた。が、途中から対象地区の農協組合長がファシリテーターとして前面に出てきたのである。その途端に、場が一気に盛り上がって、農民から自由闊達な意見がどんどん出始めたのである（**写真5-9**）。もちろん、舞台裏では模造紙を用いて評価項目などを表にまとめるなど、外部者である我々がPRAの準備を進めていたのではあるが（コラム5-4）。

【コラム5-4】
ベトナム北部農村でのPRA

　2006年に、筆者は、ベトナム・参加型水管理プロジェクト（JICA）に短期専門家として加わった。与えられた任務は、モデルサイトにおける農作物の多様化を促進するため、営農実態を調査し、課題や改善方策を検討するとい

277

表5-7　ベトナム・Quang Ninh 省・Y 地区のサツマイモ栽培における
改善策評価結果（農家評価とリーダー層評価の比較）

	農家評価結果		リーダー層評価結果（PRA 結果）				
	得点	順位	効果	可能性	農家の受容	合計	順位
1．品種の試験	3.5	5	○	○	◎	4	1
2．IPM の試験	2.0	11	○	○	○	3	4
3．畑作物の栽培順序の試験	2.5	9				0	7
4．高価格実現のための収穫時期調整の試験	2.7	6				0	7
5．土地利用と病害虫発生等の問題との関係解明の試験	2.3	10	○	○	○	3	4
6．有機物投入効果の試験	2.7	6	○	○	○	3	4
7．病害虫防除のトレーニングコースの開催	4.1	2	○	○	◎	4	1
8．栽培技術についてのトレーニングコースの開催	4.0	3				0	7
9．交換分合の促進	2.7	6				0	7
10．洪水防止のための排水路や土手の整備	5.0	1	◎	○	○	4	1
11．可搬型ポンプの共同利用	4.0	3				0	7

出所：農家調査（2006 年）と PRA（2006 年）より作成。
注：ただし、PRA については、Y 地区農協組合長の協力を得た。

うものであった。

　モデルサイトの一つであるQuang Ninh省Y地区における聞き取り調査に基づいて、多様化の有望作物の一つと考えられていたサツマイモ栽培の課題を抽出し、それを農家と地域リーダー層にそれぞれ評価してもらった。農家評価については通常の聞き取り調査を実施し、リーダー層評価についてはPRAを実施した。その結果が表5-7に示されている。

　この表より、以下のことが分かるであろう。

　第一に、農家評価とリーダー層評価がほぼ一致している改善策の存在である。その中で、評価が高い（優先順位が高い）項目は、「洪水防止のための排水路や土手の整備」と「病害虫防除のトレーニングコースの開催」である。

　第二に、農家評価とリーダー層評価に食い違いが見られる改善策の存在である。例えば、「品種の試験」や「栽培技術についてのトレーニングコースの開催」である。このうち、「品種の試験」に関しては、農家評価がそれほど高くない一方で、リーダー層評価が高い。反対に、「栽培技術についてのトレーニングコースの開催」に関しては農家評価が高い一方で、リーダー層評価が

第 5 章　参加型研究と参加型開発の実践性

低くなっている。
　第三に、改善策として、様々な農家試験が提案され、評価されているという点である。評価自体は相対的には高くないが、ここに、農民の探求心と自助努力の姿勢（自立性）を見てとることができよう。

　また、ベトナム・メコンデルタのバクリュー市でのPRAにおいては、バクリュー市の農業担当者（役人）がファシリテーターとなった（写真5-10）。その結果、やはりスムーズにPRAが進められた。その場合の研究者や開発ワーカーの役割は、現地ファシリテーターをファシリテートするということであった。
　それにしても特筆すべきは、バクリュー市の農業担当者の農民への向き合い方であった。確かに、このPRAでは参加農民が3〜4名と少数であり、かつそのほとんどは地域リーダー的な農民であった。しかし、彼らが農民であることに変わりはない。これらの参加農民と農業担当者がごく自然な形で対話を続けていたのである。途上国では、行政担当者が上から目線となっている（住民や農民を低く見ている）場合が往々にしてある中、こうした事実は注目すべきことであった。他国と比べ、ベトナムでは、こうした事例が相対的に多いように思われる。筆者の限られた経験の中での見解ではあるが。
　ベトナム北部Quang Ninh省やメコンデルタ・バクリュー市の事例では、現地リーダー農民や地域リーダーが難なくファシリテーターをこなしていたようにも見えるかもしれないが、そうではない。特に質問力の面では、本来それなりの訓練も必要であろう。したがって、現地ファシリテーターをファシリテートするには、一定の準備が必要であると考

写真5-10　ファシリテーター役を務める農業担当の役人
　　　　　（ベトナム・バクリュー市）

279

えられる。残念ながら、上記二つの事例ではPRAを急いで実施した感があったので、この点がやや疎かになってしまった。また、上記二つの事例では、訓練不十分という認識があったため、敢えて簡易なPRAの実施に留めたのである。

　以上の質問力もさることながら、それ以上に重要なことは、農民リーダーや地域リーダーが、多様な階層の住民の多様な問題やニーズを把握することであろう。この点は質問力とも関わってくるが、多様な階層の住民が多様な問題やニーズを有しているという認識をまず持つこと自体がより重要である。前述したように、リーダーが常に村民全体のことを把握しているとは限らない。また、そのための努力を常にしているとも限らないからである。

　このことは、ラオスにおけるNGOの活動を通じて、新井（2010c）が直面した次のような問題と深く関わっている。新井（2010c）によれば、それは、米銀行（註32）の取り組みの中で、村のリーダーたちが貧しい人たちの真のニーズを把握していなかったという問題であった。すなわち、村のリーダーたちは、「貧しい世帯の多くは借りたがらない」と言っていたが、実際には、貧しい世帯は、「借りたいけれど、返せなくなるのが怖いので、たくさんは借りられない」と言っていたのである（新井　2010c）。このような類の事例は、おそらくラオスのこの事例に限ったことではないだろう。

　その意味では、後述するが、ベトナム・メコンデルタにおいて、富農と中農と貧農とに分けてPRAを実施したことは、多様な農家の多様なニーズ把握という点で意義を有していたと言えよう（**写真5-11**）。もっと細分化されたグループごとのPRA実施が理想的であったのかもしれないが（註33）。

　第2の条件は、やはり上述した質問力である。筆者がこれまで、

写真5-11　メコンデルタにおけるPRA（TP村）

第5章　参加型研究と参加型開発の実践性

ベトナムやラオスで、多くのファシリテーターとともにPRAを行ってきたが、現地カウンターパートたち（主として現地研究者）に足りない条件は、この第2の条件であった。この場合にも、農民と同じ目線ということが問われよう。上から目線での質問は、警察の取り調べのようになりかねない。また、知らず知らずのうちに、答えを誘導しているような質問になってしまうことにも注意する必要があろう（註34）。さらには、農民を退屈させないように質問を進めていく工夫が大事である。その場合、農民から教えてもらうという姿勢、および一緒になって問題を分析しようという一体性が前提となろう。

第7節　農民の能力に応じたPRA
― ラオスとベトナムにおけるPRAの経験から ―

　PRAというものは、住民との対話をベースに進められるものだが、あくまで主体（主人公）は住民であるから、たとえ外部者であるファシリテーターが巧みにファシリテートしたとしても、住民の特性や諸能力に応じてPRAの形は異なってくるであろう。このことについて、以下の事例をもとに詳しく考察していくことにする。

　2007年および2008年に、中部ラオスのカムアン県NT村とビエンチャン特別市の北に隣接するビエンチャン県のNS村で、それぞれPRAを実施した（写真5-12）。どちらの村においても多くの農民が集まり、PRA後に我々との一体感が増した。NT村では、前述のとおり、PRA後にラオス独特のバーシーという儀式が執り行われた（写真5-13）。

　ラオスでは村の中心に寺がある（註35）。NT村でもNS村でも村人の提案を受けて、PRA実施場所を寺とした。この寺の造りは、大体においてその村の経済力を反映したものとなっている。NT村の貧弱な寺（写真5-14）と金箔を使ったNS村の豪華な寺（写真5-15）とでは、明らかな違いがみられた。両村の経済力の格差が反映されていたのである。

　NT村では、地図づくり、村の歴史年表、季節カレンダー、および問題の

281

写真5-12　PRAにおける村の地図づくり（ラオスNS村）

写真5-13　PRA後のバーシー（ラオスNT村）

写真5-14　PRA実施場所の寺（ラオスNT村）

写真5-15　PRA実施場所の寺の内装（ラオスNS村）

因果関係という基本的なツールだけが用いられたが、それらの実施は困難に直面した。NT村では、貧困農家が多く、かつ7人のPRA参加農民の中には、文字を読めない、あるいは書けない農民が4人存在した。そのとき、どう対処したか？　ファシリテーターを助ける現地の副ファシリテーターやアシスタントの出番となった。すなわち、研究者や郡の役人が農民の意見やアイディアを聞きながら、農民に代わってその内容を忠実に、かつ逐一カードに書き取ったのである。

　他方、NS村のPRA参加農民においては、全員読み書きができた。そこで出された営農上の問題点は、主として稲作の問題点であった。その内容は、

第 5 章　参加型研究と参加型開発の実践性

灌漑問題（2 次水路や 3 次水路が不十分であるといった問題やポンプの能力不足といった問題など）、「稲作技術の不足」（農業についての学習機会がないといった問題など）、「米の品種問題」、および「稲作の病害虫問題」などであった。

　ここから先のもっと具体的な問題把握が必要ではあったが、時間の制約もあり、これらの問題を踏まえた解決策を参加農民に提示してもらうことにした。そこで提示された解決策の中には、2 次水路や 3 次水路を農民自らでつくるといった解決策や、農家や農民グループが自らの資金でポンプを修理するといった解決策があった。また、田植えや収穫においては雇用に依存せず、自家労働で対処するという解決策、さらには技術を学んだり、技術導入にあたって試行錯誤をしたり、導入技術に関する研究をするといった解決策なども出された。ここに共通する特徴は、正に自助努力の姿勢であった。これは、前述したベトナム Quang Ninh 省 Y 地区の農民（サツマイモ栽培の改善策としての様々な農家試験の提案と評価を行った農民）との共通点であると言えよう。

　NT 村では問題点把握までに多くの時間を費やし、解決策の提示に至らなかったので、比較は困難であるが、NS 村の農民の教育水準の相対的な高さが、上述したような問題解決の構想力にも反映されていたと考えられるのである（註36）。

　他方、ベトナムでは、プロジェクトの途中で PRA を行ったことがあったが、その際、富農と中農と貧農に分けて PRA を実施した（註37）。それは、農家階層によって、営農（農業経営）や生活の特徴も異なるであろうし、農村社会における位置や威信も異なるであろうという判断からであった（註38）。

　その中で、貧農を対象とした PRA においては、議論が最も不活発であった。これは、印象に強く残る経験であった。そのときに思い出されたのは、エンパワーメントという言葉である。エンパワーメントの要素の中で我々が忘れてはならないことは、社会的な発信力である。久留島（2021c）によれば、外部者とのネットワークや要求を言葉にする表現力などといった面で、貧し

283

い人たちより豊かな人たちの方が有利に発信できる（久留島　2021c）。ベトナムで実施した貧農を対象としたPRAでは、こうしたことに考えが及んだ。権威に対する無力感とともに、境遇に対する問題意識や境遇改善の意思の脆弱性（表面的な脆弱性）の実態を垣間見た気がした。したがって、これが土地なし層となれば、事態はさらに深刻となるであろうことは想像に難くない。

　確かに、権威に遠慮しつつも、問題意識は明確で改善意欲もあるはずだという見方もできるかもしれない。しかしながら、ここで、貧農の教育機会や情報アクセス、さらには食料アクセスや栄養摂取状況などを考慮してみれば、エンパワーメントの契機にすら辿り着いていない場合もあると考えても不思議ではないかもしれない。

　このことに関連して、斎藤文彦（2002ba）は、次のような指摘をしている。「貧しい人々の感じている無力感は貧困の重要な要素である。通常貧しい人々は富をもつ者や権力を手にしている者に対して、自分達が思っていることを表現することは少ない。貧しい人々は社会に不満を持っていたり、一部の富裕層にその原因があると考えている場合もある。しかし、そのようなことを社会の指導者に対して直接表明することはきわめて珍しい。その理由の1つには社会には貧富の格差があるのが常であるとのなかばあきらめに似た経験が背景にあることがあげられる。また貧しい人々はそのような直接の意見表明がかえって害をもたらすことを恐れ、躊躇することが多い。」（斎藤文彦　2002ba）

　これこそ、正に、貧しい人々の発信力の弱さの背景にあるものであろう。以上のことから、画一的なPRAではなく、農家の置かれた境遇やエンパワーメントの段階と態様に応じたPRAの必要性が示唆されるであろう。特に、貧しい農民を対象としたPRAにおいては、彼らの境遇に対する配慮の下で、彼らの発信力が徐々に高まるための特段の工夫が求められるのである。

　もう一つ重要なことがある。それは、状況に応じてより簡易な、あるいは農民に優しいPRA手法の開発・実践を行なうことである。この点に関しては、CIATアジア拠点（所在地はラオス・ヴィエンチャン特別市）の研究者たち

第5章　参加型研究と参加型開発の実践性

とも意見が一致したところである。

　1つ事例を示したいと思う。それは、農民に優しいPRA（農民が比較的簡単に取り組めるPRA）の事例（ベトナム・メコンデルタの事例）である。筆者の経験からすると、農民にとって問題の因果関係の特定は特に難しい。ベトナム・メコンデルタの研究サイトTP村において、研究者によって因果関係が特定された後に、農民集会を開いて、その因果関係の強弱について意見を出してもらったことがあった。これは、前述したように、問題の因果関係の特定が特に難しいという判断に基づくものであった。他方で、提示された問題の因果関係に強弱をつけるのは比較的容易であると考えられた。

　具体的には、RRAなどに基づいて筆者が作成した因果関係図（バイオガスダイジェスター導入や養魚についての原因−結果関係）を農民、普及員、研究者（ファーミングシステム研究者）合同の集会の場で提示し、その後、それぞれの主体ごとに、どの因果関係をより強く認識しているかを明らかにしてもらったのである。その結果、異なる主体間の認識の類似性とともに相違性を把握することができた。これが、PRA後のプロジェクト実施に向けた三者間合意形成のための基礎素材となったのである。この素材は、プロジェクトを農民、普及員、研究者で連携して（場合によっては一体となって）実施していく上で重要な役割を果たした（註39）。

【コラム5-5】
PCMについて考える ─ 複雑系の世界を捉えることとは？ ─

　PCM（プロジェクト・サイクル・マネジメント）は、複雑系と言える農業の世界を捉えるには、いささか不便な面も抱えている。

　PCMの問題分析においては、中心問題となるカードが中心に置かれ、そのすぐ下にその直接的原因となるカードが置かれ、同様に原因を究明しながら、カードがどんどん下へと向かって掘り下げられていく（いわば原因の階層を形成していく）のである。ただし、実際には、PCMで想定されるような美しい因果関係図（註40）が簡単に描かれるかというと、必ずしもそうではない。

農業・農村問題は、多くの場合、複雑多岐であるにもかかわらず、きれいな因果関係図にこだわると、農家のリアリティから乖離して、研究者や開発ワーカーのリアリティとなってしまう恐れもある。また、原因のカードが仮説であることも多い。研究プロジェクトの場合、それでよいのである。そこから調査や研究が始まればよいからである。開発プロジェクトにおいても、そこから本格的な調査をプロジェクトの中に位置づけていくことが肝要であろう。

　以上のこともさることながら、最も大事なことは、現場で問題を把握することである。その意味で、PCMを行うにしても、PRAやRRAといったより現場型のニーズ把握方法を組み合わせていくことが求められよう（註41）。

　ここで、PCMについて少し触れておくことにする。PCMは、基本的に洗練された手法である。ただ、留意すべきは、農業分野と他分野の大きな違いである。端的に言えば、橋や道路をつくることと農業技術をつくること（あるいは様々な農村開発を行うこと）とは大きく異なるということである。その最たる要因は、試行錯誤の大きさの違いであろう。相対的には工程表どおりに行き易い橋や道路の建設と、工程表どおりには行きにくい農業技術の創出や農村開発との違いが生じるということである。というか、農業技術の創出や農村開発において工程という概念は、多くの場合あまりそぐわないであろう。

　そうしたときに、PCMをみてみると、橋や道路の建設に象徴される事案にはぴったりとくる手法と言えるが、農業分野となるとどうだろうか？ということになる。その違いを踏まえた柔軟な運用が特に農業分野に求められると考えるのである。農学的対応と工学的対応という言葉があるが、こうした対比と相違も頭に置くことが大事であろう。もちろん、農業分野の中でも農業工学に関して言えば、工学的対応がなされるのかもしれない。しかし、そうであっても、場に大きく影響されるのが農業や農学の世界である。つまりは、自然環境に大きく影響される他、地域の固有性や農家の特性にも影響されるのである。その意味では、農業工学が工学的対応だけで完結するとは思えないのである。

第5章　参加型研究と参加型開発の実践性

第8節　モザンビークにおける参加型研究
― 農民のエンパワーメントと現地研究者の能力形成 ―

　本章の冒頭でも紹介したように、チェンバースが考えるPRAの主たる目的は住民や農民のエンパワーメントである。現実には諸困難があるにせよ、確かに、これがPRAのあるべき形であろう。では、その主目的である（住民や農民の）エンパワーメントを支援する人たちは誰なのだろうか？　その主体（支援主体）となるべきは、研究の世界で言うならば、本来、外部者たる外国人研究者ではなく現地研究者であるべきだ。これは、ある意味当然のことであろう。しかしながら、多くの途上国において、現地研究者が十分に支援主体とはなり得ていないのが現実であろう。もちろん農村の現場へ赴くためには一定の研究予算が必要である。その予算が不足しているという状況は、大きな制約要因ではある。

　だが、問題はそれだけではない。彼らのモチベーションと相応の能力が何よりも求められよう。特に、彼らの能力形成は喫緊の課題である。支援主体の能力形成こそ、持続的な研究（参加型研究）の可能性を高めるものとなるであろう。外部者（外国人研究者）は、途上国において自らが常に研究主体になろうとすることを少し考え直し、現地研究者の自立を促していくことをもう一つの重要な役割として位置付けるべきであろう。それが、途上国研究者との実質的な共同研究を実現するための第一歩となるはずである。現地研究者自身も、いつまでも外国人研究者のアシスタント的役割に甘んじていてはならないのである。

　モザンビークではIIAM（モザンビーク農業研究所）という国立研究機関が農業研究だけでなく、農業普及にも乗り出していた。これまで、郡（District）レベルの普及員を通じてIIAMからの技術移転が試みられていた。しかし、試験場技術の単なる普及は、旧来のトップダウン型技術移転そのものであり、この普及モデルは世界的にも時代遅れのものとなりつつある。今求められているのは、農家の経営目標や農家の創意工夫を踏まえた農業技術

287

の現場における利用可能性の追求であろう。そのためには、農家とのコミュニケーションが何よりも重要となってくる。こうした考え方を、まずIIAM研究者に理解してもらうことが大切であり、それが参加型手法習得の第一歩でもあると考えた。そこで、IIAM研究者にこれらのことを説明した上で、PRAの実施に踏み切ったのである。PRAと言っても、型どおりのPRAではなく、現場に応じたより簡易な手法の実践であった。ただ、ここではこうした手法も敢えてPRAと呼んでおくことにする。

　まず、PRAのサイトとして、IIAM研究者がダイズやトウモロコシの展示圃場を展開しているナンプーラ州 I 村を選定した。当初は、標準的かつ基本的なPRAの実施を想定していたが、時間的制約も考慮し、展示圃場にある程度焦点を絞った形でPRAを進めていくことにした。PRA参加農家については、IIAM研究者が村内を歩き回り、展示圃場協力農家と直接交渉し、その中で意欲を示した農家を選定した。

　ところで、問題は、IIAM研究者がこの展示圃場からそれほどデータを集めた形跡がないということであった。作物の生育状況や栽培意向、さらには栽培技術を含めた経営の問題点などの基本情報すら、十分な把握ができていなかったのである。したがって、PRAにおいては、これらの基本情報を集めることを主な目的の一つとしなくてはならなかったのである。

　2013年 3 月に、IIAM研究者の「試験圃場」（ I 村）をまず見学した（**写真 5-16**）。基本的に、 1 つの圃場が 4 区画に分けられていた。トウモロコシについては、農家の在来技術で栽培されている区画（対照区的なもの） 1 つとIIAM推奨技術（化学肥料使用）で栽培されている 2 区画（処理区的なもので施肥水準が異なる）があり、加えてダイズ栽培区（化学肥料使用）が 1 つあった。いずれの区画も400m^2（20m×20m）の大きさとなっていた。そして、これらが反復試験を伴わない圃場であることが分かった。

　ダイズについては、対照区も存在しなかった。ただし、後ほど触れるが、IIAMは農家に対しダイズ栽培法を指導していた。これはCLUSAというNGOが行っていることでもあった（註42）。いずれにせよ、これは試験圃場

第5章　参加型研究と参加型開発の実践性

写真5-16　モザンビーク・ナンプーラ州I村の「試験圃場」
（実際は展示圃場）

ではなくて展示圃場と呼ぶべきもので
あった。
　さらなる問題は、前述したとおり、
展示圃場でのトウモロコシとダイズ
の生育記録や参加農家の概要などの
基本的な記録が、ほとんど存在して
いないという点であった。そこで、
PRAの冒頭に、参加農家（5戸）

写真5-17　参加農家による圃場図（圃
場の位置や作付け作目など）作成風
景（モザンビークI村）

に関する基本的な営農概況を把握することにした。まずは、各農家の方に圃
場図を個別に描いてもらった（**写真5-17**）。そこに、栽培作物や栽培様式
（主として単作、間作、混作の特定）を加筆してもらった。ほとんどの農家
は複数の圃場を保有していたので、屋敷地からの位置関係を大まかに描いて
もらうと、営農状況のイメージが明確となり、その後のコミュニケーション
が円滑になった。結果の一部は、以下（**表5-8、表5-9**）のとおりである。
　次に、展示圃場についての感想と問題点をカード（註43）に記入してもら
い、ボードに貼り付けた（註44）。それをIIAM研究者に英訳してもらい、そ

表5-8　参加農家の農地・林地面積
（モザンビーク・ナンプーラ州 I 村）

農家番号	畑地面積 （ha）	畑灌漑面積 （ha）	林地面積 （ha）
N 1	10 以上	0.5	2
N 2	4	0	0
N 3	5.5	0	1.5
N 4	11	0	1
N 5	6	0	1

出所：PRA（2013 年）結果に基づき筆者作成。

表5-9　参加農家の圃場ごとの作目構成および栽培様式（一部）
（モザンビーク・ナンプーラ州 I 村）

農家番号	圃場ごとの作目構成および栽培様式
N 1	・圃場 1 （3 ha）：単作（トウモロコシ、キャッサバ、ササゲ、カシューナッツ、バナナ） ・圃場 2 （1 ha）：単作（キャッサバ） ・圃場 3 （1 ha）：間作（ダイズ＋トウモロコシ） ・圃場 4 （1 ha）：単作（キマメ） ・圃場 5 （不明）：混作（キャッサバ＋ラッカセイ） ・圃場 6 （不明）：野菜作 ・圃場 7 （4 ha）：休閑地
N 2	・圃場 1 （不明）：混作（トウモロコシ＋キャッサバ＋ササゲ） ・圃場 2 （不明）：間作（トウモロコシ＋ササゲ） ・圃場 3 （不明）：単作（マングビーン）
N 3	・圃場 1 （2 ha）：間作（カシューナッツ＋バナナ） ・圃場 2 （1 ha）：間作（トウモロコシ＋ササゲ）、単作（キャッサバ） ・圃場 3 （1 ha）：間作（トウモロコシ＋ササゲ） ・圃場 4 （0.5ha）：単作（キマメ） ・圃場 5 （1.5ha）：休閑地

出所：PRA（2013 年）結果に基づき筆者作成。

注：PRA は、モザンビーク国立農業研究所の研究者の協力を得て行なわれた。

　の後、感想と問題点について農民との議論が行われた。その主な論点もボードに記すことにした（**表5-10**）。

　以下、議論の一部（農地拡大問題に関しての議論）を紹介しておく。

第5章 参加型研究と参加型開発の実践性

表5-10 展示圃場についての感想と参加農家の問題認識
（モザンビーク・ナンプーラ州 I 村）

展示圃場についての参加農家の感想（一部）	参加農家の抱える問題点や要望
①トウモロコシとダイズの収量を測るのが楽しみである（収量を知りたい）（註45）。	①農地拡大のための支援をしてもらいたい（トウモロコシ、ダイズ）。
②トウモロコシとダイズの収穫時期が楽しみである。	②農地拡大のためのマイクロクレジットが必要。
③トウモロコシとダイズへの化学肥料投入を好む。	③IIAM による支援（トウモロコシとダイズの収量を上げるための支援）が必要。
④化学肥料投入法を学んだ（トウモロコシとダイズ）。	④トラクター支援による耕耘の必要がある。
⑤トウモロコシとダイズの種子の保存方法を学んだ。	⑤ダイズ作において、耕耘のためにはトラクターを利用したい。
⑥トウモロコシの条播に満足している。	⑥今年、雨季の始まりが遅かった。
⑦トウモロコシの種子が良質である。	⑦今年は、特に雨が少ない。
⑧トウモロコシに化学肥料を投入する際に、土に穴をあけるのが良い。	⑧種子がほしい。
⑨化学肥料を投入するとトウモロコシの生育がよい。	⑨再播種のための種子が必要。
⑩ダイズの播種法（条播）に満足。	⑩土壌肥沃度が低い（トウモロコシ、ダイズ）。
⑪ダイズの葉色（濃い緑色）が良く、生育が良い。	⑪殺虫剤がほしい（トウモロコシ、ダイズ）。
⑫ダイズ栽培における畝間と株間の適切な間隔を学んだ。	⑫病害（トウモロコシ）
⑬ダイズの株間に満足。	⑬ダイズの試験面積を増やしたい。
	⑭ダイズの種子の不足
	⑮ダイズの病害
	⑯村の近くにダイズの市場がない。
	⑰ダイズの市場に関する情報がない。
	⑱ダイズの食用としての利用法（加工法）を知らない。

出所：PRA（2013年）結果に基づき、筆者作成。

　第一に、所有する森林を伐採することによって農地面積を拡大することは可能である。

　第二に、誰の所有にも属さない未墾地が存在するので、その未墾地を開墾することによって農地拡大は可能である。

　第三に、上記二つの方法のうち、未墾地開墾の方の優先順位が高い。

　第四に、農地を拡大するにはトラクターの利用、あるいは雇用労働の利用が可能であることが必要条件となる。このうち、トラクター利用の優先順位が高い。何故ならば、トラクターサービス料の方が雇用労働費より低コスト

であるからだ。しかも、トラクターによる耕耘の方が、雇用労働力による耕耘より、土壌条件を良好にするからである。

なお、展示圃場参加農家でリーダー農家でもある農家から聞き取った内容によると、トラクターサービス料金は1,500MT/ha ～ 2,000MT/ha（註46）であり、この料金水準だと仮にトラクター利用が可能になったとしても、一部の農家しかトラクターサービスを受けられないだろうということであった。他方、現在、鍬での耕耘が行われているが、土が固いこともあって、1 haあたり耕耘完了まで約2週間（家族労働力が4人の場合）かかるということである（註47）。

モザンビークにおける以上のPRA実践事例の特徴については、次のように整理することができる。

第一に、農民が展示圃場に満足していることは喜ぶべきことであるが、注意すべきは、トウモロコシにもダイズにも化学肥料が投入されているという点である。化学肥料はIIAMから無料で配布されたものであるから、農民にとって有り難いのは当然のことである。周囲に無施肥農家も多くみられることから考えても、展示圃場がなくなった場合に、収量が上がるからといって農民が化学肥料を購入するか（購入できる）どうかについては、疑問が残る。

第二に、トウモロコシ作においてもダイズ作においても播種法（条播）が評価されている点、およびダイズ作において畝間と株間の適切な間隔が評価されているという点は、特筆すべきであろう。このことは、IIAMの推奨する栽培法が農家に受け入れられていることを示唆するものである。

第三に、「村の近くにダイズ市場がない」、あるいは「ダイズ市場に関する情報がない」といったダイズ販売の困難性を示す問題に注目する必要がある。このことは、筆者がいくつかの他地域でこれまで行ってきた農家調査の結果とも一致していた。「ダイズの食用としての利用法（加工法）を知らない」という問題は、販売できないのであれば食用にしたいという農家の意向と密接に関連しているのかもしれない。いずれにせよ、これらの問題が解決されなければ、展示圃場終了後にダイズ作が定着することは難しいであろう。

第5章　参加型研究と参加型開発の実践性

　第四に、このPRAにおいては、農民から提起された意見、感想、および
アイディアを研究者側が単に情報として受け取るだけでなく、それを素材と
して議論が行われたという点である。一方通行ではない実質的なコミュニ
ケーションの実現である。

　第五に、個別農家の営農状況を的確かつ迅速に把握する手段として、栽培
作物や栽培様式の情報も入った圃場図の作成は極めて有効であったという点
である。加えて、その後のコミュニケーションを円滑化させる効果は大き
かった。栽培作物や栽培様式の情報も入った圃場図の作成自体、農民が楽し
めるものであったし、自らの経営分析の第一歩としても位置付けられるもの
であったと評価できよう。

　総じて、モザンビークでのPRAは、参加性と情報収集を自然な形で両立
させるものであったと言えよう。

　本節の冒頭に、PRAの主たる目的が住民のエンパワーメントであるとい
うことを述べた。チェンバースは「主たる」という言葉も省き、単にエンパ
ワーメントが目的であると説明している。しかし、その他の目的も考慮する
必要があるのではないだろうか？　それが支援主体の能力形成であり、他方
で、支援主体に必要な情報収集である。

　このPRAは、農民にとっては、展示圃場の効果と問題点をあらためてじっ
くりと考える場になった。他方、この経験を通じて、IIAM研究者が従来の
雑な展示圃場運営を十分反省するようになった。その意味で、PRAが、今
後の展示圃場の展開に一定の影響を与えるものであったと言えよう。それと
ともに、IIAM研究者は、農民とのコミュニケーションの深まりを通じて、
PRAが農民のエンパワーメントだけでなく、自らの能力開発（capacity
development）（註48）にもつながるものであるという実感を得たようである。
それはあくまで能力開発の入口に過ぎないのであるが、最も重要な初期段階、
すなわち「気づき」の段階として位置付けられよう。「気づき」がなければ、
何も始まらないのである。

293

第9節　総合考察と展望

　農業技術のことでも、村のことでも、とにかく長い間のモニタリングや農家との付き合いの中でようやく分かってくることが多い。それを論拠にPRAなど無用であると言う人々も一部に存在する。確かに文化人類学者はそれでよいかもしれない。しかし、研究プロジェクトや開発プロジェクトの当事者が、そのようなことを言っていられるであろうか？　長期間でなければ分からないこともあれば、短期間である程度分かることもあろう。PRAの意義は十分ある。もちろん、それはPRAの意義の一部であり、副次的な意義に過ぎない。より重要な意義は、農民のエンパワーメントである。確かに参加型開発そのものこそがエンパワーメントを目指すものであるが、手法としてのPRAにも一定の役割があろう。

　しかしながら、筆者のプロジェクト経験の中において、PRAで得られたことをその後のプロジェクトの展開にいかに活用したか、またその後のプロジェクトの展開の中で参加型手法がうまく使われたかという点に関して言えば、多くの反省点が残された。

　モザンビークでは、農民のエンパワーメントの契機、およびカウンターパートの能力開発の契機をつくるという目的でPRAを実施した。しかしながら、その後、このカウンターパートに対するPRA習得の継続的な支援が十分にできなかった。筆者の直接のカウンターパートではなかったと言えばそれまでであるが、加えて、研究プロジェクトの中に教育プログラムが組み込まれていなかったということにも原因があるのではないかと考えられる。さらに言えば、カウンターパートのPRA習得プロセスとともに、農民のエンパワーメントのプロセスをモニタリングし分析することができれば、これは正にアクション・リサーチ（実践活動と一体化した研究）（註49）そのものとなったであろう。

　また、ラオスにおいては、ベトナムの反省を踏まえ、内実を伴うPRAが

第5章　参加型研究と参加型開発の実践性

一定程度行われたが、その後のプロジェクト展開に十分生かされなかったように思うのである。農業経営研究の他に参加型研究も担当すべき筆者自身の責任を痛感するところである。では、PRAを起点として、その後どのような参加型研究プロジェクトの展開が可能であったのかという点について、以下整理しておきたい。

　第一に、ラオスのプロジェクトにおいても、ベトナム・メコンデルタプロジェクトと同様、FSREにもとづく設計、つまり技術選択プロセスを経たうえで、農家試験が実施されるべきであったということである。確かに、栽培研究者と水利研究者が農家試験（天水田における降雨後播種と若齢苗の移植試験、天水田の代かき・畦塗りによる移植時期の湛水期間拡大（田植え適期の拡大）効果の実証試験など）を実施した。栽培研究者はPRAにも参加して、その結果も踏まえていた。水利研究者はPRA後にプロジェクトに加わったが、PRA結果を把握していた。つまり、農家試験にPRA結果は反映されていた。

　ただし、技術選択の機会（いくつかの技術選択肢の提示と一定の基準に基づく技術選択）を筆者自身が提供することを怠ったため、農家の選好を直接取り込む余地がなくなったということである。その際の農家の選好とは、与えられた選択肢の範囲内での選好に留まらない。農家自らが提案する選択肢も取り上げられるべきであった。このように、技術選択の機会においても農民参加型を貫くべきであった。農民と研究者との対等なコミュニケーションにもとづく技術選択プロセスがあって然るべきだった。

　第二に、これはFSREの実施に関連するが、農家試験の途中段階において農民ともう少し頻繁な議論の機会を設けるべきであったという点である。農民技術に反映される農民の日々の観察力とそれにもとづく工夫に研究者がもっと触れ、学習するとともに、研究者の科学的な目で得られた気づきや知見を農民にフィードバックする機会をもっとつくるべきであった。また、そうした機会を頻繁に持ちながら試行錯誤を共に続けていくことの重要性をより認識すべきであった。

　第三に、これもFSREとの関連であるが、農家試験を通じた農民のエンパ

295

ワーメントについてである。農家試験には様々なタイプがあるが、コールド
ウェル（2006）によれば、大きく分けて次の4つのタイプが認められる。一
つは、契約型である。これは、研究者が設計する試験の実施を農家に手伝っ
てもらうものであり、農家の圃場や労働などを使うために契約を結ぶもので
ある。二つ目は、相談型である。これは、研究者が農家に農業体系について
聞き、それに基づいて研究者が研究を設計して行うというものである。三つ
目は、共同型である。これは、研究者と農家が共同で研究を設計し、実施す
るというものである。四つ目は、研究者の協力や支援を得つつも、農家が発
案し設計した研究を農家が主体的に行うものである（コールドウェル
2006）。以上は、研究の実施主体による分類と言ってもよいが、ここで研究
と言っているのは主として技術の実証試験研究のことであるので、試験の主
体による分類と言ってよいであろう。

　この中で、どれを選択するかは、対象農家の能力如何によるところであろ
う。重要な点は、農家試験を通じて、農民の主体性を高めていく工夫をすべ
きであるということだ。よって、たとえ、初めは研究者主導の農家試験で
あっても、それが次第に農家主導の農家試験へと進化していくことこそ、農
家試験を通じた農民のエンパワーメントである。その鍵となるものの一つは、
農家による農作業日誌の記録である。この反省は、モザンビークにおけるプ
ロジェクトに生かされていくこととなったのである。この点については、第
2章で詳述したとおりである。

　第四に、PRAの手法そのものに関わることである。既に述べてきたこと
であるが、現地踏査や地図づくりの過程で、様々な情報が農民から得られた。
これらの情報は、聞き取り調査における一問一答のような形で農民から得ら
れる情報とは違って、ごく自然な形（自然なコミュニケーション）で得られ
たものであり、具体的かつ興味深い情報であった。特に、現地踏査の中での
農民とのコミュニケーションは極めて重要である。

　それに対して、地図づくり、歴史年表、季節カレンダーと続いた後の問題
点や原因－結果関係の特定においては、得られた情報がむしろ曖昧な、また

第5章　参加型研究と参加型開発の実践性

やや抽象的な情報となってしまった。つまり、問題（問題点把握段階）ラウンドの前の三つのラウンド（地図づくり、歴史年表、季節カレンダー）からの流れがうまくつくられていなかったということである。そこは難しい問題である。このことは、ラオスの2カ村でのPRAだけでなく、ベトナムの3カ村でのPRAの経験からも言えることである。

　したがって、これらの経験に基づけば、問題ラウンドというのをあらためてつくらない方が良いのではないかとさえ思えてくるのである。敢えて問題ラウンドをつくるのであれば、むしろ、現地踏査や地図づくりで出された問題をそのまま問題ラウンドで掘り下げていった方が、より具体的かつより詳細な問題把握が可能になるのではないだろうか？

　このことに関連して、プロジェクトPLA編（2000d）によれば、季節カレンダーについて以下のような指摘がなされている。どの月（時期）に雨が多いのか、忙しいのか、病気が多いのか、出稼ぎに行くのはいつか、最もお金が必要なのはいつかなどについて、該当する月（時期）に石を置いたりしてマークする。農民であれば、その月（時期）に何を栽培するのか等について話し合うことも可能である。これらを記録した上で、次の訪問の機会に、整理された季節カレンダーを住民に示し、議論を進め、例えば、繁忙期を分散させる方法がないか、休閑期をより有効に利用する方法がないか等に関して、視覚化された季節カレンダーを見ながら話し合うことで、新しい発想が生まれる可能性が高まるのである（プロジェクトPLA編　2000d）。つまりは、先ほどの議論（現地踏査と地図づくりから派生した問題把握）と同様のことが、季節カレンダーにも当てはまるという指摘である。

　しかも、ここでは問題把握を超えて改善方策まで議論することが想定されているのである。ということになれば、ここから、将来構想図（註50）作成につながる可能性も見いだせるのではないだろうか？　また、山田ら（2010b）が指摘しているように、住民たち自身が培ってきた暗黙知や地域の未利用資源の可能性に目を開いてもらうために、外部者がその地域における生産ポテンシャルをある程度示した上で、住民による分析を進めることも

297

効果的であろう（山田ら　2010b）。これは、農民と外部者とのキャッチボールという点で、前述の季節カレンダーを巡るPRAプロセスに類似していると言えよう。

　加えて、次の点も指摘しておきたい。それは問題把握に自然とつながっていくような局面となった際に、農民がそもそもその問題とどう向き合ってきたのか、これまでどのような取り組みがなされてきたのかという点を明らかにすることが重要であるということだ。その意味では、歴史年表づくりにおいて、この点への特段の注意が必要であろう。これに関連して、新井（2010f）は、「村人は多くの場合、自分たちが変えられると信じているもの、つまり問題に対しては、解決に向けて何らかの努力をしてきた。大きな問題と感じていればいるほど、解決するために試行錯誤を重ねてきている」と述べたうえで、村人が何に対してもっとも努力してきたのかを知ることが大切で、それが分かれば、必然的に村人が抱える問題も見えてくる（新井2010f）と主張している。正にその通りであり、新井が指摘するところの「村人の試行錯誤」こそ、歴史年表に反映されるべきものであろう。そうすれば、現地踏査や地図づくりの過程で得られた情報が、歴史年表づくりの段階でより鮮明になってくるのである。

　第五に、PRAを通じた農民のエンパワーメントはどうだったのかという点を問われたときには、反省点が残るのである。PRAをきっかけとして、農民が、そして村がどう変わっていったのかという点のモニタリングである。もちろん、1回のPRAで農民や村が変わっていくことを期待することには無理がある。そうではなく、その後の様々な活動（さらなるPRAを含む）と、それらを通じた村内の変化こそしっかり見据えていくべきものであろう。

　その意味では蛇足だが、研究プロジェクトや開発プロジェクトの評価においては終了時評価（プロジェクト終了直前に行うプロジェクト評価）も大事だが、フォローアップ調査（プロジェクト後の評価を目的としてプロジェクト終了から3〜5年を経て行う調査）がより重要であると言えよう。

　ベトナムにおいては、正にプロジェクトの核となるFSREを推進していた

第5章　参加型研究と参加型開発の実践性

ので、PRA後のPRA的活動といえば、ファーマーフィールドスクールや技術講習会、試験農家のモニタリング（周辺農家のモニタリングも含む）とそれに伴う農民との様々なコミュニケーションなどがあった。が、正直なところ、筆者は、PRA後のそれぞれの活動によって農民がどのように変わっていったかということを

写真5-18　カムアン県K村に広がる野菜畑

正確にはフォローできていなかった。プロジェクトの関心事項は、主として技術の開発・改良とその評価・普及にあったからである。つまりは、プロセス重視の姿勢が足りなかったということである。

また、ラオスにおいても状況はほぼ同様であった。ラオスのNT村では乾季野菜栽培が限定されているという問題を認識し、野菜栽培が盛んな近隣村（K村）（写真5-18）へのスタディーツアー、あるいは東北タイの複合農業を勉強するためのスタディーツアーの企画なども考えていたが、予算の制約などのため断念せざるを得なかった。そもそものプロジェクトの研究計画には、スタディーツアーは含まれていなかった。これは、プロジェクトの途中で思いついたことであった。やはり、研究プロジェクトの中に開発的要素をしっかりと取り入れて、それを承認してもらうというのはそれほど易しいものではないが、今後の課題として検討する余地は十分あるだろう。

補説　参加型開発の課題と展望

本章において、ここまでの主な検討対象は参加型研究であった。前章のファーミングシステム研究と重なる部分もかなりあったが、研究や研究プロジェクトを参加型で行なうことの意義と課題に重心を置いた点に、本章の特徴が見い出せるのである。

ところで、本章で相当程度取り扱ってきたPRAは、実は参加型研究よりも参加型開発において活用されることが多い。ただ、第1章でも述べたように、研究と開発が連動していること、あるいは両者が一体となっていることが理想の姿である。その意味においては、研究プロジェクトの中でPRAを実施すること、そして研究プロジェクト自体を広く参加型で行なうことは、（参加型）研究プロジェクトが（参加型）開発プロジェクトへとつながっていく可能性を切り拓くものであったとも言えるのではないだろうか？

　そこで、この補説においては、参加型開発そのものについてあらためて言及していくことにする。その中でも、特に参加型開発の協働や主体について触れていきたい。それは、本章の冒頭に述べたことと関連する。冒頭では、開発の主体は住民であり、外部者は触媒（ファシリテーション）の役割を果たすと述べた。しかし実際には、外部者の役割は必ずしも触媒だけには留まらないのである。

　例えば、名村（2006b）は、ラオス・カムアン県のある村において、共有林の自主的・持続的管理のために次のような活動を行なっていた。すなわち、自分たちの共有林の将来像をイメージしてもらうために、実際に森林がなくなって生活が困窮し、生業の大きな変更を余儀なくされた村へのスタディーツアーの実施である。さらに、企業や政府の開発事業によって共有林が村人の十分な合意なくして無断で伐開されるような事件があったときも、村人たちがJVC（日本国際ボランティアセンター）事務所までやってきて窮状を訴えてきたため、村人と相談しながら行政へのレターを書いたり、解決のための話し合いの場を提供するなど、問題解決のためのさまざまな打開策を打ち出して実行した（名村　2006b）。

　第6章で言及するのだが、外部援助機関による現地政府へのロビー活動が必要な局面も往々にして存在する。絵所（1994）が指摘するように、上からの貧困対策と下からの貧困対策は、相互に補完し合わなければ、貧困対策が所期の目的を達成することはできない（絵所　1994）。このことは、内発性（や自律性）と外部からの何らかの支援（触媒機能を超えた支援）が結合し

第5章 参加型研究と参加型開発の実践性

てこそ、貧困からの脱却の道が拓けるという主張にも類似している。つまり、このことは、地域住民・農民と外部者の協働ということにもつながる話ではないだろうか？

参加型開発は、農業・農村開発の過程において農民が主体性を発揮し、かつエンパワーメントしていくことを最重要な目的としているが、同時に地域住民・農民と外部者の協働を否定するものではないはずである。本章の参加型研究の事例においても、プロジェクト実施途中における農民とのコミュニケーションやそれを通じた関係性（協働関係）の構築などについて、不十分ながら言及することができた。

さて、ラオスにおいて名村隆行が実践したJVCの参加型開発が、正に上記の課題（PRAとその後のエンパワーメント）に対応するものであったので、ここで紹介しておきたい。名村（2006c）は、PRAなどのツールを用いて村のみんなで村を取り巻く状況を理解した後、何らかのアクションが村人の間に起こることを期待すると明言している。例えば、JVCがある村で、村人とともに森林資源の調査をしたところ、村長が中心となって次世代に森林の知識を伝承するために、村内の森の一画を植物園として保存しようという動きに繋がった。その他、研修、スタディーツアー、経験交流などがきっかけとなってアクションが起こったこともある（名村　2006c）ということだ。

上記事例における村長を中心とした村人の動き（村の森の一画を植物園として保存しようという動き）の中では、彼らは楽しく活動ができたのではないかと想像できるのである。きっかけは、外部者が発案したPRA活動だったかもしれないが、それに触発されて、彼らは自分たちの村の財産になることを主体的に行っていったのである。住民の住民による住民のための活動であり、その基礎にはオーナーシップの厳然たる存在があったであろう。ここで彼らが感じた楽しさとは、前述したPRAの地図づくりよりも、さらに次元の高い楽しさであったのではないだろうか？　それは、より確かなオーナーシップの存在に起因していたと考えられるからである。

最後に、参加型開発の主体について再度考察しておくこととする。

PLAは、「参加による学習と行動」とでも呼ぶべきものである（プロジェクトPLA編　2000a）。その場合、誰の学習であり、誰の行動なのだろうか？

当然、それは住民であり、農民であるという答えが返ってこよう。もちろん、それは正しいのだが、学習と行動は、地域住民だけでなく、現地普及員、現地行政担当者、そして現地研究者、さらには外国人研究者や外国人開発ワーカーも含めて考えるべきではないだろうか？　そこに注目することこそ、「変わるのはわたしたち」と唱えたチェンバースの哲学を尊重することにつながると考えられるのである。そして、そのことが協働のための重要条件でもあると言えよう。

重冨（1996a）は、参加型開発の難しさについて、次のように説明している。参加型開発の難しさの最たる点は、「住民自身が主体的になって実行するということを、外部から援助する」というところにある。つまり、放置すれば住民が開発に参加しないので、外部者が関与するのだが、あくまでも主体は住民でなくてはならない、というのだ。これは矛盾と言ってもよいくらいであろう（重冨　1996a）。確かに、重冨の指摘は本質を突いている。参加型開発の泣き所のような点を指摘していると言えよう。チェンバースがこの問いにどのように答えるのか興味深いところではあるが、筆者自身はこの指摘に対して以下のように考える。

まず、第一に、「主体は住民でなくてはならない」というのはそのとおりだが、ここに時間軸を置く必要があるのではないだろうか？　主体が住民であるとは言うものの、そこにはいろんな段階があるだろう。住民が真に主体になるというのは、ある意味、開発のゴールに近い状態であるとも言えよう。我々外部者は、そこを目指して様々なプロジェクトを日々行なっているということではないだろうか？　エンパワーされた状態ではなく、エンパワーメントそのものを、プロセスとして重視する姿勢が求められているのである。しかも、3年とか5年のプロジェクト（一回のプロジェクト）でゴールに到達するとは考えにくいので、プロジェクトの継続を前提とした長期のプロセスを想定しなくてはならないだろう。

第5章　参加型研究と参加型開発の実践性

　であるならば、第二に、そのエンパワーメントのプロセスの中で、前述した「協働」という言葉がキーワードになってこよう。ゴールにおいては、主体が一つ（農民あるいは住民）であるかもしれないが、そのプロセスでは主体が複数存在したとしても不思議ではないし、そうあるのが現実的であろう。むしろ、その主体間の協力・連携関係こそが求められるということではないだろうか？　そして、そこにおいては、主体間が影響し合い、相互学習が成立するわけである。それこそが、エンパワーメントの契機をつくり続けるということであろう。

　第三に、住民が、ある種の組織づくり、あるいは組織化を行なうことがエンパワーメントの前提となってくるとすれば、参加型開発と組織化の問題は深く関わっていると言えよう。組織化の問題を参加型開発と一体的に考察していく必要性がここに存在する（註51）。

　もちろん、前述した協働活動の中から住民のエンパワーメントが起こり、それが住民主導の開発に発展していく条件を整理しておかなくてはならない。その中で、ここでは重要条件を一つ挙げておきたい。それは現地行政担当者（県レベルや郡レベル）に関わる条件である。斎藤文彦（2002ba）が指摘しているように、多くの場合、貧しい人々は、「偉い人々」が自分達を相手にしていないし、そのような人たちに頼ることはできないと感じている。また、貧しい人々は、社会の厄介者とみられることはあっても親身になって助けられることはないと考えている（斎藤文彦　2002ba）。このことを裏返せば、一部の「偉い人々」は貧しい人々を半ば無視しているだけでなく、差別もしているということになるだろう。貧しい人々からみれば、現地行政担当者も十分「偉い人々」なのである。

　つまり、筆者が言いたいことは、現地行政担当者の知識習得だとか技能向上だとか言う前に、彼らの意識改革を行なうべきではないかということである。斎藤文彦が指摘する状況およびその裏返しの状況を、筆者自身もこれまで途上国の各地で度々目撃してきた。住民や農民のエンパワーメントの最大の阻害要因として「偉い人々」が立ちはだかっているように思えるのである。

303

もちろん良心的な行政担当者、例えば前述したベトナム・メコンデルタのバクリュー市の役人のような方が存在することも否定はできないが、こうした例はそれほど多くはないというのが筆者の実感である。

開発プログラムの中には、現地行政担当者を日本国内で教育するプログラムもあるが、自分たちは「偉い人々」でも何でもないという根本的考え方が彼らの間に定着しない限りは、十分な教育効果が上がったと胸を張ることはできないのではないだろうか？　この根本哲学とは、参加型開発の核心部分である。たとえ、様々な知識や技能を身につけ、さらには参加型開発の手法をたくさん学んだとしても、この根本哲学を理解していなければ、「仏作って魂入れず」という諺どおりになるのではないだろうか？　参加型開発に正に魂を吹き込まなければならないのである。このことは、決して精神論とか精神主義などではないのである（註52）。

次に、我々外部者のあり方はどうなのだろうか？

久保田（2002a）は、西アフリカにおける開発ワーカーとしての実戦経験に基づき、開発ワーカーの「内省的実践家」としての活動に注目している。内省的実践とは自分自身の変革を通して地域社会の変革のために住民とともに行動することを指している（久保田　2002a）。

ここで久保田の言うところの「自分自身の変革」は何をもって可能となるのであろうか？　それは正に学習（学び）である。学習こそが自分自身を変えていくものではないだろうか？　では、その学習はどこで可能となるのか？　それこそ、「住民とともに行動する」中で可能となるのではないだろうか？　つまりは、住民と行動を共にする（協働する）中で学習機会が生まれ、その学習による自己変革が、次なる協働（住民との行動）に反映されていくということである。これがPLA（「参加による学習と行動」）の本質であろう。何故ならば、繰り返しになるが、チェンバースの言葉のとおり、「変わるのはわたしたち」だからである。つまり、住民や農民よりも我々外部者こそ変わらなければならないからである。

ただし、ここで最も根本的なことを指摘しなくてはならない。それは学ぶ

第5章　参加型研究と参加型開発の実践性

姿勢である。もっと言えば、学ぶ姿勢の有無である。現場から学ぶ、あるいは農家から学ぶ姿勢があるのかどうかである。つまり、学ぶことの価値や意義を理解できるかどうか、ここが根本である。これこそが、PLAの存立基盤であると言えよう。

　もう一つ付け加えておきたい。それは住民や農民の学習（学び）についてである。価値観や考え方を変えなければならないのは、我々外部者であるが、学習するのはお互いである。学び（学習）の中には、価値観の転換や根本的考え方の転換も含まれているものの、それだけではない。作物や環境における新たな発見、原理の解明、そして技術の創造などが学習の先にある。学習はそこへの道程である。

　こうした局面において言えることは、我々（研究者や開発ワーカー）は十分なモチベーションを持っている。その中には、旺盛な知的好奇心も含まれている。他方、住民や農民はどうであろうか？　日々の生活に追われる中、我々と同様のモチベーションを持ち得るのだろうかと疑問を持つかもしれないが、実は、農民も知的好奇心を十分持ち合わせているのである。

　かつて、ベトナムの農民から、農家調査法（主として問題点を探っていく調査方法）や分析方法（問題点に優先順位をつける方法など）を勉強したいので教えてほしいという要望を受けたことがあった。また、ベトナムにおける農業技術講習会やラオスにおけるプロジェクト報告会やモザンビークにおける農家試験実施説明会などで農民が様々な質問をすることも珍しくはなかった。さらには、カンボジアの農民から日本の農政について教えてほしいと言われ、自身の農水省勤務時の体験を含め、様々な話をしたこともあった。また、農協活動をより活発化したいというベトナムの農家の方々に、日本の農協について説明したことがあった。これは、その日にベトナムのテレビ番組でも取り上げられた。さらには、タイの有機稲作農家と有機稲作や有機農業について意見交換を行ったこともあった。

　これらは、多くの場合、研究途中（調査途中）での出来事であった。自然発生的にそうした場面がつくられたのである。したがって、我々が農民と協

305

働する中で、彼らの知的好奇心に応えたり、あるいは、それをさらに刺激したりすることは可能であろう。それも相互学習の重要な一環である。さらに言えば、マズローの欲求説の5段階目（最上位）に位置する自己実現欲求も我々だけのものではない。当然ながら、住民や農民も持っているのである。

　現地住民や現地農民の多くは、生まれ育った土地に固定して暮らしており、それ以外の世界に触れることが極めて少ない。そのことを考慮した場合、彼らにとって新鮮な情報とは村外の情報である。他地域や他国の農業・農村情報である。何故か？　彼らは自身の村を客観的に位置づけたいのではないだろうか？　これは彼らの知的好奇心の表れの一例であろう。また、自身の営農の改善や村の発展に向けた何らかのヒントを得たいという欲求も同時に隠されていると考えられるのである（註53）。

　以上のことを教育心理学の世界から見てみると、鹿毛（2022）の次のような見解が注目される。すなわち、「好奇心」は内発的動機づけに基づく代表的な心理現象である。この内発的動機づけとは、その行為自体が行為の目的である場合、つまり自己目的的なモチベーションを指すが、とりわけ、学習そのものが目的となっているモチベーション（「もっと知りたいから調べてみる」、「もっと上達したいから練習する」）を元来意味している（鹿毛2022）（註54）。

　他方、前述した農民の知的好奇心がすべての農民に顕在化しているかというと、必ずしもそうではない。知的好奇心はあるものの、それが眠っている場合もあるだろう。したがって、重要なことは、日々の生活に追われる中で、表立っていない潜在的な知的好奇心および潜在的な自己実現欲求をどのようにして顕在化させていくのかということである。顕在化への道筋こそ我々がしっかり考えていかなくてはならないのである。その基礎条件としては、既に述べたように、食料や医療などへの基本的アクセスの改善を指摘しなければならないであろう。BHNアプローチの重要性は失われていない。ここにしっかり生きているのである。

　実は、サルボダヤ運動もBHNアプローチとつながっていたのである。海

第5章　参加型研究と参加型開発の実践性

田（1996）は、サルボダヤ運動について、次のように説明している。すなわ
ち、日常の生活に必須の最小限のものを簡素に取りそろえ、生活の規律を正
し、このような最低限の生活条件（BHN）が満たされたうえは、生活の価
値をもっぱら教育、勉学、芸能活動などに置く（海田　1996）。つまりは、
サルボダヤ運動の基礎はBHN（ベーシック・ヒューマン・ニーズ）にある
と言えよう。逆に言えば、BHNを考慮しない実践活動はあり得ないという
ことである。その上で、そこから先の、潜在的な知的好奇心および潜在的な
自己実現欲求の顕在化に向けた道筋を考えていくことが今後の大きな課題と
なる。そこには、心理学の力を借りなければならない局面も広がってくるで
あろう。

　そこで最後に、心理学の立場から、開発とりわけ参加型開発をどのように
捉えているかについて少しだけみておくことにしたい。久木田（1996a）は、
住民主体の開発を行なう初期段階（準備期間）に注目している。この準備段
階では、地域住民へのアクセス、関係形成、住民の開発問題への気づきの促
進などがあるが、それらは心理的側面の強い準備作業である。ところが、従
来、この部分が担当者の名人芸と素質に頼らざるを得なかった。そこで、心
理学に求められているのは、このような開発のソフトな側面を理論化し、科
学的な説明を加える必要があるということである。心理学的にみたエンパ
ワーメントの中心的要素には、効力感（自己の潜在力の認知）、制御感（自
分がコントロールしているという認知）、所有感（オーナーシップ）、公正感
などがあり、これらを明確に理解し定義していく必要があろう（久木田
1996a）。

　久木田の心理学的整理はすっきりしているのだが、心理学の貢献はまだこ
れからというところであろうか？　「明確に理解し定義していく」というこ
とであるが、今後どのようにより具体的に理解し定義していくのかがやや判
然としない。大事なことは、一つには、事例からの理論化であろう。数多く
の事例を集め、類型化したり、類型ごとの特徴を抽出したりして、理論化に
つなげていくことである。二つには、教育学や教育心理学などの世界でよく

307

用いられるようなアクション・リサーチに依拠するなどして、上記事例のクオリティーを高めていくということであろうか？

　ここは専門外であるので、この程度に留めておく。いずれにしても心理学の重要性、そして、心理学と開発社会学、開発人類学、あるいは地域研究などとの接近、学際的アプローチの重要性などが増してきていると言えよう。そして、今後の開発について、久木田（1996b）は、次のように展望している。1970年代、80年代には、経済を中心とした開発専門家の中に人類学者や社会学者などが入ってきた。90年代、人間中心の開発へのシフトが明らかになるにつれて、この傾向はさらに進む。さらにもっと先を見ると、開発専門家の中に人間の心の側面から開発をみていく心理学者、精神科医、哲学者なども入ってくることが予想される。「人間科学」と呼ぶべき領域（人間に最も近い科学的研究の領域）である（久木田　1996b）。

　正に、久木田の指摘するとおりであると思われる。学際性が益々強まっていくということであろう。参加型開発においては、当然ながら主体の問題が重視される。したがって、そこに、医学や哲学を含めた「人間科学」の領域が入り込んでくるのも当然の流れなのかもしれない。参加型開発を「科学する」という将来方向が少し見えてきたようにも思えるのである。

註

（註1）1990年代半ば以降、構造調整レジームの限界と問題点が認識され、同レジームが弱化する中で、貧困削減レジームという次の世代の援助レジームが形成されてきたと考えることができる（佐野ら　2014）。

（註2）構造調整政策が貧困問題を深刻化させたのは、その理由の一つに公共支出の削減という政策があった。この点について、斎藤文彦（2002aa）によれば、1980年代の構造調整政策がマクロ経済運営に偏るあまりに、教育や医療といった公共支出が削減され、貧しい人々に打撃を与えた。その結果、貧困層はさらに困窮な生活を強いられるようになった（斎藤文彦　2002aa）。

（註3）1990年代の大きな潮流として、人間開発概念の主流化、社会開発的側面の重視、住民参加型アプローチの導入など、理念・手法の双方において、経

第5章　参加型研究と参加型開発の実践性

済成長一辺倒でない要素の重要性が認識された（北野　2014）。

（註4）プロジェクトPLA編（2000a）では、PRA（Participatory Rural Appraisal：参加型農村調査）が調査（Appraisal）を行なうことということ誤解を与えかねないことから、PLA（Participatory Learning and Action：参加による学習と行動）という用語が用いられている。そして、PLAは次のように説明されている。PLAは、エンパワーメントを目的としており、これまで見過ごされてきた地域住民の潜在能力を重視しながら、外部者は主役である住民をファシリテーションするに留まる（プロジェクトPLA編2000a）。

（註5）この問題については、第4章で検討したところである。

（註6）ただし、内発的発展論が援助の文脈で全く生かされなかったわけではなかった。例えば、戦後日本の生活改善事業は現代的な視点から再評価され、外から資源を持ち込むのではなく、そこにある資源を活用するという指向性を持つという点で内発的発展の具現化とみてよい（佐藤仁　2021b）。

（註7）もちろん、PRAにおいては、外部者側が考慮すべき様々な留意点がある。その留意点の中には、参加農民が楽しく取り組めることにつながる条件も含まれている。例えば、チェンバース（2011g）は、農村における外部者のふるまい、態度、考え方を集約したPRA行動指針を紹介している。その中の主な指針は以下のとおりである。①人々の能力を信用する、②彼ら（農村住民）のリアリティ、優先事項、アドバイスを尋ねる、③レクチャー、批判、教えることは慎む（ファシリテートする）、④うまくいかなかったこと、機能しなかったことから学ぶ、⑤指示棒を手渡す（チェンバース2011g）。

（註8）空間に関するPRAの手法はいくつかあるが、その中でも代表的なものとして、社会マップ（Social Map）と資源マップ（Resource Map）が挙げられる。クマール（2008a）によれば、このうち、社会マップはPRAで最も人気のある手法で、人々の現実の空間的な特徴を探求するものであり、居住様式、住まい、道路、下水システム、学校、飲み水の施設など社会インフラの特徴を描き出すことに焦点が当てられている。社会マップは、アイスブレイキングに最適である（クマール　2008a）。資源マップは、地域の自然資源に焦点を当て、土地、山、川、畑、植物などを描き出す。そこには、地形、植生、水域、水源なども含まれている（クマール　2008b）。

（註9）ベトナム人研究者は、特にトランセクト（Transect）を得意としていた。クマール（2008c）によれば、トランセクト（横断的観察法）は、農業と環境に関して、異なった地域を横断的に表すことができ、地形、土地の種類、土地の利用法、所有権、利用のしやすさ、土壌の質、肥沃度、植生、課題、機会、および解決方法などのような、特定の項目に沿った比較を行

309

なうこともできる（クマール　2008c）。

(註10) 地図づくりにおける目の付け所について、プロジェクトPLA編（2000b）では、次のようなことが述べられている。外部者は、住民がどこを中心に書き始めるか、誰が何を強調しているか、何を基準に全体が構成されていくのか、地域の境界が住民によってどのように認識されているのか等について、その作業過程を観察することで追加的な情報を得ることができる（プロジェクトPLA編　2000b）。

(註11) 参加型開発やファーミングシステム研究の分野においても、近年、ジェンダー視点からの開発や研究が進んできている。例えば、鈴木福松（1997d）は、女性（大人）、女性（子供）、男性（大人）、男性（子供）がそれぞれ、いつどのような農作業を行なっているかを明記した季節農業カレンダーを紹介している。また、ジェンダーに関しては、土地、水、資産、現金、金融、技術（営農技術や生活技術）の他、情報やトレーニング機会への女性のアクセス程度を把握することの重要性も指摘されている（鈴木福松1997d）。

(註12) プロジェクトPLA編（2000c）によれば、季節カレンダー作成を通して、雨季と乾季の気象の変化、繁忙期、休閑期等の年間の労働配分、作付け・農作業の手順、祭り等の地域のイベント、病気が蔓延する時期、出稼ぎに出る時期等について知ることができる（プロジェクトPLA編　2000c）。

(註13) 農民が最も好きな野菜はニガウリである。苦くて美味しいとのことである。

(註14) 1キープ＝0.0079円（2023年5月31日時点）である。

(註15) もちろん、独立したカードが島（川喜田二郎は、KJ法において「島」という表現をよく使っている）のように点点としている場合もある。

(註16) ランキング、スコアリング、およびウェイティングのそれぞれのより詳しい説明については、以下の文献で確認することができる。

　　　Peter M. Horne and Werner W. Stur（2003e）"Developing agricultural solutions with smallholder farmers -How to get started with participatory approaches-" Published by ACIAR and CIAT, ACIAR Monograph No.99, pp.83-85.

(註17) 源（1995a）によれば、PCM手法の参加者分析とは、プロジェクトの実施に関係するであろう個人、組織の特徴、問題点、可能性などを、ワークショップに参加した人々がカードに記入することによって列挙していくプロセスである。ここでいう「参加者分析」の参加者とは、プロジェクトに関係するであろう関係者のことを指す。「参加者分析」の詳細分析の視点としては、当該関係者の民族、社会、宗教、文化的背景、経済状況、教育レベル、関係組織の法的位置づけ、社会における役割、組織構造、組織行動などの「特徴」、現在抱えている重要な「問題」、強みや弱みなどの「潜

第5章　参加型研究と参加型開発の実践性

在能力」、「興味、ニーズ」、プロジェクトが実施される場合の「期待、懸念」などが含まれている（源　1995a）。

（註18）カントー大学ファーミングシステム研究所以外の研究者（例えばカントー大学農学部の研究者）の中には、農民に教えてやるという姿勢を持った研究者もごく一部存在していた。

（註19）1バーツ＝4.02円（2023年5月31日時点）である。

（註20）本プロジェクトにおいては、タイの研究者も共同研究に関わっていたので、三角協力的な意味合いも多少あった。

（註21）PRAにおいては、農民と共に行なうニーズの把握や機会の把握が中心であり、そのためのツールが数多く用意されているわけだが、ニーズ把握からその先をどのように進めていくのかが、実は肝心な点である。そうでなければPRA結果が浮いてしまう、つまり役に立たないということになりかねない。残念ながら、今のPRAではニーズ把握後の手法が確立されているとは必ずしも言えない。だからこそ、PRAは参加型開発そのものであるというような考え方には違和感があるのだ。

（註22）ここでは、農家の回答に基づき計算した結果を示している。

（註23）1袋の重さは不明である。

（註24）なお、特に天水農業地域においては、土壌肥沃度に関する農民の知識がより重要な役割を演じる（Oda *et al.*　2013）。

（註25）戸堂（2021b）は、エチオピアの事例に基づいて、有機肥料づくりの技術の複雑さと難しさについて、次のように解説している。有機肥料は、糞を適切に発酵させるために何度も糞を混ぜ合わせたりする必要がある上、発酵に失敗してしまうと、単に腐敗してしまってむしろ作物の生育を妨げることになる。この点を踏まえ、戸堂は、有機肥料づくりの場合、自分の知り合い同士も知り合いという密度の濃いネットワークの中で技術の情報を共有し、いろんな知り合いから技術情報を聞くことで、はじめてよく理解し実践することができる（戸堂　2021b）と述べている。

（註26）中野（1999）によれば、十分に腐熟させた堆厩肥は長期間連続して有効成分が溶出し、その溶出パターンが作物の養分吸収の季節変動に一致する点で理想的な肥料である。なお、堆肥とは、藁類や収穫残渣を堆積・腐熟させたもの、厩肥は家畜糞尿と藁、おがくずを堆積・腐熟させたものであり、両者をあわせて堆厩肥という（中野　1999）。

（註27）なお、NT村に女性同盟の支部が設立されたのは1985年である。

（註28）親牛は5歳から10歳の間に子牛を産む。

（註29）バーシーは、基本的には人生の節目に行うラオスの伝統的な儀式であり、健康と繁栄を祈る儀式である。

（註30）山田ら（2010b）によれば、より厳しい条件に置かれた農民を対象にPRA

を行う場合には、外部者がその地域における生産ポテンシャルをある程度示した上で問題分析を進めることも効果的であろう。肝要なことは、住民たち自身が歴史的に培ってきた暗黙知や地域の未利用資源の可能性に目を開いてもらうことである（山田ら　2010b）。そのことによって住民は自信を持ち、より主体的になり得るであろう。

(註31) JICAプロジェクトである本プロジェクトは、ベトナム北部（Hai Duong省内の2地区とQuang Ninh省内の1地区）のモデルサイトにおいて、農民リーダーおよび水利技術者の能力向上を通じて、農民参加による水管理を推進し、収量・コストの両面で農業生産性を向上させることを目的として実施された。

(註32) 米銀行については、ラオスにおけるNGOプロジェクトの中で実践した新井（2010b）が次のように説明している。すなわち、米銀行とは、その名が示すように、米を借りる銀行で、農村開発・支援では広く取り入れられている。最初の元本（貸す米）は支援する側が用意し、村人は米が足りなくなったときに借りる。利率や借りる期間と量は、村ごとに決める。JVCラオスは1990年代前半に米銀行を導入した。JVCの対象村では、平均利子率が10〜20％（貧困層は無利子）、返却までの期間は約半年間であった。なお、利子分が次に貸し出す米となる（新井　2010b）。

(註33) ラオスにおけるNGOプロジェクトの中で米銀行支援を行っていた新井（2010d）は、プロジェクトの中間評価時のタイミングをとらえ、中間層、貧しい層、女性などのグループを各村につくり、グループごとに、米銀行の設置前と設置後の状況などを把握しようとした。さらに注目すべきは、中間評価の準備段階で、スタッフから「貧しい層だけのグループをつくると、そこに振り分けられた人たちは気を悪くすると思う」という意見が出されたので、貧しい層に中間層も必ず一人は混ぜ、外からは「普通の村人のグループ」と見えるように工夫したのである（新井　2010d）。

(註34) 太田（2007b）は、外部者が住民の主体性の涵養を促進している（facilitate）ように見せかけて、実は外部者側の意のままに住民を巧みに操作している（manipulate）ような事例が現に存在していることを問題視している（太田　2007b）。

(註35) こうしたことは、他の東南アジア諸国でも見られるようである。例えば、黒田（2005）によれば、典型的なタイの村落には村の中心に仏教寺院を見つけることができる（黒田　2005）。

(註36) NS村におけるPRAについては、山田ら（2010a）が詳細に説明している。

(註37) その分け方は集落長に任せた。集落長は、日頃からの農家との付き合いの中で、どの農家がどの階層に位置するかということを概ね把握しているようであった。高橋昭雄（2007a）は、ミャンマーにおける農家調査におい

312

第5章　参加型研究と参加型開発の実践性

て、同様の手法を採っている。すなわち、村人にあらかじめ全世帯を階層に分類してもらい、その中で無作為に調査世帯を抽出した。村人たちの意識の中に階層概念はあるのか、あるとしたらどのような指標を基に分類しているのか、その指標は戸別世帯調査によって得られたデータと客観的整合性はあるのか、といったことを確かめたかったからである（高橋昭雄2007a）。

(註38) 久留島（2021a）によれば、タイ北部チェンマイのH村に二つの集落があったが、一方の集落の住民はコンクリートと木材でできた家屋に住み、多くの世帯でバイクと自家用車を所有していた。他方、村の奥地にある集落では、多くの世帯でバイクこそ所有していたものの、藁と竹でできた簡素な家屋に住んでいた。このように貧富の差が大きい二つの集落が、多くの開発事業では「対象村」という一つの単位で括られてしまうということである（久留島　2021a）。このように、一つの村においては、異なる農家階層だけでなく豊かさが異なる集落の存在にも注意を払う必要があろう。

(註39) この他にも、メコンデルタプロジェクトでは、VACシステムにおける問題の構造的把握と解決策の評価が、三者すなわち農家、普及員、研究者（ファーミングシステム研究者）においてそれぞれ行われ、三者間の認識の共通点と相違点が導き出された（山田　2003）。

(註40) PCMにおける問題分析や目的分析を行う時、中心問題を一つ決め、原因－結果、目的－手段という縦の理論で分析・整理していくというルールがある（源　1995b）。

(註41) PCMの参加型計画編（企画・立案編）における問題は、複雑系の世界をうまく捉えきれないということであるが、実は、モニタリング・評価編の方にも再考が必要な側面を感じる。それは、PDM（プロジェクト・デザイン・マトリックス）に端を発しているように思われる。PCMの計画編における最終成果がPDMであるが、ここで、プロジェクト目標の他、成果（成果項目）や活動（活動項目）、さらには投入（人材、機材、施設など）が決定され、一覧表（マトリックス）になるのである。

　モニタリング・評価編は、ほぼPDMに沿って評価が行われることになるのだが、PCM研修参加時に覚えた若干の違和感は、このモニタリング・評価編における評価がやや機械的ではないかという点にあった。もちろん、個々人の評価能力や評価の仕方によるところが大きいとは思う。その背景には、PDMの事細かさにあるように感じた。インフラ整備など工学的な対応の場合には、こうした形の管理が適切なのかもしれないが、農学的な対応の場合、このような形の管理が果たして適しているのだろうかという若干の疑問が生じたのである。

　戸田（2011b）によれば、日本のODAの活動においても、成果主義に基

313

づく「現実の単純化」が行われており、また目的管理の枠組みの精緻化が進んでいることに注意を向ける必要がある（戸田　2011b）。もちろん、PCMの優れた点は認められるし、決してPCMを否定するわけではない。これまでも、PCMが様々なプロジェクトに貢献してきたものと思われる。

(註42) CLUSAは、ダイズ栽培法についての反復試験を行ってはいないものの、いくつかの異なる栽培法（投入財無し区、化学肥料施用区、根粒菌区、化学肥料+根粒菌区）の比較試験を行っていた。それは、厳密には試験と言えないかもしれないが、展示圃場としての効果は大きかったと考えられる。

(註43) FASIDがPCM研修で使うカードと同じものを使用した。

(註44) 筆者は、参加農民に対して、展示圃場についての問題点を主に記述するよう依頼したが、結果としては、展示圃場に特に限定されていないものもあった。

(註45) この感想文には、農民の知的好奇心が反映されている。そこに特に注目したい。

(註46) 1メティカル（MT）＝2.20円（2023年6月18日現在）

(註47) 1日あたりの労働時間は約9時間として見積もっている。

(註48) ここで、「能力構築」（capacity building）ではなく、敢えて「能力開発」（capacity development）という言葉を用いたのは、先進国側の視点ではなく、途上国側の視点から考えたいという思いを込めているからである。このことに関して、日本学術会議国際地域開発研究分科会（2008b）は、以下のような説明を行なっている。すなわち、「能力構築」（capacity building）という用語には、国際協力を「する側」の見方や意思が強く反映してしまうきらいがある。国際協力をする側の上からの能力構築ではなく、途上国側の自律的な取り組みをより強く意識した、下からの能力構築こそ支援すべきものであり、この点では、「能力開発」（capacity development）という表現の方がより適切であると思われる（日本学術会議国際地域開発研究分科会　2008b）。

(註49) アクション・リサーチでは、研究者が実践者でもある。実践活動の中で、研究データも蓄積され、それが分析対象となるのである。

(註50) 将来構想図は、プロジェクトPLA編（2000e）において以下のように説明されている。すなわち、将来構想図は地域の未来について考える手法である。住民が自らの将来の展望、希望や構想、例えば、10年、20年後の自分たちの暮らし、地域の状況や、どのような地域にしたいかなどについて、自由な発想で想像して絵を描き、またそれに基づいて地域の将来について話し合うのである（プロジェクトPLA編　2000e）。

(註51) 重冨（1996b）によれば、途上国では、先進国のような住民組織ではなく、官製の組織が多いため、住民が参加できるシステムがない。そうした状況

第5章　参加型研究と参加型開発の実践性

の下で、住民自身が自らのイニシアチブで組織を作り、開発プロジェクト
をやっていかなくてはならない（重冨　1996b）。

(註52) 海田（2003）は、バングラデシュ政府が汚職と非能率の巣窟となっている
問題を指摘し、さらに、各国援助機関がこうしたバングラデシュ政府を離
れ、はつらつとしたNGOを支援する方に軸足を移していると指摘している。
また、ODAの事業が受け手の国の巨大NGOという名の実は大手開発コン
サルタントの手を通して実施されている、という姿に映るとも述べている。
その上で、海田は、国づくりとしての村づくりは、もっと地生えの、バン
グラデシュ独自のものを追求しなくてもいいのだろうかと問いかけている
（海田　2003）。現地行政機関の問題として、海田が指摘した汚職や非能率
の問題は無視できない。それどころか、この問題こそ本丸の問題であると
いう国が世界中に広がっているのではないだろうか？　とりわけ多くのア
フリカ諸国では、行政機関の汚職や非能率の問題が極めて深刻化している。
正にガバナンスの問題であり、この問題の改善こそ急務であると言えよう。

(註53) これに類似したことについて、ラオスにおけるアクション・リサーチを踏
まえ、百村（2006）は、次のように述べている。住民は外部の世界から見
た自身の状況や、彼らを取り巻く様々な環境についてその情報をほとんど
もっていないので、自分たちを鳥瞰的に位置づけることができない。自分
たちの森や土地利用が国家によってどのように取り扱われようとしている
のか、市場のニーズが村の生活にどのような影響を与えるのかなど、場合
によっては負のインパクトを与えるような出来事に対して無防備とも言え
る。僕らができることは、外部からの情報を整理し、彼らの持つ知識や経
験にうまく生かせるよう提案し、伝えることだと思う（百村　2006）。正
にその通りであろう。こうした関係性から考えても、外部者である我々は、
触媒の役割を果たすのが基本とはいえ、地域住民に足りない部分をフォ
ローするという役割もあり、そのとき、トータルでみると協働という関係
が成り立つのかもしれない。

(註54) 内発的動機づけと外発的動機づけを対比させて、次のような説明を外山
（2011）が行っている。すなわち、内発的動機づけとは、活動に対する好
奇心や興味・関心によってもたらされる動機づけのことである。内発的動
機づけに基づいた行動は、行動そのものが目的となっている。他方、外発
的動機づけの場合、報酬を得ることや罰を回避することが目的であり、行
動はその手段となる（外山　2011）。

315

第6章　貧困問題へのアプローチ

─ラオス貧困村の事例を中心として─

第1節　貧困問題の位置づけ

　貧困削減の国際的な潮流の中で、2000年に「国連ミレニアム宣言」が採択された。この宣言の下に、8つの大きな目標を掲げたミレニアム開発目標（MDGs）が策定された。これを起点として貧困削減の国際的な取り組みが本格化していった（註1）。

　ミレニアム開発目標（MDGs）の第1目標は「極度の貧困と飢餓の撲滅」であった。MDGsは2015年に終了したが、ポストMDGsとして、2030年に向けての持続可能な開発目標がつくられた。これがSDGsである。SDGsは17の目標を掲げているが、その第1目標も「貧困をなくそう（あらゆる場所で、あらゆる形態の貧困に終止符を打つ）」である。つまり、貧困問題へのアプローチは、依然、最重要課題として継続されているのである（註2）。

　この背景には、大塚（2020a）が指摘しているように、中国において貧困者が著しく減った一方で、南アジアの貧困は依然として深刻であるし、アフリカでは貧困問題の糸口さえつかめていない（大塚　2020a）という状況がある。実はそれだけでなく、東南アジアにおいても、特に後発開発途上国の貧困問題はいまだ深刻な問題であると言えよう。また、都市部が急成長する東南アジア各国においては、山岳部の貧困地域を抱えたまま、地域間格差が拡大傾向にある。黒田（2014）によれば、各国において、経済の急成長の陰で格差が拡大しており、依然として、極度の貧困の中に暮らしている人々が10億人もおり、そのほとんどの人たちは脆弱性が高く、経済成長から取り残され、開発の恩恵にも預かれない人たちである（黒田　2014）（註3）。

　このような貧困問題および格差拡大は、構造調整政策によって深刻化した

側面があろう。朽木（1996）によれば、市場が未発達な発展途上国への急速な市場メカニズムの導入（世界銀行の構造調整政策）は、その国の社会の不安定化をもたらした場合もあった（朽木　1996）。構造調整政策の負の影響については、急速な市場メカニズムの導入（統制価格の撤廃・自由化など）に留まらず、公共支出の削減、補助金の削減、関税の引き下げ、および金利の自由化などによる負の影響を指摘することができよう。

　また、世界の農業を概観してみると、先進国では灌漑農業が発達し、生産性（土地生産性と労働生産性）の高い農業が実現されているが、多くの途上国ではいまだ天水農業が支配的である（註4）。天水農業は、特にアフリカ諸国において特徴的であるが、東南アジアの後発途上国においても天水農業が支配的である。天水農業は降雨に依存した農業であり、その特徴として、収量が相対的に低いというだけでなく、降雨量や降雨時期が安定していないため、収量が不安定となり常に干ばつのリスクに晒されている（註5）。その結果、多くの天水地域が貧困に苦しんでいるというのが現実である。

　これまでの国際協力では、アジア地域を中心として、灌漑施設の整備に力を入れることにより、天水農業を灌漑農業へと転換させてきた（註6）。しかしながら、降雨量が絶対的に少ない地域、および河川や地下水に恵まれていない地域では灌漑農業は成立し難い。つまり、灌漑可能地域は限定されているわけであり、天水農業を続けざるを得ない地域が広範に存在するという事実を我々は認めなければならないのである。

　にもかかわらず、これまで「緑の革命」に代表されるように、灌漑農業に焦点を当てた国際協力が多く、天水農業はやや置き去りにされてきた感がある。特に焼畑農業について、そう言えるであろう。河野ら（2008c）によれば、水田水稲作と比較して、焼畑陸稲作は、これまで農学的な研究の対象として取り上げられることは少なかった。このため、顕著な技術開発もなく、したがって政府も適切な支援の手を打てていない（河野ら　2008c）。

　そこで本章では、実践的農学との関連において、途上国の天水地域の貧困問題を扱っていくこととする。特に、具体事例（ラオス貧困農村の事例）に

第6章　貧困問題へのアプローチ

もとづいて貧困問題へアプローチし、貧困削減の方向性を模索していく。これまでの章、特に第2章、第3章、および第5章において、途上国の農民の経営管理能力形成を含めたエンパワーメントについて詳述してきた。そのエンパワーメントは農民の置かれた環境に影響されるものである。重要な点は、エンパワーメントを可能にする環境に農民が置かれているのかどうかという点である。そこにおいて、貧困問題が立ちはだかるのである。

　さて、貧困問題の諸相をみていくのに先立って、まずは、貧困とは何かという根本的な問いかけから始めていきたい。伊藤成朗（2010）によれば、貧しいこととは、従来、所得が低いことと捉えられていたが、近年では、個人が幸せを追い求める手段（エンタイトルメント）（註7）を奪われている状態とする解釈が広まりつつある。この見方に立てば、医療サービスを利用できずに予防可能な病気にかかったり、教育を受けられず、知識や視野を広げられない、差別を受けて自分の意思を表明できない、などの状態も貧困に含まれることになる（伊藤　2010）。つまり、貧困というものを多角的に捉えることが必要であり、かつ貧困である状態（生活を続けることが困難な状態）よりも、むしろ貧困状況を生み出している根本原因（所得獲得機会や医療・教育アクセスの制限、および様々な差別の存在など）に注目する必要があるということではないだろうか？（註8）（註9）

　斎藤文彦（2005a）によれば、貧困を所得の欠如だけでなく、より総合的に人間の能力の欠如であるととらえ、これを指数で表示したのが人間開発指数（一人当たり国内総生産、寿命の長さ、教育水準の三つの要素を統合した指数）である。これは、アマルティア・センの問題提起を発展させたもので、国連開発計画（UNDP）が1990年に『人間開発報告書』（"Human Development Report"）によって提起したものである（斎藤文彦　2005a）。

　以上の見解に関して、二点指摘しておきたい。

　第一に、「人間の能力の欠如」というワードは誤解を与えやすいという点である。能力がないということではなく、（潜在）能力を発現する機会や能力を高める機会が与えられていない、あるいは制約されているということで

319

ある。黒崎（2005）は、貧困を単なる低所得ではなく、人間がその能力を十分に活かせることができなくなるような様々な剥奪が深刻な状況として捉える見方が、経済学において市民権を得るようになった（黒崎　2005）と述べているが、能力発現機会（能力を発揮する機会）の剥奪もさることながら、能力形成機会（成長の機会）の剥奪にも注目する必要があろう。

　第二に、人間開発指数は数値化できるものだけに限定されているのであり、自ずと限界を有するという点である。例えば、社会的ネットワークだとか社会的発言力などは、数値化が困難なため考慮されていないし、教育年数は数値化できても教育の質は考慮の外にある。近年、特に途上国における公教育の質が問題視されている。その背景には、教師の質の問題などもあるし、さらにその背景の一つに、教師の給与水準の低位性の問題がある。

　2000年初頭の話ではあるが、ベトナムにおいて教師の給与水準は、一家の家計を賄うにはあまりに不足していた。彼らの多くが、家庭教師などの副業をしながら生計を立てていたのである。また、南アジアの公教育問題については、黒崎（2015b）が以下のような指摘をしている。南アジアにおいて教育開発が遅れてきた理由は、子どもの労働従事などの問題（教育の需要面の問題）だけでなく、教育の供給面にも見いだされる。公立学校で提供される教育の質があまりに低いため、就学していても何の学力も得られないという問題である。熱心に教えて子どもの学習成果が上がろうと、怠業して授業をさぼっても同じ給与であり、かつ怠業教員に対するペナルティもないならば、教員は怠業の誘因を持つであろう（黒崎　2015b）。

第2節　ラオス農村にみる貧困の現実

　ここまで、主として先行研究の検討に基づいて、貧困問題の位置づけを考察してきた。そこで、本節では、貧困の具体的な実態をみていくことにする。対象国として、東南アジアの後発開発途上国の一つであるラオスを取り上げる。対象地域は、ラオス低地天水地域の貧困村カムアン県NT村である。

第6章　貧困問題へのアプローチ

　まずは、NT村の概況について、山田（2010a）に基づいて、以下簡単に説明しておく。NT村においては、総人口が383人、総農家数66戸、総農地面積は52.3haである（2007年のNT村における聞き取り結果に基づく）。NT村の特徴の一つは、零細な農地保有という点にある。同村農家の平均水田保有面積は1ha未満である。また、焼畑を行っているごく一部の農家が畑を保有しているものの、ほとんどの農家は畑を保有していない。樹園地もほとんど存在しないが、一部の農家は、屋敷地（**写真6-1**）にバナナやパパイヤなどの果樹を僅かばかり育てている。水田の他には自家菜園があるだけで、この自家菜園も平均70m^{2}と極めて零細である。家畜の平均所有規模は、牛3.2頭、水牛3.0頭、山羊5.5頭などといずれも小規模なものとなっている（**写真6-2、写真6-3、写真6-4**）。

　同村では、1戸の例外農家（註10）以外の農家においては、収穫された米はすべて自家消費に回されていた。また、野菜作についても、2戸の農家が

写真6-1　NT村の屋敷地の様子

写真6-2 雨季における牛の放牧
（NT村）

写真6-3 乾季水田における牛の放牧
（NT村）

写真6-4 屋敷地を徘徊する水牛
（NT村）

写真6-5 自家菜園と井戸
（NT村）

白菜やキュウリなどを村人に販売していたが、その他の農家は収穫した野菜すべてを自家消費に回していた。野菜は乾季の1月〜4月の間に栽培されていたが、その種類は多種多様であった（**写真6-5**）。他方、雨季には、病害の発生などが懸念されるため、野菜は栽培されていなかった。

そこで、野菜に代替するものとして、森（共有林）でキノコやタケノコなどの特用林産物が採集されており、貴重な栄養源（ビタミン源など）となっていた。特用林産物については、すべて自給か主として自給の農家が過半を占めていたが、村に隣接する道路沿いで路上販売する農家も多く、その販売収入は少額ながら貴重な現金収入源となっていた（**写真6-6**）。また、1年を通して川で漁労が行われていたが、漁労農家のほとんどが自給農家であっ

た。こうして獲られた魚は貴重なタンパク源となっていた。

なお、農外就業機会については、道路舗装工事や製材所労働など限られており、就業形態の多くは安定的とは言えなかった。また、田植えや収穫などの作業に雇用されている農民も比較的多かった。その他、籠づくりや木の切り出しなどを行う農民も数人存在した（山田　2010a）（註11）。

写真6-6　特用林産物などの路上販売（NT村）

1．ラオス貧困村の貧困実態 ─ 主として食糧貧困（food poverty）について─

　ラオス中部カムアン県の貧困村NT村における貧困問題の中心は米不足問題であった。その背景には、水田規模の零細性と天水稲作の低収量性という二つの問題が存在した。さらに言えば、現金収入源（換金作物や農外就業機会）が極めて限定されていることから来る資金不足問題も背景にあった。

　山田（2017a）によれば、NT村における農家レベルの米自給率を調べたところ、自給率が100％未満の農家（米を自給できていない農家）は、調査農家29戸中、24戸も存在することが分かった（註12）（註13）。農家平均の米自給率は56.4％であった。特に同居世帯員数の多い農家の米自給率が低位であった（山田　2017a）。

　NT村において、米が不足した場合、近隣の町に在住する米穀商から米を借りることがあった。例えば、米を10kg借りた場合、15kgを返した。利息は商人との親しさなどによって若干異なってくる。米を借りて期間内（借用期間は5日〜2ヶ月）に現金で返すということもあるが、期間内に返すことができず、収穫期に現物（米）で返すことが多くなっていた（註14）。また、鶏や山羊を売って得た現金で返す農家も存在した（註15）。

　雨季に入り保管米が底を突き、やむなく米を購入する農家も存在した。そ

の購入代金は、森で採集したキノコやタケノコ、および川魚や鶏の販売によって捻出されていた。その他の現金は、村内や隣村で田植えなどの農作業に雇われたり、近隣のダムで働いたり、タケック市（カムアン県の県庁所在地）でトラックの運転手などの仕事をすることによって得られていた。その他、工芸品（かご、ゴザなど）をつくったりもしていた。

　しかしながら、上記のような対応をしても、米不足が十分には解消されていない実態が浮かび上がってきた。山田（2010b）によれば、NT村においては実際の米消費量（自給分＋購入および借入によって得られた米（註16））が標準的な米消費量（ラオス平均の米消費量）に満たない農家が全調査農家29戸中、18戸存在することが明らかとなっている（山田　2010b）。

　なお、ラオス全体に目を向けてみると、次のような指摘がなされている。安藤益夫（2014a）によれば、生産力の地域格差に加え、道路交通網の未整備や貧弱な輸送手段のために、円滑な国内流通もままならず、国全体として自給を達成したといえども、その一方では、深刻な米不足に直面している地域や農家が現存するのである（安藤　2014a）。

２．貧困村の農家にみる貧困の内実 ― 資金不足問題を中心として ―

　ここまで、NT村の貧困問題を概観してきたが、ここからは、具体的な貧困実態を農家レベルで詳細にみていくことにしたい。その前に、まずは貧困の要因について再考しておく。

　野田（2019b）は、タンザニアの農村における聞き取り調査結果にもとづいて、「お金がないこと」より、「いざというときに頼る人がいるかどうか」という点に注目した。野田がタンザニアのある農村で、「あなたにとって貧しさとは何か」という質問をしたところ、誰も「お金がないこと」とは言わず、「家畜が少ないこと」、「将来面倒を見てくれる子どもがいないこと」、「家族がいないこと」などと回答した住民が多かった（野田　2019b）ということである。

　ただ、チェンバース（1995c）によれば、「物質的貧困」、「身体的弱さ」、

第6章　貧困問題へのアプローチ

「不測の事態に対する脆弱さ」、「政治力や交渉力のなさ」、および「孤立化」という要因が貧困の主要因として挙げられ、それぞれの要因が相互に密接に関連していることが明らかにされている（チェンバース　1995c）。この中の「物質的貧困」は、資金不足問題と密接に関わっている。特に、ミニマムの資金の必要性は強調されなければならないであろう。逆に、ミニマムの資金が足りない場合に、どれだけ深刻な事態に陥るかということも考慮する必要がある。前述したように、NT村においては多くの農家が食糧貧困に陥っていた。それは、資金不足によって米の購入量が制限されていたからである。加えて、資金不足により子牛の購入が困難になるなど、換金部門の新たな展開が著しく制約されていたのである。

　また、農家世帯員が病気になったとき、どのように対処するだろうか？この点については、矢倉（2008a）が指摘しているように、病気の治療は緊急性が高いため、追加労働などでは対処できないのである。重い病気の場合、多額の現金が必要になるが、貯蓄がなければ資産を売却しなければならない。しかし、売却する資産が十分にない場合、借金する他ないのである（矢倉2008a）。しかし、借金で賄えるかどうかは、不透明であろう。つまりは、不測の事態に対応するために必要なミニマムの資金準備こそ重要であり、それがセーフティーネットともなるのである。

　そこで以下、2007年に実施したPRAの参加農民であるS氏とK氏が抱える問題（主として資金不足問題）の具体事例を掘り下げていくことにする。

1）資金不足問題の具体的な態様（S氏の事例）

　NT村で実施したPRAに参加した農民でもあるS氏に関して、資金不足状況とそれによって引き起こされる問題、およびその問題への対応などを中心に検討していくこととする。

　稲作農民のS氏は、持ち合わせの現金を多少は有していたが、それも小銭程度であった。その背景には、収入源が限定されているという問題があった。それに加えて、借金しようとしても、銀行の利用の仕方が分からないという

325

問題があった。

　このような資金不足の結果、第1に、米不足（消費分を自給で賄えない状態）の時に直ぐには米を購入できないという問題に直面した。そのため、森で採集したタケノコや放し飼いの鶏を売って、キログラム単位で米を購入していた（註17）。第2に、家畜（子牛や子豚など）を購入することができなかった。そのため、稲作依存の経営体質が改善されなかった。第3に、薬を購入できないという問題が深刻であった。そのため、村内にある共同薬箱から薬を借りて、タケノコなどを販売した際に返済していた。第4に、子供の教育費を払うために親戚から借金していた。小学5年生の子供の場合、文房具、食事代、その他で1年間に20ドル程度が必要とされた。

　S氏はこれまで、親戚や隣人などから借金をした。村人から借りるときは無利子であるが、借用期間は10日～1ヶ月と短期であった。2006年における借り入れ実態は次の通りである。1回10ドル～20ドルくらいで、1年に200ドルくらい借金をした。借金の目的は、米の購入、薬の購入、および病気治

写真6-7　田植え風景（NT村）

第6章　貧困問題へのアプローチ

療のためであった。

　因みに、お金を貸してくれる農家は裕福な農家ということではないが、米が不足していない農家であった。なお、米が不足していない農家の特徴は次のとおりである。第1に、水田保有面積が比較的大きい。第2に、耕耘機を所有している。その結果、適期に田植え作業（**写真6-7**）を行うことができる。第3に、家族労働力が十分存在するということである。よって、収量が比較的多いということになる。このうち、第2の特徴は、後に行った農業経営調査の分析結果と合致していた。Yamada（2014a）によれば、同地域における農業経営調査の結果、耕耘機を所有している稲作農家は相対的に高い収量を得ていたが、耕耘機を所有していない稲作農家においては、相対的に低収量しか得られていなかった。このような違いには、適期耕耘の可否も影響していたと考えられるのである。つまり、耕耘機所有農家では適期耕耘が可能であったが、非所有農家ではそれが困難であったということである。こうしたことは、農家階層分化の可能性をも示唆するものであった（Yamada 2014a）。

　なお、資金があれば購入したいとS氏が考えているものを**表6-1**に示した。この表からも分かるように、耕耘機や水牛の購入および養魚池造成といったような営農への投資よりも、米購入の優先順位の方が高かったのである。また、耕耘機の購入理由として、耕耘機を使って未墾地を開墾し、水田造成するということが挙げられているが、これによって米を何とか自給しようとする意図が読み取れるのである。

　以上の諸点からも、貧困農家の生計の特徴（最低限の生活を成り立たせることが最優先課題であるという特徴）が示唆されていると言えよう。

写真6-8　小さな養魚池（NT村）

表6-1　S氏の資金使途における優先順位（NT村）

購入の優先順位	購入意向（購入したいと考えている物）
1位	・米
2位	・耕耘機（1,500〜1,600ドル、中国製の場合は700〜900ドル） 【理由】 ①近隣農家の水田を耕耘して現金収入を得ることが可能であるから。 ②水田の拡大（未墾地を開墾すること）が可能であるから。
3位	・水牛（4〜5頭） 【備考】 ①水牛1頭の購入価格は、大きいもので約400ドル。 ②水牛は販売用。家畜商（マハサイ郡の商人）が買いに来る（家畜商は、購入後に水牛をヴィエンチャンへ運ぶ）。
4位	・養魚池 【備考】 この場合、養魚池（写真6-8）の造成費用がかかる。

出所：筆者調査（2007年）より作成。

注：上記の意向は、購入資金を十分有するという状況を仮定した場合の購入意向である。

2）資金不足問題の具体的な態様（K氏の事例）

　稲作農家のK氏もNT村のPRAに参加した農民の一人であった。S氏の場合と同様に、資金不足状況とそれによって引き起こされる問題、およびその問題への対応などを中心に検討していくこととする。

　K氏も、通常、小銭程度の現金しか所持しておらず、資金不足に陥っていた。K氏は、牛、水牛、耕耘機および米（少量ずつ購入）の購入意向を有していた。肥育牛の販売を通じて貯めた現金で耕耘機を購入したいと考えていた。その理由は、耕耘サービスを受ける場合には、適期（註18）に耕耘してもらえるとは限らないが、耕耘機を購入すれば、適期作業が可能となるからであった（註19）。

　農業だけでは生活できないK氏は、建築用材の伐採をしながら生計を立てていた。伐採作業（伐採と除草）では、1ライ（rai）（註20）あたり2万キープを得ていた。その他、現金不足に対処するため、日雇い仕事も探さな

くてはならなかった（註21）。道路工事にも従事した。１ヶ月泊まり込み（食事つき）で30万キープを稼いだ。

　他方、K氏の妻は、NT村で田植え作業に雇われた。また、近隣郡（ノンボック郡）へ収穫作業に行った（註22）。近隣郡では、平均水田保育面積が相対的に大きく雇用労働者も多かった。その点ではNT村とは対照的であった。

　2007年、K氏は知り合いの米穀商から130万キープを借りた。借入条件は月利５％、返済期間は特にないが、毎月、利息を支払う必要があった。この借金で米とガソリンを購入した。2006年にも、村の基金から70万キープを借りて米を購入した。また、K氏の妻が病気になって３ヶ月間入院したが、この時にも、村の基金を借りることができた。なお、村の基金については、後段の「村の基金管理によるセーフティーネット」において詳述する。

第３節　内発性を制約・阻害する貧困問題
―貧困問題を取り上げるもう一つの意義―

　貧困の中でも、食糧貧困や所得貧困により食料が十分に手に入らないという状況（上記のラオスNT村の事例であれば米不足の状況）は極めて深刻な問題を孕んでいた。農家レベルの食料不足は、労働能力を低下させるほか、学習能力を低下させることにもつながるのではないかと考えられる。

　この点について、スーザン・ジョージ（1984a）は、出生直後にカロリーと蛋白質が不足して栄養失調になった貧しい家庭の子どもの場合、IQが著しく低くなるという研究結果を紹介している。また、チリのある町で行われた研究によれば、赤ん坊のときの栄養失調でIQ80以下、ひどい場合は60以下になった母親は、自分の子どもをうまく育てられない傾向がある。母親のIQが高ければ、まったく同じような社会的経済的条件にあって同じようにわずかな食べものしかなくても、子どもを飢えさせないように何とかすることができるのである（スーザン・ジョージ　1984a）。

329

このように、食料不足の結果もたらされる栄養失調は、学習能力を低下さ
せ、そのことが生きる力をも阻害しているのである。つまりは、BHN（註
23）の構成要素の一つである食料の確保が、エンパワーメントと密接に関連
しているということになろう。この点に関して、山田（2005b）によれば、
問題は、エンパワーメントのための基礎的条件、すなわち最低限の健康や教
育などが保障されているかどうかという点である。その意味において、エン
パワーメントの前提としてBHNをあらためて位置づけることが重要である
（山田　2005b）。
　アマルティア・セン（1999b）は、「所得が不十分であるとは、それが外
部から与えられた貧困線より低いということではなく、その所得が特定の潜
在能力を発揮するのに必要な水準に達していないということである。」（傍線
は筆者による）と述べている。さらには、「もし所得によって貧困を表現す
るのであれば、どれだけの所得が必要になるかは、最低限必要な潜在能力を
得るのに必要な水準によることになる。」とも述べている。なお、この潜在
能力は、健康な状態を保つ能力などといった基本的なものから社会生活に参
加する能力といったものまで幅広く含んでいるのである（アマルティア・セ
ン　1999a）。以上の指摘はとても重要である。これも食糧貧困や所得貧困と
エンパワーメントとの関係を端的に示すものとして注目しておかなければな
らないであろう。
　上記に関連して、カンボジアのタケオ県における稲作農家の事例（2018年
の調査事例）を紹介しておく。経営主は32歳（男性）で、同居家族6人、他
出家族6人（プノンペンで建設労働や縫製業などに従事している）である。
農業経営においては、販売部門として稲作（8ha）と畜産（牛3頭、鶏3羽、
アヒル1羽）の両部門があり、自給部門として野菜作（レモングラス、ヘチ
マ）と果樹作（マンゴ、パパイヤ、ココナッツ）の両部門があった。
　本農家は、稲作において耐病性の品種が手に入りにくく、また、手に入っ
たとしても収量が低い品種が多いといった問題に直面していた。これに対応
して、毎年、栽培品種を変えていた。また、水管理（見回り）を頻繁に行な

第6章　貧困問題へのアプローチ

う（15 ～ 20回/作）と同時に、その都度病害虫のチェックも行っていた。他方、2015年より有機肥料を使用してきた。その結果、稲が病気に罹りにくくなるとともに倒伏しにくくなった。また、有機肥料投入後に米の品質向上がみられたことから、より多くの集荷業者が購入意向を示すようになった。

　以上のように、本農家は丁寧な肥培管理を心がけている篤農家であると言えよう。その背景には、カンボジア政府や外国企業が主催するワークショップ（稲作技術に関するワークショップ）に毎年参加するといった勉強熱心さがあった。その勉強熱心さは国内農業に留まらず、隣国の優良事例やその成功要因を知りたいというところにまで広がっていた。

　ところで、本事例において注意を要するのは、当該農家は8 haの水田を保有していたということである。稲作以外の部門は特筆すべき部門ではないが、規模の大きな稲作が経営全体を安定させていたということである。加えて、プノンペン在住の他出家族からの仕送りがあったと考えられる。

　よって、当該農家は、稲作経営を中心として相対的には経済的に余裕のある農家だったと言えよう。そのことが、学習意欲、学習能力、および経営管理能力の高さと関係していたのではないかと考えられるのである。だからと言って、貧しい農民の意欲や能力を否定するものでは決してない。ただし、貧し過ぎる農民はワークショップに参加する時間もないかもしれないし、他国の農業事情にまで関心を広げる余裕はないであろう。だからこそ、こうした貧しい農民が潜在能力を発揮できる水準までの所得あるいは食料の確保ということが重要になってくるのである。この点は、前述したアマルティア・センの議論と重なってくるのである。

第4節　貧困削減へのアプローチ

1．様々な貧困削減戦略

　貧困問題への対応として、1990年代後半より世界的に貧困削減戦略が採られるようになってきた。これは、1980年代に世界銀行が途上国で推し進めて

331

きた構造調整政策などによって引き起こされた貧困問題や貧富の格差拡大への対応としての政策転換であった。

朽木（2005）によれば、2003年に貧困削減戦略の転換点があった。それは、インフラの重要性の再認識であった。その一つとして、大規模インフラではなく、小規模インフラの重視が挙げられた。例えば、高速道路よりは、農村道路の建設である。より貧困削減につながるからである（朽木　2005）。

他方、藤田（2005）は、バングラデシュにおいて有利で安定的な就業機会を増やすための政策が貧困削減の決め手になるとして、インフラ整備や企業誘致を例として挙げている。その一方で、藤田は、教育、保健などの人的資本形成による貧困層の就業機会捕捉の重要性も指摘している。また、人的資本形成には時間がかかるため、当面の貧困対策としては、マイクロファイナンスや非稲作部門での技術指導などの支援が要請されると指摘している（藤田　2005）。

以上の指摘は、政策提言につながる重要な指摘である。また、食糧貧困への対応として、農村の栄養不足状態の人たちに小規模灌漑や水田開発などへの自主的な参加を促しつつ、その労働の対価として米を供与するといういわゆるフード・フォー・ワーク事業が佐藤具揮（2005）により紹介され、農民参加型農村開発として評価されている。この取り組みも意義ある取り組みではあるが、この取り組みを農民参加型と呼ぶにはやや無理があるかもしれない。

このように、貧困削減戦略は多様である。その中でも農村道路や小規模灌漑などの小規模インフラ整備の効果の大きさは強調されて然るべきである。また、長期的な視点と短期的な視点の両方を組み合わせることも確かに必要であろう。その例として、長期的視点からの人的資本形成と短期的視点からのマイクロファイナンスや農業技術指導が藤田（2005）により指摘されたわけである。

以上、多様な貧困削減戦略をみてきたが、もう一つ考えておかなくてはならないことがあるのではないだろうか？　それは、村レベルや集落レベルで

第6章 貧困問題へのアプローチ

農民が自主的に取り組む貧困削減の対応である。喫緊の課題として、セーフティーネットを整えるということを忘れてはならないだろう。

公的支援の重要性については疑うべくもないが、たとえ短期的視点から、あるいは緊急避難的な観点からであっても、どの村やどの集落にも公的支援の手があまねく届くとは考えにくいのである。当該国政府による支援だけでなくODAやNGOを含めたとしても、その支援の広がりには自ずと限界があろう。その意味において、村の中で住民自身ができる限りのことを自発的に行っていかなければならないということである。そうしなければ、村人の生活に支障をきたすことになるであろう。そこには、貧困削減という言葉よりも、貧困対応という言葉がより当てはまるのかもしれない。ここに、村レベルのセーフティーネットを考える意義が存在するのである。

そこで以下、ラオス貧困村におけるセーフティーネットの事例を検討していくことにする。具体的には、ラオス中部カムアン県の貧困村NT村を対象として、米銀行、村の基金管理、および牛銀行を取り上げるとともに、北部山岳地域に属するルアンパバーン県のH村を対象として、焼畑農耕における労働交換を取り上げ、その有効性と課題および支援の方向性について論じていくことにする。

２．貧困問題への対応 — ラオス低地天水地域におけるセーフティーネット—

前述の通り、NT村では米不足が最も深刻な問題となっていたが、それに対応するものとして米銀行が設立されていた。米銀行は一種のセーフティーネットであった。

セーフティーネットについては、その他、村の共同基金運用の取り組みがあった。また、当村で今後、農業の多様化を図っていく上で畜産の振興は欠かせない。その中でも、主要家畜としての牛の飼養が重要である。その牛飼養にあたって問題となるのが初期投資（子牛購入）の困難性であった。この初期投資の負担なしに牛飼養農家を増やしていこうという仕組みが牛銀行であった。

333

1）米銀行によるセーフティーネット

　1984年に、国連からの支援（米の現物供与）、および各農家から12kgの精米供出を受け、NT村で米銀行が始まった。米銀行とは、村レベルで米を一定量備蓄し、米不足の農家に米を貸すシステムである（註24）。米を借りるには家畜や水田などの担保が必要とされた。借りることができる時期は6月〜10月である。この時期（雨季）は、各戸で米の備蓄が少なくなり底をつく農家も増えてくる時期であった。また、農繁期であり、農外で現金収入を得ることが難しい時期でもあった。

　村の会合において、米を12kg借りた場合、5kgの利子（現物）分も返すことが決められた（米の返済は収穫後）。このように利子を高く設定したのは、米の備蓄量を早く増やしたかったためである。しかし、米銀行利用農家の中には、米を返せなくなる農家も存在した。こうした農家に対し毎年少しずつの返済を依頼したが、最終的に完全には返済できない農家もあった。

　NT村の二つの集落では、一時中断していた米銀行が2006年に再開された。そのうちの一つの集落では、集落構成員全員の合意にもとづいて、全農家36戸が一律に籾米12kgを供出した。供出は1回のみで、その後は利子分で米の備蓄を増やしていった。

　この12kgという供出量については、適度な水準と判断されたものである。供出量が多すぎると、貧しい農家が供出不能となる可能性が大きいし、逆に少なすぎると原資として不足し、米銀行の運営が困難となるのである。この供出分については、3年後に各農家へ返還されることになっていた。当初、籾米12kgを借りた場合、籾米17kgを返すことが決まりとなっていたが、これが厳し過ぎるという反省があった。そこで、再開後には、籾米12kgを借りた場合、籾米15kgを返すという決まりに修正した（註25）。その修正が功を奏し、2007年には31戸の農家が米銀行から米を借りたが、その後全員返済できたのである。

　米を返せない場合には、米の価額に見合う分だけの担保が取り上げられることになっていた。例えば、牛を担保に米を借りた農家が米を返せなかった

第 6 章　貧困問題へのアプローチ

場合には、次のようになる。すなわち、米銀行の管理者が担保となっていた牛を販売した後、その販売代金の中から、農家に貸した米と利子分に相当する代金だけを受け取り（取り上げ）、残りは農家に返すということであった。通常、農家の担保能力と生産力（予想収穫量）に見合った量の米を貸すことにしていたようである。

　ここまで、NT村の米銀行がその役割を果たしてきたことをみてきたが、同時に限界もみておく必要があろう。それは、NT村の稲作生産力の低さに起因している。前述のとおり、農家平均の米自給率が50％台に留まる中、100％を超えている農家は僅かに過ぎない。このような状況では、米の供出にはやや無理があると言わざるを得ない。米銀行が十分機能するためには、村全体としての一定以上の稲作生産力が必要となってくるのである（註26）。

2）村の基金管理によるセーフティーネット

　2002年に、NT村は、小学校校舎の修理（トタンと釘の購入など）を行うことなどを目的として、米銀行が管理する米を2トン販売した（註27）。ラオスの経済発展とともに、1996年頃から米価が上昇した。残った基金の一部は銀行に預けられ、他は村で管理された。2007年時点で300万～400万キープが保有されていた。恒常的な村の収入源は、土地税の一部（註28）、ワクチン接種サービス料、証明書（住所証明、履歴書、および結婚証明）発行手数料などであった。基金管理に関しては、2名の村民によって帳簿管理が行われていた（註29）。

　以上の基金は、村民にも貸し出されていた。基本的には、いろんな使途で借りることが可能であったが、これまでの事例としては、病気のとき、子供が仕事を探しに行くとき（旅費や食事代などの費用が必要）、貧困農家の子供が学校に行くとき（自転車、服、教科書などの購入費用が必要）、および火事のときに、基金借入の事例があった。基金借入の際には担保が必要とされた。これまでの事例では、借入額が少額であるため家畜が担保となっており、水田が担保となるケースはほとんどみられなかった。借入期間は1～

335

3ヶ月と短期であった（註30）。また、**表6-2**のように、使途ごとに異なる借入利率が適用された。

表6-2から分かるように、災害（火事）への対応に配慮がなされており、また、教育や医療への一定の配慮もあった。火事の際には、被害の程度に応じて、別途、全農家から一定額の寄付も集められた。基金の使途をみても分かるように、NT村の基金は生産活動（営農）には一切使われていなかったのである。つまりは、この基金は生活維持のためのセーフティーネットとしての基金であったと言えるだろう。

この事例は、インフォーマルな金融取引やマイクロクレジットがリスク対処手段としての役割を果たすことに対する期待が高まってきている（高野2010d）ことと深く関連しているようにも思われる。高野（2010d）によれば、途上国の貧困層は、所得が少なく貯蓄も少ない分、不作による収入低下や病気による急な医療支出などのショックがあった場合に、食べ物も買えず子供の学費も払えなくなるほど困窮してしまいがちだが、このようなショックに対して、親族や隣人とのお金の貸し借りなどインフォーマルな金融取引が貧困層のリスク対処手段として重要であることが最近の研究から明らかになっている（高野　2010d）。

確かに親族や隣人といったネットワークも大事であるが、住民すべてがそれで対処可能な状況になるわけではないだろう。そこにこそ、セーフティーネットとしての村の基金管理と利用の意義を見いだすことができるのである。

表6-2　村基金の使途と借入利率（NT 村）

使　途	借入利率
自転車の購入	10％/月
子供が仕事を探しに行く際の準備資金	10％/月
薬の購入	5％/月
服、教科書の購入	5％/月
火事への対応（家の建築、家財道具購入）	0％/月

出所：山田（2011）を一部修正

第6章　貧困問題へのアプローチ

3）牛銀行によるセーフティーネット

　NT村で実施したPRA参加農家の家畜所有状況は、**表6-3**に示したとおりである。NT村のPRAにおいては、いろんな階層の農家に参加してもらうために、各階層からそれぞれ農家を選定することにした。この決定は、村の代表者たち（村長や副村長など）との話し合いに基づくものであった。階層の基準を農民に聞いたところ、米の不足状況が基準としてふさわしいという回答が返ってきた。そして、代表者たちによって、米不足が深刻な農家、米不足がやや深刻な農家、米不足が深刻でない農家の3階層に分けられた（註31）。

　表6-3によると、米不足が深刻な農家のうち3戸の農家（農家1、農家5、農家6）は、鶏しか飼養しておらず、いずれも数羽程度の飼養に留まっていた。また、米不足が深刻な他の農家（農家3）は、豚1匹しか飼養していなかった。これに対して、米不足がやや深刻な農家（農家2）は、牛3頭、山羊3頭、および鶏25羽を飼養していた。また、米不足が深刻でない農家（農家4）は、牛1頭、山羊11頭、豚3匹、および鶏14羽を飼養していた。

　このように、米不足が深刻な農家においては、米不足が深刻でない農家、およびやや深刻な農家と比較して、飼養家畜の種類および飼養頭羽数が明らかに少なかったのである。このことは、家畜飼養規模の格差が貧富の格差と関連していることを示唆するものである。家畜をたくさん飼養していれば、

表6-3　PRA参加農家の家畜飼養状況（NT村）

	農家1	農家2	農家3	農家4	農家5	農家6
米不足状況	深刻	やや深刻	深刻	深刻でない	深刻	深刻
飼養家畜と頭羽数	鶏5羽	牛3頭 山羊3頭 鶏25羽	豚1匹	牛1頭 山羊11頭 豚3匹 鶏14羽	鶏3羽	鶏7羽

出所：筆者調査（2007年）より作成。

注：上記は、2007年にNT村で実施したPRA参加農家の概況の一部である。

必要に応じて家畜を販売し現金化することによって、米の購入も可能になるため、米不足状況になりにくいということであろう（註32）（註33）。

NT村においては、米不足が深刻な問題となっていたが、これが資金不足の原因でもあり、結果ともなっていた。家畜飼養はこうした状況を打開する1つの方向であるが、その所有のためには、あるいは飼養頭数増加のためには、例えば子牛購入の資金を準備する必要があった。しかし、資金不足に苦しむ農家はその資金（初期投資）を準備することができなかった。こうした壁を越える上で、牛銀行の果たす役割は大きかったのである。

山田（2017b）によれば、牛銀行とは、郡女性同盟などの組織が牛を農家に貸し、子牛が産まれたらそれを貸出先農家と半々にシェアするシステムのことである。なお、産まれた子牛が奇数頭の場合には、農家側が1頭多くもらえた（山田　2017b）。牛銀行のシステムを図示したのが図6-1である。NT村では、数戸の農家が牛銀行を利用していた。県と郡の女性同盟（註34）は、貸出先農家から得た牛をまた次の農家に貸し出していた。

もちろん、牛銀行への参加を希望しない農家も存在した。参加を希望しない理由は、第1に、牛が死亡した場合、弁償できないという危惧や不安が存在すること（註35）、第2に、牛銀行のシステムが分からないということ、第3に、牛銀行を利用することによって収益が得られるかどうか分からないということであった。

牛銀行の管理については、1998年以降2007年の調査時点まで、村内では副村長、獣医役、女性同盟の担当者などが担っていた。獣医役の仕事は、ワク

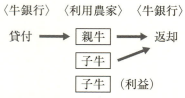

図6-1　牛銀行のシステム（ラオス・カムアン県）
出所：筆者調査（2008年）より作成。

チン接種および健康管理であった。獣医役は郡農林普及事務所でワクチンを購入し、村に持ち帰ってワクチン接種を行った。ワクチン接種料は、牛1頭につき3,000キープであった。また、獣医役は牛の健康状態をチェックして、農家から相談があれば随時対応していた。

　牛銀行のメリットは、第1に、農家にとって初期投資が不要であるということ、第2に、マイクロファイナンスと比べ、帳簿管理が簡単（容易）であるということだ。他方、問題点としては、牛の病気や死亡というリスクを伴うということであった。その意味では、ワクチン接種や健康管理を担う獣医役の役割は極めて重要であると言えよう。

3．貧困問題へのもう一つの対応 ―ラオス北部山岳地域のセーフティーネット―

　ラオス北部山岳地域の焼畑農業・農村の問題については、既に第2章で述べてきたところであるが、ここでは、同じ事例農村において、H2村からH1村に移住してきた農家（もともとH1村に居住していた農家よりも貧困な農家）が労働集約的な焼畑作業に共同で対処している事例（労働交換の事例）を検討していくことにする。

　事例農家はH2村出身の貧農である。世帯主は54歳で、家族は妻と子供3人である。農地は3ヶ所、それぞれ1haずつ保有していた。うち、1ヶ所で陸稲（0.7ha）とハトムギ（0.3ha）を栽培していたが、いずれも自家消費用であった（2006年の調査結果）。

　当農家は、家畜飼養の意向を有していた（註36）が、資金が足りないため家畜を購入できなかった。親戚からお金を借りることも可能ではあったが、借入額の制約もあった。また、村には金融組織がなかったので、当農家は困っているようであった。

　当農家の陸稲栽培における作業は、**表6-4**に示したとおりである。この表によると、陸稲栽培における主要作業である刈り払い、火入れ、除草、播種、および収穫の各作業において、いずれも労働交換が行なわれていたことが分かる。

表6-4　H村のある焼畑農家の陸稲栽培と労働交換

時期	作業内容	労働力編成と所要日数
2月	刈り払い（二次林を伐採）	・労働交換（7人）によって所要日数は3日。
3月	火入れ	・村人ほぼ全員で一斉に行うため、所要日数は1日。
3月	清掃（註37）	・労働交換（2〜3人）。所要日数5日。
4月	除草	・2〜3回（草が多い場合、3回）。 労働交換（延べ30人）。所要日数6〜7日。
5月	播種	・労働交換（延べ人数不明）。所要日数1日。 【備考1】 村全体では播種に約1ヶ月を要した。 【備考2】 当該農家は早生と晩生を半分ずつ栽培していた。 食料が不足している農家や現金を必要とする農家は、早生をつくる傾向にある。 H2村のほとんどの農家は、早生と晩生を半分ずつ栽培していた。
9月	早生の収穫	・交換労働は10〜15労働力／日。 ・所要日数6日。10〜20労働力／日（家族労働＋交換労働）。 【備考】 見返りに10日以上の労働提供。
10月	晩生の収穫	・労働交換（延べ人数不明）。 ・所要日数は5〜6日。 【備考】 見返りに6日間の労働提供を行った。 【備考】 すべての作業において、夫婦2人で見返りの労働提供を行った。

出所：筆者調査（2006年）より作成。

　火入れは村総出の作業である点が注目されよう。この中でも、除草作業においては、交換労働力延べ30人、所要日数6〜7日となっており、除草作業がいかに労働集約的な作業であるかということが読み取れる。水稲作と比較した場合、雑草問題の深刻さは陸稲作の際立った特徴でもある。焼畑陸稲作

第6章　貧困問題へのアプローチ

の場合、除草作業や収穫作業をはじめとして全ての作業が傾斜地で行われて
いるため、労働量だけでなく労働強度も、水稲作に比べより大きいのである。
だからこそ、焼畑農家のネットワークを駆使した労働交換が重要な役割を果
たしていたのである。

　なお、安藤益夫（2014b）によれば、ラオスにおける労働交換（交換労働
力の利用）を地域別にみてみると、中部では15％の農家が、南部では6％の
農家が労働交換を行っているのに対し、北部では交換労働力利用農家割合が
47％と明らかに高いのである（安藤益夫　2014b）。このように、陸稲作の
労働集約性に対応した労働交換が、ラオス北部焼畑地域において際立ってい
るということがデータ上も明らかなのである。

第5節　貧困削減の課題と展望

　貧困の諸要因としてチェンバースが指摘した「物質的貧困」、「身体的弱
さ」、「不測の事態に対する脆弱さ」、「政治力や交渉力のなさ」、および「孤
立化」（チェンバース　1995c）をそれぞれ解決していこうとすれば、貧困削
減プロセスの中でのエンパワーメントの位置づけが明確になってくる。しか
しながら、よくみてみると、上記要因の中には、自力で対応可能なものとそ
うでないものとが混じっている。

　「物質的貧困」の中には、食糧貧困という問題がある。正にフードセキュ
リティーの問題である。米不足に直面するラオス貧困村NT村の多くの農家
は、購入や借入や米銀行利用などによって米不足問題に対処しつつも、結果
としては、米不足解消には至っていなかった。つまりは、農地保有面積が零
細であることや土壌肥沃度が低位であることなど、自力では解決困難な要因
によって起こる問題がNT村の米不足問題であった。また、NT村の稲作は
天水稲作であるため、収量の低位性だけでなく収量の不安定性が問題となっ
ていた。雨水頼りの稲作においては、収量の年次変動が激しく、常に不作や
凶作の脅威に晒されていたのである。

341

このことと関連して、「不測の事態に対する脆弱さ」についてであるが、ここで言うところの「不測の事態」には、不作や凶作といった緊急事態の他、病気や怪我といった緊急事態もある。しかしながら、資産に乏しいNT村の農家は、不測の事態に十分対処することが極めて困難であった。

　以上のような状況の中で、NT村では、米銀行や村の基金管理といったセーフティーネットによって不測の事態への対処を試みてきた。それらは一定の効果を発揮したものと評価される。そして、不測の事態への対応過程そのものが、村落ベースのエンパワーメントの一部であったと言えるかもしれない。

　しかしながら、NT村における貧困削減を実現するうえで、米の総備蓄量や基金総額の限界についても同時にみておかなければならないのである。米銀行について言えば、当初の国連による支援が、その後の米銀行の持続性につながるとともに、村の基金管理にもつながった。村が独自に管理を続け、今に至っているわけである。また牛銀行については、当初、女性同盟が支援したが、その後、村が独自に管理を担ってきた。

　つまり、このことは、貧困にあえぐ村やその他組織に対し外部支援を行うことが、その後の村や組織の主体的で持続的な発展につながることもあり得るということを示唆しているのである（註38）。あくまでこれは可能性であり、それを実現させるのは主体の問題であるとともに外部支援のクオリティーの問題でもあるが、少なくとも言えることは、外部支援と主体的な発展は矛盾しないということである。むしろ、相互補完関係にあると言えるのではないだろうか？　ただし、NT村の実態に即して言えば、当初の外部支援が必ずしも十分ではなかったとも言えよう。

　このことに関連して、小國（2003a）は、従来の開発における住民参加が支援－被支援の発想を乗り越えられないまま、支援枠組みの中で住民の自発性を推進するという矛盾を抱え、結果的に現場で混乱を招いている（小國2003a）と嘆いているが、他方で、小國（2003d）は、インドネシアにおけるトップダウン型開発政策が、実践レベルでは、社会ごとのローカライゼー

第6章　貧困問題へのアプローチ

ションのプロセスを辿ることとなった（小國　2003d）と指摘している（註39）。トップダウン型の開発政策において、地域の実情や特性に応じた修正や適合が行われたということである。これは、一定の地域の主体性を前提としたものであると推察される。つまり、このことは、間接的にも外部主導と主体的な発展が両立しないわけではないことを示唆しているのである。ただし、その主体的な発展が地域レベルだけでなく農家レベルでも実現されるためには、さらなる困難も伴うであろう。

　ところで、これまでも触れてきたように、貧困削減に向けたエンパワーメントを考えるうえで、そのための基礎条件（道路や水路などのインフラ、基礎教育、および保健・衛生など）に注意を払う必要がある。そこで、基礎条件の整備も含めてエンパワーメントと位置づける人もいるかもしれないが、エンパワーメントと基礎条件整備とは分けて考えるべきである。そうでなければ、基礎条件整備も自助努力でやってくださいといったような誤ったメッセージを与えかねなくなるからである。

　途上国において、貧しい家庭の子供たちが将来の夢を描くものの、家庭の生計を助けるため児童労働をせざるを得ず、結果として教育の機会を奪われるというようなことがよく起こっている。こうした子供たちは、往々にして夢の実現に向けて歩み続けることを断念してしまう。こうした事例は至る所で報告されている。エンパワーメントのための基礎条件を整えることがいかに大事であるかということを示唆する一つの有力な事例であると言えよう。

　この基礎条件整備における政府の役割を明確に位置づける意義は大きいと考える。基本的には、自助、共助の世界がエンパワーメントであり、基礎条件整備は、ほぼ公助の世界である（註40）。絵所（1994）が指摘するように、上からの貧困対策と下からの貧困対策は、相互に補完し合わなければ、貧困対策が所期の目的を達成することはできないのである（絵所　1994）。藤田（2003）は、バングラデシュにおいて、最近、小規模農村インフラの整備がほとんどなおざりにされたまま、マイクロクレジットへの傾斜がますます進展しつつあるという事実を憂慮している。藤田は、農村インフラが未整備な

343

状態では、マイクロクレジットの有効性は半減してしまうと主張し、農村開発政策における両者のバランスが極めて重要である（藤田　2003）と指摘している。これは、絵所の主張、つまり上からの貧困対策と下からの貧困対策が相補わなくてはならないという主張を一つの具体事例で示したものとも言えよう。

　加えて言えば、上からの貧困対策あるいは基礎条件整備において焦点の一つとなるのはガバナンスである。本山（1991a）によれば、サハラ以南のアフリカ諸国では小学校の就学率が50％に満たないのに、教育予算の50％が大学に振り向けられている。その受益者のほとんどは都市のエリート層である。また、途上国では公衆衛生支出の70~80％が高価な治療器具の購入に充てられ、地域社会の保健施設には15~30％程度の予算しか割り当てられていないのである（本山　1991a）。つまりは、ガバナンスを変革しなければ、適確な貧困対策や基礎条件整備は覚束ないということである。本山が示したアフリカの事例などは、誤った貧困対策というよりも、貧困問題に背を向けた対策と言えよう。これらの対策は、間違いなく貧富の格差を拡大するものであったと言えよう。

　こうした事例をみると、外部援助機関による現地政府へのロビー活動とともに、現地の住民や農民のエンパワーメント（特に政治力や交渉力を高めること）も求められていると考えられる。こうしたことを農学における社会科学分野の研究が、側面から支援していかなくてはならないと考えるのである（註41）（註42）。

註

（註1）貧困削減の世界的な潮流は、開発経済学にも影響を及ぼした。高橋和志（2015a）によれば、1990年代からは、開発経済学において、マクロ重視からミクロ重視へとパラダイムシフトが起こった。つまり、1990年代からは、貧困にあえぐ個別の経済主体に焦点を当てた研究が盛んに行なわれるようになった（高橋和志　2015a）。

（註2）SDGs策定に至るまでの議論の流れについて、高柳ら（2018）は次のよう

第6章　貧困問題へのアプローチ

に整理している。すなわち、第1の流れは、2015年の期限を踏まえた「ポスト2015」あるいは「ポストMDGs」の議論である。第2の流れは、地球サミットから20年を機に2012年に同じリオデジャネイロで開催された「リオ＋20」（国連持続可能な開発会議）で、SDGs策定がコロンビアとグアテマラの政府により提案され、合意されたことで始まった（高柳ら　2018）。

（註3）高橋清貴（2014）は、MDGsの問題点として、「明瞭、簡潔」であることを求めた結果、貧困を生み出す複雑な社会の構造的要因の問題を後景に退かせてしまい、地域の多様性や時代背景の違いなどが捨象されてしまったことを指摘している。

（註4）灌漑農業における土地生産性は確かに高いかもしれないが、水生産性は低いと言わざるを得ない。近年、水資源がますます希少性を帯びてきているのである。

（註5）河野（1997）によれば、天水田の水分条件は、その地点への降雨のみならず、地表水や地下水の流動や潮汐の影響を受けている（河野　1997）。

（註6）近年、灌漑農業は様々な問題に直面している。灌漑農業による取水が河川や湖の水量の枯渇を招いている事例として、黄河の断流やアラル海の縮小が、石（1998）によって克明に報告されている。また、松本（2002）が指摘しているように、乾燥地の灌漑農業では必然的に土壌の塩類化が進行する。

（註7）エンタイトルメントとは、食糧その他の生活必需品の購買力、突然に起こる権利の剥奪からおのれの身を守るなど個々の具体的な能力のことである（アマルティア・セン　2002）。

（註8）貧困を考えるときに、さらに大事なことは「貧困の罠」の深刻性を理解しておくことであろう。高野（2010a）によれば、「貧困の罠」とは、貧しいがゆえに、十分な教育や投資ができず、それゆえに貧しい状態から抜け出すことができないという状況のことである。不作や病気など一時的なショックによって一度貧困に陥り、子供が学校をやめたり土地や牛などの重要な生産資本を売ってしまうと、再び貧困状態から抜け出すことは困難になってしまうのである（高野　2010a）。

（註9）矢倉（2008b）によれば、カンボジア農村家計は、危機に対処するために土地のような重要な資産を売らなければならないという意味で、危機に対して脆弱である。特に病気に対して脆弱で、カンボジア農村では病気が土地売却の主要な理由となっている（矢倉　2008b）。

（註10）この例外農家は余剰米を村人に販売していた。

（註11）NT村の概要については、山田（2010a）に詳しく述べられている。

（註12）米自給率計算の前提として、ラオスの年間平均米消費量（一人当たり精米換算）200kg、精米換算率0.65をそれぞれ採用した。

(註13) ラオスは1999年に食料自給を達成し、2007/2008年度に実施された第4回家計消費支出調査によれば、一人あたりの年間精米消費量は208kgであった（園江　2016）。

(註14) しかし、その際の利子率は高かった。

(註15) 期間（借用期間）を過ぎると、商人が借金の取り立てに来た。

(註16) 近隣農家あるいは米銀行からの借入などによって得られた米もあった。

(註17) 新井（2010a）によれば、カムアン県では米不足の農家が、タケノコやキノコを持って、米と物々交換することもある。その物々交換の相手は、村の富裕層や近隣村の人々である。貧困層がこのような交換をしたい場合に、相手側は断ってはいけないという暗黙の了解がある。なお、こうした交換は、ラオス語で「コーカオ」（直訳すると「米を乞う」）と呼ばれている。この根底には、村人同士の助け合いの精神、そして、持てる者の持たざる者に対する分かち合いの精神が存在している（新井　2010a）。

(註18) K氏によれば、耕耘適期は雨季の始まりに雨が降り出して2日後くらいである。

(註19) K氏は5月に苗代をつくって種籾を播いて、3週間後に移植していた。

(註20) 1ライは0.16haである。

(註21) 製材工場で労働者を募集していたが、田植え後に応募したため、間に合わなかった。

(註22) K氏の妻は、近隣郡の収穫作業で1週間雇われた。

(註23) Basic Human Needsの略で、人間にとって基本的な衣食住のニーズのことであり、人間の生活にとって最低限必要なこうしたニーズが充足されていることが、1970年代に開発の方向性として打ち出された。

(註24) 米銀行は、ラオス特有のシステムではなく、他国でもみられるシステムである。例えば、西川（2001a）によれば、タイ東北部スリン県のある村では、和尚が村人たちの生活を立て直すために、資金を集め、肥料を安く買って村びとには後払いで返してもらう組合をつくるとともに、米銀行を始めた。そこでは、寺の米や村びとたちの米を集め、籾米を必要とする人たちに低利で貸し付ける仕組みが採られている。商人から米を借りた場合の利子が50％であるのに対し、米銀行の利子は20％となっている（10kgの借米に対し12kgを返済）。この米銀行は1981年、80世帯から発足し、3年後には150世帯に広がった。その後、他村にも広がり、お互い米の融通をしながらその数30か村を越えるまでになった。さらに特筆すべきは、生活に余裕ができた村びとが浪費をしないように、生活協同組合や貯蓄組合もできたことである（西川　2001a）。

(註25) ただし、これは村内の農家の場合であり、村外の農家については、籾米12kgを借りた場合、籾米17kgを返さなければならなかった。他の集落の

第 6 章　貧困問題へのアプローチ

農家もこの米銀行を利用できるが、当該集落の農家の米借入が優先された。

(註26) フードセキュリティーの観点からは、貧困家庭のための食料分け合いの
セーフティーネットが存在する。これは共食とも呼ばれているものである。
この点に関連して、石本（2019）は、ブルキナファソ北東部の村の事例を
紹介している。対象村では、食料不足が発生すると、居住集団の中で食料
の残る世帯は食料を供与し、代わりに食料不足世帯は調理の労働力を提供
するようになり、この交換関係によって、居住集団内において食料を平準
化する一連の消費様式が成立している（石本　2019）。

(註27) NT村は、2004年に、その販売代金の一部で祭り用や結婚式用のアンプと
スピーカーを購入した。また、寺の裏手にある井戸から寺まで水を引くた
めのポンプとパイプを購入した。

(註28) 土地税の５％が村の収入となる。

(註29) これら帳簿管理を行う農家へは、一定の手当が支給されていた。

(註30) これまでの借入者は全員返済しているとのことであった。

(註31) 同様のことが、ミャンマーにおける高橋昭雄（2007b）の研究によって明
らかにされている。高橋昭雄は、ミャンマーにおける農家調査において、
ルージーと呼ばれる村の有力者に階層分けを依頼したところ、その階層分
けの基準は米の自給率であった。A層は、一年中自家飯米が自給できる世
帯、B層は６カ月分、C層は３カ月分の自家飯米自給ができ、D層になる
と１カ月分も自給できない世帯ということであった（高橋昭雄　2007b）。

(註32) 高橋昭雄（2007c）がミャンマーの調査にもとづき分析した結果によると、
村の有力者が基準と考えた米の自給率ではなく、大型家畜の所有こそが、
階層間格差を示すバロメータとなっていることが明らかになった。一時に
大金が必要となったときには家畜をつぶすか売るかする。家畜は富の蓄積
とその格差を象徴する正にライヴストック（生ける資産）なのである（高
橋昭雄　2007c）。

(註33) 欧米諸国では、cattle（ウシ）という言葉がラテン語でproperty（財産）
の意味を持ち、capital（資本）と同語源である（宮崎ら　1996）。

(註34) 女性同盟は牛銀行の出資主体である。

(註35) きちんと飼養している中で牛が死亡した場合、弁償しなくても済むが、農
家の管理に問題があると認められた場合、農家に弁償責任が生じた。

(註36) 当農家は、鶏、アヒル、および豚を飼養したいと考えていた。アヒルと鶏
は特に飼養しやすいし増やしやすいが、病気にかかるとすべて死ぬリスク
もあった。

(註37) ここで言う清掃とは、主として燃えかすを拾い集め、片づけることである。

(註38) 持続性に関して言えば、牛銀行がソーシャルビジネス化していけば、さら
に持続性は増していくのではないかと推測される。

347

(註39) アジア通貨危機後のインドネシアやフィリピンでは、地方分権が進んでいる（武藤ら　2015b）。

(註40) 例えば、教育に関して言えば、教科書代すら支払うのが難しい住民が存在する中で、政府の役割は明らかに義務教育の無償化を実現することであろう。教育支援については、海田（2003）が、バングラデシュのNGOの支援事例を紹介している。NGOの一つ、BRACは、小学校三年次までに様々な理由でドロップアウトした児童、特に女子児童を集めてキャッチアップ教育を施し、三年次あるいは四年次に復学させるという取り組みを行なっており、100万を単位とする児童がその恩恵を受けて学校に戻っている（海田　2003）。バングラデシュにおいては、政府ができないことをNGOが肩代わりしている感がある。

　　　また、医療について言えば、特に農村部における医療施設の充実とともに、医療費負担の軽減対策こそ政府の役割であろう。

(註41) 今田（2014）は、国際開発の再構築のために必要な基本概念として、権利、参加、答責性を挙げている。このうち、参加とは、様々な施策の対象となる人々、すなわち貧困とともにある人々、教育・保健などの基本的社会サービスを受けることができていない人々（権利が剥奪されている人々）が開発をめぐる国際的取り組みの策定に参加することを指す。なお、答責性とは、責任を果たすべき者に責任を果たさせる要請である（今田2014）。

(註42) デイビッド・ヒューム（2017）は、貧困削減に対する援助の貢献度を上げる方向性について、次のような整理をしている。第1に、援助を紐つきでなくすこと。その結果、援助受け取り国や近隣の途上国のモノやサービスを利用する機会の増加につながる。第2に、貧しい人々と、とても貧しい人々の手に直接現金が渡るよう援助を使うこと。現金給付は、短期的には貧困削減に、中・長期的には人間開発の促進に著しく効果的であることが証明されている。第3に、貧しい人々のための公共財の創出に援助を優先的に使うこと。第4に、援助を貧しい人々にデリバリーするプロセスを改善すること（デイビッド・ヒューム　2017）。

第7章　農民組織の内発性と支援
―ベトナム・メコンデルタの事例を中心として―

第1節　農民組織の内発性

　第3章で取り扱ってきたのは、主として農業経営管理における主体性ということであったが、これを動態的に捉えるならば、農業経営管理の側面からみたエンパワーメントということになるのではないだろうか？　それは、主として能力開発という局面（エンパワーメントの一部）に限定されるとともに、あくまで個のエンパワーメントということになる。しかし、個のエンパワーメントを個として追求することには限界があろう。個のエンパワーメントから集団（組織）のエンパワーメントに発展していく中でこそ、個のエンパワーメント自体も促進され、確実なものになっていくと考えられる。

　太田（2007c）によれば、エンパワーメントには、知識や技術などの面での個人の能力開発の他、人々が連帯することによって単なる個人の力の総体以上の力が創造されることも含まれる（太田　2007c）（註1）。

　では、集団のエンパワーメントにつなげていくには何が求められるのか？

　ここにおいて、組織化という観点がより重要になってくる（註2）。このことは、グラミン銀行参加女性のエンパワーメントの事例（後述）などにおいても証明されている。言い方を変えれば（類似の言い方をすれば）、人的資産形成（註3）から社会資産形成（註4）への展開とも言えるかもしれない。

　例えば、販売管理能力は農民個人の優れた交渉能力によって向上し得る。このことが、ベトナム・メコンデルタの事例（第3章）によって示されたが、個別の販売管理能力にも自ずと限界がある。販売管理においては様々な情報や知識が必要となってくる。様々な情報のうち、販売管理能力を高める条件

となる情報が存在するのも確かである。このような情報を個別農家が収集・分析するには限界がある。板垣（2006）によれば、販売する農産物の収益性を最大化するためには、農業者側にどのような種類の農産物を、いつ、どこに、どれくらい、どのような価格で販売すべきかなどといった意思決定の材料となる情報と知識が提供されなければならない。こうした市場への農産物出荷に関わる事柄は、農業者個人の裁量を超えて、基本的には農業者が組織を形成してはじめて実現しうる可能性が高まる性質のものである（板垣2006）。

　また、農業技術普及についても、個々の農家が孤立している間は限界がある。技術情報交換の場が形成されることによって、はじめて個々の農家による技術習得が確実なものとなる。そして、そのことはさらなる技術改良にもつながり得るのである。

　ところで、中谷（2001）は、デビッド・コーテン（1995）に依拠して、政府、企業、ボランタリー組織（NGO）を第三者組織と位置づけ、これに対置する形で、民衆組織を当事者組織として位置付けた。この民衆組織は、以下の特徴を持っているということである。第一に、メンバーの利益への奉仕に正当性の根拠を置く、互恵的な集まりであること、第二に、最終的な権限がリーダーにではなく、メンバー自身にある、民主的な構造をもつこと、第三に、部外者のイニシアチブや資金に依存しない、自立的な組織であること（中谷　2001）。

　ただし、こうした組織は一つのモデルとでも呼び得るものであろう。現実の農民組織は、必ずしも上記のような条件を完全に満たすものとは限らない。それでも、現実の農民組織の中で、当事者組織と言える組織も多く存在しているであろう。この当事者組織の発展の鍵を握るのが、内発性ということになるだろう。組織の内発性がなければ、組織の持続性は覚束ないからである。その意味で、上記第三の「部外者のイニシアチブや資金に依存しない、自立的な組織」という条件は極めて重要である。

　そこで本章では、主として内発性の視点から、ベトナム・メコンデルタの

第7章　農民組織の内発性と支援

農民組織や農民組織化の実態を明らかにしていく。その上で、農業・農村開発における農民組織の意義と役割について考察するとともに、農民組織の形成原理についても検討していくことにする。さらには、補説として、ラオス農村の事例に基づいて、村の自立性に関する考察を行うことにする。

　なお、本章では、コミュニティーという言葉は極力使用しないこととする。それは、コミュニティーという単語が人為的な用語、あるいは行政上の用語として用いられることが多くなってきているからである。久留島（2021）によれば、政府や援助機関などによってトップダウンで実施されてきた開発事業に住民が参加する手法が導入されるようになってから、住民を括る一つの単位としてコミュニティーが導入された（久留島　2021）ということである。つまりは、このようなコミュニティーは内発性を有しているとは言えないのである。

第2節　ベトナム・メコンデルタにおける農民組織の形成

　ベトナム・メコンデルタにおける農民組織の中には、国営農場（State Farm）（ソンハウステートファームとコドステートファーム）のような大規模組織がある一方で、農業協同組合、信用貯蓄組合（Credit Saving Group）、農業普及クラブ（Agricultural Extension Club）、および灌漑グループ（Irrigation Group）などの組織が存在する（註5）。

　メコンデルタの農協は、紅河デルタの農協に比べると相対的に小規模である。それは、紅河デルタの農協はかつての集団農場を土台としてできあがっているのに対し、メコンデルタの農協の多くは、集団農場の崩壊後に自生的に形成された組織であるからだ（註6）（註7）。なお、上記二つの国営農場以外の農民組織は、いずれも小規模なものである。また、メコンデルタには、上記で挙げたいずれの組織にも属していない農家も存在する。

　ベトナムにおいては、多くの農家が、農業技術情報や信用へのアクセスを主として隣人に依存しており、公的機関や銀行を利用することは少ない。技

351

術情報に関していえば、普及員の数が絶対的に不足していることが隣人への依存につながっている。こうした中で、主としてメコンデルタにおいて自生的に形成されてきたのが農業普及クラブである。この組織は、農家が自発的に集まって農業技術情報などの交換を行う組織である。時には、普及プロジェクトなどでファーマーフィールドスクールの受け皿になったりもする（註8）。メコンデルタプロジェクトの研究対象村（TP村）では、参加農家数としては20 〜 30名程度の農業普及クラブが多い。なお、TP村における農業普及クラブのリーダーたちとは、メコンデルタプロジェクトが終了するまでの間、長い付き合いをさせてもらった。農家試験の協力農家になってもらい、試験途中で度々意見交換を行ったり、農民集会や農家調査の実施を手助けしてもらったりもしたのである。

　大原（1996）によれば、ベトナム南部では農民の個別性が強く合作社化は成功しなかったし、集団農場は1988年に完全に解体した。しかし、農業生産を発展させるには何らかの農民の共同活動が必要であり、農民の何らかの組織化は普及の効率にも影響する（大原　1996）。

　農業技術の普及において極めて大きな影響を及ぼすのは、近隣の篤農家である。ただ、個別の関係ではなく、組織化することによって濃密な人間関係が形成され、その基盤の上に技術共有が容易に行われるようになると考えるべきであろう。その意味では、普及員からの普及技術にしても、まず当該技術を試す農家（篤農家）がいて、その後、場合によっては試行錯誤があり、技術の経営への適合過程を経て技術の定着へとつながっていく。その後、技術導入農家からの技術の普及や技術の共有は、組織化された状況の中で「効率」性を発揮し得ると考えられる。この意味において大原の指摘は正しい。そして、「農民の何らかの組織化」という課題への対応例の一つが、農業普及クラブであった。ただし実際には、農業普及クラブへの参加農家割合は、まだまだ小さいと言えよう。参加農家の今後の広がりに期待しなければならない。

第7章　農民組織の内発性と支援

第3節　普及活動を内部に取り込む農協組織
―ベトナム・メコンデルタのPL農協の事例 ―

　前述したように、農民組織化によって技術普及が促進されるということが
一般的にも言えるのであるが、ベトナム・メコンデルタでは、農民組織内部
に普及システムが埋め込まれている事例がみられた。

　特筆すべきは、集落を基盤として形成された農協（PL農協）の中に、普
及活動を恒常的に行う体制が整備されており、そこに農民兼普及員が存在す
るという点であった。PL農協は、自生的に形成された小規模農協で、組合
員42名ほどを擁していたが、その中には、作物（主として果樹作）、養豚、
および養魚の各分野の普及員（註9）、正確には普及活動を担当する農民が
1名ずつ存在していた。彼らは、自らも農業に従事しながら、農協内で個人
的に普及活動に従事していたのである。3名の普及担当農民は、専門学校
（農業学校や水産学校）や大学（畜産学部）を卒業した若手の農民であった
（註10）。

　農協組合員の間では、カンキツグリーニング病の深刻化に伴い、オレンジ
からマンゴ、ロンガン、サボディラ、およびドリアンへの樹種転換が行われ
ていたが、その際、普及担当農民が技術指導を行った。養豚部門の普及内容
としては、多様な病気への対処法、豚舎の衛生管理、および飼料混合手法な
どであった。さらには、養魚部門における普及内容は、養魚池の改良法、魚
の飼養密度、魚種別の給餌法、および稚魚の生産方法などであった。このう
ち、魚の飼養密度については、メコンデルタプロジェクトでも取り上げ、農
家試験につなげたのである（後述）（註11）。

　PL農協の参加農民に対し、営農や組織の問題、および考えられる対策（問
題解決策）について聞き取り（農民集会での聞き取り）を行った。そこで参
加農民から出された主要な問題と期待される主要な対策をリストアップした
のが、表7-1である。この表より、以下の点を指摘することができる。

　第一に、農協の資金力不足の問題が指摘される一方で、銀行からの長期低

353

表7-1　メコンデルタの農協が抱える問題と解決策（PL農協の事例）

PL農協が抱える問題	PL農協において考えられる解決策
1．濃厚飼料（養豚）が常に高価格である。	1．新技術と低利融資の同時提供
2．農協の資金力不足（園地改善のため）	2．銀行からの低利かつ比較的長期の資金借入
3．市場の不足と価格の変動（養殖魚）	3．研究機関や大学による種苗自給（カンキツなど）方法（技術）についてのアドバイス
4．農協による投入財（飼料・肥料など）のサービスが十分でない。	4．研究機関や大学による繁殖（養豚）に関するアドバイス
5．市場の不足と価格の変動（豚）	5．果樹の間作技術の向上
6．市場の不足と価格の変動（果実）	6．農協が投入財を低価格で購入した上で、組合員に販売する。
7．疾病（豚）や病害（カンキツなど）	7．研究機関や大学による稚魚生産（**写真7-1**）に関するアドバイス
8．飼料（養鶏）が高価格である。	8．政府による農産物価格の安定化対策
9．耐病性品種の必要性	9．気候や土壌に適した品種（稲作など）の開発
10．VACBモデルが組合員に十分定着していない（註14）。	10．豚肉輸出のための市場開拓

出所：筆者調査（2000年）より作成。

利の借り入れが提案された点である。つまりは、資金力不足の問題への解決策として、銀行からの借り入れが位置付けられていたということである。

　第二に、農協が投入財の共同購入を行っていたが、十分満足のいくものではなかったということが明らかになった。だからこそ、農協が組合員に対し、より低価格で投入財を提供するということが考えられる解決策として期待されていたのである。

　第三に、主要問題の中には、技術的な事柄が少なく、むしろ市場条件のような外部経済環境が中心的となっていたということである。

　他方、第四に、主要な対策に目を転じると、新技術への期待が中心的な位置を占めていた点が注目される。その内容は、種苗の自給、稚魚の自給、および豚の繁殖などであり、経営基盤の安定化に結びつくような内容となっている。しかも、そうした内容を技術移転という形ではなく、アドバイスとい

第7章　農民組織の内発性と支援

写真7-1　稚魚販売所（TP村）

う形で研究機関や大学に支援を求めようとしていたことが注目される。つまり、これは、PL農協組合員の主体性や自立性を示唆するものではないかと考えられるのである。

　第五に、主要な対策として明らかになったものの中で注目したいのは、新技術と低利融資の同時提供である。つまり、普及と融資の同時実施、一体的実施ということであろう。例えば、新たな農業技術を普及するにあたって、それが初期投資を伴うものであるならば、普及活動とともに低利融資機会をセットで提供すべきということである（註12）（註13）。それが技術導入の重要なポイントの一つになるということだ。

　PL農協は、普及活動の他、肥料や農薬などの生産資材の共同購入（割引価格での購入）を行っていたが、農産物の共同販売は行っていなかった。この点は、ベトナムの多くの農協組織と同様であった。様々な地域で農家調査をしてみると、農産物を個別に集荷業者へ庭先販売するが、大抵安く買いた

355

たかれているという問題が多くの農民から指摘された。

　ただし、第3章で、TP村において価格交渉を巧みに行う農民の事例について説明したところである。これも農業経営管理能力（販売管理能力）の発揮として位置づけられる。こうした動きが、もしかすると将来、農協組織や他の任意農民組織における共同販売の動きへとつながる可能性もあるかもしれない（註15）。

　他方で、共同販売を制約する要因についても同時に考えておかなくてはならない。それは、例えば米であれば、おそらく品種、作期、栽培方法、および乾燥状態（収穫後処理）などの統一が困難であるという点ではないかと推察される。その要因の一つとしては、種子、肥料および農薬の適時供給が行なわれていないということが考えられる。もしそうであれば、何らかの融資が必要なのではないだろうか？（註16）

　さらには、この状況を、日本における生産組織の歴史と重ね合わすこともできよう。日本における生産組織の第一段階は、稲作における集団栽培、とりわけ集団栽培協定であった。この集団栽培協定においては、品種、播種時期および肥培管理（施肥法や病害虫防除法）の統一が実現されていたわけである。したがって、ベトナムの農協組織や他の任意組織が共同販売機能を備えるために何らかの支援が必要だとするならば、それは日本の総合農協の共販ノウハウなどよりも、むしろ、まずは集団栽培協定に至るプロセスを学ぶ機会の提供ではないかと考えられる（註17）。こうしたところに国際協力の芽があると思われる。重要なことは、途上国の組織の特徴と発展段階を日本の組織と比較し、日本のどの組織のどの発展段階と重なり合うかの吟味を慎重に行うことではないだろうか？

　現に、長（2005b）によれば、アンザン省チョモイ県のある農協のリーダー層は、米作その他の技術指導担当の常勤職員を数名配置する計画で、ゆくゆくは管内の米栽培技術の高位平準化を図り、そうした基盤の上で、モミの共同販売にまで事業内容を高めていくという将来構想を抱いていたのである（長　2005b）。

第7章　農民組織の内発性と支援

【コラム7-1】
TP村農業普及員の献身的な普及活動

　第3章の事例で紹介したTP村の農業普及員T氏は、カントー大学出身の農民兼普及員であった。我々のプロジェクトは、T氏とともに、TP村において農家調査やファーマー・フィールドスクールなどを実施した。農家調査の際、カントー大学の研究者に混じってT氏も調査員として農家に向き合ってくれたが、カントー大学の研究者よりも聞き取り調査が上手であった。

　また、T氏は農民から厚い信頼を受けていたので、調査の打ち上げの際には、必ず農民から地酒（米焼酎）の一気飲みを懇願された。温かい人間関係の中で仕事をしているという実感を味わう瞬間であった。また、T氏は、村で時々行われるプロジェクトの打ち合わせや、カントー大学で毎年開催されたプロジェクトの報告会（ワークショップ）にも、数名の試験農家の方々とともに必ず出席してくれた。

　特筆すべきは、T氏の普及活動である。ひと月の半分近くは、バイクに乗って自主的に村内の農家をくまなく訪問して、圃場の様子、農家試験の進捗状況、および生活実態などをうかがい、農家とのコミュニケーションを恒常的に図っていたのである。今考えてみるに、この自主的普及活動に対する効果的な支援は、ガソリン代の支給であったのかもしれない。我々がこのことに早く気づいて、支援に動くべきであった。

　なお、駒田（1996a）によれば、かつて日本では、農協の営農指導員などの中に結構勉強した優秀な人がいて、スキンシップで、「なぁおじさんよ、おばさんよ」という調子で農家の縁側に上がりこんで、農業技術をかみくだいて流していた（駒田　1996a）ということであるが、ベトナム・メコンデルタの農業普及員T氏の姿が、かつての日本の優秀な営農指導員と重なるのである。

第4節　TP村の農業普及クラブを支援する普及システム

　前述したTP村の農業普及クラブは、正に農業技術の共有の場として最も有力な農民組織であったが、実は、この自生的な農民組織を支援するシステムが村の内外に形成されていたのである。その実態について以下みていきながら、内発性と外部支援との関係について考えていくことにする。

357

1992年に農業普及システムが確立されるまでは、TP村には農業普及員が存在しなかった。新たにつくられた普及システムでは、中央政府の普及センター、県の普及センター（普及員は10〜15名）、郡の普及ステーション（普及員は5名）、村の普及所（普及員は1〜2名）などが確立された。また、TP村ではその後、前述した農業普及クラブの設立があった。

　村の普及員、すなわち村の普及所に所属する普及員は2名であったが、彼らの仕事は、まず村内の農業生産状況のモニタリングであった。次に集落段階の普及員や農業普及クラブ参加農家への農業技術普及であった。さらには、村内にある15の農業普及クラブの指導を行うことであった。いずれの農業普及クラブにおいても、毎月、参加農家全員が集まり会議が開かれていたが、多くの場合、村の普及員も参加し意見交換が行われた。その際に、普及員は、農家から技術普及内容についての要望なども聞いた。

　また、各集落段階の普及員、および各農業普及クラブのリーダーは、毎月1回開催される村の普及会議に出席し、状況報告や意見交換を行うとともに、報告書を毎月2回（上旬と下旬に）村に提出した。各集落の普及員および農業普及クラブのリーダーから提出されたこれらの報告書を村の普及員がまとめ、郡（District）に毎月2回報告した。毎月の報告書の主な内容は、①稲や果樹の病害虫の発生状況、豚や魚の病気の発生状況、②各農作業の進捗状況（作業時期や作付面積など）、③種子、苗、子豚、および稚魚などの需要状況（例えば耐病性の種子や苗、高品質の種子や苗の需要状況など）、④川、水路、道路などが壊れたり、修理が必要となった場合の詳しい状況などであった。

　こうした取り組みからは、現場の問題状況に沿って普及活動を行っていこうとする行政機関の現場重視の姿勢が窺えるのである。ただし、村の普及員の負担が重く、献身的に動き回る農業普及員T氏の個人的資質に頼らざるを得ないという点には問題もあった。そこにこそ外部からの支援の余地があったように思われる。

第7章　農民組織の内発性と支援

第5節　サブグループを重層的に取り込む農協
　― ベトナム・メコンデルタのH農協の事例 ―

1．H農協の組織構造とその特徴

　ベトナム・メコンデルタのH村（旧カントー（Can Tho）省フンヒェップ（Phung Hiep）郡）は、酸性硫酸塩土壌が支配的ないわば条件不利地域に属しており、そこでは、稲作の他、酸性土壌でも育つサトウキビやパイナップルといった限られた作物が主として栽培されていた。この地域にある農協組織がH農協（註18）であった。この農協は、生産、購買（生産資材の共同購入）、および販売（農産物の共同販売）の各サブグループの他、加工部門も有する農協として注目されていた。農協組織の中の上記サブグループが、重層的にそれぞれの機能を果たしているという点にも特徴があった。以下、H農協の活動内容とその特徴をみていこう。

　この農協組織は、いくつかの生産グループが統合する形でつくられた。当初は農業普及クラブとして活動していたが、その後、1997年に農協組織として国と県から承認された。このH農協の特徴は、前述のとおり、第1に、組織内にサブグループとして、生産グループ、購買グループ、および販売グループが存在する点であり、第2に、組織内に加工部門を有する点であった。前者の生産グループについては豚飼養グループが、購買グループについては肥料購入グループが、さらには販売グループとして米の販売グループなどが存在した。後者の加工部門としては、豚肉加工グループなどが存在した。

　そして、H農協の本部事務所（リーダー、サブリーダー、および秘書などで構成）が全体の統括や種子供給を行っていた。このうち肥料購入グループは、数戸の農家から拠出された資金（註19）を元にして、肥料会社から肥料を購入し、それを参加農家に販売していた。この場合、肥料購入グループが農協組織に属していることが、税金の軽減措置を受ける（最大限30％）条件の1つとなっていた。また、農協組織が政府の承認を受けていたので、国有企業から肥料を購入することが可能となっていたのである（註20）。

359

豚飼養グループ（計21戸の農家が参加）は毎月ミーティングを開き、①研究者（カントー大学の研究者）や農業普及員を招き、技術指導を受けたり、②豚の疾病対策や洪水防止のためのダイク（dike）建設（註21）についての情報交換などを行い、実施に移した。

　種子については、本部事務所が大学や他の研究所から実験後の新品種を買い取り、これを参加農家に栽培させ、採種させた。それを本部事務所が買い取り、他村の農家へ販売した。

　各生産グループは、それぞれ独自の資金借入システムを有していた。例えば、豚飼養グループは、1農家あたり平均約20万VNDを必要な時期に集めた。拠出額や借入期間は、使途によって異なっていた。利率は、月3.5％であったが、これは銀行から借り入れる際の利率1.25％/月に比べ高率であった。しかし、銀行から借り入れる場合には、担保が必要になるほか、書類手続きも煩雑であったので、その意味では月利3.5％は妥当な利率であったようである。

　この農協組織の他に女性同盟（Women Union）が結成されていたが、この中には、アヒル飼養グループや野菜生産グループなどが存在した（註22）。これらの組織は生産中心の組織であり、マーケティングは行っていなかったので、収穫した作物については農協組織へ持ち込み、販売してもらっていた。

　加工部門については、豚肉加工グループ、竹製品（ベトナム独特の笠、ざる、かごなど）加工グループが存在した。このうち、豚肉加工グループは3戸の農家で構成され、生体購入、屠殺・解体、精肉、および販売の一連の作業を担っていた（註23）。

　メコンデルタのほとんどの地域において、豚の生体は直接集荷業者に販売されていたが、これに付加価値をつけて販売しようという意図から、H農協においては精肉加工が始められた。そして、豚飼養グループは、豚肉加工グループに対して村内の信用ある集荷業者と契約するよう要求していた。というのは、他地域では、集荷業者による代金持ち逃げが問題となっていたからである。こうした信頼性が高い取引関係を築くことによって、トラブルの発

第7章　農民組織の内発性と支援

生を回避しようとしていたのである。

２．小括と考察

　以上、ベトナム・メコンデルタで多角的な活動を行う先進的農協の事例（H農協）をみてきたが、その中で特筆すべき点についてあらためて整理しておきたい。

　第一に、H農協の活動が農家に与えた効果は、肥料などの共同購入を通じた経営費節減と共同販売を通じた粗収益増加の効果、さらには、様々な加工部門の活動によってもたらされた就業機会創出の効果であった。

　第二に、栽培技術等を十分に把握していなくては、農家がいつ、どれくらい営農資金を必要とするかが分からないわけである。その意味において、H農協内部で、融資機能と普及機能が結合していることの意義は大きかったと言えよう。この点は、前述のPL農協の組合員たちが重視した点（新技術と低利融資の同時提供）と一致している。

　第三に、H農協が農業普及クラブから発展していったことが明らかとなったが、その意味では、農業普及クラブを農協組織化の第一段階として捉えることも場合によっては可能なのかもしれない。組織は段階を踏んで発展していくものであり、その第一段階は、各農家が比較的結び付きやすい農業技術普及のための自生的組織であるとも考えられるのである。

　第四に、販売グループ（米の販売グループ）の存在である。前述したように、共同販売というものは、途上国の農協活動の中でも極めて難しい部類の活動になるわけだが、参加農家戸数が少ない場合、可能であることを示しているのかもしれない。ただし、少数農家であっても、共同販売がどのように可能となったのかを十分に検討する余地は残されていると言えよう（註24）。

　第五に、H農協が大学や他の研究所から実験後の新品種を購入し、これを参加農家に栽培させ採種させて、他村の農家へ販売していたという点である。つまり、外部資源を積極的に活用しながら農協の収益事業の一つを展開していたことに対する評価である。第３章において、西川（2001）による内発的

361

発展の定義を検討した。その中に、内発的発展は、「発展のための主要資源（人的資源を含む）を地域内に求め、同時に地域環境の保全を図っていく持続可能な発展」であるという説明がなされた。しかし、利用可能な外部資源に積極的にアクセスしていくことの意義も同時に認めなくてはならないし、そこにおいても組織の主体性が発揮されるということを、H農協のこの事例から学ぶことができるのではないだろうか？

　なお、板垣（2023b）は、産地形成において日本の農協が果たした重要な役割について次のように整理している。第1に、様々な情報（市場の動向など）の提供、第2に、営農資金の供給（長期低利の融資）、第3に、技術指導（農協の営農指導員の役割）、第4に、市場への共同出荷、第5に、共同施設の利用と機械の貸し出し、第6に、保険や共済などセーフティーネットの構築である（板垣　2023b）。

　このうち、H農協は、上記第2、第3および第4の役割を部分的に果たしていたと言えよう。「部分的」と言う理由は、例えば、H農協の場合、融資の際に担保が不要で書類手続きが簡易であるというメリットがあった一方で、借入利率が銀行よりも高いというデメリットがあったからである。また、H農協が農業普及クラブから発展してきたということもあって、技術指導が農協内で行なわれてはいたが、日本の農協における営農指導員のような役割を持った専属スタッフが存在していたわけではない。さらには、共同販売の規模が小さく、価格交渉力が十分発揮されていたとは必ずしも言えないからである。

　以上のように、H農協はいくつかの制約要因（註25）を抱えていたものの、参加農家の拡大を通じて農協の規模を大きくしていく中で、これらに対処していく可能性は十分あると考えられる。

第7章　農民組織の内発性と支援

第6節　外生的に形成された農民組織の評価
―TP村のFamers' Associationの事例より―

　TP村の中には、1976年に設立された農民組織Famers' Associationが存在した。この組織は、これまで説明してきたメコンデルタの農民組織とは異なり、政府の方針で上からつくられた組織であった。各集落（計10集落）に、Famers' Associationの下部組織が１つずつ存在した。この下部組織の役員は、リーダー、サブリーダー、および会計の計３名であったが、これら役員の任期は特に定められていなかった。また、彼らは無給で活動しており、組織の盛衰は、正に彼らのボランティア精神に委ねられていたのである。

　この下部組織の主な活動は、第１に農業技術の普及活動であった。いくつかの新技術を農家に示し、その中でどのような技術を農家が取り入れたいかを把握し、これを村に報告していた。それを受けた村の農業普及員がトレーニングコースなどを開催した。また、村が展示圃場をつくって、下部組織の普及活動を支援していた。

　1999年には条播の展示圃場がつくられた。これは、JIRCASメコンデルタプロジェクトによる農家試験（稲作の条播試験）の結果を参考にしてつくられたものであった。この他には、2001年にティラピア（Red Tilapia）の農家試験が始められた。ティラピアは、主に輸出用として生産されており、相対的に高価格であったためである。

　また、集落内の各地区に農家グループが存在した。１グループあたり15～70名のメンバーがいたが、この農家グループのリーダーは集落段階のFamers' Associationの役員となった。実際の活動単位は、集落の各地区に存在する農家グループであった。このグループの重要な役割は、資金集めと集めた資金をもとに行う融資活動にあった。これが第２の活動であった。各農家が毎月１万VNDずつ資金を拠出した。他方、毎月の会議で融資対象者が決定された。通常、毎月１農家が融資を受けられた。融資額は50万～100万VNDであり、融資期間は３か月、利子率は月１％であった。拠出金に対

363

する利子率は月0.5％であるが、拠出金の利子と融資の利子との差額分は、農家グループの運営費などに充てられた。

　融資を受けるためには、目的、使途、および融資希望額などを記載した資金使用計画書を提出したうえで、グループの月例会議で発表しなくてはならなかった。希望者が複数いた場合、多数決で融資対象者が１人選ばれた。資金の使途は、肥料（稲作や果樹作）、養殖魚のエサ、畑作物の種子などの購入のほか、医療費など生活費の支出であった（註26）。

　活動の第３は、橋や道路の建設の際に、各農家に対し労働提供（註27）を呼びかけることであった（註28）。

　以上のように、Famers' Associationは上からつくられた組織とはいえ、その中で、普及活動、融資活動、および労働提供（共同出役）が、身近な集落レベルで着実に行われていたのである。途上国における官製農民組織の多くが実質的にはあまり機能していないというような実態を考えたときに、上記のように活発な活動を行っていたベトナム・メコンデルタの事例組織については、それを支える基盤や条件を掘り下げて吟味してみることが重要であろう。ここにも農民組織化のヒントが隠されているように思われるのである。

　おそらくは、一定の共同体機能（註29）が存在するところに外からの組織化がなされ、それを契機に、組織の自生的な発展へと変貌していったものと推察される。初期段階の内発性はなかったが、組織発展過程において主体性や自立性が存在していたと考えられる。その意味で、Famers' Associationの事例は、初期段階における外部支援（外部資源の利用）をその後の自生的発展につなげていった事例として評価できるのである（註30）。

【コラム7-2】
組織化は住民や農民のエンパワーメントに影響を及ぼす

　グラミン銀行の事例は、組織化とエンパワーメント（参加女性個々のエンパワーメント）の相互作用としての好例を提供していると考えられる。特に

第7章　農民組織の内発性と支援

組織化が個々の住民や農民に与える影響は注目すべき点であろう。この点について、グラミン銀行参加女性が指摘した効果を坪井（2006b）が取り上げているが、その中でも特に、「知識が増えた」こと、「自信がついた」こと、「人間らしい扱いを受けるようになった」こと、「家庭内で発言力が増した」こと、および「家計のやりくりができるようになった」こと（坪井　2006b）に注目したい。これらはいずれも、グラミン銀行参加女性がエンパワーメントしたことを端的に示すものであると言えよう。

この事例では、詳しく分析されていないが、組織内での様々な人間関係や情報共有などを通じて、エンパワーメントの波が組織構成員全体に広がっていくプロセスも、組織化とエンパワーメントの相互作用のプロセスということになるであろう（註31）。

第7節　課題と展望 ── 農民組織化の基盤と原動力を巡って ──

これまで、ベトナム・メコンデルタの農民組織の事例を検討し、主として自生的に形成された農民組織の実態を明らかにしてきたが、ここでは、あらためて組織論についての先行研究や事例も加えたうえで、今後の課題と展望について検討していくことにする。

まず指摘したいことは、今後、途上国における農業・農村開発を考えたときに、開発サイトにおいて自生的に形成された農民組織あるいは組織化の原型（共同体機能など）を発見し、そこを開発の一つの足掛かりにしていくことが大事ではないかということである。このことは、研究開発実践における筆者自身の反省にも基づいている。前述したように、メコンデルタプロジェクトのメインサイトとサブサイトで自生的に展開していた二つの農協（PL農協とH農協）は、組織内に普及機能を有するものであった。ここを起点に、メコンデルタプロジェクトにおける技術実証試験を組織内の普及員や篤農家とともに実施することが十分可能であったはずである。当時、そこに思い至らなかった点を反省しなければならないのである。

実際のプロジェクトにおいては、村や集落のリーダーと相談しながら試験

365

農家を選定したわけであるが、このこと自体悪くはなかった。まずはこうした形で試験農家の選定を行うことが、開発援助で往々にして起こり得るいわゆるジェラシーの問題を回避し、公平性を確保するという意味で、妥当ではあった。しかし、それに加えて、普及機能を持つ上記組織（PL農協とH農協）との試験協力を行っていく承諾を村や集落から得る努力はすべきであっただろう。

　小國（2007b）によれば、farmer to farmer（農民から農民へ）アプローチは、作期を通じて近隣農民を集め、農家の圃場で実践的な研修を定期的に行うファーマー・フィールドスクールなどの方法によって、拠点農家を育成し、農家の経験基盤にもとづく技術の獲得と普及を目指すものであり、住民参加型の農業普及アプローチとして国際機関からNGOまで広く取り入れられている（小國　2007b）。

　正にこれが農民の相互学習であり、それを通じた技術普及ということになろう。また、そうした機会は単なる技術普及あるいは技術波及ではなく、さらなる技術改良や技術創出の契機ともなり得るものではないだろうか？

　ベトナム・メコンデルタの事例を振り返ってみると、H農協は、農業普及クラブ（農業技術普及のための農民組織）から発展していった組織であった。また、PL農協は、組織内の主要な活動として3名のボランティア的普及員（兼農民）による技術普及活動を行っていた。両農協内には、農業技術普及だけでなく、その基礎として農業技術改良に向けた普段の努力が存在していたのである。それは、組織内における個々の農家の努力であった。つまり、あらためて確認すべきことは、自生的組織の発展の源泉は個々人の主体性にあるということだ。メコンデルタの事例で言えば、技術改良に向けた個別農家の普段の努力である。その基盤には、主体性発揮のモチベーションである自己実現欲求があったものと考えられる。

　他方、農業技術だけでなく、農家の経営管理に関する知識などの普及を行おうとする際にも、自生的に形成された農民組織あるいは組織化の原型を足がかりにすることが重要であろう。こうした考え方を踏まえ、筆者が関わっ

第7章　農民組織の内発性と支援

たモザンビークのJICAプロジェクトでは、自生的に形成された農民組織の参加農家に対し、トウモロコシとダイズの間作試験（農家試験）を勧めるとともに、それと関連した農作業日誌記録の支援を行った。これについては、第2章で詳細に説明したとおりである。

　ところで、本章の事例では、自生的に形成された農民組織の機能は明らかにされたものの、それらがどのように形成されたのかという分析が十分にはなされなかった。特に組織形成の基盤と原動力に関する分析である。これこそ残された重い課題である。本章を締めくくるにあたって、文献レビューなどを通じて課題接近することにしたい。

　農民組織の形成に関しては、プラデルバン（1995）が、農民同士の交流が契機となった農民組織化について、セネガルの事例を紹介している。セネガルのM村のリーダー農家が「旅に出て、よその村の農民グループに出会った。あれがこの村でわたしたちのグループが生まれるきっかけになった」と言っていた。農民グループの形成にはその土地の指導者や他の組織の指導者がしばしば重要な役割を演じた。また、アフリカにおいて農民運動が広がる中で、成功した農民グループが積極的に他のグループに影響を与え始めている（プラデルバン　1995）。

　以上、紹介したアフリカの農民組織の事例から以下の疑問が生まれる。

　第一に、農民同士の交流が農民組織形成の一つの契機にはなっていたかもしれないが、それだけで農民組織の形成原理を説明できるだろうか？

　第二に、指導者の役割が重要であるということだが、指導者の役割の限界にも目を向けるべきではないだろうか？　そして、指導者の形成過程についても明らかにしなくてはならないのではないか？

　第三に、どのような交流が、どのように、他地域や他のグループに影響を及ぼしたのだろうか？

　以上の点が明らかにならなければ、農民組織の形成条件を特定することはできないのである。

　また、ニールス・G・ローリング（2002b）は、インドネシアのファー

マー・フィールド・スクールの事例を取り上げ、農民組織化やエンパワーメントへの貢献を評価した。ニールス・G・ローリングによれば、ファーマー・フィールド・スクールは、農業者がグループを作り、試験をし、圃場を観察することなどによって、対話型の学習などを進めることができるよう支援するものであるが、これが多くの場合、地域的な農業者の団体の出発点になっている（ニールス・G・ローリング　2002b）ということである。

　このニールス・G・ローリングが取り上げたインドネシアのファーマー・フィールド・スクールの事例だが、それが効果を発揮する（農民組織化やエンパワーメントへ貢献する）前提として、そもそも組織化の基盤（共同体機能あるいは集落機能）が存在していたはずである。その発見と言及が必要なのではないだろうか？

　さらには、藤田（2002）は、ミャンマーのある村におけるUNDPの優良プロジェクトについて考察している。それによると、農家と土地なし農民それぞれについて、20〜30世帯のグループを組織化し、マイクロ・ファイナンス事業を実施していたが、UNDP自身は、町の商業銀行にグループ名義の銀行口座を開設させて資金を振り込むだけで、あとはほとんどすることがなかったということなのである。つまり、あとは村の指導者層がリーダーシップを取って、融資対象者の選定や資金回収、さらには回収した資金の再貸付などを行っていたというのである（藤田　2002）。

　確かに、上記のような自主的取り組みについては、どの地域でも簡単にできるというわけではないだろう。しかしながら、NGOや行政機関などの外部組織に多くを依存せず、村の主体性によって道を切り拓いていく可能性が存在するということを示した意義は小さくない。村の指導者層のリーダーシップによってマイクロ・ファイナンス事業が推進されたということであるが、指導者層だけに注目するのではなく、それを支えたもの、あるいはそこにある基盤としての村落共同体にも注目すべきであろう。

　では、ここで、農民組織の形成・発展は何をもって可能になるのかということを今一度、考えていきたい。それを考えるとき、重冨（2006）が提示し

第7章　農民組織の内発性と支援

た「地域社会の組織力」という概念が参考になる。

重冨（2006）は、まず、途上国の農村開発の現場において、外部機関が支援を引き上げた途端、機能不全を起こして崩壊する開発組織が後を絶たないという現実と向き合い、そこから以下のことが示唆されると指摘した。すなわち、「住民組織を作ること」と「住民組織を作る仕組みを住民の間に作ること」とは別であるということだ。そして組織化を持続的、自立的にするために大切なのは、後者の方であると。その仕組みは、農村社会を舞台とする場合、開発組織の存立する地域社会に埋め込まれており、それを重冨は「地域社会の組織力」と捉えたのである（重冨　2006）。

重冨（2021）によれば、地域社会の組織力とは、住民が自らを組織化して開発に取り組む力のことであるから、それは住民が開発に参加する力と言い換えることができる。いわば参加型開発が住民主導で起きる仕組みが、「地域社会の組織力」である（重冨　2021）。

地域社会の組織力が発現された事例として、アジアの伝統的農民水利組織などの機能が挙げられよう。真勢（1994）が、インドネシアのスバック（バリ島のヒンズー社会で900年以上の伝統をもつ水利共同体組織）、タイのムアンファイ（北タイで水管理を核として800年以上、村落社会の調整機能を果たしてきた組織）、インドのワラバンディ（北インドの輪番灌漑制度で、小水利単位ごとに、関係農民間で取り交わされる水配分上の契約）などの事例を検討したうえで、共通して認められる諸機能を次のように整理している。

①水配分における公平原則の実行、②施設維持管理に必要な労力・資材等の調達に関する公平原則の実行、③賦課金および罰則金の徴収と運用、④水利紛争の調停、⑤総会等における構成員の合意形成、⑥政府機関など外部機関との折衝（真勢　1994）（註32）

これらの機能は自生的に形成されたものであり、それぞれの事例の組織力の強さは特筆すべきであろう。だが、これらは特殊事例なのかと言えば、そうではないだろう。何故ならば、上記機能は、水利調整が必要とされる地域において当然考慮されなければならない機能であったからだ（註33）。もち

369

ろん、機能や結束力には地域によって程度の差はあるだろうが。

　では、水利調整という局面の他に、地域社会の組織力が形成される局面（契機）はないのであろうか？　ここで、真勢が指摘した諸機能を振り返ってみると、「⑥政府機関など外部機関との折衝」は、村や集落という単位で必要なことである。また、「④水利紛争の調停」に関しても、村や集落の中では、水利だけでなく、あらゆる事案において紛争の調停は必要であろう。さらに、①、②にあるような公平原則というのも、水利用の局面で特に重要であるかもしれないが、水利用だけに限ったことではない。地域内の共有資源は水だけではない。共有地や共有林などの存在も忘れてはならないのである（註34）。

　さらに、村や集落を維持していくうえで必要となる共同作業について言えば、様々なものがある。増田（1996）によれば、多民族の村落社会であるインドネシアの村落共同体の原理は、ゴトン・ロヨン（相互扶助）、ムシャワラ（話し合い）、ムファカット（全員一致）などであったが、この中でもとりわけゴトン・ロヨンは有名である。これは村落の墓の管理やモスクの修理といった共同作業や、葬儀・祝宴の生活慣行、共同農作業など互いに報酬を求めず助け合う慣行である。ジャワには強くこの習慣が根づいており、人々の生活を律している（増田　1996）。

　萬田（2018）は、日本の農村社会の中で村を守るための共同作業の存在とその重要性を指摘している。萬田自身の集落における共同作業の事例として、①道路の草刈り・清掃、②土手の焼き払い、③山林の下草払い、④公園の草刈り・清掃、⑤ゴミの回収、⑥消防、⑦共同墓地の草刈り・清掃、⑧葬式の八つが挙げられている（萬田　2018）（註35）。

　こうしてみてくると、営農だけでなく生活の局面においても、地域社会の組織力の具体的源泉が見えてくるのである。注意すべきは、地域性というものがそこには存在するという点である。地域によって組織力の強さや在り方に違いが存在するのである。ただし、それは住民の本来の能力の違いによるものではないと考えられる。河村（2002）は、地域（村落）レベルでの住民

第7章　農民組織の内発性と支援

の能力には有意な差異はなく、地域社会の活性化のあり方は、住民が自らの能力を発揮させるだけの環境があるかどうかにかかっているといった仮説を提示している（河村　2002）。この仮説はほぼ正しいであろうが、その仮説の中の「能力」とは本来備わっている能力、あるいは潜在能力のことであると考えられる。したがって、環境の違いによる能力形成過程の違い、および形成された能力レベルの違いについては、認めなければならないだろう（註36）（註37）。

　ところで、池野（2007a）によれば、開発援助の近年の傾向として、貧困層や社会的弱者を対象にした社会開発、特に住民参加型アプローチを志向する場合、具体的なプロジェクト活動に先駆けて住民がプロジェクトの目的に沿った活動を担えるように何らかの「下ごしらえ」的な活動である社会的準備、とりわけ住民を組織化するプロセスをプロジェクトの一つの活動や成果として取り組むプロジェクトが少なくない（池野　2007a）。

　しかし、ここで再び重冨の考え方を振り返ってみよう。重冨は、「住民組織を作ること」と「住民組織を作る仕組みを住民の間に作ること」とは別であると主張した。そして組織化を持続的、自立的にするために大切なのは、後者、すなわち「住民組織を作る仕組みを住民の間に作ること」の方であると。その仕組みは、地域社会に埋め込まれており、それを重冨は「地域社会の組織力」と捉えた。これは、ここまでみてきたように一種の共同体機能あるいは共同体の紐帯と呼び得るものでもあると考えられる。

　したがって、そこを起点として、組織を作る仕組みを強めていくことこそ最も留意しなければならない点であろう。そうしたことを無視して、安易に組織づくりを行うならば、その組織はおそらく、よくあるようにプロジェクト期間中の臨時組織に終わるであろう。上記の「下ごしらえ」は、プロジェクトを効率的に遂行するために、急ごしらえで組織をつくろうとしているようにも見えてくるのである。

　池野（2007b）は、社会開発プロジェクトの実施にあたっての住民組織化の意図を以下の4点に整理している。第1に、効率のための組織化である。

371

住民がプロジェクトの活動などを協同で行うことによって、プロジェクトの効率を高めようとするものである。第2に、公正のための組織化である。ドナーは、既存の社会関係の下では発言機会や社会経済的資源へのアクセスが限られている貧困層や社会的弱者を組織化することで、集団の力をもってそれらへのアクセスの向上を図るというものである。第3に、エンパワーメントのための組織化である。住民が組織化それ自体のプロセスに参加し、グループダイナミクスの効果を得ることである。それにより、構成員個々の成長も図ろうとするものである。第4に、受け皿の形成のための組織化である。これはドナー側の事情によるところが大きく、プロジェクトを担う住民を確保しようとするものである（池野　2007b）。

　以上の整理の中で、第1（効率のための組織化）と第4（受け皿の形成のための組織化）は、基本的にプロジェクトの都合による組織化であり、どちらかと言えば急ごしらえの上からの組織化ということになるのではないだろうか？　そこには、「地域社会の組織力」を見いだしていくという視点がやや欠落しているように思われるのである。

　こうした組織化を進めてきた一部の既存プロジェクトでは、その点をどのように考えているであろうか？　池野自身は、実際の組織化事例の類型化を行っただけであり、そのこと自体何の問題もないのである。問題は、海外のプロジェクトも含めてこうした組織化を実際に担ってきた外部者たちにあるだろう。

　また、第2（公正のための組織化）は、重要なことであろうし頷けるものでもある。ただし、心配な点は開発援助におけるジェラシーの問題である。場合によっては、農村社会における住民間の軋轢を生み出す恐れもあるだろう。一般的には、農村における社会関係を変化させ、権力構造を変えていくというようなことになった場合には、大きなリスクを伴うであろう。公正のための組織化は重要なことではあるが、この点に留意しながら進めていく必要があろう（註38）（註39）。

　結局、第3の意図、すなわちエンパワーメントのための組織化を支援する

第7章　農民組織の内発性と支援

ことこそ、開発援助において取り組むべき課題であろう。特に様々な社会開発プロジェクトとエンパワーメントのための組織化は、同時並行、相互関連しながら進んでいくものであろう。

　ただし、一つ留意すべきことがある。それは時間軸である。池野が語っている「社会開発プロジェクトの実施にあたっての住民組織化」や、一般に農村開発プロジェクトの中でしばしば課題となる住民組織化は、短期的な組織化と言えよう。他方、重冨が主張する「地域社会の組織力」とは、長期スパンで形成されていくものである。この時間軸のずれを認識していなければ混乱に陥りかねないだろう。

　様々な社会開発（プロジェクト）が「地域社会の組織力」を高めていく契機となり、それによってエンパワーメントのための組織化が促されていく可能性もあるかもしれないが、プロジェクト期間という短期で見た場合、目に見える成果を見いだし難いことも往々にしてあるだろう。何故ならば、繰り返しになるが、「地域社会の組織力」を高めていくというのは、長期スパンの話であるからだ。

　重冨（1996d　1996e）は、参加型開発などを想定しながら、組織化と開発援助の関係について、次のような事例にもとづき考察している。

　東北タイのようにコミュニティーが人々のまとまり意識を動員でき、かつ組織化のための制度、経験を有しているようなところでは、そのコミュニティーに対して資源やアイディアを放り込むことが効果的であろう。ところが、タイ政府は、しばしば行政区を住民の側を代表する組織と理解して、そこに組織化を働きかけることがあった。当然このような援助の成功率は低くなる（重冨　1996d）。重冨は続けて、次のように総括している。地域の、あるいは資源を受け取る側の人々の組織化の論理というものを理解しない限り、参加型開発は失敗に終わる可能性が高いのだ、ということを言いたいのである（重冨　1996e）。

　以上の見解を踏まえ、次のような考察を行うことができよう。

　第一に、タイの行政区のようなところとは、つまりは「地域社会の組織

373

力」が極めて低位な場所というように理解できよう。したがって、「組織化を働きかけること」には無理があるということである。よって、そうした場所で参加型開発を進めていくことは困難であるということだ。

　第二に、それと関連して言えば、参加型開発を促したり、組織化を働きかけたりしていく場合に、場所や対象を間違えてはならない、ということでもある。そのためには、開発、特に参加型開発などを実施する前に、まず、「地域社会の組織力」の実態を深く理解することが肝要であるということだ。

　第三に、その場合、「地域社会の組織力」の発展段階がどうであるかということだけでなく、「地域社会の組織力」の特徴がどうであるかということも問題になってこよう。そこに、単線的な発展段階論だけではない地域の固有性を反映した「地域社会の組織力」の固有性というものが想定できよう。その意味では、正に地域研究の重要性も再認識させられるのである（註40）。

　最後に、「地域社会の組織力」の出発点と発展段階について再度考えてみたい。

　「地域社会の組織力」の出発点は、営農と生活の維持のために不可欠な協働活動を行うということにあろう。上述した水利調整や村を守るための共同作業などがこれに相当する。

　では、次の段階は何か？　そこで考えられるのが技術情報交換の活動である。農家にとって、営農や生活を滞りなく続けていくために不可欠なものこそが最も優先順位の高いものであるわけだが、次には、農業技術をより良いものにしていくこと、またそのための情報を得ることの優先順位が高いのではないだろうか？　営農の改善という点では、技術情報こそ最も身近であり最も関心の高いものであろう。そして、個々の農家自らも、普段の試行錯誤の中で工夫を行いながら技術改善や技術適合を行っていくことは、ある意味、ごく自然のことであり、自生的なものでもあろう。そして、同時並行的に、組織的な対応（技術情報交換・普及の活動）というものが存在するのである。

　さらに進んで、ここで、第2章において示した淡路（1996c）による農業経営者能力形成の階梯を思い出してみよう。その階梯とは、農作業→生産資

第7章　農民組織の内発性と支援

材購入→生産物販売→財務→保全であり、それに対応した管理は、生産過程管理（農作業、生産資材購入）→経常的資金管理（生産資材購入、生産物販売）→長期的財務管理（生産物販売、財務）→財産管理（財務、保全）である（淡路　1996c）。

　こうしたことを農民組織形成・発展の階梯にもある程度重ね合わせて考えていく必要があるかもしれない。ただし、繰り返しになるが、その際には、単線的な発展段階論ではなく、地域の固有性を反映した発展段階論の提示が必要であろう。

補説　ラオス中部における貧困村の自立性を考える
―援助か？　開発か？　研究か？―

　かつて2007年から2011年まで、JIRCAS（国際農林水産業研究センター）は、ラオス中部の村で貧困削減を目指した研究プロジェクトを実施した。このプロジェクトは、参加型研究ということも意識したプロジェクトであった。プロジェクト開始にあたって、サイト候補の村において、住民代表の方々とプロジェクト開始についての話し合いが行われた。

　2007年6月のことであった。話し合いの冒頭、プロジェクトリーダー（JIRCAS）が挨拶した。その趣旨は概ね次のようなものであった。

　①当プロジェクトにおいて、我々は、この村の農家が直面する問題とその要因を突き止めるとともに、それらを踏まえた解決方向や開発方向を示していくことを考えている。ここで、我々が実施しようとすることが、他の村においても役立ったり参考になったりすることを想定している。

　②また、将来、この村に他のプロジェクトが入ることがあった場合、我々がこれから収集する様々な情報や、それを踏まえて我々が分析した様々な結果などが役立つであろうことを想定している。

　③我々の研究プロジェクトでは、やれることが限られているかもしれないが、常に皆さん方のニーズを考えながら研究を進めていきたいと思っている。

375

また、続けて行われた郡農林普及事務所長のあいさつは、概ね以下のようであった。

　①この村でプロジェクトを行うことは郡の悲願であった。郡内部の認識においては、この村は貧困脱出のターゲット村であった。村の問題点が突き止められ、それにもとづき村の発展機会が見つかれば良いと考えている。

　②実は、この村の発展にとって何が必要なのかが未だ分かっていない。郡としてもこの村をサポートしていきたいので、村人たちの協力をお願いしたい。

　その後、前村長と現村長から、当プロジェクトに対する要望が出された。そのときのやりとりは以下のようなものであった。

【前村長】

　山から水を引いて飲み水として利用したい。ついては、その工事をJIRCAS（プロジェクト）に行ってもらいたい。

【プロジェクトリーダー：以下PLと略称】

　JIRCASとしては、問題の解明と解決方向の提案を行うことはできるが、直接、開発を行うことはやっていないので、この要望には応えられない。

【前村長】

　研究において情報だけが必要なプロジェクトということなのか？

【PL】

　情報も必要だが、解決の方向を示すところまではプロジェクトの中で行いたい。農家が自らできること（例えば農家ができる技術）を探し、それを一緒にやっていきたい。

【現村長】

　情報を集めた後、援助を行ってくれるのか？

【PL】

　農家が行っていることで、ここをこのように改善すればこういうことができるというような提言をすることは可能である。新しい方向性を一緒に考えていけるだろう。

第7章　農民組織の内発性と支援

【現村長】

知識的な援助なのか？

【PL】

知識だけでなく、実践も行う。例えば、ある野菜をこの村で栽培するのが良いのではないかということになった場合、その種を持ってきて栽培を行うというようなことである。プロジェクトは、あくまでも農家の行っていることを支援するということである。

上記のやり取りに基づきながら、開発と援助および自立性について以下のように整理することができよう。

第一に、住民が、内発的発展、すなわち「かいほつ（開発）」（註41）を最初から志向しているかと言えば、ある程度はそうであると言えるかもしれないが、もしそうだとしても、住民が外国のプロジェクトに対して、ある種の援助をしてくれることを期待するのは不思議なことではない（註42）。

したがって、第二に、住民がプロジェクトに多くの期待を寄せることに対して驚いたり、「住民の自立性や主体性がない」と憂えたりするのは筋違いなことである。そうではなく、住民は、そもそも自立性や主体性を持ち合わせているのである。だからこそ、厳しい自然環境および社会経済環境の中で、長期間にわたり営農や生活を持続させてきたわけである。ただ、プロジェクト、しかも外国のプロジェクトと聞くと、どうしてもいろいろと援助してもらいたいと考えるものである。住民のそうした態度は別に矛盾しているわけではない。むしろ、ピンポイントで外国のプロジェクトを利用したい、活用したいという積極姿勢（つまりは主体的な姿勢）とも捉えられるかもしれない。

第三に、そうしたことを踏まえ、住民との対話を根気強く行い、プロジェクトの意義や位置づけを理解してもらうことこそ肝要である。PRAや住民との会合の場は、そのための第一歩であるという位置づけもできよう。

住民が、開発の主体はあくまで自分たち自身であり、プロジェクトは要所、

377

要所でその開発を側面から支援すべきものであるという理解に至るプロセスこそ、参加型開発のプロセスの一側面でもあろう。また、その支援内容は、住民による問題認識に裏付けられた要請にもとづくべきである。そこに、開発と援助（支援）の正しい関係性を見いだすことができるのである。そして究極的には、野田直人（2019c）が指摘しているように、外国のプロジェクトは住民によって利用されるべき資源（外部資源）の一つと位置付けられるもの（野田直人　2019c）になるであろう。

　そして、その際、重要なことは、外部資源の内部資源化である。それは、外部資源をうまく取り込み、地域固有のものへとカスタマイズしていくことを意味する（註43）。このことは、在来技術の中に外来技術を取り込んで主体的に形成された「在地の技術」（安藤　2001）とも類似しているのである。

註

(註1) 斎藤文彦（2002bb）によれば、エンパワーメントの一つとして、他者と共にあることで発揮される能力（power with）がある。これは貧しい人々が一人では実行可能でなくとも、誰かと共にいることで発揮され得る能力である。一体感や連帯感をもとにしたパワーである。その意味で、この概念は、集団をその主体として想定している（斎藤文彦　2002bb）。

(註2) チェンバース（2000g）によれば、エンパワーメントは、組織や制度の中に取り込まれない限り、弱くて長続きしないのである。NGOや政府は、グループやコミュニティ・レベルで新しい組織を作ったり、組織の形態を変えたりする必要性を強く認識してきており、そしてそれがますます現実になりつつある。組織は貯金、信用貸し、所得向上事業、天然資源管理、グループあるいはコミュニティの団結を持続したり、プロポーザルの作成や外部の団体との交渉など、様々な機能を果たす（チェンバース　2000g）。

(註3) 人的資産とは、基礎的な労働能力、技能、良好な健康などを指している（世界銀行　2002a）。しかし、この定義にエンパワーメントの要素をもっと入れるべきである。そうでなければ、シュルツの提唱する人間資本とほぼ同じ意味となり、経済開発に偏った概念、つまり経済開発に貢献する人間の能力という側面を強調した概念となってしまうのではないだろうか？
　　　社会開発の側面を忘れてはならないし、総合的な人間の能力ということ

第7章 農民組織の内発性と支援

にもっと注目すべきであろう。

（註4）社会資産とは、必要な時に頼れる連絡や互助責務のネットワーク、あるいは資源に対する政治的影響力などを指している（世界銀行 2002b）。

（註5）ベトナム・メコンデルタには、その他、洪水から営農や生活を守るために農家が共同でダイク（dike：堤防）をつくるといった活動などを行うFlooding Preventing Farmers' Groupなども存在する。

（註6）辻（2004）によれば、1981年に農産物請負制度が成立し、旧合作社から農家に農業生産の基本単位が移された。この状況下で新合作社の性格は水管理や農業生産資材などの流通等といった農家のサポートとサービスを行なう農業協同組合的組織へと変質した。これらの動きを受けて、1997年に「農業協同組合法」が誕生した（辻 2004）。

（註7）東南アジア各国の協同組合については、山尾（1999）が次のように分析している。すなわち、東南アジア各国では、協同組合が経済団体として本来の役割を果たすよりも、できるだけ多くの農民を組織して、政治的一体性を高めることのほうが重要だとしばしば考えられた。そのため、政府は効率性を無視して協同組合に補助や融資を与え続けた。こうしたフォーマル組織である協同組合も、ゆっくりとではあるが、自立化への道を歩んでいる（山尾 1999）。

（註8）ただ、他方で、農業技術情報を隠したがる農家が多少存在することも事実である。この点を問題視する農家が一定程度存在することは、メコンデルタにおける農家調査で確認されている。

（註9）これらの普及員は、村や郡などの公式の役職としての普及員ではなかった。

（註10）一般的に、協同組合の原則の中には、教育促進の原則も含まれている。これは普及だけでなく、様々な教育が想定される。若林（1987）によれば、協同組合の原則には、「公開の原則」（加入、脱退の自由など）、「民主的管理の原則」（1人1票制の原則）、「剰余金の配分の原則」（利用高に応じた配分）などの他に、「教育促進の原則」があり、剰余金の一定割合を組合員教育に充てることが定められている（若林 1987）。

（註11）メコンデルタプロジェクトでは、PL農協のこれらの普及担当農家を取り込んで農家試験を行っていくべきであった。農民組織や普及をもカバーしなくてはならない社会科学の研究者としては、この点が筆者の大きな反省点であったと言える。

（註12）ODAの世界でも、資金協力と技術協力を組み合わせることの重要性が武藤ら（2015a）によって指摘されている。

（註13）増見（2002b）は、ガーナ小規模灌漑農業において、技術の開発・普及とマイクロクレジットを結合させ、農業技術の開発・普及と組織づくりを目指したプロジェクトの事例を紹介している（増見 2002b）。

379

(註14) VACBの中のBとは、バイオガスダイジェスターのことである。

(註15) ラオス北部山岳地域の村における共同販売の事例（共同販売の運営主体は村）が、横山智ら（2008）によって次のように紹介されている。すなわち、ラオス北部のウドムサイ県のある村では、NGOの支援を受けて、8名の委員で構成される「クム・カンカー」（商業セクション）が組織された。これは、農産物、畜産物、非木材林産物など、村の全産物の販売を取り仕切る組織である。住民が産物を販売する際には、クム・カンカーを通さなければならないことになっており、クム・カンカーの手数料が差し引かれた販売額が住民に渡る。NGOがクム・カンカーを組織させた理由は、村に金銭的な利益をもたらすことではない。むしろ、多種類の作物を混作する農業を普及させたかったためであろう。狭い農地で作物を混作する住民は、作物一種類あたりの収穫量が少ない。村の近くに市場があれば、住民自らが市場に出かけて少量でも作物を売ることができるが、近くに市場がないため、それができない。したがって、少量の作物を個別に販売するのは難しいのである。しかし、収穫した作物をクム・カンカーがまとめることによって、一回あたりの取引量を増やすことができる。そうすれば、町に住む仲買人が村まで買い取りに来てくれるのである（横山ら 2008）。

　以上の事例から言えることは、市場アクセスが劣悪な遠隔地の山村においては、そもそも農産物販売の道がほとんど閉ざされているということである。そうした状況下で、何としても農産物を販売しようとするならば、その可能性としてはクム・カンカーのような共同販売という選択肢しか残されていないのかもしれない。したがって、遠隔山村地域の中で販売可能な余剰分を生産できる地域においては、個別販売が可能な状況に置かれている平地農村地域よりも、相対的にみて共同販売のインセンティブがより高いと言えるだろう。

(註16) 増見（2002c）によれば、ガーナ小規模灌漑農業の事例において、マイクロクレジットの実施を通じて、耕起作業、種子、肥料・農薬等の適時供給が可能となり、統一された作付適期の集団栽培が行なわれた結果、対象地域の大半の稲作農家の収量と収益が向上した（増見 2002c）。

(註17) 重冨（1996c）によれば、日本で1960年代に行なわれた集団栽培のような組織化が、タイにおいては存在しない。タイで形成された組織のほとんど全部が、個々の住民の生産過程には立ち入らない組織であった。日本において、こうした組織化が可能となった背景として、ムラというものが蓄積してきた組織経験が背後にあったのではないかと考えられる（重冨 1996c）。

(註18) H農協の参加農家数は22戸であった。

(註19) 資金が不足する場合には、グループ外の農家から資金が借り入れられた。

第7章　農民組織の内発性と支援

それでも足りない場合には、H農協本部から資金を借り入れた。H農協本
部事務所は、銀行から資金借り入れを行った。

（註20）この肥料は、民間会社から購入するよりも高品質の肥料であった。

（註21）このダイクは、洪水から豚舎などを守るために建設されたものであり、そ
のために各農家が一定額の資金を拠出し合った。

（註22）その他にも、家事・育児グループなどが存在した。

（註23）少数農家で構成される豚肉加工グループは、資本不足に対応するため、豚
飼養グループやその他のグループから資金借り入れを行っていた（1998年
には440万VNDの借入）。

（註24）畑作物や魚については、価格変動が大きいということ、および市場規模が
小さいため十分に売りさばくことができないといったことなどが主要な問
題となっていた。

（註25）その他、共同出資金が少ないため、組合活動が制約を受けているという問
題もあった。

（註26）融資活動を行う組織は、Famers' Associationのほかに女性同盟であった。
女性同盟では、参加者が毎月2万VND〜5万VND積み立て、これをもと
に参加者への融資が行われた。融資対象者の選定基準は、①返済能力の高
さ、②農業経営者能力の高さ、③営農意欲の高さなどであった。1回の平
均融資額は、20万VND〜40万VNDであった。

（註27）1農家あたり1名の労働提供であり、総労働日数は約10日間であった。

（註28）労働提供の対象年齢は、女性の場合、18〜25歳、男性の場合、18〜45歳
であった。

（註29）共同体機能ということで言えば、その単位の一つとしてムラが考えられる。
このムラについて、川本（1990）は、ムラの原理に着目し、農業発展の
様々な方向性とムラの結びつきについて見解を述べている。要約すると、
第一に、個別農家の経営発展とりわけ規模拡大の場合にも、ムラ原理を無
視できない。ムラ仕事として土地保全が行われるという点、およびムラ人
から信用されていないと土地集積は困難であるという点からもそのことが
裏付けられる。第二に、生産性向上志向を有する自発的営農集団の場合に
も、ムラの中で有力な発言権を持つ人が管理にあたらないとムラ内に摩擦
が生じる。第三に、運営原則としてムラの相互扶助性を十分に組織に組み
込んでいる自発的営農集団の場合がある。第四にムラがそのまま農業発展
の担い手になる場合もある（川本　1990）。

（註30）ただし、やはりここでも組織を支えるリーダー層の個人的資質に依存する
構造が見え隠れしている。この点こそ、組織化の課題であり、組織化を支
援する場合の課題であるのかもしれない。

（註31）これまで、グラミン銀行のグループ貸付は注目され、評価もされてきた。

381

相互監視がうまく機能すると考えられてきたからである。しかし、高野（2010c）によれば、グループ貸付によりメンバー間の相互監視が働く際、そのプレッシャーが強くなりすぎて、グループ内に軋轢が生じるといった事例が報告されている。実のところ、グラミン銀行自身が、2002年にグループ貸付を放棄して個人貸付に移行しているのである（高野　2010c）。その他、グループ貸付の負の側面が高野（2010b）によって詳細に指摘されている。

(註32) ラオスにおける水管理の事例として、富田晋介（2008）は、親族による水管理およびいくつかの親族による共同水管理の事例を、次のように紹介している。用水路は、河川から直接親族ごとに引かれているのが基本であるが、一つの用水路をいくつかの親族で共有する事例も見られる。これは、それらの親族の先祖が共同で井堰を作り、用水路を掘削したからである（富田晋介　2008）。

(註33) 日本における水利調整と「ムラ」の機能については、佐藤寛（2011）が次のように説明している。日本では、集落間や集落内で水田に引く水をめぐる「水争い」を未然に防ぐための様々な取り決めを長年の蓄積の上で制度化した地域コミュニティーとしての「ムラ」が、協調的、公共的な社会の基礎単位として機能してきた。人々はムラの規則を信頼し、これに従うことで長期に安定した収穫を期待できるからである（佐藤寛　2011）。

(註34) その他、漁業における資源管理の事例もある。例えば、ラオスには、共有池の資源管理として漁獲日を特定する取り決めの事例などがみられる。これは、乱獲による資源枯渇を回避するための村人の知恵である。

(註35) 長谷川（1986）は、戦前の相互扶助慣行（神山町神領地区の事例）として、手間換え（手伝いあい、生産の互助）、頼母子講（金銭による経済的救済）、升物講（物品とくに米による経済的救済）、千人祈祷（千人講、病気見舞）、シンダン講（葬式の手伝い）、よめいりの手伝い（結婚式の料理、嫁入道具の運搬）、棟上げ（建築の手伝い、屋根葺）などを挙げている。

(註36) 佐藤仁（2021c）によれば、アジアを中心とする途上国の組織文化に立脚した開発論は、開発の主体をどうみるかという点で、個人の能力に着目するアマルティア・センのケイパビリティーなどとは一線を画している。

(註37) 速水（1995c）によれば、途上国の地域的な共同体としては、地縁に依存する度合いの大きい村落共同体と血縁に依存する度合いの大きい部族共同体に分類できる。前者は定着農業が行なわれている地帯、後者は放牧や焼畑農業などが行なわれている地域に一般的である。いずれにしても、程度の差はあれ、閉じられた比較的少数の集団のなかで、濃密な人的交流を通じて構成員の間に協力関係が成立し、伝統的な慣習や道徳的規範を守りあい、違反者を摘発しあう力となっている（速水　1995c）。

第7章　農民組織の内発性と支援

(註38) 安藤和雄ら（2003a）は、バングラデシュにおける農村開発で、「村の権威」であるマタボールの存在を肯定することの重要性を指摘している。それは、「在地」で生活しているマタボールが在地の技術や在地の社会の牽引者として、役割を果たしているからである（安藤和雄ら　2003a）。続けて、安藤ら（2003b）は、マタボールの特徴と役割を次のように具体的に説明している。すなわち、マタボールは、村びとの誰と誰の仲が良い・悪いなどという個人的な事情にも精通していることはもちろんだが、村の常識にも絶えず気を配っている。つまり「村の世間」に明るい。同じ村に生活しているという「村意識」を感覚的にも強く意識している存在である。このようなマタボールの資質は、村びとが個人的に起こしたもめごとの解決や、小学校の設立、道路建設などの農村開発にいかんなく発揮されている。マタボールの説得の基準は、「自分だけのためではなく、村のみんなのために」という村の公（おおやけ）というところにある（安藤和雄ら　2003b）。

(註39) なお、タイにおいては、村落行政・農業生産に関わる諸組織は世帯主中心の組織が多いが、最近、未組織の主婦層や青年層にも各種の組織化がみられる（北原　1986a）。北原が示したような相対的弱者の組織化の動きが自生的なものである場合には、それを支援することは妥当な開発援助の形として評価できよう。

(註40) 安藤和雄（2003c）は、バングラデシュ農村開発実験において、農村開発を担う村の組織を既存の村落社会としたのである。協同組合またはターゲット・グループという新しい組織を導入することは、あえてしなかった（安藤和雄ら　2003c）。ここに安藤らの農村開発実験の特徴が集約されていると言えよう。つまりは、これが、安藤らが言うところの「在地化した農村開発」の重要ポイントであろう。

(註41) 西川（2001b）は、アジアで伝統文化としての仏教に基づき、「物の開発（かいはつ）」を中心とした近代化、経済成長を正面から批判する思想が登場してきたとして、「心の開発（かいほつ）」を重視する人間開発論を紹介している（西川　2001b）。

(註42) 百村（2006a）は、ラオス南部の村でフィールドワーク（調査）を行なった後、村長や長老に取り囲まれて、次のように言われた。我々の村の水田、森や生計のことなどを聞いて回っているが、それが何のためになるのか？
　　村が貧しいことは分かっただろう。外国人だから、援助プロジェクトを起こしてくれて、町から村までの道路をつくってくれたり、田の灌漑用のポンプを寄贈してくれないのかと（百村　2006a）。
　　以上のことから、次のことが言えよう。一つは、プロジェクト（研究プロジェクトや開発プロジェクト）だけでなく、フィールドワーク（調査）

に対しても援助の期待がかかるということである。それは外国人が関わっているからである。もう一つは、期待されるプロジェクトの主な内容は、道路や灌漑用ポンプなどの目に見える援助（インフラ整備など）であるということだ。

(註43) これに関連して、小國（2003c）は、一様な事業推進に対し、個性をもって対処する地域社会の変化に注目している。対処に失敗するケースとしては、外部主導で形づくられた新たな組織や機能をうまく自分たち固有のものにできず、お仕着せのまま受け入れる場合である（小國　2003c）。

第8章　国際協力における実践的農家調査
― 失敗を乗り越えて ―

第1節　農家調査に求められるものとは？

　国際協力の場において、我々が現地の住民や農家の方々とコミュニケーションをとるのは、もちろん、第4章や第5章で説明したRRAやPRAに限ったことではない。通常の農家調査を行なわなくてはならない局面も当然ある。そのときに、我々に何が求められるであろうか？　もちろん、一口に農家調査と言っても様々なタイプの調査があるが、そこに共通する基本哲学があるのではないかと考える。

　末原（2004c）によれば、実際の現場から学ぶという考え方、あるいは現実の多様性の中から問題の根底に接近していこうとする考え方が、フィールドに出かけるときは必要となる（末原　2004c）。これが農家調査の基本姿勢であろう。複雑な現実をそのまま捉えるとともに、そこから本質を探っていくことを忘れてはならないのである。

　ところで、これまでに展開されてきた様々な農家調査論（農村調査論も含めて）においては、調査技法や調査手続きが存分に語られており、傾聴に値する指摘が数多くなされてきた。その中でも中心的な位置を占めてきたのが、農業・農村の実態を客観的かつ詳細に把握する技法であったと言えよう。例えば、予備調査の方法、本調査で使用する調査票の作成法、インタビューの際の留意点、調査結果の取りまとめ方などである。これらの多くは、国内においても途上国においても、ある程度共通して通用するものであったと言えよう。もちろん、途上国における調査には特有の技法や手続きが必要となることもある。それらについても、既往の農家調査論の中で様々に指摘されてきた。

385

しかしながら、調査を行うにあたっての基本哲学に関わることについては、これまでどれほど検討されてきたであろうか？　例えば、社会貢献や社会倫理という観点から調査をどう位置づけるのかといったことや、それと関連して、調査される側のモチベーションをどう考えるのかといったことについての検討である。ごく一部の調査論を除いて、そうした検討を行なった形跡があまりみられないのではないだろうか？　ある意味、これまでの農家調査論は手法論にやや偏っていたと言えるかもしれない。ただ、その手法の中にあっても、特に途上国における調査地選定方法については、十分な議論がなされてきたとは必ずしも言えないように思われる。

　そこで、以上の点を踏まえ、本章においては基本哲学に関わる部分を中心として、途上国における農家調査のあり方をあらためて検討していきたい。検討にあたっては、ベトナムにおける経験を中心としつつ、他の東南アジア諸国（ラオス、タイ、およびカンボジア）やタンザニアおよびモザンビークにおける経験も交えていきたい。その中には筆者の失敗経験も多く含まれているが、そこも検討の素材となる。そうした失敗の上に立って、はじめて新たな地平が拓けてくるのではないかと考えるからである。

【コラム8-1】
調査目的が農民にどのように受け止められるか？

　かつて、ベトナム・メコンデルタのある村にて、農協の調査を行なった農業経済の先生（日本人）がおられた。この時、筆者は案内人の一人として先生に同行した。調査が始まると、しばらくして張り詰めた空気が漂った。それが少し重く感じられた。4〜5人のベトナム人研究者も、お付きの人という感じの緊張した面持ちで同席していた。筆者自身の調査ではないので、ずっと黙って聞いていたが、質問に答え続けていた農協の組合長に笑顔はなく、少し疲れているようにも見えた。

　調査終了後に、その組合長が先生に逆質問をした。筆者も一瞬驚いた。組合長曰く「この調査は何に役立つのですか？」と。先生はおもむろにこう答

第8章　国際協力における実践的農家調査

えた。「行政に役立ちます。農業政策の参考になります。」と。筆者はそこで
思った。本当にそうなるといいのだが、実際にそうなるだろうか？と。これ
は自分自身に対する問いかけでもあった。この回答を受けた組合長の表情は、
晴れ晴れとした表情とは言えなかったようだ。自身の調査ではなかったが、
組合長に対し申し訳ない気持ちになった。

　ただ、この先生の調査能力は見事なものであったし、その点で筆者自身大
いに勉強させてもらったことは追記しておきたい。

第2節　農家調査の基本哲学

1．調査される農民のモチベーションこそ考えるべき

　タンザニア・キリマンジャロ州における灌漑稲作の普及プロジェクトに短
期専門家として参加していた時のことである。プロジェクト内の会議の場で、
キリマンジャロ州における農家調査の計画を説明した後に、あるカウンター
パートから次のような指摘を受けた。「地域によっては、農民は調査疲れし
ている」と。この指摘に十分答えることができなかったことを今でも鮮明に
覚えている。

　野田直人（2019a）が、ケニアの一コマ漫画を紹介している。その漫画と
は、ケニアの村人が、次から次へとやって来る調査に耐えかねて、ついに自
分の家のデータを立て札に書いて立てるというものであった（野田直人
2019a）。この漫画をみて笑い出す人もいるだろうが、農民にとっては笑い話
では済まされないのである。

　農家調査に対する農民のモチベーションについて、以下、いくつかの事例
から考えてみたい。

　ベトナム・メコンデルタのTP村において、プロジェクト開始直前（メコ
ンデルタプロジェクトⅡ期直前）に農家調査を行なった。それは、主として
概況調査であったが、プロジェクトを企画し遂行していくうえでは必要な調
査であった。ところが、農家調査の後に、ある集落の集落長から不満が出さ
れたのである。その集落とは、我々のプロジェクトの対象村の中で唯一試験

387

農家が選定されなかった集落であった。「調査に協力したのに、我が集落で農家試験が行われないのは何故なのか？」という疑問が投げかけられたのである。そこで直ちに、プロジェクトチームの主要メンバー５名（ベトナム側は、ファーミングシステム研究者２名と稲作研究者１名、日本側は筆者と同僚の稲作研究者の２名）が、集落長に会いに出向いて事情説明を行なったのである。

研究プロジェクトというものを理解してもらうのは大変であることを、そのとき実感した。農家にとっては、プロジェクトはプロジェクトであり、開発プロジェクトと研究プロジェクトとの区別など意味を持たない。

我々が集落長に対して行なった説明内容の詳細については覚えていないのだが、このときには、すでにファーミングシステムズ・アプローチ（FSRE）の枠組みでプロジェクトを進めていこうとしていたので、その中身を噛み砕いて説明したように思われる。特に、農家試験の結果、推奨技術の有利性が証明されれば、試験農家だけでなく他の農家にも、そして試験対象集落だけでなく他の集落にも推奨技術の普及は可能になるという点を強調したように記憶している。時間がかかったものの、最終的には集落長の納得が得られた。いずれにせよ、こうした基本的かつ重要な事項を事前に調査目的として説明したはずであったが、それが十分に理解されていなかったということである。

なお、試験農家の選定については、主としてベトナム人技術研究者にその決定権が委ねられていたが、この集落から試験農家が選定されなかったのは、この集落が村の中心地から最も遠い集落であることも関係していた。その判断の妥当性が問われるところではあろう。

ところで、様々な調査がある中で、一回限りの調査であっても歓迎されることがあった。タンザニア・キリマンジャロ州のある村で農家調査を行なったときに、多くの村人に歓迎されたことがある。調査後に食事をご馳走になった。村長まで現れて、メインディッシュの子山羊の丸焼きを勧められた。おそらく、その地域では最高級のご馳走であっただろうと想像されるのである。歓迎儀式の冒頭で、外国人が初めて調査に訪れたことを喜んでくれた村

第8章　国際協力における実践的農家調査

長からは感謝の言葉が述べられた。

　この事例においては、初めて外国人が調査に来たということだけで歓迎されたのであり、調査内容や調査のやり方などについて村人から問われることもなく、調査が終了したのである。したがって、決して誇れるものではなかった。この村で、この先調査が何度も繰り返され、村人がそれに付き合わされたとしたならば、おそらく状況は変わっていったであろう。そして、何よりも、調査を何度やれども、何のフィードバックもないのであれば、間違いなく状況は一変したであろう。その意味において、この村で歓迎されながらも、筆者自身、居心地の悪さを感じていた。と同時にプレッシャーも感じていたのである。

　安渓（2008）によれば、自身がかつてコンゴ民主（旧ザイール）共和国で、「あなたは、ここの言葉も習慣も調べてわかるようになったのに、お返しに日本語さえ教えてくれない。そんな差別的なやり方を神様は決してお許しにならないでしょう」と抗議を受けたことがある（安渓　2008）。実は、筆者がモザンビークにおける農家調査の折に、集落内で日本語教室を開いたことがあった（**写真8-1**、**写真8-2**）。その時の農家の方々の目の輝きに驚いた。調査村の農民は、自身の営農とは全く関係のない異国の言語に予想以上の興味を示したのである。筆者自身、彼らの目の輝きを見、彼らの弾む声を聞き、

写真8-1　日本語教室の様子
　　　　　（モザンビーク・ナンプーラ州）

写真8-2　ポルトガル語・日本語併記のメモ帳（モザンビーク・ナンプーラ州の農民のメモ帳）

次第に教えることが楽しくなっていった。時間にして2時間程度であったが、とても濃い時間だったように思われる。とは言え、このようなことを常に行っているわけでは決してない。むしろ、これはたまたまの特殊事例である。したがって、安渓の受けた抗議が筆者の胸にも突き刺さるのである。

2. 調査における理想と現実

　以上のようなことを踏まえると、プロジェクトとは関係のない独立型調査、いわゆる学術調査というのは、時として農家にとっては結構辛いものになるかもしれない。プロジェクトの中の調査ですら、前述のような問題（ベトナム・メコンデルタのある集落での問題）が起こり得るのであるから。

　チェンバース（2000c）によれば、質問表によるインタビューでは、主導権は質問する側にあり、質問される側は、単に「応答者」として扱われる（チェンバース　2000c）ということである。もちろん、これは質問者の能力次第というところがあり、一概には言えないという反論もあるだろう。それも一理あるが、途上国における公式調査（質問紙調査）では、チェンバースの指摘が、実際のところ、多くのケースで概ね当たっているのかもしれない。

　かく言う筆者も実は多くの失敗をしてきた。一例を挙げると、タンザニア・キリマンジャロ州K村で、同村の農業普及員による通訳（英語→スワヒリ語、スワヒリ語→英語）を介して農家調査を行なった。英語がとても上手な普及員に感動したのだが、調査を進めるうちに、その普及員が、度々被調査者の中年女性（農家の主婦）に「ウナメチョカ？」と心配そうに聞いているのが気になってきた。後で、そのスワヒリ語をカウンターパートに確認したところ、「疲れましたか？」という意味であることが分かった。その時、正直とても恥ずかしい気持になった。そう尋ねられた中年女性は空ろな表情のまま、少し間をおいた後、小さな声で否定していたようだった。明らかに疲れているのに、「大丈夫です。」と遠慮がちに答えたその中年女性の優しさに、筆者は罪悪感を覚えたのである。と同時に、自分自身の調査能力の拙さをつくづく反省したのであった。

第 8 章　国際協力における実践的農家調査

　農民が生き生きと調査に応じなければ、面白い話も聞き出せないであろう。質問そのものに答えることもさることながら、農民がそこから発想を飛ばして、周辺事情を興味深く話し出したら、もうそこは「学び」のためのあらゆる材料が転がっている世界になるであろう。そうした状況をつくることが、調査者に求められているのである。

　そう考えるならば、農民がリラックスして、生き生きと話ができるような環境づくりの能力も、鈴木福松が提唱する「いもづる」式質問能力（国際協力事業団　農業開発協力部　2000）と同じくらい、重要であると言えるのではないだろうか？　もちろん、両者が密接に関連していることも認めなければならないが。楽しい雰囲気をつくり、かつ話の順序、質問の仕方を工夫して、農民が次から次へと本音を語りたいという衝動に駆られるような状況をつくる力こそ重要な調査能力であると言えよう。

　川喜田（1995d）によれば、土地の言葉や風習に通じているというより、そうありたいと願い、現地から学ぼうとする人間に対しては、住民は好感を寄せる（川喜田　1995d）ということであるが、筆者自身の経験からするならば、それだけでは不十分であるように思う。やはり、楽しい雰囲気をつくり、住民が喜んで本音を語りたいという気持ちになってもらうことが重要であり、調査者はそのことを忘れてはならない。そして、そのためには、それ相応の工夫が必要となるのである。

　この点で言えば、現在では、総じて参加型開発に慣れている海外の研究者の方が日本人研究者より一枚上手かもしれない。もちろん、日本人研究者の質問能力は欧米の研究者に決して引けを取らないと思うが、楽しい雰囲気をどれだけつくれるか、また楽しい雰囲気を作り出す工夫をどのくらいしているか、できるかという点が問われそうである。この点に関連して、民俗学者の宮本（2008b）は、自身の調査方法について、山形県酒田市飛島での調査を例にして以下のように説明している。

　飛島では、箇条書きのような形で話を聞くことはほとんどなく、できるだけ相手に自由に話してもらった。話してもらうというよりも話し合った。つ

391

まり単なる聞き手ではなかったということである。話ははてしなく続いてつきるところがない。昼間は村を歩き、夜は囲炉裏端で話を聞いて大変楽しかったのだが、最後にその老人から「あなたはとうとう調査をしなかったが、それでよいのか」と言われた。実は知りたいようなことはほとんど聞いていたのである。「次は何、次は何」というように秩序立てて聞いているわけではない。しかし、相手が話をしている中に、自身の知りたいことが含まれていればよいのである。つまりは、質問して答えてもらうことが必ずしも調査ではない（宮本　2008b）。

　正にフィールド調査の理想形がここに見いだされるのである。以上、宮本が語った調査風景から、以下のことが言えるであろう。

　第一に、当然ながら、最も重要なこととして、住民がこの調査において疎外されるどころか、生き生きと関わることができたという点である。それは、一問一答形式ではなく、住民に自由に語らせ、かつ自然な会話という形を貫いたことによる効果と言えるであろう。宮本自身も大変楽しかったと語っている。おそらく住民もそうであっただろう。そうなると、もはや調査という言葉が適切なのかどうかという疑問すら出てきそうではあるが。被調査者の住民が調査をしなくてもよいのかと宮本に問いかけていることからもこの疑問はあり得る疑問ではないだろうか？　もちろん、本来、調査というものは、宮本が実践したようなものを指すといった見解がオーソライズされるのであれば、話は別だが。

　第二に、宮本は、RRAやPRAによる住民との自由なコミュニケーションというものが脚光を浴びるよりも前に、すでに住民との理想的な向き合い方をしていたのではないだろうか？　また、PRAとの違いは場所にある。宮本が住民と話をしていた場所は囲炉裏端であった。しかも夜に。明らかに、住民がリラックスして話の出来る場所として、囲炉裏端は最適であったと思われる。因みに、PRAは、村の中心にある集会所や広場、あるいは村の中心的存在（リーダー）と言えるような住民の自宅や庭などで実施されることが多い。

第8章　国際協力における実践的農家調査

　第三に、「あなたはとうとう調査をしなかったが、それでよいのか」とい
う住民の発言からも、この住民は、「箇条書きのような形」の「次は何、次
は何」といった形の調査、いわゆる一問一答式調査をこれまで経験させられ、
おそらく一種の疎外感を味わってきたであろうと推察されるのである。つま
りは、人文科学ではなく、「訊問科学」（註1）の犠牲になっていたのではな
いだろうか？

　ところで、海外でのフィールドワークにおける問題点について、平山
（2011a）が次のように説明している（註2）。

　第一に、言葉が不自由という問題である。

　第二に、背景をしっかり理解していないという問題である。

　第三に、信頼されていないので本音を語ってくれないし、対象者が調査時
に通常とは違うように振る舞うという問題である。

　第四に、調査が終わったらよそ者はいなくなってしまうことが大きいので、
その後調査によって何か「危険なこと」が起こっても知らずに済んでしまう
という問題である（平山　2011a）。

　このうち、第一と第二の問題については、研究者や開発ワーカーの中で、
ほぼ克服している人たちも多く存在するであろう。個人の努力次第という部
分が大きいからである。もちろん、並大抵の努力ではないことは言うまでも
ないし、現地に長期間滞在している文化人類学者と同様の背景理解とまでは
いかないかもしれないが。

　深刻な問題は、第三と第四の問題である。これらの問題は、単純な努力の
レベルで克服されるような性質のものではないし、個人のレベルでは克服困
難である場合も存在するからである。

　かつて同僚だったある若手研究者は、学生時代にアフリカのある農村にお
いて農家調査を行った際、最初（1年目）はプロジェクト関係者として調査
をしたのであるが、翌年には、単に一学生として同じ村の同じ農家を調査し
たそうである。驚くことに、2年目には1年目と全く異なる話をする農民が
続出したそうだ。正に、上記平山の第三の指摘に関わることであった。この

393

若手研究者の1年目の調査においては、平山が第三に指摘した問題が現実化していたのであろう。一学生に戻った彼は、2年目に様々な農民の愚痴を聞くことになり、調査村で実施されていたプロジェクトに関わる問題の根深さを思い知らされたのである。

　ただ、農民が愚痴をこぼし始めたら、変な言い方かもしれないが、その状況はチャンスと言えるかもしれない。農民の愚痴は本音と捉えてまず間違いないと思われるからである。

　本題に戻ると、我々が注目すべきこと、そして十分に注意すべきことは、チェンバース（2000d）の次の指摘である。すなわち、インタビュー調査には、上位と下位という力関係が内在しているということである。質問される側は、様々な思惑や自分を良く見せたいという気持ちから、嘘や言い逃れをすることもあるし、どんな答えを期待されているかを知っていたり感じ取ったりする（チェンバース　2000d）。

　この指摘は大変重要な指摘である。特に途上国の農村における調査を想定した場合、最も重要な指摘であると言っても過言ではない。上記で紹介した若手研究者の経験についてみれば、正にチェンバースの指摘どおりのことが現実に起こり、苦い経験をしたというわけである。ただし、この若手研究者の2年目の調査では、上位と下位の関係がほとんど存在しなかったということであろう。そうでなければ、農家の方々が愚痴をこぼすわけがないからである。いずれにせよ、この若手研究者は貴重な経験を積んだと言えるだろう。

　ところで、一点だけ残された課題を挙げておきたい。それは、宮本の調査法に戻っての話になる。「あなたはとうとう調査をしなかったが、それでよいのか」という住民の発言があったが、実は知りたいようなことはほとんど聞いていたという宮本の話である。繰り返しになるが、これが正に理想の調査であろう。自然な会話の中から、いつの間にか必要なことを聞き出していたということである。素晴らしいとしか言いようがない。しかしである。こうしたことを誰でもすぐにできるわけではあるまい。この理想の調査法に近づくためには、どのような能力形成が必要なのであろうか？　その道筋を提

第 8 章　国際協力における実践的農家調査

示することこそ、残された課題なのではないだろうか？

　宮本の指摘は、第 2 章で取り上げた農業経営者能力論における人的資質論的アプローチに類似しているかもしれない。人的資質論的アプローチに関する淡路（1996a）の指摘にあるように、このアプローチでは、限られた局面での「理想の経営者像」は描けるかもしれないが、それによって経営者の育成について展望することは難しい（淡路　1996a）。同様に、宮本の説いた理想の調査法だけでは、調査者の育成は困難であるということだ。一つには、宮本の調査法は熟練の技（名人芸）であり、暗黙知の世界にあるからではなかろうか？　それは調査法と言うよりも対話法と言うべきかもしれない。誤解のないように言っておきたいが、これをマニュアル化すべきだと言っているわけではない。そうではなく、その理想に至る段階（階梯）をある程度示してほしいということである。これが残された課題であろう。

　ここで、思い起こされるのが、ベトナム・カントー大学の研究者たちである。彼らが行なっていた農家調査はやや無味乾燥したもので、極端な言い方をすれば、取り調べのような感じさえする調査であった（もちろん、全員がそうだというわけではない。）。つまりは、質疑応答であって対話にはなっていなかったのである。しかしながら、休憩中や昼食時に彼らが農家の方々と談笑しながら行なう四方山話は、実に楽しそうであった。正に対話そのものであった。今後、これが実際の農家調査に生かされることを期待したいが、そのためには、まずもって調査において何が重要なのかということを深く理解しなくてはならないし、そのうえで上記において指摘したような能力形成の諸段階を踏んでいかなくてはなるまい（註 3）。

　既に述べたように、質疑応答ではなく対話というものを意識することが、農家調査において実に重要なことであるが、この分野で注目されるのは、和田ら（2010a）の「対話型ファシリテーション手法」である。この手法は、質問者からの働きかけを軸に、対話を通じて気づきを促す手法であり、簡単な事実質問による対話術である。その大原則は、一切のパーセプション質問を排して、事実質問だけでやり取りを組み立てることにある（和田ら

395

2010a)。

　なお、パーセプション質問とは、どのように感じているか？あるいはどのように考えているか？といったいわば主観に関わることを聞く質問のことである。おそらく宮本も、基本的には、和田らの提唱する対話法（事実質問に基づく対話法）を実践していたものと思われる。ただ、単に事実質問ということであれば、場合によっては無味乾燥したものにもなるかもしれないが、宮本はそこを自然な形で四方山話を交えながら進めていったものと想像されるのである。そこに、宮本の調査法（対話法）の真骨頂があったと言えよう。

　しかし、仮に「どのようなことに困っていますか？」という質問がなされたならば、その調査は失敗なのであろうか？　筆者はそこに賛同しているわけではない。第5章で提案したように、確かに、PRAなどにおいてサイト踏査や地図づくりなどのプロセスで、農民から様々な情報が発信される。その情報を深く掘り下げるようなコミュニケーションを自然な形で続けていけば、農民が認識する問題の奥底が浮き彫りになるだろう。したがって、唐突に、「どのようなことに困っていますか？」といった直接的過ぎる質問をする必要はないという主張が成立するであろう。ただし、そうであっても、「この点については、どのようなことに困っていますか？」や「他に、どのようなことに困っていますか？」という質問を敢えて我慢する必要があるだろうか？

　農家調査であれば、サイト踏査や地図づくりに相当する過程が通常はほとんどない。その場合、第5章で示したモザンビークにおける参加型手法の事例が参考になるであろう。すなわち、調査冒頭に当該農家に保有地の圃場図を描いてもらい、そこから栽培作物や圃場履歴や土壌特性などへと話題が展開していくよう、農民とのコミュニケーションを工夫するのである。その後、質問紙調査であれば、質問項目にある程度沿った質問がなされるであろうが、敢えて、最後に、「…について困っていることは他にありませんか？」という質問をいくつかのトピックごとに聞くことは十分意義を有することだと考えられる。

396

第8章　国際協力における実践的農家調査

　因みに、患者に対する医者の質問は、「どこが痛みますか？」、「どのように痛みますか？」である。「どのようなことに困っていますか？」が質問として好ましくないということになれば、医者の質問はどう評価すればよいのであろうか？　また、医学の世界はそれでよいが、農学や農業の世界はそうではないと言い切れるであろうか？

　医学の世界でも農学の世界でも、上記のような質問、すなわち和田らが言うところのパーセプション質問が許容されるもう一つの理由は、これらの質問がエントリーポイントにもなり得るからである。この村の、あるいはこの農家の何について特に深く知る必要があるかを入口段階である程度選択する必要がある。そうでなければ、どこに焦点を当てれば良いかについて、極めて見当がつきにくいということになる。TN法第1ステップなども、有効な詳細調査を行なう前段のエントリーポイントとしての役割を果たしていると言えよう。

　ところで、1回限りの調査が農家に対する搾取で終わるかというと、必ずしもそうとは言えない。確かに、農家調査において農民に貴重な時間を費やしてもらわなくてはならないことは事実であるが、1回の調査においても農家へお礼する機会に恵まれることが時折あることも事実だ。

　2019年に、タイのアユタヤ県で有機稲作農家を調査した（**写真8-3**）。調査が終わりに差し掛かった頃、この農家の経営主から、所有する日本製コン

写真8-3　有機稲作農家の水田
　　　　（タイ・アユタヤ県）

写真8-4　有機稲作農家のコンバイン
　　　　（タイ・アユタヤ県）

397

バインの操作法を尋ねられた（**写真8-4**）。同行していた女子学生が学科の農業実習でコンバインの運転をたまたま経験していたので、実習を思い出しながら、ある程度説明することができた。また、そのコンバインに記されている説明書きや指示が日本語だったので、それを筆者が英語に訳し、さらに同行していたタイ人留学生（博士後期課程の学生）がタイ語に訳してくれた。

　正直なところ、そのとき筆者はホッとした。何故ならば、こちらが一方的に情報を収集するということではなく、その農家の役に立つことを僅かではあるが、できたことに安堵したのである。この調査協力農家にほんの少しのお返しができたという感覚であった。同行した女子学生も同じ気持ちだったのではないかと思われる。

　他方、タイで販売されている日本製コンバインがタイ語標記されていないという問題も知ることになった。このことも我々にとっては、新たな勉強の機会であった。農業機械の普及において、こうした基本的なことができていないのは何故なのかという新たな疑問が生じたのである。

　また、2018年にカンボジアのタケオ県で農家調査を行っていた時に、突然、農家（第6章で事例紹介した稲作農家）の経営主からの逆質問を経験した。その質問とは、第1に、日本では農産物価格の安定化対策がなされているのかという質問であった。そこで、かつて日本の農水省が米の政府買い入れを行っていた時代の話をした（註4）。米価算定方式（生産費・所得補償方式）などの話もかいつまんで説明してみたところ、彼が興味を示してくれた。

　カンボジアでは米価の変動幅が大きく稲作農家が困っているので、何とか少しでも価格を安定させてほしいという政府への要望があり、その関係で、当農家の経営主は他国の農政に関心を持ったというわけである。

写真8-5　メモを取る篤農家
　　　　（カンボジア・タケオ県）

第8章　国際協力における実践的農家調査

カンボジア農林水産省の役人であれば持って当然の問題意識を、タケオ県の一農家の経営主が有していたのである。当農家の経営主は、筆者の説明を聞きながら熱心にメモを取っていたが、説明直後には納得した表情を浮かべた（**写真8-5**）。かつて食糧庁で米価算定の部署にいたことが少しでも役立って、筆者自身小さな達成感のようなものを味わった瞬間であった。

　その他にも、当農家の経営主は、日本の稲作技術や水利組合、さらには農協の話に興味を示してくれた。カンボジアでは農家が組織化されていないため、収穫した米が集荷業者に買いたたかれていると言って、彼は嘆いていた。

　なお、調査終了後に経営主の父親が、同行した女子学生に占いをしてくれた。寡黙なお父さんのように見えたが、実は占い師だったのである。約20分にわたるお父さんの占いの結果、近い将来、良縁があるということであった。その女子学生がとても喜んだ。

　以上の二つの事例においては、正直なところ、筆者自身ホッとした気持ちが最も強かった。少しでも役に立てたという安堵の気持ちであった。ただ、30代あるいは40代の頃の自分が同じ現場に居合わせたと仮定したならば、おそらく少々面倒に感じたであろうし、したがって農家の質問に対し、それほど親切には答えなかったであろう。また、日本語の説明書きがあるコンバインの現地語訳や操作説明もしなかったのではないかと思うのである。

　上記の事例は、先進的農家の事例であり、他の多くの農家に当てはまるかと言えば、そうではないかもしれない。例えば、農政の話に興味がない農民や、そもそも、そうした話をしたがらない農民も多いであろう。しかし、他国の農業事情を知ることは、農民の好奇心を刺激するものであり、それは特殊な農民の特殊事例であるとは必ずしも言えないのではないだろうか？我々外部者が農民に対して何ができるのかということをよく考えてみた時に、自国（外部者の自国）ではこうだとか他の途上国ではこうだといった事、とりわけ広く様々な農業事情について話すことは、意味を持つし、十分意義を有することだと考える。それは、農民にとっては、自身の村や自身の営農を他と比較する機会が提供されているということを意味すると考えられる。も

399

ちろん、こうしたことを我々外部者が大げさに言うべきではないのかもしれ
ないが。

3. 「探索」型調査か？　それとも「探検」型調査か？

　再び、宮本常一の論考に戻ることにする。宮本（2008c）は、理論と事実
の関係性について、次のような事例を紹介しながら考察している。

　調査においては、調査しようとするものの意図がある。その意図に沿って
自分の知ろうとすることだけを明らかにしてゆけばよい、と考えている人が
多い。昭和22年、23年頃、東京大学経済学部の先生が、地主と小作について
の調査を指示していた。その調査では、村落内のあらゆる現象を、搾取と被
搾取の形にして設問しようとしていたのである。階級分化だけを見てゆこう
とするのなら、それだけでいいかもわからない。しかし、村里生活はそれだ
けではない。地主というようなものも、社会保障的な意味を持っている。農
民同士の相互扶助もある。それがどのような比重で絡み合っているかも、見
てゆかなければならないのではないかと思うし、また予定した以外のことか
ら、重要な問題を引き出してくることもある。その意外性がもっと尊重され
なければ本当のことは分からない。理論が先にあって、事実はその裏付けに
のみ利用されるのが本来の理論ではなく、理論は一つ一つの事象の中に内在
しているはずである。しかし、調査に名を借りつつ、実は自分の持つ理論の
裏付けをするために資料を探している人が多いのである。このような調査の
結果が利用されるなら、調査者たちの目の届かぬ部分は、すべて切り捨てに
されてしまう（宮本　2008c）。

　実に正鵠を射た見解ではないだろうか？　上記の見解から、以下のような
考察を行うことができよう。

　第一に、宮本が「自分の持つ理論の裏付けをするために資料を探してい
る」と批判する行為こそ、川喜田二郎（1995c）が言うところの「探索」に
極めて近い。川喜田によれば、「探索」とは、捜し物が何か、その正体の見
当をある程度つけて、情報を探すことである（川喜田　1995c）。その結果、

400

第8章　国際協力における実践的農家調査

都合の良い事実だけで、理論や主張が固められることになるのである。では、そうではない行為とは何か？　それこそが、川喜田が言うところの「探検」である。川喜田（1995c）によれば、「探検」とは、問題意識だけを持ち、問題点まで判ってはいない段階で、仮説を持たずに現場で幅広く情報を集めることである。そして、この場合に重要なことは、定性的な把握を行なうことである（川喜田　1995c）。その結果、「予定した以外のことから、重要な問題を引き出してくること」もあれば、「その意外性」が正当に評価され、真実に近づくのではないだろうか？

　第二に、「理論が先にあって、事実はその裏付けにのみ利用されるのが本来の理論ではなく、理論は一つ一つの事象の中に内在しているはずである」という宮本の見解の重みである。これこそ、フィールドワーク、野外科学の基本である。求められることは現場主義である。だからこそ、「探検」しなければならないのである。本章の冒頭でも述べたように、複雑な現実をそのまま捉えるとともに、そこから本質を探っていくことが求められていると言えよう。

　第三に、「搾取と被搾取の」関係、あるいは「階級分化」だけではなく、「地主の社会保障的な」役割や「農民同士の相互扶助」もみていく必要があり、かつそれらが「どのような比重で絡み合っているかも」見ていく必要があるという見解の重要性である。ここからも、村内の事象は、農業経済学や農業経営学だけでは語れず、農村社会学、民俗学、さらには文化人類学などの視点からもみていく必要があるということだ。

　第四に、一面的な捉え方を修正できるのは、当該地域における多様な研究とその研究蓄積ということにもなるが、途上国研究では国内研究に比べて、この点が手薄になりがちである。確かに、「地主の社会保障的な」役割については、パトロン・クライアント関係の研究例などがみられるし、「農民同士の相互扶助」については、村落共同体の研究例なども散見される。しかし、多様な研究蓄積とは言い難いように思われる。

　第五に、上記第二で導き出された現場主義と上記第三で導き出された総合

401

性は、ファーミングシステム研究の三要素（問題解決志向、総合性、現場主義）のうちの二つの要素と一致しているということである。

第3節　サイト選定と農家選定 ― 現場での苦戦 ―

1.　サイト選定

　ベトナムやラオスにおいては、プロジェクトサイトを選定するための予備調査として、いくつかのサイトでの概況調査を実施した（註5）。ただ、二次資料が整備されていない状況下で、数地域を概況調査しただけでは納得できる地域選定には至らなかった。

　では、どのようにすれば、適切な地域選定が可能になるであろうか？　重要な第一歩は、統計資料にもとづき地域を類型化することである。研究サイト（調査サイト）を位置づけるためには極めて重要なことである。こうしたことは、日本では十分可能である。その一例をまず示しておきたい。ここで示すのは、四国中山間地域の類型化事例（研究例）である。

　山田（1997）は、日本における限界的な中山間地域に着目することの重要性、およびその中でも農業構造の多様性を把握することの重要性を指摘した上で、既存統計資料を利用して主成分分析に基づいて四国中山間地域の類型化を試みた。その結果、経営規模が小さく、単一経営度合が高い類型（主として果樹作が盛んな地域が該当）、農外労働市場が発達しており、単一経営度合いが低い類型（主として稲作が盛んな地域が該当）、および経営規模が零細で、農地基盤条件が劣悪、かつ集落機能が弱い類型（主として工芸作物生産が盛んな地域が該当）等の類型が得られた。合計6類型が得られ、四国中山間地域に属する全市町村が6類型の中のどこに該当するかが明確となった（山田　1997）。そのことにより、四国中山間地域のある村の調査を行なったとしても、その村の位置づけが客観的に明らかとなり、どういう地域の代表なのかということが把握可能になったのである。

　本来、途上国においても、こうした客観的データに基づいた地域類型が

あってはじめて村の選定が可能となり、かつ選定された村の代表性が明らかとなるのである。しかし、実際には、途上国の統計が未整備であるため、地域を類型化することは極めて難しい。そのため、村の選定に困難をきたす上に、仮に村を選定したとしてもその村の代表性は曖昧になってしまうのである。

　ここでは、農家調査のことを議論しているので、統計の未整備の問題を農家調査における対象地選定に結びつけて考えている。他方、途上国において、地域の実情に合わせたきめ細かな農政を行なおうとするならば、当然ながら地域を類型化することが大前提となる。したがって、その場合においても、統計の整備が不可欠であることは、強調してもし過ぎることはないであろう。

1）ベトナム・メコンデルタにおけるサイト選定の位置づけ

　そこで、ベトナム・メコンデルタにおけるプロジェクトサイト選定の事例を示しながら、サイト選定の難しさやサイトの代表性確保の難しさなどについて、まず説明していくことにする。

　メコンデルタプロジェクトのサイト選定のためには、プロジェクトの対象となっている農畜水複合経営（VACシステム）がメコンデルタ全体でどうなっているのかという資料がぜひとも必要であった。しかしながら、残念なことにそのような資料はどこにも存在しなかった。結局、数地域における広域調査（註6）および数カ村の概況調査の後、TP村を選定した。TP村は、概況調査が行われた村の中でVACシステムが最も盛んな村であった。カントー大学の研究者によっても、研究サイトとしてこの村が推薦された。また、第4章の**表4-4**（メコンデルタ地域の類型化）の中で、果樹作を中心とした複合農業やVACシステムが盛んな地域の中にTP村が含まれていることが確認された。

　結局、VACシステムの先進地域という位置づけがこの村（研究サイト）に付与されたのである。ただ、先進地域と言っても様々な地域があり、その中でさらにどのような特徴を持った先進地域なのかといったことは追求でき

403

なかった。この点において課題の残るサイト選定になったことは否定できない。では、そうした資料制約の状況下で、どのようなサイト選定がより有効なものだったのだろうか？

サイト選定の一つの可能性としては、メコン川中流域の沖積土壌地域に限定し、土壌条件以上に複合農業への影響が大きい洪水深度に着目し

写真8-6　オモン県の水田
（ベトナム・メコンデルタ）

て複数のサイトを選定するという手があった。選定適地としては旧カントー省オモン県である。オモン県はメコン川中流域の沖積土壌地域に属していた（**写真8-6**）。県内では、メコン川主流の一つであるホウ川からの距離に応じて洪水深度が変化する。ホウ川に近い地域では洪水深度が小さいため、果樹作や養魚の十分な展開がみられた。同時に、これらに養豚部門や稲作部門を含めた複合農業（VACシステムやVACRシステム）が相対的に盛んであった。

しかし、ホウ川から離れていくに連れて、果樹作と養魚の展開が困難となってしまい、稲作と養豚だけの経営や水稲単一経営が支配的になってくるのである。つまり、異なる地域条件（洪水深度の違い）を持つ上記二地点あるいは三地点をサイトとして同時に選定すれば、VACシステムを相対化することも可能になったであろうと考えられるのである。

以上の選定もかなり大雑把なものではあるが、VACシステムを客観的に位置づけるという意味においては、理にかなったものになったのではないだろうか？　ただ、統計が不備な中での地域選定においては、まず自身の研究テーマやプロジェクト課題に関連すると考えられる村や集落をできるだけ数多く回り、概況だけでも把握することが重要である。統計資料が整備されていないからと言って、適当に村を選定することだけは何としても避けなければならない。

そして、村に入り（もちろん許可をきちんと取ってから入らなくてはなら

第8章　国際協力における実践的農家調査

ない）、村人から村のことを直接聞くことが大事である。県や郡の役人の情報に比べると、はるかに確実な情報が得られるはずである。村のことは村で聞く他ないのである。そして、聞き取りと観察（圃場や屋敷地や周辺環境の観察など）を行った結果を整理し、概況把握した多くの村、例えば10数カ村を比較してみると、

写真8-7　郡農林普及事務所
（ラオス・ボリカムサイ県）

それぞれの村の特徴が浮き彫りになってくるであろう。それを踏まえ、最終的にサイト選定の決断をするということになろう。その意味においても、TP村の選定に至るまでの概況調査が数カ村に留まったことは、大きな反省点であったと言えよう。

　なお、ラオスやモザンビークでは、サイト選定のために数カ村を回ったが、視察レベルに近いものとなってしまった。この点も大いに反省しなければならない。ただ、特にラオスにおいては、研究サイト選定のために、いくつかの郡の農林普及事務所で聞き取り調査を行った（写真8-7）。しかも、それぞれの郡で2時間近くを費やして聞き取りを行なった。特に、郡内の各村における農業の特徴を把握しようとして、郡の役人に必死に食い下がっていたことを記憶している。それは、村々の大まかな比較をして、サイトとなる村の選定に役立てようとしていたからである。しかし、そこで分かったことは、統計が整備されていなかっただけでなく、郡役人の頭の中には信頼に足る情報がそれほど多くはないということであった。郡農林普及事務所では、郡全体の農業概況だけでなく、郡内の地域類型と各地域や各村の農業概況や直面する問題、さらには郡の農業対策などを聞き取ろうと意気込んでいたのだが、そのどれについても満足いく情報が得られなかった。

　結局、村の選定に向けて村の比較を行なうためには、郡には頼らず、一つ一つの村を訪ね、聞き取りを行ない、そこで直接得た情報に基づかなければ

405

ならないということが分かったのである。これこそ、現地での数々の経験から得られた教訓であった。ただ、こうしたごく当たり前とも思えることに気づくのに、どれだけ時間がかかったことかと我ながら恥ずかしくなってくるのである。

ところで、我々は、サイト選定において統計の恩恵をほとんど受けなかったが、GISによる地域分類の恩恵は受けた。筆者らは、カントー大学農学部土壌学科のデータを用いて洪水深度、土壌特性、および灌漑条件によって地域類型化を行った。そして、その地域類型とファーミングシステム（営農類型）との関連を探ったのである（Yamada *et al.* 1999）。

この地域類型化がサイト選定においても参考になった。もちろん、統計データを使うのではなく、あくまでGISを用いた類型化であった。本来、社会経済データ（統計データ）が十分に得られるのであれば、地域類型化をより効果的に行なうことが可能となるのだが、ベトナムのような開発途上国ではそれは困難であった。ラオスに比べると、ベトナムでは統計データがまだ整っている方ではあったが、地域類型化を行うには十分ではなかった。しかしながら、GISに基づく地域類型化の効果は、実際のところ小さくはなかったのである。

なお、ベトナムでは、人口の多い大きな村が存在する。研究サイトのTP村においても2,970戸の農家世帯が存在しており、2003年には4集落であった村内集落数が2008年には10集落となっていた。そして、それぞれの集落の特徴（村中心部からの距離、幹線道路からの距離、川や水路からの距離、市場からの距離、その他土壌特性の違いや土地の高低など）が互いに異なっており、集落間の比較は非常に興味深いのである。

2）タンザニアにおける調査地選定

タンザニアでは、JICAプロジェクト（灌漑稲作普及プロジェクトで、正式名称はキリマンジャロ農業技術者訓練センター計画（KATC））が実施されていた。そこで、筆者は、今後研修対象となる地域のベースライン調査を

第8章　国際協力における実践的農家調査

依頼された。ここで、どのような地域を研修対象とするのか、その地域的な位置付けが分からないので、まずは、広範な地域の概況調査を行い、そこから各地域の特徴（稲作を中心として）を明らかにし、その後、研修対象地域を絞っていくことを提案した。

　さらには、プロジェクト側は、「緑の革命」の非波及地域を調査地として想定していた。普及のプロジェクトなので、今後の普及を考えたときに当然の想定と言えよう。ただ、「緑の革命」の波及地域（JICAプロジェクト地区の周辺地域で、プロジェクト地区から「緑の革命」が波及した地域）における特徴や問題点を把握することも同じくらい重要であると筆者は考えていた。その理由は、以下のとおりである。

　第一に、プロジェクト地区から、どのような経緯で近隣地域に「緑の革命」が波及していったのかということを知ることの意義は大きいと考えたからである。

　第二に、プロジェクト地区から波及した「緑の革命」（周辺地域の「緑の革命」）が、プロジェクト地区の「緑の革命」と同じなのか、それとも違いがみられるのかという点の把握が必要であったからだ。加えて、違いがあるとすればどのような違いなのかという点、およびその理由や背景は何かという点の把握も必要であった。

　第三に、上記第二の点と関連して、「緑の革命」波及地域では、「緑の革命」が定着しているのかどうかの見極めが大事であったからだ。そのためには、「緑の革命」波及後の周辺地域における問題点やその要因を探る必要があった。

　以上の諸点は、今後、「緑の革命」の非波及地域における普及活動を有効なものにしていく上で、貴重な知見を提供すると考えられたのである。要は、ただ、波及すればOKというような単純な話ではなく、どのような点に留意しながら普及していかなくてはならないのかを考えることであった。その際に重要なことは、「緑の革命」波及地域における「緑の革命」の定着条件を明らかにすることであった。波及すれば普及は終わるのではなく、定着する

ことによって普及は完了するのである。

このような理由から、筆者は、「緑の革命」の波及地域にもこだわった。まず、近隣地域に波及したのは、種（高収量品種）、肥料、および農薬であった。軽いものから波及したのである。重いもの（高価なもの）は波及しなかった。つまり、それはトラクターであった。ある意味、当たり前のことかもしれないが。

そして灌漑について言えば、近隣村では、農民の自助努力によって土水路が建設されたのである。これによって「緑の革命」が可能となった。ただし、プロジェクト地区（用排分離）とは異なり、波及地区の灌漑は用排兼用（用水路と排水路の兼用）であった。また、波及地区の一つであるK村では、田越し灌漑がほとんどであったが、他の波及地区であるMA村では、三次水路が各圃場（プロット）に接続されていた。これも農民の自助努力の結果であった。そこで、「緑の革命」波及地域として上記二村の調査を行ない、プロジェクト地区との比較や二村間の比較なども行なったのである。

2. 農家選定

地域選定と並んで重要なことは農家選定である。調査対象農家の選定である。この調査農家の選定を農家側、例えば村長やリーダー農家などに全く委ねてしまった場合、何が起こるか？　その結果、調査にとても協力的な農家が選定され、結果として優良農家や豊かな農家にやや偏るといった事態も生じてくることがある。

では、どのように対処していけばよいか？　そこで重要となるのは、村長（註7）など村の指導層が往々にして所持している村内在住の農家リストである。このリストを見せてもらいながら、無作為抽出（ランダムサンプリング）するのが適切であろう。

また、村内の農家数が比較的少ない場合には、概況調査（Extensive survey）として全戸調査を行ない、その後、概況調査結果を分析した上で、ある程度焦点を絞った詳細調査（Intensive survey）を行なうという手もあ

第8章　国際協力における実践的農家調査

ろう。詳細調査では、調査戸数を絞り込むために、概況調査で特徴的だった農家を選定したり、対照的ないくつかの農家を比較したり、あるいは経営規模（農地面積）別の農家数に応じた選定を行なうことなどが考えられよう。

　概況調査では、調査対象農家として一定数（統計解析にかけられるだけの十分な数）の農家を確保することによって、統計解析を行った後にいくつかの特徴的な関係（相関関係）を見いだすことが可能となる。それを踏まえ、詳細調査（事例調査）では、定性的な把握にある程度集中することによって因果関係を見いだすことが可能となるであろう。

　以上のプロセスを経て、プロジェクトサイトにおける試験農家の選定などにつなげていくことも可能になってこよう。

【コラム8-2】
質問力を形成する要因とは？

　以下は、ミャンマーにおける稲作農家調査（2019年）での質問と回答の一例である。
　質問1：「雨季に何をしていますか？」…回答1：「何もしていない。」
　質問2：「雨季に魚を捕っていますか？」…回答2：「捕っている。」
　もし、回答1で納得していたら、質問はそれで終了していたはずである。しかし、ここで、ベトナム・メコンデルタの事例を思い出したのである。ベトナム・メコンデルタのアンジャン（An Giang）省西部では、雨季米の収穫後に洪水期を迎える。農作業のないその洪水期の水田に、舟を浮かべて漁労に従事している農家が多数存在していたのである。アンジャン省のカンボジア国境に近い村を調査した時のことであった。これらの村では、洪水深度が大きく、かつては浮稲が栽培されていたのである。
　そもそも、ミャンマーの調査農家に対しては、基幹部門である稲作のことをずっと質問し、回答をもらっていた。そのため、この農家の方の頭の中は稲作のことだけでいっぱいだったのだろうと推察されるのである。そのため、「何もしていない。」と答えたのではないだろうか？
　質問力というと、質問のテクニックなどを想定する人も多いと思われる。

409

> それも大変重要な要素であることは間違いないが、それと同時に、様々な地域の様々な営農事情や生活事情を把握していることも、質問力を形成する際に時として威力を発揮する（質問の引き出しが増えるという意味で）ことがあるのではないだろうか？

第4節　農家調査とジェンダー

　農家調査においては、ジェンダーの視点を常に持っておくことが重要である。例えば、農作業において、女性と男性の役割分担が明確な場合が多い（註8）。

　東南アジアの農村を回っていると、田植えの光景を目にすることがよくあるが、女性たちと子供たちが田植えを行っており、そこに大人の男性の姿はあまり見られない。他方、耕耘・代かき作業は、ほぼ男性労働によって担われている。

　ベトナムでは、機械作業や力仕事を男性が担い、細々した作業を女性が担うという役割分担があった。例えば、播種（直播）は男性労働である。播種機（条播機）を使う場合には尚更である。トラクターや耕耘機を使う耕耘・代かきも男性労働によって担われていた（**写真8-8**）。また、乾季の終わり頃（4月下旬）に行う溝（ditch）の泥のかき上げ作業（樹園地への有機肥料施用に相当する作業）も、男性労働によって担われていた。他方、養豚飼料の採集（水路や川に自生するホテイアオイやヨウサイなどの採集）、給餌、および豚舎の清掃（**写真8-9**、**写真8-10**）などは、主として女性労働によって担われていた。

写真8-8　トラクターによる耕耘
　　　　（ベトナム・メコンデルタ）

第 8 章　国際協力における実践的農家調査

写真8-9　豚舎の清掃
（ベトナム・メコンデルタ）

写真8-10　豚舎の清掃と同時に肥育豚を洗う女性（ベトナム・メコンデルタ）

　こうしたことを調査によって明らかにすることが大事である。労働時間についてもなるべく聞き取るとともに、農作業だけでなく、生活における様々な労働についても聞き取りを行うことによって、はじめて営農と生活を併せた生計構造全体が見えてくるだろう。

　以下は、カンボジア・バッタンバン州のある稲作農家の主婦の日課を大まかに調べたものである。

- ▶ 午前6時起床（時々は午前5時起床）
- ▶ 自宅の掃除
- ▶ 地元（近隣）の市場で買い物
- ▶ 市場で朝食（フーティウかおかゆ、夫はカフェで朝食）
- ▶ 昼食づくり
- ▶ 夫と一緒に水田圃場内で昼食
- ▶ 生産資材（肥料や農薬など）を自宅から水田に運ぶ。
- ▶ 時々手除草（除草剤散布後も残っている雑草を除去）
- ▶ 夕食づくり
- ▶ 家族一緒に夕食
- ▶ 上記労働に加えて、洗濯や食器洗いもある。

上記の農家では、子供たちが成人したところなので、子育てから主婦が解

411

放されていたが、小さな子供を抱える農家の主婦には、ここに子育てが重く
のしかかってくる。さらには、薪集めや水汲みなどが加わる場合には、主婦
労働は明らかに過重労働と言わざるを得ない状況となるのである。

　また、家における女性の地位についても把握することが重要である。例え
ば、坪井（2006a）によれば、バングラデシュでは財布の紐を男性が握って
いるのが一般的で、女性はお金の扱いに不慣れな人が多い。ほとんどすべて
の買い物も（食料品から女性のものまで）基本的には男性がするため、女性
の中にはまったくお金に触ったことのない人もいる（坪井　2006a）。

　さらに、女性の地位の現状だけでなく、その変化についても調べてみる意
義は大きいであろう。例えば、第7章で紹介したように、あるバングラデ
シュの女性たちがグラミン銀行に参加したことによって、「知識が増えた」、
「家庭内で発言力が増した」、および「家計のやりくりができるようになっ
た」などの変化が認められた（坪井　2006b）ということである。

第5節　課題と展望

　単独の農家調査を否定するつもりはもちろん毛頭ないが、それなりの覚悟
をもって農家調査は行われるべきであろう。そうでなければ、ただの搾取
（情報搾取）となってしまう恐れもあるからだ。調査結果を基に論文化すれ
ば誰かの役に立つと考える人もいるかもしれないが、それは、やや楽観主義
ではないだろうか？　と言うのは、近年、研究者の論文を読んでいると、先
行研究を単に紹介しているだけのもの（どちらかと言えば義務として行われ
た印象が強い文献レビュー）も散見されるからである。その場合には、研究
の深化を十分に見込むことが難しいし、紹介された側の研究者も、紹介され
たことで学術上の貢献ができたなどと手放しで喜ぶことには少し無理がある
だろう。

　単独研究における単独農家調査の場合、そのスタイルを研究のステージに
よって変えていくということが有効であると思われる。総合地球環境学研究

第8章　国際協力における実践的農家調査

所では、以下のような段階を経て研究を深化させている（総合地球環境学研究所HPによる）。

　第1段階：IS（インキュベーション研究　Incubation Studies、実践プログラムのみ、6カ月〜1年）

　第2段階：FS（予備研究　Feasibility Studies、6カ月〜1年）

　第3段階：PR（プレリサーチ　Pre-Research、実践プログラムのみ、1年以内）

　第4段階：FR（フルリサーチ　Full Research、3〜5年）（以上、総合地球環境学研究所HPによる）

　以上の流れの中で、インキュベーション研究（IS）と予備研究（FS）は、仮説設定段階の研究と位置付けてもよいだろう。したがって、この期間の農家調査においては、正に探検型調査を徹底させることが求められよう。よって、基本的には調査票を用意せず、自由な対話の中で状況を把握し問題を見つけ出すという態度が必要であろう。

　他方、プレリサーチとフルリサーチの段階においては、仮説実証型調査が行われることになるので、調査票を用いて調査が行われることになろう。ただし、特にプレリサーチ段階では、なお新たな発見があるかもしれず、その場合、仮説の修正や追加的な仮説設定もあり得るだろう。その辺りの柔軟性が求められるところである。その意味では、探検型調査の要素もまだ残しておいた方が良いと考えられる。

　いずれにしても、総合地球環境学研究所の研究プロセスでは、仮説設定段階と仮説実証段階が両方しっかりと位置づけられているという点では、KJ法の問題解決プロセスやファーミングシステムズ・アプローチ（FSRE）と類似している。単独の調査研究であっても、こうしたプロセスを踏むことによって、真に学術上の貢献が期待できる研究が可能となるのではないだろうか？　そして、その研究成果を学会の世界だけに留めておくのではなく、現地へフィードバックするといったことが求められるであろう。調査地における研究成果報告会の開催などによってフィードバックは可能となるであろう。

413

ところで、平山（2011b）は、シューマッハによって提唱された「適正技術」の観点から、農村調査を見つめ直し、住民自らが行なう「アクション・リサーチ」こそ最良の適正技術であると主張している。それは、平山によれば、そこに生きる人々が自分たちで試行錯誤しながら自分たちのためにする調査であり、すぐにフィードバックしながらまた試行を進めていく踏査である。そして、これを支援する技術こそが、よそ者が提供するものである（平山　2011b）。

　以上の見解は、非常にうなずけるものである。住民の住民による住民のための調査、それを支援する外部者の存在と役割はなるほどその通りかもしれない。しかしながら、同時に、以下のような疑問も生じるのである。

　第一に、非常にうなずけると言ったのだが、それは理想的な農村調査の姿としては、うなずけるということである。ただし、どういった地域の、どういった住民が、どういった調査をアクション・リサーチ的に行えるのかという疑問が残るのである。たとえ外部からの支援を前提にしたとしても、こうした理想的な農村調査を多くの住民が直ちに行えるとは考えにくいのである。

　第二に、外部者の支援、あるいは支援する技術とはいかなるものなのであろうか？　調査の内容にもよるかもしれないが、特に調査などほとんど経験のない住民に対して、どのような支援が有効なのであろうか？

　第三に、支援する側の外部者には、どのような能力が求められるであろうか？　場合によっては、外部者自身の能力向上が求められるのではないだろうか？　その場合、どのように能力を向上させていけばよいだろうか？

　第四に、参加型開発は手間がかかるという意見も聞かれるところであるが、おそらく、このアクション・リサーチは、外部者の手間や負担が予想される。その辺りをどのように、またどの程度予想しているであろうか？

　上記の疑問は、平山にだけ投げかけられているわけでは決してない。研究や開発に携わる者全員の課題でもある。平山の提案は、我々に対し、理想の目標を設定してくれたわけであり、その点は高く評価されなければならない。だが、その目標に少しでも近づくための道筋をできる限り示していかなけれ

第8章　国際協力における実践的農家調査

ば、暗中模索の状態に陥るであろう。これが我々に課せられた今後の課題で
あろう。

　以上のことは、参加型開発の理想と現実の話、あるいは参加型開発の目標
と到達手段の議論に類似している。我々は、いつまでも問題提起や理想像提
示だけの段階に留まっているわけにはいかない。同様に、方向性を大まかに
示すだけの段階に留まっているわけにもいかないのである。

註

- （註1）宮本（2008a）は、対馬で行われたある調査のことを、次のように紹介し
ている。調査の際、古老が問い詰められて、答えようがなくなっているの
に、「こうだろう、ああだろう」と、調査者がしつこく聞いている様子を
みて、「あれでは人文科学ではなくて訊問科学だ」と言っていた人もあっ
た（宮本　2008a）。
- （註2）ここで示されている問題点は、2010年度の国際開発学会の企画で、踏査者
に聞き取りをして分かったことである（平山　2011a）。
- （註3）もっと直接的に宮本の技の習得が求められる対象は、RRAやPRAであろう。
- （註4）併せて、主要な畑作物等の価格安定化対策についても、簡単に説明した。
- （註5）予備調査の目的について、八木（1993a）は次のように整理している。第
1は、調査目的に対して調査地が適切であるかどうかの確認である。第2
は、調査課題や細かな調査項目を設定するための地域の概況調査である。
第3は、本調査に対する現地への説明と協力依頼、並びに日程等の打ち合
わせである（八木　1993a）。このうち最も大事なことは、第1の点であろ
う。調査地が適切でなければ、調査自体が無意味なものとなりかねないか
らである。ただし、この第1の作業は、特に途上国においてはそれほど簡
単な作業ではないのである。
- （註6）桜井（2005）によれば、広域調査とは、調査村を含むある程度の広さを
持った地域（例えば、関東平野とか、チェンマイ盆地とか）を、普通は自
動車で踏査し、景観を観察するものである。調査地が決まってからその周
辺を広域調査するか、広域調査を行ないながら調査地を決めていくかは、
その時々の事情次第である（桜井　2005）。筆者は、ベトナムやラオスで
の調査地選定において、後者の方法を採った。
- （註7）モザンビークでは、「行政上の村長」と「伝統的な村長」が共存していた。
現地調査において、筆者は伝統的な村長とコンタクトをとった。伝統的な
村長の方が、村人により近い存在であり、村人から信頼されていたからで

ある。

（註8）Feldstein（2000）は、多くの社会において、男性が公共圏を支配しており、女性が表に出ていないことを問題視したうえで、ファーミングシステム研究において、女性を情報源としても共同研究者としても考えることの重要性を指摘している。

終章　国際協力と実践的農学の展望

　ここまで本書では、途上国の現場において、住民や農家の方々の営農や生活の改善に直接的あるいは間接的に貢献できるような国際協力のあり方について述べてきた。それと同時に、国際協力、とりわけ農業・農村開発協力を一方で支えるべき農学の有り様について、様々な角度から述べてきた。そこでは、筆者自身の現場経験および事例研究に加えて、既往研究のレビューを織り交ぜながら、多様な議論を展開してきた。その議論においては、役に立つ研究という言葉を想起させるような話も数々してきた。

　ところが、世の中では、往々にして「すぐに役立つ研究」批判というものがなされている。「すぐに役立つ研究」推奨の背景には、3年や5年で成果を求める世の風潮が存在する。そうした風潮を憂い、「すぐに役立つ研究」批判を展開するのはある意味当然の話であろう。そもそも、「すぐに役立つ研究」などそれほど多くは存在しないと考えた方が自然であろう。これに関しては、世の基礎研究と言われるものはもちろんのこと、応用研究であっても然りである。実学たる農学であっても、「すぐに役立つ研究」を行うことは容易ではないだろう。したがって、この点を踏まえ、偏った考え方を変えていく努力をしていかなくてはならない。このことについては、多くの人たちがこれまでも問題提起をしてきているので、敢えてここで筆者がこれ以上言及する必要もあるまい。

　実は、筆者が問題にしたいのは、「すぐに役立つ研究」批判の陰に隠れて、役立つ研究というものに対する無視や軽視にまで至るケースである。世の中の一部の議論の背後には、「すぐに役立つ研究」vs「すぐには役立たない研究」というような構図が隠されているように感じられる。この構図も大事かもしれないが、むしろ、「すぐには役立たないが最後には役立つ研究」vs「最後まで役立たない研究」という構図の立て方のほうが有効なのではない

417

だろうか？　もちろん、何を持って「役立つ」と判断するのかという議論は一方であるだろう。ただ、学会誌に掲載されたというだけで任務完了と判断するのは、多くの場合、あまり適切とは言えないだろう。こうした共通認識だけは持っておくべきである。

　「役立つ」あるいは「役立った」という用語は、一部の研究者には少し幼稚な印象を与えるかもしれない。しかし、我々研究者が注意しなくてはならないのは、次の点である。世の中の人たちが国際協力やそれを支える農学というものに向ける眼差しは、我々研究者が考える以上にシビアであるという点だ。序章でも述べたように、国際協力および農学を専門とする研究者は、途上国の住民や農家の方々に対し一定の責任を持っていると同時に、日本の納税者に対しても一定の責任を負っている。多様な学問分野が存在する中でも、特にこれらの分野の社会貢献に対する期待は大きいはずである。端的に言えば、世の中の人々にとっては、「これらの分野の学問が世に役立つ」という表現が最も分かりやすいし、しっくりとくるであろう。

　以上のように最終的には何らかの形で社会貢献する研究を実現するためには、共通の哲学、合意でき得る哲学が必要であろう。それは、金沢夏樹が唱える「Mission Oriented Science」の中に求めることができるかもしれない。金沢（1997）は、農業あるいは農学の社会的使命についてもう一度考えないといけないという問題意識のもとにこの「Mission Oriented Science」を位置付けている。そして、その中には応用科学、基礎科学という区別は意味を持たない、むしろこの二つは表裏一体のものである（金沢　1997）と述べている。

　もちろん、好きな研究を自由に行うことが否定されるわけではない。また、一人の研究者の研究が実用化にまで辿り着かなければならないということではない。自身の研究の発展や応用を誰かに託し、いずれそれが大河となり、実用化に辿り着くということで良いわけである。さらに、「役立つ研究」の中には、大きく分けて、最初からそこを目指して行う研究と、結果としてそうなった（役立った）という研究の二種類があろう。どちらも大切だ。農学

418

終章　国際協力と実践的農学の展望

であっても偶然発見したことで有用な研究となる事例もたくさんあるだろう。これも含めて「Mission Oriented Science」と位置付けたらよいのではないだろうか？

　困るのは、開き直った研究者の存在だ。途上国に何らかの形で貢献するためにプロジェクト（ベトナム・メコンデルタのプロジェクト）を行っていることに対して「おこがましい」と言い放った研究者がかつていた。その研究者は、個人的にメコンデルタの調査研究を行っている研究者であった。たまたま、メコンデルタの中心都市カントー市でお会いして、数人の日本人研究者と共に夕食をとっている時のことだった。

　そう簡単に貢献などできるものではないということを言いたいのであれば、素直にそう言えばよかったであろう。ただし、そうした類の話は敢えて言うまでもないことだ。日々のプロジェクト活動の中で、このことを実感しているのは、むしろ我々の方である。しかし、だからと言って、途上国ベトナムに何らかの形で貢献することを目指す行為まで、おこがましいと断じるのであれば、これは開き直りと言うしかないだろう。「Mission Oriented Science」の全否定ということになるのではないだろうか？

　本書は、国際協力という舞台において、社会的に意義のある農業・農村研究を行うために、どのような農学を形作っていくのかということと同時に、そのためにどのようなシステムや環境を形成していくべきなのかということを併せて考察してきたとも言えよう。

　ところで、国際協力あるいは開発協力の分野において、特にそういう傾向が強いようにも思われるのが、一種の分業体制の存在である。つまり、理論家は理論を、実践家は実践をといったような分業体制である。このことは、これまでの国際協力あるいは開発協力における日本的特徴であったのかもしれない。だからこそ、本書では実践からの考察を心がけてきたのである。体系的な理論構築のための道のりはまだ長いが、本書では国際協力における現場経験（多くの失敗経験を含む）と既存理論を時として突き合わす作業を行なってきた。と同時に、理論と実践をつなぐ試みも行なってきた。特に農学

419

研究と開発協力（農業・農村開発協力）の連携という課題にアプローチしてきた。その課題に応えるべく、現在の農学をより実践的な農学へと進化させていく道筋を考察してきたのである。

そこで、終章においては、これまで各章で展開されてきた議論を今一度整理し直し、各章の関係についても言及しながら全体を総括し、それを踏まえて明日の国際協力と実践的農学を展望したい。

第1節　研究の地道な蓄積の再評価 ― 研究の流行を追うことの落とし穴 ―

1. ファーミングシステム研究の再評価

農業・農村開発分野や国際農業協力分野における近年の研究動向をみたときに、少し気になることがある。この点の指摘から始めることにする。それは、これらの分野に関わる一部の研究者が研究の流行を追うあまりに、既往の研究蓄積をやや疎かにしているのではないかという点である。これらの研究者が研究潮流に敏感であることは結構なことであるのだが、過去の優れた研究蓄積が今日の研究において十分に活かされているとは必ずしも言えないような状況が広がっているのではないだろうか？

それが端的に表れている分野の一つが、ファーミングシステム研究である。

山根ら（2019）によれば、技術開発あるいは支援は地域の実態に即した実効性を持ったものでなければならず、そのためには、地域の農業だけでなく農村に暮らす人々の生活や地域社会について幅広い情報収集が必要となる。そのためには、地域研究者あるいは医学部の総合診療医のように総合的な視点から農業・農学実態を把握する研究者の存在が不可欠である（山根ら2019）と主張している。

ここで問いたいのは、ファーミングシステム研究の蓄積に対する評価はどうなのだろうかという点である。山根の主張は、ファーミングシステムズ・アプローチの第1段階に当たる「診断」段階において、既にある程度体現されてきたことである。ファーミングシステム研究における農業や農村の診断

終章　国際協力と実践的農学の展望

は、正に医学における総合診療に極めて類似したものであり、だからこそ診断（Diagnosis）と名付けられたわけである（註1）（註2）。

　その詳細については、本論（特に第4章）で述べてきたとおりであるが、診断は一人ではなく、多数の専門家によって行われるものである。ただし、関わる専門家の数にも限界がある。重要な点は、本論でも述べてきたように、一人で全分野をカバーするほどの総合性を持つわけではないが、一人一人が分野内での一定の総合性を持つことである。例えば、作物保護の分野であれば、病害だけでなく虫害もカバーし、畜産分野であれば、飼料だけでなく、疾病や糞尿処理もカバーするということ、社会科学分野であれば、農業経済だけでなく、農業経営や農村社会もカバーするということである。カバーするというのは分野全体の専門家になるということではない。分野のごく一部が自身の専門分野かもしれないが、それ以外の部分についても一定の理解（最低限の理解）を保っておくということである。でなければ、現場で十分な役割を果たせなくなる場合もあるからだ。言うまでもなく、現場の最大の特徴は総合性と多様性にある。

　特に留意すべきことは、隣接分野同士で、関連することや結びつくものが多いということである。だからこそ隣接分野のカバーが意味を持つのである。例えば、田付ら（2018）は、植物保護の世界において、次のような事例を示している。すなわち、植物から吸汁するウンカなどによる植物病の媒介は好例で、植物の発病機構を理解するうえで重要である。また、雑草の天敵である植食性昆虫を導入する雑草防除の試みもある（田付ら　2018）。

　また、畜産分野における飼料、疾病および糞尿処理についても、本論で説明したように、その相互関連性は強い。飼料の質が悪化すれば疾病に直結する。例えばタンパク質の不足による豚の疾病などが挙げられよう。また、糞尿処理装置であるバイオガスダイジェスターは、特に糞尿の安定供給を必要とするが、そのためには、疾病予防や疾病対策によって豚の死亡を回避し、安定した飼養頭数を確保することが最も重要な条件となってくる。

　以上の点に関連して言えば、今後、農法論や技術論の見直しが必要である

と考えられる。これについて、津谷（2008b）は、昭和40年代頃までは農業経営研究において農法論という領域が大きなポジションを占めていたが、今日では農法論を論じる研究者がみられなくなった（津谷　2008b）と嘆いている。続けて、津谷（2008b）は、農法論や技術論はもはや古臭い、意味のない領域の研究ジャンルと判断されてしまったためであろうかと疑問を投げかけている（津谷　2008b）。研究において流行のようなものが存在するということになるのであろうか？　果たしてそれで良いのだろうか？

　今日の農学において、要素還元主義的な研究傾向が強まる中で、我々農学者が現場の多様性や総合性に対応しようとするならば、農法論や技術論を「古臭い、意味のない領域の研究ジャンル」などとみなすのではなく、むしろ今こそ見直さなければならないのではないだろうか？　そして、津谷が指摘しているように、農法論は、かつて農業経営研究の世界で重要な位置を占めていたわけであるが、これを農業経営研究者だけでなく農業技術研究者も含めて、共に見直していく、復活させていくことが今求められているように思われるのである。

　技術を体系的に捉える、また総合的に捉えるという視点は、ファーミングシステム研究に本来備わっているものである。農法としてのファーミングシステムが正にそれであるが、農法も含めた営農体系としてのファーミングシステムはさらに総合的な概念であり、実態を伴った概念でもある。その詳細は第4章で説明したとおりである。したがって、上記と同様の理由で、ファーミングシステム研究は農法論とともに今こそ見直されなければならないのではないだろうか？

　加えて、分野間の議論が重要である。これはソンデオ（RRAの一種）を紹介する中で既に触れた点であるが、分野間の議論、つまりは学際的議論を行うことによる効果は、現場を多角的に捉えられるということだけに留まらない。異分野から自身の専門分野を見つめ直す機会を得ることになるのである。それによって、自身の専門性をさらに磨くことが可能となるであろう。自然科学系の農学者で特に優れた研究者に共通する点は、社会科学分野に対

終章　国際協力と実践的農学の展望

する深い理解があるということだ。このことは筆者の経験からも言えることである。つまり、このような農学者は社会科学を学び、理解することによって、自身の専門分野、例えば栽培学の専門性をさらに鍛えているということではないだろうか？　同様のことが、自然科学分野に対する深い理解がある社会科学の研究者にも当てはまるのである。

　佐藤寛（1995）によれば、ひと昔前までは、日本から派遣される専門家の中には異文化社会での活動経験がまったくないまま途上国に放り出され、技術一辺倒で「技術移転」をしようとして受け入れ側と軋轢を起こす例が少なくなかったが、技術の専門家もそのような人ばかりではなく、特に何カ所かの経験を積んだベテランになるほど、それぞれの社会の固有要因を把握する必要性を痛感している人が多い（佐藤寛　1995）。

　しかし、研究者であれ開発ワーカーであれ、何カ所経験しようが、一向に技術一辺倒、とりわけ個別技術一辺倒のスタイルを変えない人々も一部には存在するのであり、こちらの存在こそ問題にしなければならないかもしれない。一つには、プロジェクト研究であっても、個人の気づきに委ねられているところに問題がありそうだ。つまりは、具体的なプロジェクトの中に技術的なものと社会的なものの両者を総合的にみていく仕組み、システムを組み込ませることができていなければ、技術一辺倒からの転換は時として困難になるであろう。然るべき体制のプロジェクトの中で経験を積んでこそ、技術一辺倒主義からの脱却が真に可能となるのではないだろうか？

　このようにして、分野間の関係性が点と点ではなくなり、その先に優れた総合的診断への道が拓かれるのである。ただし、最終的には、こうした分野全体を束ねていくリーダーが必要であろう。では、どのようなリーダーが求められるのであろうか？　栗田（1995）によれば、それは、当該地域を息長く観察し研究し、当該地域の様々な事情に精通した地域専門家（地域研究者）である。そのバックグラウンドは、地域研究である（栗田　1995）。

　地域研究こそ、地域のことを学際的・総合的に捉えていく研究である。しかし、残念ながら、多くの地域研究者が総合研究プロジェクトとは無関係に

423

独立して、単独あるいは地域研究グループで研究を続けている姿をよくみかけるのである。これ自身、否定されるべきものではない。しかし、彼らの中には、自身の研究が研究対象地の何に一体貢献しているのであろうかという忸怩たる思いを抱く良心的な研究者も存在するのである。例えば、地域研究者の一人である富田晋介（2009b）は、一種の良心の呵責に苛まれながら、「これまで私が村で役立っていることといえば、村人の家族や生まれたばかりの赤ん坊を写真に撮って、渡してあげることぐらいであった。」と述懐している。ところが、富田晋介（2009b）によれば、最近になって、村人から、村長の仕事を助けるように頼まれることが多くなってきた。また、自身が調査しているような家計データを集めて整備するのは、村の発展を考えるのにとてもよいと言ってくれる村人がいたり、調査の結果を聞いたりしてくれる村人が多くなってきたということである（富田晋介　2009b）。

　このように、地域研究者が本業の地域研究で村人から頼りにされるというのは、実に素晴らしいことであり、研究者冥利に尽きるであろう。富田が行った地域研究の成果が正に住民に直接フィードバックされようとしているのである。地域研究の一つの出口として、これは特筆すべきことであると、筆者は評価したい。

　しかし、そこから一歩進んで、地域研究者としての能力をさらに生かす場があるはずだ。それが、前述したプロジェクト・リーダーとしての役どころである。ラオス山岳部は、後発開発途上国ラオスの中でも最貧困地域である。ここに貧困削減や持続性を目指す農村開発プロジェクトが根を下ろすことの必要性については、異論のないところであろう。そのプロジェクトを誰が引っ張っていけるのか？　それは、富田のようなラオス山岳部に長年張り付いて活動してきた地域研究者であろう。地域研究者を生かすためにも、そしてプロジェクト自体を生かすためにも必要なことではないだろうか？

　他方、同じくラオスで活躍していた国際協力専門家（開発ワーカー）の名村隆行（2006）は、自らが国際協力の道に進んだ経緯について、以下のように述べている。眺めているだけの「研究」という行為にだんだん疲れてきて

終章　国際協力と実践的農学の展望

いた。「これじゃ、現実は何も変わらない」と強く感じる自分がいた。村人への直接的な恩返しができる立場とは何か、を考えて、そして、学術研究という道をあきらめて、国際協力の道に進むことを決意した（名村　2006a）と。

　例えば、地域研究を行なっていた研究者が名村のような思いを抱いたとしてもおかしくはないであろう。むしろ、それはバランスの取れた研究者の感覚であるとも言えるのかもしれない。ただ、その後、研究を諦めるのではなく、自らの研究を生かす場を探したり、自ら創り出したりする努力を行なうことも大事なことではないだろうか？　もちろん、名村の転身自体も十分評価されるべきであると考える。

　さて、山根らの問題意識に戻ることにする。あらためて言うならば、彼らの問題意識は至極妥当なものである。山根らの議論を理解できない研究者も一部には存在すると思われるが、その中で、こうした問題意識を強調していることをあらためて高く評価したい。ただし、そうであれば、ファーミングシステム研究の評価をしっかりと行った上で、何を新たに具体的に積み上げられるかといったことを整理する必要があろう。

　山根ら（2019）は、地域の農業だけでなく農村に暮らす人々の生活や地域社会に関する把握の必要性も主張している（山根ら　2019）が、この点に関しては、従来のファーミングシステム研究のやや弱点であったようにも思われる。営農と生活、あるいは暮らしの中の農業の営みといったような視点をより明確に持つことが重要である。それは、営農体系の枠組みの中で、またFSREの診断段階の中で対応可能なものであろう。

　ファーミングシステム研究が追求する経済価値と環境価値に、生活価値を加えるならば、祖田（2010）が提唱する現代農業・農学の価値目標と合致する。祖田（2010）によれば、現在のところ、経済・生態環境・生活の三つの価値は、しばしば相互にトレードオフの関係にあるが、それらを調整することによって総合的価値の実現（総福祉の増大過程）に至るのである（祖田2010）。

425

そして、重要なことは、何故、日本ではファーミングシステム研究が定着してこなかったのか？発展してこなかったのか？という根源的な問いも発してみることである。

　その問いに対しては、次のように考えることができる。

　第一に、ファーミングシステム研究の萌芽的アプローチとしては、生産と生活が一体化している小農を一つのシステムとして捉えようとするアプローチが1940年代、50年代に、アメリカ東南部山岳地帯を中心とした地域開発計画や日本の「総合研究」、「営農試験地事業」に先駆的にみられたが、1960年代以降、農業近代化の流れの中で、両国ともそれらの研究が下火になっていった（横山　1999）。それは、農政が産業としての農業という捉え方と位置づけをしてきたことに起因するところが大きいであろう。行政の流れに研究が呼応した側面も否定することはできないであろう。

　第二に、研究環境の問題である。例えば、稲本（1993d）が指摘しているように、日本では、研究組織と普及組織が完全に別組織として分離されている。ところが、アメリカでは両組織が、人事、勤務等において密接に連動しているのである。研究と教育と普及の間のスタッフの登録制がそれである（稲本　1993d）。

　そうなれば、当然、研究と教育と普及をどのように有機的につなげていこうかという思考に向かうであろう。ファーミングシステムズ・アプローチでは、診断から評価・普及までのプロセスを通じて、研究と普及が密接につながっているのである。ファーミングシステム研究がアメリカで生まれた理由を裏返すならば、日本においてファーミングシステム研究が根付かなかった理由が見えてくるように思われる。研究者のモチベーションの違いである。あるいは、より根本的には、研究者のモチベーションに影響を与える研究環境の違いということになるであろう。

　ただし、本論でも述べたように、近年、グローバリゼーションの弊害や地球環境問題の深刻化と同時に、社会実装ということがクローズアップされてきた。潮目が変わりつつあると言えるだろう。こうした点に着目して、

426

終章　国際協力と実践的農学の展望

ファーミングシステム研究の現代的意義をあらためて広く説明していく必要があろう。

　と同時に、個別の農業・農村開発プロジェクトに、少なくともファーミングシステム研究の哲学を吹き込んでいくことも求められよう。個々のプロジェクトにおける細かい開発手法はさておき、まずはファーミングシステム研究の基本的考え方、そして特に診断の考え方と営農体系という捉え方を理解してもらうことである。その上で、個々のプロジェクトの実践は、独自の戦略、独自の戦術、および独自の手法に基づいて実施されていけばよいだろう。そして、その実践を通じて得られた経験と教訓を共有していくことが重要であろう。

　ただし、誤解のないように付言しておきたいことは、ファーミングシステム研究を金科玉条のごとく掲げているわけでもないし、ファーミングシステム研究という言葉に特別こだわっているわけでもないということである。筆者がこだわっているのは、ファーミングシステム研究が築き上げてきた蓄積の基本部分を現代の農学の世界に活かしていくということ、それだけである。そして、ファーミングシステム研究に対しては、農学の数ある分野の中の一分野という捉え方もできるが、農学原論のように包括的な学問というような理解をする方が妥当なのかもしれない。

　なお、祖田（2017a）は、農学原論とは、農業および農学研究についての哲学であると指摘した上で、それは特定の研究者が議論して済むものでなく、むしろ農学研究者一人ひとりの反省と自覚が要求される（祖田　2017a）と主張している。筆者は、農学原論についてのこのような祖田の説明が、ファーミングシステム研究についてもそのまま当てはまるように思うのである。

　他方で、ファーミングシステム研究とはよく言うが、ファーミングシステム学という言葉はほとんど使われていない。それは、ファーミングシステム論が体系だった学問として確立されているとは言い難いからであろう。したがって、ファーミングシステム研究が、場合によっては、農業経営研究や栽

427

培学研究など個別の専門分野に取り込まれていったとしても、それはそれで構わないのだが、こうした専門分化を踏まえた総合化の器として、ファーミングシステム研究という学問分野を存続させていくことの意義は、十分に見いだせるのではないかと考えるのである（註3）。

稲本（1993e）によれば、実践性は研究の専門化によって増進される側面と研究の総合化によって増進される側面の両側面を有している（稲本1993e）（註4）。序章で触れた農学と農業の乖離についてだが、坂本（1981a）によれば、農学と農業の乖離を解消する道においては、農学の専門分化を容認しながらも、同時に農学者が農学の本質に立ち返って「総合的認識」を獲得すること、あるいは「総体的研究」を推進することが必要となる（坂本　1981a）。農学と農業の乖離を解消するためには、総合化が必要であるということだ。

そこで、問題は、総合化をどのように行なっていくのかという点である。専門分化されていったものを、ただつなぎ合わせればよいというものではあるまい。繰り返しになるが、そこには、各専門分野において自身の研究の幅を広げていく努力も必要であろう。それは、より現実に近づくために多様な要素を組み入れていくということでもある。

例えば、農業経営学においては、岩元（2015）が指摘しているように、経営と家計の分離という概念操作によって、経営活動のみを取り上げるのではなく、経営の基層にある生活に着目し、生活主義の立場に立った農業経営学が必要である（岩元　2015）。同様に、ファーミングシステム研究においても、営農体系というものの中に生活という要素をもっと大胆に取り込んだ体系が模索されなければならないだろう。このようなことは、農業経営学とファーミングシステム研究の農村生活学との連携にもつながるであろう。正に総合化の一つの例であると言えよう。

チェンバース（1995d）によれば、学者、実践者、農村の人々の三つの世界を相互に結びつけて、それらの間を自由に行き来できる専門家がもっと必要とされている（チェンバース　1995d）。ここで、実践者というのは、開

終章　国際協力と実践的農学の展望

発ワーカーや普及員などを指すものと思われる。となると、これは、学問分野の総合化に留まらず、研究と開発の連携、そして外部者と住民の協働を同時に促進する専門家が必要とされているということになろう。こうした専門家こそ、究極の総合化の推進役であり、最も重要な役割を果たす専門家であると言えよう。

２．参加型開発に対する誤解を解く ─参加型開発の正当な評価のために─

　次に、やや誤解が生じているという懸念についてである。その懸念の対象は、参加型開発を巡る議論である。

　池上甲一（2019b）によれば、参加型開発も開発援助業界の「流行」に化してしまった。もちろん、参加型開発やエンパワーメントという用語は開発計画の中で多用されているが、PRAは手間暇とコストがかかるという理由で敬遠されがちである。プロジェクト実施予定地区に住む人たちが開発活動の決定過程に参加し、意思を表明し、決定権を行使できた例は、NGOによるものを除くと、ほとんど存在しなかったとみてよいだろう（池上2019b）。続けて、池上は、こうした実情を考えると、残念ながら、参加型開発は新しいパラダイムになり切れなかった（池上　2019b）と断じた。

　この池上の見解について、以下検討していくことにする。

　第一に、参加型開発を標榜する多くの開発プロジェクトが住民の主体性を尊重せず、実質的な参加型開発とはならなかったことと参加型開発が新たなパラダイムになり切れなかったこととは、切り離して考えるべきであろう。参加型開発のパラダイムが問題なのではなく、そのパラダイムを実際のプロジェクトで実現できなかったことが問題なのではないだろうか？　つまりは、参加型開発の提唱者の問題ではなく、参加型開発の実施者（実践者）の問題である（註５）。

　第５章において、農民が開発客体ではなく開発主体にならなくてはならないという池上甲一の考え方を紹介した。これまで、多くのPRAにおいて、ともすれば農民が調査客体として扱われている状況があったかもしれない。

429

ここには筆者自身の反省も含まれている。そこで、PRAを実施する開発ワーカーや研究者が念頭に置くべきは、正に宮本常一の調査方法であろう。すでに第8章で明らかにした宮本の芸当（調査法）に少しでも近づくことこそ、農民を開発主体に押し上げる第一歩となるであろう。農民主導のコミュニケーションこそ、農民のモチベーションを高めることができる。その中で、農民自身の気づきや学習の機会もより多くつくられていくものと考えられる。

　第二に、実質的な参加型開発を実行することは、確かに、多くの困難を伴うものである。筆者の経験上もそうであった。だからといって、参加型開発のパラダイムに陰りが生じているわけではないだろう。チェンバースの理論を詳細にみていけば、修正を要するような極端な部分も確かに見受けられるし、そのいくつかについては本論でも既に指摘してきたとおりであるが、だからといって参加型開発のパラダイムに別れを告げなければならないわけではない。

　第三に、「PRAは手間暇とコストがかかるという理由で敬遠されがち」になるということだが、これはやや奇妙なことである。このことに関しては、池上に対してではなく、PRAを敬遠するという巷の体質に対して次のようにコメントしたい。まず、手間暇がかかるということだが、特に手間暇に関して言えば、池上がRCT（ランダム化比較試験）に対する批判の中で次のように述べている。すなわち、「時間はかかるかもしれないが、やはりフィールドにおける定性的な研究には重要な意味がある」と。必要性の高い研究には十分な時間と手間暇をかける意義があるということであり、実に的を射た批判である。つまりは、PRAの必要性や重要性を認めているのであれば、手間暇がかかるという理由はPRAを敬遠する理由にはなり得ないということである。裏を返せば、手間暇がかかるという理由でPRAを敬遠している人たちは、そもそもPRAの必要性や重要性を理解できていないということになるであろう。

　さらに指摘しなければならないのは、PRAが手間暇かかるという見解への疑問である。手間暇がかかるのは、外部者主導のPRAを実施しているか

終章　国際協力と実践的農学の展望

らではないだろうか？　外部者主導のPRAの場合には、無駄に手間暇がかかるであろう。そもそも、それをPRAと呼べるのかという別の問題もある。いずれにせよ、初動段階から住民や農民に主導権を渡し、かつ、型にとらわれず、地域や農家の特性に応じて臨機応変にPRAを実施することこそ、PRAによる実質的な参加型開発の実現であろう。住民や農民に主導権がある場合には、外部者が主導権を握る場合より手間暇はかからないはずである。

　第四に、参加型開発とPRAはイコールではないということである。PRAにとらわれない開発の中でも、実質的な参加型開発と評価できる事例を見いだすことは可能である。PRAや参加型開発を中途半端に「知っている」という専門家よりも、知らない専門家が実践の中で理論など意識することなく、実質的には参加型開発を実現しているというようなケースもあることには留意しておきたい。

　第五に、参加型開発がうまくいかない様々な事例の背景にあるものの一つとして、途上国における農村組織の問題があるのではないかと考えられる。第7章で次のように述べた。すなわち、一つ留意すべきことがある。それは時間軸である。池野が語っている「社会開発プロジェクトの実施にあたっての住民組織化」や、一般に農村開発プロジェクトの中でしばしば課題となる住民組織化は、短期的な組織化と言えよう。他方、重冨が主張する「地域社会の組織力」とは、長期スパンで形成されていくものである。この時間軸のずれを認識していなければ混乱に陥りかねないだろう。

　以上のように述べたわけであるが、そもそも「短期的な組織化」とは本当に組織化と言えるのかという疑問も生じるかもしれない。池野（2007）が、特に住民参加型アプローチを志向する場合、具体的なプロジェクト活動に先駆けて住民がプロジェクトの目的に沿った活動を担えるように何らかの「下ごしらえ」的な活動である社会的準備、とりわけ住民を組織化するプロセスをプロジェクトの一つの活動や成果として取り組むプロジェクトが少なくない（池野　2007）と述べていることについては、すでに第7章で紹介した。このような準備によってプロジェクト前夜につくられた組織は、往々にして、

431

プロジェクト終了後に崩壊する運命を辿ることがある。それだけではない。そもそも「地域社会の組織力」の基盤がない地域に、急ごしらえの組織化を試みたとしても、それが参加型開発の原動力となり得るか、あるいは参加型開発のOS（オペレーティング・システム）のような機能を果たし得るかという点については、疑問が残るのである。

このように考えてくれば、既に紹介した池上の次のような見解についてもある程度納得がいくのである。すなわち、プロジェクト実施予定地区に住む人たちが開発活動の決定過程に参加し、意思を表明し、決定権を行使できた例は、NGOによるものを除くと、ほとんど存在しなかったとみてよいだろう（池上　2019）。つまりは、参加型開発と農村組織の関係、参加型開発と村落共同体の関係について、深い洞察が必要であるということだ。

そして、参加型開発を考える際には、「地域社会の組織力」の発展段階を考慮するとともに、地域性（地域の固有性）をも考慮しなくてはならないだろう。もっと言えば、「地域社会の組織力」の発展段階と地域性の両側面に適合した参加型開発を行なっていかなくてはならないということではないだろうか？　このように考えてくると、農学の世界においては、対象地域における村落共同体や農村組織に関する研究が、対象地域における参加型開発に先立ってある程度必要であると言えるのかもしれない。

3．総合農村開発（IRDP: Integrated Rural Development Program）の再考

ファーミングシステム研究と参加型開発の再考について、以上説明してきたが、再考すべきものとして、もう一つ挙げておきたい。それは、総合農村開発（Integrated Rural Development Program　IRDP）についてである。斎藤文彦（2005b）によれば、これは1970年代において世界各地で実施された開発方式である。総合農村開発においては、農業の生産性向上のための灌漑設備の充実、肥料や農薬の供与、新しい農業技術の普及・指導に加えて、保健・衛生、小規模金融といった多方面の対策が総合的に打ち出された（斎藤文彦　2005b）。

432

終章　国際協力と実践的農学の展望

　しかし、斎藤文彦（2005b）によれば、総合農村開発は、必ずしも思ったほどの効果を上げなかったということである。斎藤文彦はその原因を以下のように説明している。農村開発といった地方の事情を反映して活動すべきプロジェクトが、外国援助機関や中央省庁の思い込みや途上国の国内政治事情に影響され極めて融通の利かないものとなり、地域の人々のニーズに沿うように改善されることがほとんどなかった。その結果、援助機関や中央政府主導でのプロジェクトはかえって国家エリートと地方の有力者との結びつきを強め、貧しい農民の利益にならないことが多かった（斎藤文彦　2005b）。

　また、チェンバース（2000a）も、総合農村開発（IRDP）に対して、以下のように否定的な評価を下している。それは、一つには、組織・制度上の、そして管理上の複雑さ、二つには、実効性のある技術パッケージの不在、三つ目には、資金供給を先行させ、パイロット・プロジェクトを行なわないまま、いきなり達成目標の高い大規模な事業を行なったことである（チェンバース　2000a）。

　以上、総合農村開発の否定的評価についてみてきたが、それでは総合農村開発は、本当に否定されるべきものなのだろうか？　この点について以下、検討していきたい。

　第一に、援助機関や中央政府主導の上からの開発が、硬直的で現場のニーズに沿えなかったということであるが、それは総合農村開発の理念とは別の話ではないだろうか？　総合農村開発の理念とは、小農を主たるターゲットとして、農村において様々な農業開発や社会開発を総合的に実施していくということである。その理念自体、間違いではないと思われる。ベトナム・メコンデルタのPL農協において、農業普及と融資（小規模金融）をセットにすることに対する農家（小農）のニーズが組合員農家から指摘された。しかも、そのニーズが、実は極めて優先順位の高いニーズであったのである。

　また、保健・衛生といった社会開発は多くの農村地域で必要とされていることであり、かつ営農とも深く関わっている。例えば、営農における主たる担い手が病気や怪我をすることにより、農業生産に深刻な影響が出るといっ

433

たことは、容易に想像できることであろう。さらには、社会開発の側面においては、農民の生活の知恵も重視されなければならず、伝統的知識や在来知の発見とそこを出発点とした「カイゼン」が重要となってくる（註6）。つまりは、総合農村開発の理念は、農村の多くのニーズと矛盾しないどころか、ニーズをある程度反映しているとみることができよう（註7）。

　問題は、理念ではなく実施体制にあると考えられる。斎藤文彦やチェンバースが指摘した上記問題点とは、ほぼ実施体制の問題であり、理念の問題ではない。したがって、総合農村開発の理念を引き継ぎながら、参加型開発を実施していくことも十分可能なのではないだろうか？　上からの開発を下からの開発に転換することが求められるが、それは総合農村開発の理念を捨て去ることを意味しないであろう。加えて言えば、総合農村開発の理念は、ファーミングシステム研究の総合性の理念とも少しつながっていると言えよう。

　第二に、途上国の中央政府や地方行政機関との関わり合いの難しさは、どのような形の、どのような方式のプロジェクトであれ、直面する問題であり、悩ましい問題であると考えられる。それは、総合農村開発に限った話ではないだろう。参加型開発を標榜するプロジェクトであっても、相手国の行政機関と無関係に進んでいくことは無謀であるし、不可能でもあろう。プロジェクト実施前の調整から始まってプロジェクト終了報告まで、要所では、否が応でも相手国行政機関との関わりを持たざるを得ない。このように考えてくると、行政機関の担当者にどれだけプロジェクトを理解してもらうかということが、極めて重要な課題となってくるであろう。

第2節　農民組織の特性と開発との関係性
― 適合性の考慮と実践的農学 ―

　第7章においては、ベトナム・メコンデルタの農民組織のいくつかの事例から、自生的な農民組織の機能が明らかにされたものの、それらがどのよう

終章　国際協力と実践的農学の展望

に形成されたのかという検討が残された重い課題となった。そこで、キーファクターとなったのは、重冨真一が指摘した「地域社会の組織力」であった。地域社会に埋め込まれているこの「地域社会の組織力」こそ、農民組織化の源泉と捉えたのである。そして本書では、この「地域社会の組織力」の具体的な発現形態の事例を伝統的農民水利組織や地域資源管理などの中に見いだそうとした。

　そこで、農業・農村開発と「地域社会の組織力」をどのように結びつけていくかということが問題となってくる。このときに最も重要なことは、「地域社会の組織力」の現状から出発していくことではないだろうか？　つまり、今後、途上国における農業・農村開発を考えたときに、開発サイトにおいて自生的に形成された農民組織あるいは組織化の原型（共同体機能など）を発見し、そこを開発の足掛かりにしていくことが大事ではないかということである。

　では、農業・農村開発においては、新たな組織化ということに一切コミットしない方が良いのだろうか？　必ずしもそうではない。開発組織の形成が必要な局面もあるだろう。しかしながら、外生的組織の形成・発展に関わることは極めて多くの困難を伴う。本論でも既に触れたように、多くの開発組織がプロジェクトの終了とともに消滅していったという事実が存在するからである。確かに、ベトナム・メコンデルタのFamers' Associationについては、外からの組織化（外生的な組織化）がなされ、それを契機に組織の自立的発展へと変貌していったものとして評価した。ただし、外からの組織化の前には、村落共同体としての一定の基盤が存在していたと考えられる点にも留意しなくてはならないだろう。

　他方、既存組織の発展過程には、我々も十分関わることができるであろう。本論で、ファーマー・フィールドスクールの実施や他の農民組織との交流などについて触れたが、これらは、新たな農民組織の形成よりも、むしろ既存農民組織の発展や「地域社会の組織力」の形成に影響を与えたと考えられる。そこにおいて、農業・農村開発が既存農民組織や既存地域社会を支援する余

435

地が広がるのである。その意味で、ファーマー・フィールドスクールの実施や農民組織同士の交流機会の創出は有効であろう。

　プラデルバン（1995）によれば、村落グループの諸活動は、基本的な熟練、すなわち組織能力に依存している。例えば、村の穀物倉庫を管理したり、野菜を売ったり、村の自助資金を管理したり、栄養センターを運営したりする活動を行うためには様々な組織的技術に熟練していなければならない。そのためには、経営、計画、マーケティング、金融などについてもよく知っていなければならないのである（プラデルバン　1995）。

　以上のプラデルバンの見解から明らかなように、農民組織の発展にとっては、組織運営能力・技能の習熟が不可欠なのである。その意味においては、ファーマー・フィールドスクールの実施や農民組織同士の交流の機会だけでなく、既存農民組織のニーズに沿った組織運営能力・技能の習熟機会を直接的に創出することが大事であろう。本論の事例で言えば、ベトナム・メコンデルタのH農協においては、現在行っている共同販売をさらに進めていく上で、販売量の拡大を前提としてマーケティング能力を高めていくことが考えられる。また、ラオスのNT村においては、村の資金管理をより円滑に行うために、金融の知識と能力を多少なりとも身につけることが有効であろう。

　ただし、より根本的には水野（2016）が指摘するような「考える農民」の育成こそが重要であると考えられる。歴史的には、日本の農村生活改善において「考える農民」を育てようとしたことはよく知られているところである（水野　2016）。

　確かに個別農家レベルにおいては、農業技術の改良を含めた農業経営管理の局面で、多くの農民が既に「考える農民」として主体性を発揮しているので、そこにおいては農民の育成ではなく、あくまで支援という形があるべき姿であろう。しかしながら、農民組織レベルでの計画、管理、マーケティング、金融などといった能力・技能となると、その基盤としての「考える農民」の育成は重要性を帯びてくるものと考えられる。もちろん、農民組織活動（のプロセス）が一つの基盤となって「考える農民」が形成されるという

436

終章　国際協力と実践的農学の展望

逆の側面があることも同時に指摘しておきたい（註8）。

　いずれにせよ、このことは、「考えない農民」を「考える農民」に変えていくということではない。より正確に言えば、考えを深めていく能力を高め、主体性をより発揮していくよう促していくということである。

　ただし、中間・内田（2022a）によれば、そもそも「考える農民」とは、戦後日本において、農民の地位向上のために、そして民主主義の確立のために必要とされていた。それは、小倉武一の基本的な考え方であった。小倉によれば、「考える」というのは、「環境や伝統」に支配されず、「批判的精神」を持ち、「感受性を強く」し、「対社会関係に見識」を持つことだとしている（中間・内田　2022a）（註9）。

　こうした考え方を踏まえるならば、「考える農民」とは、途上国の農民のエンパワーメントにも近い概念であるということになろう。そのエンパワーメント概念の中でも、発言力・発信力の形成といった側面との関連性が強いと考えられる。「批判的精神」を有し、「対社会関係に見識」を有する農民ということが、小倉武一によって強調されているからである。途上国では、多くの住民や農民が公的機関などへのアクセスを制約され、かつ要求や批判などの機会も極めて限定されている。そうした状況を少しでも変えていく力こそ「考える農民」に期待されるものであろう。

　池上が指摘するように、参加型開発を標榜する多くの開発プロジェクトが住民の主体性を尊重せず、実質的な参加型開発とはならなかったことの背景には、斎藤文彦（2002ac）が指摘しているように、動員型の参加型開発から、より本来の意図に近い主体的な参加型開発へと成熟していくための確固たる答えが見つかっていない（斎藤文彦　2002ac）ことが挙げられよう。

　そこで、考慮すべきは、開発主体となるべき途上国の農民と農民組織のエンパワーメントのプロセスである。チェンバース（2000g）によれば、PRAは住民組織をエンパワーするプロセスに影響を及ぼす、その一段階である（チェンバース　2000g）。それはその通りかもしれない。ただし、参加型開発の実践過程における組織づくりもさることながら、その基礎となる「地域

437

社会の組織力」の見極めが重要であろう。さらには、どういった参加型開発においても、各地域における「地域社会の組織力」に応じて、参加型開発の形をつくっていく必要があるのではないかということである。つまりは、「地域社会の組織力」の特徴やレベルに応じてそれぞれの地域に適合した参加型開発が実施されなければならないということである。

　このことは、農業技術と農業経営構造・経営目標との関係性に類似している。つまり、農業経営構造・経営目標に適合性を持つ技術こそ実践技術と呼べるということと同様に、「地域社会の組織力」の特性に適合する参加型開発、農業・農村開発こそ真に実践的な開発と呼べるのではないだろうか？そして、こうした適合性について考察することこそ、実践的農学の重要な役割の一つであると言えよう。

第3節　研究（農学）と開発の関係性の展望
　— より大胆な連携の展望 —

　第1章の冒頭でも述べたように、研究と開発が連携していること、あるいは研究から開発までの連続性が確保されていることが、本来の研究と開発の関係性であろう。したがって、必要に応じて、研究プロジェクトの中に開発の要素も盛り込む、あるいは逆に開発プロジェクトの中に研究の要素も盛り込むということが、研究と開発の連携の一つの形でもあり、そのことが研究から開発までの連続性を確保しやすくするのではないだろうか？

　かつて、タンザニアのJICAプロジェクトに短期専門家として派遣されたことがあった。プロジェクト自体は、灌漑稲作の普及プロジェクトであり、長期専門家は、農村開発、普及、栽培、水管理、および農業機械の各分野の専門家から構成されていた。

　ただ、これらの長期専門家は研究者ではなく、開発ワーカー（開発専門家）と言われる人たちや地方公務員（行政）であった。そこで、より専門的なことが必要となったときには、短期専門家として研究者を招聘するのが通

終章　国際協力と実践的農学の展望

例であった。例えば、稲の病害の専門家や農業経営（あるいは農業経済）の専門家などを複数回、国の研究機関（農水省傘下の研究機関）などから招聘したりしたのである。つまり、開発と研究の連携である。もちろん、研究者がそこに呼ばれても、好きに研究して下さいということにはならない。正に、「Mission Oriented Science」の展開が求められたのである。いずれにせよ、そこ（開発プロジェクト）に研究の要素が入り込むことの効果は小さくなかったのである。

　他方、逆のパターンもある。かつてのメコンデルタプロジェクト（JIRCAS）は研究プロジェクトでありながら、研究サイトに試験圃場だけではなく普及のための展示圃場を設置したり、ファーマー・フィールドスクールや様々な農民集会を開催し、研究の中に開発の要素を積極的に取り入れた。そこでは、研究者が自らの研究だけでなく、それを超えて開発の領域にも足を踏み入れ、汗を流したのである。したがって、メコンデルタプロジェクトでは、開発に関することで、開発ワーカーと言われる方々（開発専門家）に支援を依頼することは一切なかった。研究者が常に開発ワーカーとしても振る舞ったからである。

　その背景として、次の二点を指摘することができる。

　第一に、メコンデルタプロジェクトは、基本的にはファーミングシステム研究に基づいていたからである。とりわけ、方法論としてのファーミングシステム、すなわちファーミングシステムズ・アプローチに基づいていたからである。つまり、診断から設計、試験を経て評価・普及へと至るこの一連のアプローチこそ、研究から開発までの流れそのものであった。メコンデルタプロジェクトは、実質的には研究・開発プロジェクトであったわけである。

　第二には、ベトナム側研究者もファーミングシステム研究に一定の理解があったという事実だ。加えて言えば、彼らは、ボー・トン・スワン（Vo-Tong Xuan）（註10）の指導の下でPRAを習得していたのである。

　研究者が開発の領域に踏み込むことは、大きな効果を生み出す。まず、開発の領域では、農民とのコミュニケーションが頻繁となってくるが、研究者

439

だからこそ農民の疑問に答えられることが往々にして存在する。また、研究者が開発の局面で新たな疑問や課題を見つけ出したときに、それらを自らの研究や試験にフィードバックすることが可能となり、それこそが研究の深化や技術の成熟を促すことになるのである。

内田ら（2003）は、バングラデシュにおける農村開発実践を踏まえ、「農村水文学」を提唱している。これは、農民のもつ経験とその記憶を信頼し、多くの農民へのインタビューによって過去数十年にわたるデータを収集し、経験則を導き出す手法である。これに対し、工学的計測に重点を置く手法を「工学的水文学」と呼んで、「農村水文学」に対置させている。その背景には、バングラデシュの農民にとって、洪水は制御・管理するものではなく、適応しながら「共に生きる」べきものであるという認識が存する（内田ら2003）。

つまりは、工学的水文学が科学知であるならば、農村水文学は経験知ということになろう（註11）（註12）。内田は、科学知に頼りすぎることの落とし穴と経験知に目を見開くことの重要性を説いている。経験知と科学知をどのように統合させるかは、対象によって様々であろう。ただ、経験知の軽視を戒めなければならない局面があることも事実であり、開発ワーカーよりもむしろ研究者にこそ、この事実が突きつけられているように思われるのである。

もちろん、内田は、経験知が絶対的であると主張しているわけではない。科学知の意義を認めていないわけでもない。しかしながら、局面によっては、経験知をあらためて見直したり、重視したりすることもあり得るし、科学知に修正を加えることもあり得るであろう。そうした柔軟性を研究者は持ち合わせていなくてはならないということであろう。

このように、現場を重視しながら、現場の課題を研究に活かすことこそ、利用可能な技術（実践技術）を創り出す重要条件である。内田は農業工学の研究者であるが、同時に開発ワーカーのように農民とコミュニケーションをとっていたからこそ、現場で経験知を把握することができたのである。研究が開発に影響を及ぼすとともに、開発も研究に影響を及ぼすのである。これ

終章　国際協力と実践的農学の展望

こそ研究と開発の真の連携であろう。

　以上のことを農家の視点から考えてみると、次のようになろう。

　第一に、農民とのコミュニケーションの中で、農民の疑問に研究者が答える、あるいはそこで新たな課題を見つけ、研究にフィードバックするということは、研究者の側からみれば研究の深化ということを意味するであろう。他方、このことを農民の側からみるならば、農民が研究者を利活用しているということでもある。つまり、農民が研究者を外部資源として利用する状況の出現であり、正に野田直人（2019c）が指摘したことの実現である。さらに言えば、現場に根ざした研究について農民と研究者が頻繁にモニタリングの場を設け、議論を重ねる機会をつくることは、「考える農民」の形成を後押しすることにもつながるであろう（註13）。

　第二に、現場を観察し、現場の声に耳を傾ける外部者の存在に、農民は信頼を寄せるとともに、自信をもつことになろう。農民自身の経験知を外部者に評価されることこそ、彼らの自信の原点となるであろう。自信のないところにモチベーションは生まれない。モチベーションのないところにエンパワーメントは生まれようがない。自分自身を肯定することが成長の第一歩である。

　第三に、利用可能な技術（実践技術）を農民と共に創り出すプロセスこそ重要である。これが正に協働である。そこには、様々な形があるにせよ、経験知と科学知の一定の融合が求められる。安藤和雄が指摘する「在地の技術」にも通じるであろう。その前提は、科学知を理解し得る能力の形成である。ただし、その基盤は存在しているとみるべきであろう。何故ならば、農民の経験知が科学知とつながっている事例がたくさん存在するからである。

　例えば、宮浦（2005）が、インドネシア・バリ島で実施した調査事例がある。その調査（農家による主な雑草の利用法についての調査）では、畑に生えている主要な雑草の現地名と利用法を農家から聞き取っている。それを整理した結果、ほとんどすべての草種が、植物学的分類と同じように農家によって識別されていることが明らかとなったのである（宮浦　2005）。

441

また、チェンバース（2011c）は、土地固有の専門知識をITKと称して、農村住民の持つ豊富なITKを高く評価している。農村住民においては、社会的習慣や関係は言うまでもなく、土壌、季節、植物、飼育動物、野生動物、農作業、食生活、調理法、子育てなどの知識が豊富で、そのうちのいくつか、あるいは全ての点で外部者より優れている可能性が高い（チェンバース2011c）。チェンバースが注目するITKは、正に経験知と言えよう。

　さらには、Yamada（2014c）は、ラオス山岳部の農村において、直近10年間ほどの焼畑圃場の地力変化を考察するために、土壌の色、固さ、水分保持、ミミズの数と大きさなどの変化についての農民の観察結果を把握した。その結果、例えば、土壌の色であれば黒色から茶色に、あるいはもっと赤みがかった色に変化したことや、柔らかかった土が硬くなってきたことや、さらにはミミズが少なくなってきたことなどが明らかになった。それは、地力低下の兆候を示唆するものであった（Yamada　2014c）し、農民自身も、そのことを認識していたのである。

　農民が自らの経験知を科学知と照らし合わせることが、何よりも農民の知的好奇心を刺激するはずである。そのことが、農民の能力（技術力や経営能力）をさらに高めることにつながるであろう。研究と開発の連携は、農民のモチベーションを形成し得る。そして、そのモチベーションは、開発局面のみならず、研究局面にも好影響を与えるのである。

　例えば、農家調査が研究・開発プロジェクトの中で実施された場合に、単独の学術調査の場合と比べて、農民からの聞き取り内容の信頼性はより高まることがある。その事例の一つを挙げておく。メコンデルタプロジェクトにおいては、この点に関して次のような工夫が行われた。すなわち、村でプロジェクトを行う直前に行った我々（プロジェクト側）の説明では、農家試験を中心とした技術実証試験を行い、技術の実用化を目指すという点が強調された。また、農家試験が始まるまでに時間もかかることから、プロジェクト初期時点において、試験場試験でほぼ確立されたとみなされていた稲作条播技術の展示圃場をつくり農民の関心を集めた。

終章　国際協力と実践的農学の展望

　ただし、このときには、まだプラスチック製の条播機が市販されていな
かったため、鉄製の条播機（IRRI seeder）が使用された。そのため、重く
て扱いにくいという問題に加えて、播種の途中で車輪に泥が絡まりつくとい
う問題がクローズアップされ、条播機の重さが一層増すという深刻な事態と
なった。しかし、こうした負の経験が新たな課題を提起し、プラスチック製
条播機の開発を促した側面があるのではないかと考えられるのである。さら
には、ベトナム人研究者を講師とする基礎的な農学（稲作、果樹作、畜産）
に関する勉強会なども開催し、多くの農民が参加した。

　こうしたことは、少なからず農民からの信頼を得ることに貢献したものと
考えられる。つまり、村の圃場などを利用して、あるいは村や農民から情報
を集めて、ただひたすら研究だけを行うプロジェクトではないということを
農民に理解してもらうことにつながったと考えられるのである。そうした中
で、農民だけでなく村の役人や普及員との良好な関係も築かれてきたという
判断に基づき、はじめて本格的な農家調査を実施したのである。

　また、場合によっては、研究プロジェクトと開発プロジェクトの結合や統
一が考えられよう。さらには、途上国の農業開発を担う機関と途上国の農業
研究を担う機関との連携も考えられよう。ただ、単なる連携ではなく、共同
プロジェクトの策定・起動を試みることも重要ではないだろうか？　その中
に、上記のあらゆる要素が入り込めるはずである。例えば、農民組織を支援
するプロジェクトの中で、当該農民組織のそもそもの成り立ち（形成過程）
を研究したり、その農民組織のモニタリングを行いながら研究（農民組織の
発展過程の研究など）を継続していくのである。

　後者は一種のアクションリサーチと言えるかもしれないが、正に農民組織
の支援という開発行為と農民組織研究という研究行為の連動である。また、
篤農家が創り出す技術を研究者が科学的に評価し、その原理を解明すること
や、他方で、研究者が技術の基本原理およびそれを踏まえた技術の原型を農
家に提示し、そこから先の創意工夫は農家に任せ、その後、研究者が（開発
ワーカーとも連携しながら）農家の技術創出（技術改良）過程をモニタリン

443

グしていくというようなことも考えられるであろう。

　小田（2007）は、東北タイにおける乾季野菜節水栽培技術の開発事例に基づいて、以下のような技術開発様式を提案した。その様式とは、技術の核となる知識を、知識伝達用の技術によって農民に伝え、農民がこの技術を改変することで実用技術を得るという形の技術開発様式である。この知識伝達用の技術に単純かつ不完全な技術を用いると、農民の改変余地が大きくなり、改変意欲を引き出せるのである（小田　2007）。

　自然環境の影響を大きく受ける（それ故地域性を有する）という農業技術の特色、および農業経営構造に規定された農業経営目標によっても影響を受けるという農業技術の特色を考えた場合、現場の環境に適合した創意工夫と改善の余地を残したうえで実践技術の形成を農家に委ねるという小田の提案は、理にかなったものであると言えよう。現場にいる主体（農家）が高いモチベーションを持ちながら実践技術を創出しようとする様式（技術開発様式）は、後で述べる農家試験の新たな展望につながってくるのである。我々は農民技術のポテンシャル、それを生み出す農民の潜在能力を過小評価すべきではない。研究者は、場合によっては、それらの可能性を最大限引き出す黒子に徹することがあっても良いだろう。

　このように考えたときに、一つの「制約要因」に突き当たるかもしれない。予想される「制約要因」とは、研究者のレゾンデートル（存在価値）に関わることである。つまり、研究者には、研究の余地がない、あるいは研究内容が極めて限定されるのではないかという危惧である。そして、そこから、研究者が論文を書く機会を失いかねないという危惧にまで発展していくかもしれない。

　しかし、そうではないだろう。こうした本末転倒の危惧とその背景にある価値観に対し批判を加えるのはもちろんのことではある。しかし、それはさておき、何よりもまず、マイナス思考ではなくプラス思考をすべき時であると筆者は言いたいのである。つまり、こうした状況を新たな研究テーマと研究内容を見いだしていく大きなチャンスととらえるべきではないかというこ

終章　国際協力と実践的農学の展望

とである。正に、柔軟性が求められる局面であろう。

　それが、農家の試行錯誤（創意工夫と技術改良の試行錯誤）のプロセスに関する（研究者による）モニタリングと技術的・経営的な検討である。ここに大きな研究の可能性が切り拓かれると考えるのである。技術的な検討の中には、科学的な検証作業が伴う。この部分を農家が担うことは難しい。正に、研究者の出番である。また、経営的な検討の中には、農業経営者能力形成過程の分析が含まれるであろう。このように、十分な研究素材が横たわっているのである。研究者がその宝（研究素材）を見つけ出し、活用できるかどうかにかかっているのである。

　また、このようにみてくると、普及の考え方やあり方についても再考する必要があろう。「完成された」技術の画一的な普及という発想からの転換である。小田が指摘する技術の核となる知識あるいは根本原理に基づいて農民がつくり出す技術は画一的な技術ではなく、様々なバリエーションが存在し得るからである。つまりは、マニュアル化に適していないのである。もちろん、それも技術の種類によるかもしれない。ただ、そうは言っても、農業技術というものはそもそも画一的なものではない。細かく見れば極めて多様性を有するものである。宇根（2000a）も、農業技術においては普遍性よりも個別性を重視すべきであると説いている（宇根　2000a）。そもそも、農業技術は地域条件や農家条件による影響を強く受けるものである。

　横山（2011b）は、技術普及プロジェクトに携わる専門家の次のような見解、すなわち「SRIは篤農技術なのでマニュアル化できない。…同じことをやれば誰がやっても同じ結果が出なければだめなんです」という見解を紹介し、批判している（横山　2011b）。このような専門家に対する横山の憂慮と批判は、とても頷けるものである。横山の批判対象こそ、旧来型の普及方法（画一的技術のトップダウンアプローチによる普及）にこだわる一部の専門家の見解であろう。篤農技術は何もSRIだけに限ったものではない。どこにでも存在するものだが、マニュアル化に馴染まないという理由で、全てを否定して良いであろうか？

445

以上見てきた農業技術の多様性の議論が、次節「農家試験の展望」へとつながっていくのである。

第4節　実践的農家試験の新たな可能性と展望

　第4章で、FSREにおける農家試験の実際と課題などについて説明したが、ここで、あらためて農家試験について考えてみたい。その際、FSREということだけにこだわらず、農家試験そのものを今後、途上国農業研究の中でどのように行っていけばよいのかという観点に立って、以下、農家試験の将来像に関する試案を示しておきたい。

　まず、研究者が設計した試験の特徴から考えてみたい。それは、単一部門の単一試験になりがちであるという特徴ではないだろうか？　一つの技術の推奨のためにはエビデンスが必要であり、そのためには科学的な分析手続きを経なければならない。いきなり部門全体、あるいは経営全体を試験対象にできないことはとてもよく理解できる。

　問題はそこではない。問題はそこに留まってしまうことである。その背景にあるものは、単一部門の単一試験でうまくいった技術が経営全体に受け入れられるであろうという前提である。もちろん、全ての研究者がそういう前提に立っているわけでは決してない。しかし、そうしたいわば希望的観測の存在が一部の研究者に認められることも否定できないであろう。と同時に、試験場試験とは異なり、あらゆる要素や条件が複雑に入り組んでいる農家試験では、「きれいな」結果が出ないという危惧の存在である。そこから、試験場試験では論文を書けるが、農家試験では論文を書けないという思い込みにまで発展していく場合もあるのではないだろうか？　しかしながら、それは単なる思い込みに過ぎないのである。

　第4章の冒頭で、ファーミングシステム研究は、実体論と方法論があると説明した。今、方法論の中の試験について論じているが、その試験対象を一部門から複数部門へ、複数部門から全部門へ、作付け体系から営農体系全体

446

終章　国際協力と実践的農学の展望

へ広げていくこと、それこそが実践技術を練り上げていく過程でもある。技術は、経営全体の中で居場所を見いだされること、すなわち位置づけられることで、はじめて意味を持つわけであり、それこそが、（農家レベルの）技術受容そして技術の定着そのものである。ここに、作付け体系や営農体系について論じているファーミングシステム研究の実体論が、農家試験などを論じるファーミングシステム研究の方法論と密接につながってくるのである。正にファーミングシステム研究の真骨頂である。

　それでは、従来のような小規模な農家試験から出発するとして、試験対象（および評価対象）を営農体系全体に拡大しようとするときに、どのような点を考慮する必要があろうか？　それは、多数の農家が自身の経営状況に応じて技術を試し、自らの好みに従って、その技術に創意工夫を加えながら、作付け体系や営農体系全体に馴染ませていく（カスタマイズする）という点である。何故ならば、実際の農家圃場では、農家間で土壌肥沃度や土壌分布が微妙に異なっていたり、圃場の勾配が様々であったりと実に多様である。加えて、圃場位置、圃場規模、労働力構成なども様々であろう。

　だからこそ、多数の農家が農家試験に参加することに、大きな意義を見いだすことができるのである。そして、農家試験において、様々な環境条件に応じた様々な適合（農家による技術の経営への適合）が観察されることの意義が、極めて大きいのである（註14）。この段階は、ある意味、広義の普及過程（適合過程）というようにも捉えられるかもしれない。また、その過程で、研究者が農民の疑問に答えたり、農民と共に経営への技術適合のアイディアを考案するということもあり得よう。

　繰り返しになるが、技術の経営への適合過程を経ること、そしてそれを研究者がモニタリングし評価すること（農民と共に適合方法を探る局面も含めて）、これこそが今後の実践的農家試験のあり方である。試験設計者も試験実施者も農家である。しかし、それを科学の目でモニタリングし、分析評価するのは研究者である。もちろん、農家自身の評価もある。農家による評価を研究者が把握し、その背景や根拠などを分析するということも面白い研究

になるであろう。このように、新たに提案する農家試験は、宝の山とも言えよう。

　将来的にスマホなどの活用が広範に可能となった場合には、上記で提案した実践的農家試験がさらに容易になるであろう。Stroud（2000）によれば、これまでオンファーム研究は、予算上の問題（交通費や日当など）や労力的な問題などで困難に陥り、失敗するケースも多々あった（Stroud　2000）とのことである。それは、研究者が一つの農家圃場にかかりきりになるからである。研究者主導の農家試験であれば尚更である。また、外国人研究者が主導する場合に、このような問題はより深刻となるであろう。現地研究者や現地普及員こそより主体的に関わるべきである。そして、スマホなどを活用することで、交通費と人件費を大幅に削減することも可能となるであろう。何故ならば、農家試験の様子を随時スマホで記録し、その情報を農民と研究者が共有するならば、研究者が農家圃場を訪れる頻度を減らすことが可能となるからである。

　以上のような農家試験のあり方が合理的である根拠がもう一つある。その根拠とは、研究者が置かれている環境（研究環境）と農民が置かれている環境（経営環境）の違いの中に見いだされよう。それは、研究者と比較して、農民はより自由な発想に基づいて自由に創意工夫ができるという点にある。この点に関連して、横山（2011a）は次のように述べている。すなわち、知的好奇心に満ちた農家の試行錯誤から生まれる工夫、提案にこそ研究の種、技術の革新性がある。常識にとらわれた「研究者」からは、斬新なアイデアはあまり期待できないという残念な事実もある。研究者は通常「こうなることを期待して」つまり検証可能な仮説を立てて試験研究を行なっている。「どうなるか知りたい」という純粋な好奇心だけでは予算は付かない。これが職業としての研究である（横山　2011a）と。

　横山は、SRIにアレルギーを持つ研究者、特にSRI研究の不確実性（リスク）を嫌う研究者が多いのは何故なのかということを、主として説明したかったのであるが、上記の指摘は、研究者と農家の置かれた環境の違いを浮

終章　国際協力と実践的農学の展望

き彫りにしている。確かに、「常識にとらわれた「研究者」」とか「斬新なアイデアはあまり期待できない」というのは極端な指摘かもしれないし、そうではない研究者も数多く存在することは確かである。置かれた研究環境の制約の中でも、知的好奇心を持続させ、なるべく面白い研究をしようと日々努力している多くの研究者を筆者も知っている。

　ただ、リスクのある研究を長い目で見てくれるような研究環境が十分整っているとは必ずしも言えない中で、こうした研究者の悩みも深いし、十分なパフォーマンスが制約されることがあるのも事実であろう。つまりは、研究者個人よりも、むしろ研究環境の方にもう少しだけ改善の余地がありそうである。

　また、他方で、研究者の評価は学会論文の数などで大方決まるという背景もある。したがって、論文になりやすい研究を志向する研究者が増えるのも、ある意味当然の成り行きであるかもしれない。そうなってくると、リスクはあるが面白い研究、あるいは、リスクはあるが重要な研究などに真っ向から取り組む研究者が少なくなってくるのは必然の結果ということになろう。だからこそ、農家主導型の圃場試験（制約の少ない自由度の高い農家試験）と研究者主導型の農家試験モニタリング・評価を組み合わせることが有効なのである。

　以上が実践的農家試験を提案する二つの根拠である。

第5節　実践的農業経営研究と政策
― 実践技術の形成過程との比較 ―

　第2章においては、農業経営学の主要任務の一つとして政策提言を挙げた。正確には、政策提言の基礎を形作るという任務である。この任務の存在こそが、ラオス国立農林研究所の所長（筆者のラオス滞在当時の所長）が、社会科学研究とりわけ農業経営研究に大きな仕事を遂行してもらいたいという期待を寄せた背景にあるものだろう。

449

そこで、あらためて問題にしなくてはならないのは、政策提言の基礎となるもののクオリティーである。そのクオリティーとは、政策担当者を納得させられるかどうかで判断されよう。理想的なクオリティーの例を一つ挙げるならば、途上国政府や地方行政機関の意思決定に関わるキーパーソンが逃れられないほどの実証データ（分析結果）を突きつけることである。

　この点に関し、名村（2006d）は、ラオスにおける水力発電ダム事業の影響を懸念する住民の声をラオス財務省の行政官に伝えたところ、「その懸念が事実かどうかしっかり証明してくれれば、我々は検討する用意がある」と言われたそうである。つまり、住民の懸念は「正しい」のかどうか、また住民の懸念とは、どこまで「住民」の声を代弁しているのか、ということも問われるということである（名村　2006d）。

　NGOスタッフである名村は、こうした体験を経て、研究の意義を再認識するに至ったのである。NGOの仕事を行うきっかけが「研究」の無力さを痛感したことにあった名村が、研究の意義を再び見いだすに至ったのである。ここが極めて重要なポイントである。研究は役に立たないものではなく、役に立たせるべきものなのである。そして名村（2006d）は、次のように締めくくっている。「そう、フィールド調査にもとづく実証研究とそこから導き出された「事実」は、その志さえあれば、政治的意思決定を動かす力になりうるのである。」

　ただし、名村の言うところの「志」に関連して、条件が一つある。それは、研究（実証研究やフィールド調査）テーマの出自である。その研究自体のニーズがどこにあるかを意識すること、というよりは、ニーズのあるところで研究が行われているかということである。ニーズなど考えずに研究や調査を行い、その果実が結果として何かの役に立つこともももちろんあり得る。確かに基礎科学の世界などでは当たり前にある話だろう。ただし、農学は本来、応用科学であり、実学である。

　研究論文などに共通することは、研究の背景において、今何故この研究が必要なのかを明記することである。つまりは、当該研究の意義（社会的意

450

終章　国際協力と実践的農学の展望

義）である。この点が明らかにされなければ、その論文自体の位置づけが認められず、価値も疑われるということになろう。ニーズとは、住民や農民のニーズもあるだろうが、現場で開発に携わる方々のニーズというものもあるだろう。この点に関して、開発コンサルタントとして活動する齋藤哲也（2006）は、実務者の立場から考えれば、近年の学会誌（主として、フィールドワークを対象とした論文）があまりにも基礎的な研究に終始しており、どのように活用してよいのか分からない（齋藤　2006）と指摘し、嘆いている。これは何もフィールドワークに限った話ではないし、また齋藤個人の特殊な指摘ではないだろう。多くの開発関係者が感じていることを、齋藤が代弁しているとも考えられるのである。

　その意味において、繰り返しにはなるが、ファーミングシステム研究の診断というものをあらためて思い出してもらいたいのである。もちろん、ファーミングシステム研究だけがニーズを把握できるなどと言っているのではない。研究の「志」とそれに沿った作法の話をしているのである。

　現場から問題を拾うこと、そしてそれを問題解決につなげるべく分析を深めていくこと、さらにその結果を現地住民や農家の方々、開発担当者、さらには行政担当者にフィードバックする努力をしていくこと、これらすべてをもって作法という言い方ができる。したがって、この作法を堅持している研究者であれば、ファーミングシステム研究を行っていなくても何ら問題はないし、仮に開発に直接結びつけられなかったとしても、本人の「志」、志向性、そしてその作法自体は評価されることになるだろう。開発に結びつかなかった部分、残された課題を彼／彼女に続く研究者に受け渡せるならば、彼／彼女の研究は意義があったということになるであろう。正に、「最後に役立つ」ということになるだろう。

　さて、ここからは、農業経営研究などが政策提言につながり、結果、新たな政策が打ち出されようとするときの話である。政策立案は容易にできるものではない。練りに練ったものをつくらなければならないが、それでも確証が十分ある政策をいきなり世に送り出すことなど困難である。

451

そこで、不確かな部分も残っていると思われる政策については、小規模に（パイロット的に）実施する（試行する）ことが考えられるであろう。ある意味、社会実験とも言えるかもしれないが。ただ、それが小規模に行われるという点に留意したいところである。一度、政策を試してみて、その後のフォローアップをしながら試行錯誤を繰り返し、徐々に修正を加えながら確かな政策に仕上げていくということである。このことは、第1章ですでに述べた実践技術の形成過程、すなわち実践技術を目指した試行錯誤過程を想起させるであろう。技術の試行錯誤と政策の試行錯誤は、正に符合していると言えるだろう。

　そして、同時に重要なことは、その試行錯誤の全プロセスを社会科学研究者（農業経済研究者や農業経営研究者や農村社会研究者）が研究対象とすることである。これは、本書で新たに提起した農家試験のモニタリング活動とも符合する。政策というものも効果を予測しながら実施されるものであるが、その効果が期待通り発揮されるかどうかは未知数である。その意味において、既に述べたように、多くの政策（特に初期段階の政策）というのはある種の社会実験であるのかもしれない。それをモニタリングし、評価することは社会科学研究の重要な一環であると言えよう。

　このように記述してくると、RCTがあるではないかと主張する人たちも出てくるかもしれないが、すでに第2章において指摘したように、RCTの特徴（問題点）は、仮説設定のための地道なプロセスを避け、急拵えの仮説を検証することに多くの労力をかけるという点にある。しかし、ここで提起しているのは、現場での問題把握から始まり、政策提言にまで至るプロセス、およびその後の仮説的に設定された政策の小規模実施と評価（効果の実証・仮説の実証）といった一連のプロセスである。これはFSREやKJ法にも通じる一連の問題解決プロセスである。問題把握が「診断」、政策提言が「設計」、政策の小規模実施が「試験」、そして効果の実証が「評価」というように、全てのプロセスがFSREの診断・設計・試験・評価に対応していると考えられるのである。

452

終章　国際協力と実践的農学の展望

　さらに、その後の試行錯誤を伴い、正式な政策実施に移すということになれば、これがFSREの普及（第4段階、評価／普及）に対応することになるであろう。さらに言えば、政策提言までのプロセスが仮説設定プロセスであり、効果の実証までが仮説証明プロセスであると言えるが、両者がほぼ半分半分のウエイトを占めているという意味では、KJ法のW型図解に酷似していると言えよう。ここまで説明すれば、仮説証明プロセスに偏っているRCTとの違いも理解できるであろう。

　開発経済学の世界では、構造調整政策に対する評価などについて、かなり多くの文献が重ねられてきた。重要なことは、モニタリング・評価をどのレベルで行うのかということである。マクロ統計に頼り過ぎる場合には、限界があるということだ。農業経営や農村社会の現場で何がどう変わっているのか、どのような効果があり、どのような新たな問題が起きているのかということを調査しなければ核心には迫れないであろうし、したがって、真の政策評価はできないであろう。正に現場密着型の評価（地域レベルや農家レベルでの評価）、これこそがマクロレベルに偏った政策評価を克服する道であると言えよう。

第6節　国際協力における国益とは何か？

　近年、国際協力の場において、国益も考えるべきとの声をよく耳にするようになった。その背景には、2015年に発表された新「開発協力大綱」の存在がある。そこには、国際貢献と国益の両立といった考え方が含まれている。高柳（2018a）によれば、従来のODA大綱の改訂プロセスが開始された時に、安倍内閣の「国家安全保障戦略」と「日本再興戦略」に沿って国際貢献と国益の両立の観点からの改訂をめざす方針が明らかにされた。その後、有識者懇談会やパブリックコメントなどを経て、2015年2月10日に新「開発協力大綱」が発表されたのである（高柳　2018a）（註15）。

　国益とは抽象的であるが、例えば、日本の貢献が見えるような国際協力を

453

いかにして行っていくか、あるいは場合によっては、日本の貢献をいかにして見せるかというようなことが、様々な会議の場でも議論されている。また、国際協力の場における民間企業の参入の意義と可能性なども議論されている。前者について言えば、その前提として、国民レベルというよりも国家レベルで国益を考えているということであろう。後者に関しては、北野（2014b）によれば、ビジネスとの連携が国際開発における最新のアジェンダになりつつある中で、農民や労働者のエンパワーメントのためのフェアトレード、途上国の低所得層を念頭に置いた小規模なBOPビジネスから、海外資本による大規模な農業開発まで様々なビジネス像を見いだすことができる（北野2014b）。

　また、ビジネスの世界における企業だけでなく、多様な主体が国際協力に関わることが、国益の観点からも重要となっている。黒崎ら（2015）によれば、限られた予算をできるだけ有効に使った国際協力を行なわなければならない現況（日本経済の置かれた現況）の中で、より幅広く国際協力を行なっていく必要があるということだ。それは、狭義のODAやビジネスだけでなく、地方自治体による国際協力、企業による社会的事業、NGOの活動などである（黒崎ら　2015）。

　ところで、もう一つ大事なことを忘れてはいないだろうか？　それは、国際協力を通じて得られる学びや教訓である。何故、それが大事な国益（註16）となるのか？　何故ならば、途上国における開発支援、国際協力で発見したこと、学んだこと、教訓となったことが日本における地域づくりや人づくりに生かされる可能性が十分にあるからだ。例えば、途上国における村落開発や農民組織化などの経験を日本における地域づくり、村づくり、組織づくりの場で関係者と共有することで、新たな創造と発展につながっていくこともあるのではないだろうか？　もちろん、途上国と日本では、様々な環境が異なることを認めたうえでの話である。様々な異質性がある中で、数少ない共通性を見いだす目を養っておくことも必要であろう。特に途上国の農家や農村から学ぶこと、学べることは少なくない。途上国の農家や農村と日本

454

終章　国際協力と実践的農学の展望

の農家や農村を比べてみたときに何が見えてくるだろうか？　とてもわくわくする話ではないだろうか？

　これまで、日本における農村組織化や村づくりなどの経験を途上国に生かすといった国際協力が志向されてきた。これはもちろん貴重な国際協力として評価されるべきものであるが、その逆のパターンもあり得るのではないだろうか？　一方通行ではないということであろう。日本も途上国から学ぶということである。それは、農民と研究者の間の相互学習の関係と類似しているのではないだろうか？　日本の場合、極めて優れたリーダーが存在したことによって、組織化や村づくりが可能になったというような事例、いわゆる優良事例が紹介されることがよくある。しかし、優良ではない「普通」の地域の組織化や村づくりは、どうなるのであろうか？

　このとき、日本のこの種の優良事例もさることながら、途上国の参加型開発の経験が役立つこともあるのではないだろうか？　それは特に、外部者がどのような支援をしながら参加型開発を進めていったかということについての経験と教訓である。ここの部分が一番難しい点ではある。本来主役であるはずの住民が、実際にどのように主役となっていったか？　地域リーダーはどのように形成されていったか？　そこでは、主役たる住民や地域リーダーのモチベーション形成過程やエンパワーメントのプロセスを把握することと並んで、外部者がその過程でどのような関わり方をし、どのような役割を演じたかということの把握が重要となる。その試行錯誤から得られた教訓は貴重なものであろう。日本の地域おこしにおいて、このことを活かす道を探さない手はないだろう。

　久保田（2002b）は、日本国内で参加型の開発が行われないで、どうして途上国に参加型の開発を導入できるのだろうかと問うている（久保田2002b）が、日本には村おこしや生活改善運動の歴史がある。こうした歴史の教訓を、途上国における参加型開発に応用していくことは可能である。他方、今の日本における地域づくりが、本当にそうした歴史の上に立っているのかという点については、今一度検討してみる必要があろう。その上で、繰

455

り返しにはなるが、途上国における参加型開発の実践過程から得られた学びを日本で活かすことも考えていかなくてはならないだろう。こうした学びは、参加型開発を担う開発ワーカーによってももちろん得られるのであるが、研究者によっても研究開発の実践過程の分析を通じて得られるのではないだろうか？

　さらには、久保田（2002b）が指摘するように、私たち自身がどれだけ自国の開発過程に参加しているのか、自分たちの生活を内省することが求められている（久保田　2002b）。

　他方、途上国の開発だけでなく、途上国の政策（開発政策や農村政策など）から学ぶこともあるだろう。農村を重視するスリランカの開発政策に注目した麻田（2021）の次のような説明は、傾聴に値する。スリランカは、全人口の８割を農村に維持しながら経済成長を遂げており、2019年には上位中所得国の仲間入りを果たした。そのスリランカは、1948年にイギリス領から独立して以降、農村に特に注力した開発政策を実施してきた。例えば、政府が取り組んできた交通政策の効果により、就業のために都市部に「移住ではなく移動」し、農村に住み続ける選択が可能となっている。また、生活に必要十分な環境が整い、都市よりも生活費が安いことも、人々が定住地に農村を選択する理由になっている。と同時に、日本とは対照的に、農村は「繁栄をもたらす場」という歴史的背景を踏まえた明るいイメージが人々の間に浸透しているのである。その背景の一つとして、学校の教科書で、過去の農村の繁栄は将来の発展モデルとしても語られてきたし、文学作品や詩、歌謡曲でも農村は人々が親しみを持つテーマとして、政治的なメッセージを超えて浸透しているのである（麻田　2021）。

　もし、スリランカのような農村政策や農村イメージ戦略が日本で採られていたならば、今の日本の農村はどのような姿を見せていたであろうか？　今日の日本の農村が置かれた大変厳しい環境を考えたときに、このような農村を持つ国の専門家が途上国の農村をうんぬんする資格が果たしてあるのだろうか？という疑問すら生じてくるのである。だからこそ、我々は、少なくと

終章　国際協力と実践的農学の展望

も、途上国の農業・農村開発を通じて、途上国の農村の姿、農村政策の形を注意深く観察しながら、学びを続け、日本の農村に思いを馳せる必要があるのではないだろうか？　強いて言えば、それが国益の一つとなるであろう。

　ただし、小田切徳美（2014）が名著『農山村は消滅しない』で適確に主張しているように、日本の農村は消滅などしないのである（小田切　2014）。日本各地の農村で、地域おこしの地道な取り組みが行われていることにも我々はもっと目を向けなければならない。その地域おこしの動きと途上国における農業・農村開発が重なり合う部分を見いだすことも可能ではないだろうか？　今後、途上国における参加型開発などの農業・農村開発と日本各地における地域おこしを比較しながら、それぞれの具体事例から得られた効果や課題を互いにフィードバックしていくことが肝要であろう。そこにおいて、地域差に基づく異質性と地域差を超えた共通性を見分けていくことも、同時に求められよう。

　加えて指摘しておきたいことは、世界的な地方分権化の潮流である。木全（2011）によれば、1990年代後半からの地方分権化の世界的な進展に伴って、途上国においても、日本においても、グローバルな構造の中での「辺境」に置かれている地方を開発の中心に据える動きが出てきている。途上国では、1980年代の構造調整政策の失敗から公共セクター改革が進められ、地域住民に一番近い行政に予算と権限を委譲し、住民参加型の計画策定が推進された。他方、日本においても、中央主導の地方開発から地域の自立的開発への移行が課題となっている（木全　2011）。

　北野（2022）は、著名なポスト開発思想家グスタボ・エステバとの対話を踏まえ、小さな民による別の形での何らかの抵抗が大切である（北野2022）と述べている。

　巨大な力に対抗していかなければならないのは確かであるが、木全の見解からも明らかなように、対抗していくための基盤（グローバリゼーションと真逆の潮流としての「地方分権化の潮流」）が徐々にではあるが、形成されつつあることも事実であろう。参加型開発やファーミングシステム研究もこ

457

うした潮流の中で、力を増していくであろうし、また、実践的農業技術（実践技術）や実践的農業経営や内発的農民組織なども、こうした潮流の中でさらに形成・発展していくもの、いくべきものであろう。「形成・発展していく」という流れや傾向に、「形成・発展していくべき」という規範的な表現を加えた理由は、意識的に取り組んでいかなければ大きな力を発揮し得ないからである。

　西川芳昭（2022）は、持続可能な社会を築くために必要な枠組みとして、「農学原論」とともに「内発的発展論」を挙げた（西川芳昭　2022）。持続可能性が脅かされている現代だからこそ、持続可能な社会を築くことは規範（社会規範）となるのである。したがって、「内発的発展論」も規範性を帯びてくるのである。つまり、内発性については、「形成・発展していく」という部分だけでなく、「形成・発展していくべき」部分が内包されることになるのである。

　最後に、農学自体の発展への寄与も国際協力における国益として忘れてはならない。ここまで、実践的農学が国際協力をどのような形で支えていくのかという視点から、主として本書が展開されてきたが、国際協力を通じて農学自体が鍛えられるという逆の視点も頭に入れておく必要があろう。実践的農学は実践経験を基礎としている。その実戦経験こそ重要である。しかし、それはただの実戦経験ではなく、実践的農学の発展に結びつくような実戦経験が求められるであろう。この点については、農家との様々な協働の中で研究者の様々な学びがあるということを本論でもすでに指摘してきたところではあるが、いずれにせよ逆視点からの実践的農学の発展については、あらためて多様な地域の多様な事例を蓄積する中で実現されるべきであろう。今後に残された大きな課題であると言えよう。

註

（註１）農学は医学と同様に、当初から実学としての側面を強く持っていた。だからこそ、多彩な隣接分野と重なり合い、共通して解決しなければならない

問題と直面している（末原　2004a）。こうした医学と共通した農学の特徴
　　が「診断」という言葉に色濃く反映されているのである。

（註２）なお、藤原辰史（2021）は、医学と農学の融合を試みた思想家として安藤
　　昌益を挙げている。安藤昌益はテーア生誕の一年後に『自然真営道』を出
　　版している（藤原辰史　2021）。

（註３）鈴木福松（1997b）によれば、FSREの基本的特徴の１つとして多くの文
　　献に共通している点は、FSREが作目別・専門別領域を主体とする調査研
　　究を補完するものであり、それに代替するものではないという点である
　　（鈴木福松　1997b）。これは、FSREの役割に関する極めて控えめな表現
　　であるが、既存の専門研究を補完する役割もさることながら、既存の様々
　　な専門研究を包括する役割にも注目すべきであろう。

（註４）稲本（1993e）は、農業経営学会において、専門的な研究会として農作業
　　研究会、農業会計研究会があり、かつては農法論研究会もあったが、こう
　　した専門的研究会が少ないことを指摘した上で、他方で、こうした専門的
　　な研究会の研究成果の学会への還元とそれらの総合化が期待されており、
　　そのことが実践性の増進に寄与する（稲本　1993e）と指摘している。

（註５）チェンバース（2011e）自身、次のように述べ、近年、PRAの誤った実践
　　が蔓延していることを危惧している。すなわち、PRAは手法が非常に魅
　　力的で、写真写りが良く、講義形式で教えることに適していたので、特に
　　研修所などではふるまい、態度、人々との関係よりも優先されるように
　　なった。マニュアルが急増し、それを機械的に教えて使うようになった。
　　ドナーと貸し手がPRAを要求した。トレーニングの多くではふるまいと
　　態度は軽視されたか、まったく取り上げられないこともあった（チェン
　　バース　2011e）。

（註６）本書では、この点の十分な検討がなされてこなかったが、今後の重要な研
　　究課題として考慮していきたい。

（註７）これに関連して、富田祥之亮（1999）は、スリランカの開発事例を紹介し
　　ながら、農村生活の側面や青年（農村青年を中心とした社会組織化）や女
　　性の参加ということが開発の要件として見いだされるようになった点を評
　　価している（富田祥之亮　1999）。

（註８）中間・内田（2022b）によれば、1950年代に農林省でも、生活改善普及事
　　業の担当者が、グループ活動を通じて考える農民、自立した農民を育てる
　　ことの重要性を説いている（中間・内田　2022b）。

（註９）中間・内田（2022c）によれば、小倉武一の「考える農民」の育成が「民
　　主主義の根底」をなすという思想的提示を受け、「生活をよりよくするこ
　　と」と「考える農民を育てること」を、当時の農林省は「生活改善普及事
　　業の目的」とするようになったのである（中間・内田　2022c）。

(註10) ボー・トン・スワン（Vo-Tong Xuan）氏はベトナム・カントー大学副学長兼ファーミングシステム研究所長を務めた研究者（後にアンジャン大学学長）であり、ベトナムにおけるファーミングシステム研究の第一人者であった。

(註11) 祖田（2017b）は、経験知と科学知の統合の重要性を指摘した上で、農学および農政の役割を明らかにしている（祖田　2017b）。

(註12) 類似の点について、チェンバース（1995b）は次のように述べている。狭い領域において短期間に正確な観察や測定、実験を行なうことのできる近代科学と、より広い領域において継続的に観察できる「農村の人々の知識」を組み合わせることを通じて、農村における様々な問題解決に向けて前進することができる（チェンバース　1995b）。

(註13) 本論で紹介したモザンビークにおける農作業日誌記録の実践とモニタリングは「考える農民」形成に向けた一つの試みであったとも言えよう。長い道程の最初の一歩ではあったが。

(註14) チェンバース（2011b）によれば、研究や実験のために選ぶ場所には、地形的・地質的なばらつきを避ける傾向がある。同様に、実際の農地を使う実験では、平らであるか、勾配が均一になっているところが選ばれている（チェンバース　2011b）。

(註15) また、高柳（2018b）によれば、従来のODA大綱では、貧困削減と持続的成長がそれぞれ重点課題であったのが、開発協力大綱では、「質の高い成長」とそれを通じた貧困削減とされた（高柳　2018b）。

(註16) 国際協力で得られる学びや教訓を、あえて国益と言わなくても良いという考え方も一方であるだろう。

460

引用文献一覧

序章

［1］北野収（2014a）「農学原論と協力原論 ─ 国際協力60周年によせて」『国際農林業協力』Vol.37. No.2, p.10.

［2］黒崎卓・大塚啓二郎（2015）「なぜ今、日本の国際協力を考え直すのか」黒崎卓・大塚啓二郎［編著］『これからの日本の国際協力　ビッグ・ドナーからスマート・ドナーへ』日本評論社、p.6.

［3］坂本慶一（1981b）「農学における「価値」の問題」『農林業問題研究』第64号、p.99.

［4］重冨真一（2006）「参加型農村開発と住民組織 ─ タイとフィリピンの比較から ─」『熱帯農業』Vol.50, Extra issue1、p.108.

［5］末原達郎（2004b）『人間にとって農業とは何か』世界思想社、pp.73-74.

［6］末原達郎（2004d）『人間にとって農業とは何か』世界思想社、pp.80-81.

［7］祖田修（2017c）『祖田修　著作選集第3巻　農学原論　農業・農村・農学の論理と展望』農林統計協会、pp.258-259.

［8］中川坦（1996）「日本の農業開発協力の現状と課題」『農業と経済』第62巻第12号、p.15.

［9］日本学術会議地域研究委員会　国際地域開発研究分科会（2008a）『報告　開発のための国際協力のあり方と地域研究の役割』p.2.

［10］日本学術会議地域研究委員会　国際地域開発研究分科会（2011a）『提言　ODAの戦略的活性化を目指して』p.1.

［11］日本学術会議地域研究委員会　国際地域開発研究分科会（2011b）『提言　ODAの戦略的活性化を目指して』pp.6-9.

［12］日本学術会議地域研究委員会　国際地域開発研究分科会（2011d）『提言　ODAの戦略的活性化を目指して』p.26.

第1章

［1］Peter E. Hildebrand（2000b）"A Personal History in FSR", Edited by M. Collinson, A History of Farming Systems Research, FAO, CABI Publishing, p.21.

［2］Peter M. Horne & Werner W. Stur（2003a）Developing agricultural solutions

461

with smallholder farmers - How to get started with participatory approaches -, ACIAR Monograph No.99, p.15.

［3］ Potvin C.（2000a）Biogas in the Mekong Delta - A Feasibility Study-, OXFAM-Quebec, p.1.

［4］ Potvin C.（2000）Biogas in the Mekong Delta - A Feasibility Study -, OXFAM-Quebec, pp.15-16.

［5］ Robert Tripp（2000a）"Relating Problems and Causes in FSR Planning", Edited by M. Collinson, A History of Farming Systems Research, FAO, CABI Publishing, p.77.

［6］ Ryuichi YAMADA（2014d）Farm Management and Environment of Rainfed Agriculture in Laos, JIRCAS International Agriculture Series No.23, p.116.

［7］ Sheehy, J.E. et al.（2004）"Fantastic yields in the system of rice intensification: fact or fallacy ?", Field Crops Research 88, pp.1-8.

［8］ Sinclair, T.R. and Cassman, K.G.（2004）"Agronomic UFOs", Field Crops Research 88, pp.9-10.

［9］ Uphoff N.（2009）Case study, System of Rice Intensification: Final Report Agricultural Technologies for Developing Countries Annex 3, European Technology Assessment Group.

［10］ 磯辺秀俊（1982a）『農業経営学 ―変革期における経営改善 ―』養賢堂、p.33.

［11］ 板垣啓四郎（2003）「アジアの農業発展と開発協力の省察と展望」『国際農林業協力』vol.26、No.1・2、p.11.

［12］ 伊藤達雄・伊藤幸子（2003c）『参加型農村開発とNGOプロジェクト　村づくり国際協力の実践から』明石書店、pp.189-190.

［13］ 井上果子（2011）「ベトナムのSRI」J-SRI研究会［編］『稲作革命SRI　飢餓・貧困・水不足から世界を救う』日本経済新聞出版社、p.180.

［14］ 宇根豊（1996）「減農薬で見えてくる世界」熊澤喜久雄［監修］農林中金総合研究所［編］『環境保全型農業とはなにか』農林統計協会、p.291.

［15］ 宇根豊（2000b）「百姓仕事が、自然をつくる、自然を認識する「農」からの新しいまなざし、「農」への新しいまなざし」田中耕司［編］『自然と結ぶ「農」にみる多様性』昭和堂、p.260.

［16］ E.M.ロジャーズ（1996）『イノベーション普及学』青池愼一・宇野善康［監訳］産能大学出版部刊、pp.23-25.

［17］ 柏木淳一（2011a）「水の動きは養分の動き」国際農林水産業研究センター

引用文献一覧

小田正人［編］『インドシナ ― 天水農業 ―』養賢堂、pp.56-59.

[18] 柏木淳一（2011b）「水の動きは養分の動き」国際農林水産業研究センター　小田正人［編］『インドシナ ― 天水農業 ―』養賢堂、p.59.

[19] 紙谷貢（1996）「農業開発学の現代的課題」紙谷貢［編］『国際農業開発学の基本課題』農林統計協会、p.21.

[20] 菊野日出彦（2019）「伝統的なヤムイモ栽培における先端技術の導入 ― これからのヤムイモ栽培に必要な技術開発の事例 ―」『熱帯農業研究』第12巻第1号、p.45.

[21] 財団法人国際開発高等教育機構（2001）『PCM手法の理論と活用』財団法人国際開発高等教育機構、p.24.

[22] 国際農林業協力会（AICAF）（1993）『農林業現地有用技術集』

[23] 小島道一（2015）「環境」ジェトロ・アジア経済研究所　黒岩郁雄・高橋和志・山形辰史［編］『テキストブック開発経済学［第3版］』有斐閣ブックス、p.244.

[24] 小林和彦（2011）「SRIのちから」J-SRI研究会［編］『稲作革命SRI　飢餓・貧困・水不足から世界を救う』日本経済新聞出版社、p.292.

[25] 駒田旦（1996b）「最近の野菜産地をめぐる問題、とくに連作障害の原因と対策 ― 土壌伝染性病害の総合防除の視点から ―」熊澤喜久雄［監修］農林中金総合研究所［編］『環境保全型農業とはなにか』農林統計協会、p.168.

[26] 金忠男（2000）「水稲作の技術構造」松井重雄［編］『変貌するメコンデルタファーミングシステムの展開』国際農業研究叢書第10号　農林水産省国際農林水産業研究センター、p.59.

[27] 佐藤周一（2011a）「SRIの誕生と普及」J-SRI研究会［編］『稲作革命SRI　飢餓・貧困・水不足から世界を救う』日本経済新聞出版社、p.56.

[28] 佐藤周一（2011b）「インドのSRI」J-SRI研究会［編］『稲作革命SRI　飢餓・貧困・水不足から世界を救う』日本経済新聞出版社、p.145.

[29] ジョン・S・コールドウェル（2003a）「研究戦略における参加型手法の位置づけと期待できる貢献 ― 戦略的基礎研究と受益者のつなぎ役の提案 ―」『21世紀の国際共同研究戦略の構築』独立行政法人　国際農林水産業研究センター、p.97.

[30] ジョン・S・コールドウェル（2003c）「研究戦略における参加型手法の位置づけと期待できる貢献 ― 戦略的基礎研究と受益者のつなぎ役の提案 ―」『21世紀の国際共同研究戦略の構築』独立行政法人　国際農林水産業研究センター、

p.106.

[31] ジョン・S・コールドウェル（2015）「世界的視野で日本の農業普及を位置付ける ― 日本の国内課題と国際貢献の可能性 ―」『農業普及研究』第20巻第1号、p.85.

[32] 園部哲史（2015）「産業発展　日本の顔が見える戦略的支援」黒崎卓・大塚啓二郎［編著］『これからの日本の国際協力　ビッグ・ドナーからスマート・ドナーへ』日本評論社、p.189.

[33] 長憲次（2005a）『市場経済下ベトナムの農業と農村』筑波書房、p.195.

[34] 辻本泰弘（2011）「マダガスカルのSRI」J-SRI研究会［編］『稲作革命SRI　飢餓・貧困・水不足から世界を救う』日本経済新聞出版社、pp.59-75.

[35] 西尾敏彦（1998b）『農業技術を創った人たち』家の光協会、p.97.

[36] 畑村洋太郎（2000b）『失敗学のすすめ』講談社、p.98.

[37] 畑村洋太郎（2000c）『失敗学のすすめ』講談社、p.147.

[38] 藤田康樹（1995a）『21世紀への農業普及』農文協、p.104.

[39] 藤田康樹（1995b）『21世紀への農業普及』農文協、pp.198-199.

[40] 藤本彰三（1996）「アジア諸国への農業開発協力を考える」『農業と経済』第62巻第12号、p.54.

[41] 堀江武（2011a）「SRI、その科学と運動」、J-SRI研究会［編］『稲作革命SRI　飢餓・貧困・水不足から世界を救う』日本経済新聞出版社、p.4.

[42] 堀江武（2011b）「SRI、その科学と運動」、J-SRI研究会［編］『稲作革命SRI　飢餓・貧困・水不足から世界を救う』日本経済新聞出版社、p.7.

[43] 松原英治（2012）『クリーン開発メカニズム（CDM）を活用した農村開発』国際農業研究叢書第20号、pp.12-13.　pp.156-202.

[44] 松本浩一・山本淳子・関野幸二（2005）「新技術の導入過程における先駆的導入者の情報収集行動 ― 水稲ロングマット水耕苗の育苗・移植技術を対象にして ―」『農業普及研究』第10巻第1号、p.66.　p.74.

[45] 水野正巳（2016）「SDGs（国連持続可能開発目標）時代の農村開発」日本国際地域開発学会［編］『国際地域開発の新たな展開』筑波書房、p.21.

[46] 南川和則・宝川靖和・Huynh CK・Tran SN・Nguyen HC（2020）「水稲の葉色に基づく施肥設計はメタン発酵消化液の肥料利用でも有効である」『国際農林水産業研成果情報（令和元年度）』国際農林水産業研究センター

[47] 南川和則・宇野健一・Huynh CK・Tran SN・Nguyen HC（2022）「水田でのメタン発酵消化液の施用によるメタン排出促進は間断灌漑で相殺できる」『国

引用文献一覧

際農林水産業研成果情報　2021年度』国際農林水産業研究センター

[48] 山路永司（2011）「SRIとは何か？」J-SRI研究会［編］『稲作革命SRI　飢餓・貧困・水不足から世界を救う』日本経済新聞出版社、pp.26-27.

[49] 山田隆一（2004）「ベトナム・メコンデルタにおけるファーミングシステムの事前技術評価と技術選択」『農村計画学会誌』第23巻第2号、pp.149-160.

[50] 山田隆一（2004a）「ベトナム・メコンデルタにおけるバイオガスダイジェスタ技術の経済的評価と定着条件の解明」『開発学研究』第14巻第3号、p.25.

[51] 山田隆一（2004b）「ベトナム・メコンデルタにおけるバイオガスダイジェスタ技術の経済的評価と定着条件の解明」『開発学研究』第14巻第3号、p.29.

[52] 山田隆一（2005）「ベトナム・メコンデルタにおける新たな農畜水複合経営の評価」『農業経営研究』第43巻第1号、pp.12-21.

[53] 横山繁樹（2015）「新時代の普及方法を切り拓く ― 農業・農村イノベーションへ向けたAKISをめぐって ―」『農業普及研究』第20巻第1号、p.48.

[54] ロバート・チェンバース（1995a）『第三世界の農村開発　貧困の解決 ― 私たちにできること』穂積智夫・甲斐田万智子［監訳］明石書店、p.158.

[55] ロバート・チェンバース（2000b）『参加型開発と国際協力　変わるのはわたしたち』野田直人・白鳥清志［監訳］明石書店、pp.126-127.

[56] 和田照男・ジョン・S・コールドウェル・横山繁樹（2000）「国際農業協力の新たな源泉 ― 日本における農村に根ざした自助努力と農業研究 ―」国際農業研究叢書第9号『ファーミング・システム研究　理論と実践』農林水産省国際農林水産業研究センター、pp.401-402. Wada, T., Caldwell, J.S., and Yokoyama, S. 1995, "New resources for international agricultural cooperation: Village-based self-help and agricultural research in Japan", Journal for Farming Systems Research-Extension 5（1），pp.45-77.

[57] 渡辺武・Vo Lam・Tran Thi Phan・Lang Ngoc Huynh・Lam My Lan・Duong Nhut Long（2007a）「ベトナム・メコンデルタにおける豚糞の有効利用について」ベトナム社会文化研究会［編］『ベトナムの社会と文化』第7号　風響社、p.240.

[58] 渡辺武・Vo Lam・Tran Thi Phan・Lang Ngoc Huynh・Lam My Lan・Duong Nhut Long（2007b）「ベトナム・メコンデルタにおける豚糞の有効利用について」ベトナム社会文化研究会［編］『ベトナムの社会と文化』第7号　風響社、p.243.

第2章

［ 1 ］ Kenichiro KIMURA, Singkone XAYALATH, Bounpasakxay KHAMPUMI, Ryuichi YAMADA（2019）"Changes in Laos Rural Village due to the Emergence of New Employment Opportunities in Recent Years - Case Study of a Village N in Laos" -, Journal of Agricultural Development Studies, Vol.30 No.1, pp.57-64.

［ 2 ］ Ryuichi YAMADA（2014b）Farm Management and Environment of Rainfed Agriculture in Laos, JIRCAS International Agriculture Series No.23, pp.110-126.

［ 3 ］ Ryuichi YAMADA（2014c）Farm Management and Environment of Rainfed Agriculture in Laos, JIRCAS International Agriculture Series No.23, p.114-115.

［ 4 ］ Ryuichi YAMADA（2014e）Farm Management and Environment of Rainfed Agriculture in Laos, JIRCAS International Agriculture Series No.23, p.118.

［ 5 ］ 秋津元輝・松平尚也（2018）「小さな農業とは何か — 世界的な小農再評価との連携」『農業と経済』第84巻第 1 号、pp.6-7.

［ 6 ］ 足達太郎（2022）「虫害とその管理」志和地弘信・遠城道雄［編］『熱帯作物学』朝倉書店、p.188.

［ 7 ］ 淡路和則（1996a）『経営者能力と担い手の育成』農林統計協会、p.17.

［ 8 ］ 淡路和則（1996b）『経営者能力と担い手の育成』農林統計協会、p.19.

［ 9 ］ 淡路和則（1996c）『経営者能力と担い手の育成』農林統計協会、p.37.

［10］ 淡路和則（1996d）『経営者能力と担い手の育成』農林統計協会、p.48.

［11］ 安藤益夫（2014c）「後発途上国と農業経営学」李哉汯・内山智裕・鈴村源太郎・八木洋憲［編］『農業経営学の現代的眺望』日本経済評論社、p.52.

［12］ 石弘之（1988）『地球環境報告』岩波新書、pp.99-100.

［13］ 猪口孝（1985a）『社会科学入門』中公新書、pp.3-4.

［14］ 猪口孝（1985b）『社会科学入門』中公新書、p.74.

［15］ 磯辺秀俊（1982b）『農業経営学 — 変革期における経営改善 —』養賢堂、pp.38-39.

［16］ 伊藤達雄・伊藤幸子（2003b）『参加型農村開発とNGOプロジェクト　村づくり国際協力の実践から』明石書店、p.52.

［17］ 稲本志良（1993a）「農業経営研究の課題と展望 — 経営研究の実践性と研究のあり方を中心にして —」長憲次［編］『農業経営研究の課題と方向 — 日本農業の現段階における再検討 —』日本経済評論社、p.2.

［18］ 稲本志良（1993b）「農業経営研究の課題と展望 — 経営研究の実践性と研究

引用文献一覧

のあり方を中心にして ―」長憲次［編］『農業経営研究の課題と方向 ― 日本農業の現段階における再検討 ―』日本経済評論社、pp.3-4.

［19］稲本志良（1993c）「農業経営研究の課題と展望 ―経営研究の実践性と研究のあり方を中心にして ―」長憲次［編］『農業経営研究の課題と方向 ― 日本農業の現段階における再検討 ―』日本経済評論社、pp.9-10.

［20］宇根豊（発言）（2000）「総合討論 「在地」の地平から農業・農学を展望する」田中耕司［編］『自然と結ぶ 「農」にみる多様性』昭和堂、pp.295-296.

［21］大塚啓二郎（2020b）『なぜ貧しい国はなくならないのか　正しい開発戦略を考える』日本経済新聞出版社、p.81.

［22］大塚啓二郎（2020c）『なぜ貧しい国はなくならないのか　正しい開発戦略を考える』日本経済新聞出版社、p.112.

［23］大塚啓二郎（2020d）『なぜ貧しい国はなくならないのか　正しい開発戦略を考える』日本経済新聞出版社、p.113.

［24］大前英・林慶一・GERMAINE Ibro（2010）「西アフリカサヘル地域におけるMother-Baby手法を用いた肥沃度管理技術の普及可能性の評価」『国際農林水産業研究成果情報2010』国際農林水産業研究センター

［25］落合雪野・横山智（2008）「焼畑とともに暮らす」横山智・落合雪野［編］『ラオス農山村地域研究』めこん、p.316.

［26］川喜田二郎（1973b）『野外科学の方法』中公新書、p.85.

［27］海田能宏（1996a）「熱帯アジアの土地利用」渡辺弘之・桜谷哲夫・宮崎昭・中原紘之・北村貞太郎［編］『熱帯農学』朝倉書店、p.54.

［28］川本彰（1990）『農村社会論』明文書房、pp.151-152.

［29］熊谷宏（1981）『農業経営・計算の小事典』富民協会、p.55.

［30］熊谷宏・夏秋啓子・高橋久光・豊原秀和（2010b）「タイの農業・農村の持続的発展に向けた調査・分析手法 ―〔東京農大手法Ⅰ〕―」熊谷宏・高橋久光・夏秋啓子・豊原秀和［編著］『発展途上国の農業・農村フィールド研究〔東京農大手法〕―タイの事例分析から ―』東京農大出版会、pp.56-57.

［31］熊谷宏・夏秋啓子・高橋久光・豊原秀和（2010c）「タイの農業・農村の持続的発展に向けた調査・分析手法 ―〔東京農大手法Ⅰ〕―」熊谷宏・高橋久光・夏秋啓子・豊原秀和［編著］『発展途上国の農業・農村フィールド研究〔東京農大手法〕―タイの事例分析から ―』東京農大出版会、p.69.

［32］黒崎卓（2015a）「教育普及　産業発展につながる教育支援」黒崎卓・大塚啓二郎［編著］『これからの日本の国際協力　ビッグ・ドナーからスマート・ド

ナーへ』日本評論社、p.245.

[33] 河野泰之・落合雪野・横山智（2008a）「ラオスをとらえる視点」横山智・落合雪野［編］『ラオス農山村地域研究』めこん、pp.24-25.

[34] 河野泰之・落合雪野・横山智（2008b）「ラオスをとらえる視点」横山智・落合雪野［編］『ラオス農山村地域研究』めこん、p.27.

[35] 河野泰之・藤田幸一（2008）「商品作物の導入と農山村の変容」横山智・落合雪野［編］『ラオス農山村地域研究』めこん、pp.411-413.

[36] 斎藤文彦（2005c）『国際開発論』日本評論社、pp.64-65.

[37] 櫻井克年（2008）「土壌から見た焼畑農業」横山智・落合雪野［編］『ラオス農山村地域研究』めこん、p.350.

[38] 佐藤仁（2021）「バナナ売りのおばあさんは何を考えているのか ― 国際協力の相手を想う」松本悟・佐藤仁［編著］『国際協力と想像力　イメージと「現場」のせめぎ合い』日本評論社、pp.2-3.

[39] 佐柳信男（2015）「農業普及における自律的動機づけの役割 ― 効果的な技術移転のために ―」『農業普及研究』第20巻第1号、p.30.

[40] 重冨真一（1983）「農業経営者能力形成過程に関する一考察」『農林業問題研究』19巻2号、p.20.

[41] 生源寺真一（1993a）「農業経済学の課題と方法」生源寺真一・谷口信和・藤田夏樹・森建資・八木宏典［著］『農業経済学』東京大学出版会、pp.12-13.

[42] 生源寺真一（1993b）「農業経済学の課題と方法」生源寺真一・谷口信和・藤田夏樹・森建資・八木宏典［著］『農業経済学』東京大学出版会、p.15.

[43] スーザン・ジョージ（1984b）『なぜ世界の半分が飢えるのか』（小南祐一郎・谷口真里子訳）朝日選書　朝日新聞社、p.42.

[44] 高橋正郎（1996a）「地域農業リーダーの育成とケース・メソッド研究」小野誠志［編著］『国際化時代における日本農業の展開方向』筑波書房、p.297.

[45] 高橋正郎（1996b）「地域農業リーダーの育成とケース・メソッド研究」小野誠志［編著］『国際化時代における日本農業の展開方向』筑波書房、p.304.

[46] 高橋清貴（2014）「日本のODAにおけるMDGsの位置取り」『国際開発研究』第23巻第2号、p.40.

[47] 辻村英之（2018）「経営発展の一方向としての小規模農業」『農業と経済』第84巻第1号　昭和堂、p.3.

[48] 富田晋介（2009a）「地域研究から政策支援へ　タイとラオスでの事例研究の経験から」『フィールドワークからの国際協力』昭和堂、pp.134-135.

引用文献一覧

[49] 富田晋介（2009c）「地域研究から政策支援へ　タイとラオスでの事例研究の経験から」『フィールドワークからの国際協力』昭和堂、pp.137-138.

[50] 西村博行（1996）「熱帯アジアの農業経済」渡辺弘之・桜谷哲夫・宮崎昭・中原紘之・北村貞太郎［編］『熱帯農学』朝倉書店、p.32.

[51] 日本学術会議地域研究委員会　国際地域開発研究分科会（2011c）『提言　ODAの戦略的活性化を目指して』pp.21-22.

[52] 福西隆弘（2003）「アフリカにおける開発ミクロ経済研究の成果 ― 農家および製造業企業の生産行動 ―」平野克己［編］『アフリカ経済学宣言』アジア経済研究所、p.69.

[53] 藤田康樹（1995）「発展途上国における農業の担い手とその人的能力開発」『開発学研究』第 6 巻第 1 号、p.13.

[54] 堀内久太郎（2004b）『国際化時代の農業経営と経営者』社団法人　全国農業改良普及支援協会、p.121.

[55] 宮本常一（2008d）「調査地被害 ― される側のさまざまな迷惑」宮本常一・安渓遊地［著］『調査されるという迷惑　フィールドに出る前に読んでおく本』みずのわ出版、p.27.

[56] 宮本基杖（2010）「熱帯における森林減少の原因 ― 焼畑・人口増加・貧困・道路建設の再考 ―」『日本森林学会誌』92巻 4 号、pp.226-229.

[57] 本山美彦（1991b）『豊かな国、貧しい国　荒廃する大地』岩波書店、p.30.

[58] 門間敏幸（1996）「問題解決型農村計画・農業経営研究の新しい手法」日本農業経営学会［監修］中島征夫・大泉一貫［共編］『経営成長と農業経営研究　農業経営学が目指す方向と課題』農林統計協会、pp.72-73.

[59] 山形辰史（2011）「開発機関と研究者の位相 ― 人間の安全保障と貧困削減研究を例にして ―」西川潤・下村恭民・高橋基樹・野田真里［編著］『開発を問い直す　転換する世界と日本の国際協力』日本評論社、p.222.

[60] 山田隆一（1998）「中山間地域における地域農林業支援システムの意義と課題」『農業経営研究』第36巻第 1 号、pp.169-170.

[61] 山田隆一・飛田哲（2013）「モザンビーク北東部地域における営農の現状と課題」『開発学研究』第23巻第 3 号、pp.89-90.

[62] 山田隆一・大矢徹治（2014）「モザンビークにおけるダイズ作の技術体系 ― ザンベジア州グルエ郡における事例より ―」『開発学研究』第25巻第 2 号、p.39.

[63] 山田隆一（2016a）「開発途上国の農業・農村開発における農業経営研究の貢献について」日本国際地域開発学会［編］『国際地域開発の新たな展開』筑波書

房、p.43.

[64] 山森正巳（1996）「開発援助と文化人類学」佐藤寛［編］『援助研究入門　援助現象への学際的アプローチ』アジア経済研究所、pp.232-233.

[65] 横井誠一（2018）『ラオスの農業と新たな農業政策』国別研究シリーズNo.82 公益社団法人　国際農林業協働協会、p.11.

[66] 横山智・落合雪野（2008）「開発援助と中国経済のはざまで」横山智・落合雪野［編］『ラオス農山村地域研究』めこん、p.377.

[67] 吉田忠・乗本秀樹（1977）「農業経営と収益性」吉田忠［編著］『農業経営学序論』同文館、pp.80-81.

[68] 和田照男（1978a）「生産構造論的農業経営学の展開」金沢夏樹［編］『農業経営学講座1　農業経営学の体系』地球社、p.153.

[69] 和田照男（1978b）「農法と経営」秋野正勝・今村奈良臣・荏開津典生・田中学・和田照男［著］『現代農業経済学』東京大学出版会、p.29.

第3章

[1] Ellis, Frank（2000）Rural Livelihoods and Diversity in Developing Countries, London: Oxford University Press.

[2] Peter E. Hildebrand（2000a）"A Personal History in FSR", Edited by M. Collinson A History of Farming Systems Research FAO, CABI Publishing, p.19.

[3] R. Chambers（2000）「農民自身による農業分析のための方法 — 農業専門家にとっての課題 — Method for analysis by farmers: The professional challenge」『ファーミング・システム研究　理論と実践』農林水産省国際農林水産業研究センター国際農業研究叢書第9号、pp.52-54.

[4] Ryuichi YAMADA（2014）Farm Management and Environment of Rainfed Agriculture in Laos, Association of Agriculture & Forestry Statistics, pp.110-126.

[5] 相川次郎・松井駿（2021）「JICA技術協力の経験をベースに開発された農業普及手法「SHEPアプローチ」の紹介」『国際農林業協力』Vol.44, No.2、pp.17-19.

[6] 相川良彦（1991）『農村集団の基本構造』御茶の水書房、p.290.

[7] 足達太郎（2006）「熱帯の伝統的農法 — 環境保全の機能をどう生かすか —」高橋久光・夏秋啓子・牛久保明邦［編著］『熱帯農業と国際協力』筑波書房、pp.155-156.

引用文献一覧

［8］安藤和雄（2000）「洪水とともに生きる ― ベンガル・デルタの氾濫原に暮ら
　　す人びと」田中耕司［編］『講座　人間と環境3　自然と結ぶ「農」にみる多様
　　性』昭和堂、p.87.

［9］安藤和雄（2001a）「「在地の技術」の展開 ― バングラデシュ・D村の事例に
　　学ぶ ―」『国際農林業協力』Vol.24 No.7、pp.2-21.

［10］安藤和雄（2001b）「「在地の技術」の展開 ― バングラデシュ・D村の事例に
　　学ぶ ―」『国際農林業協力』Vol.24 No.7、pp.4-5.

［11］安藤益夫（2014d）「後発途上国と農業経営学」李哉汯・内山智裕・鈴村源太
　　郎・八木洋憲［編］『農業経営学の現代的眺望』日本経済評論社、pp.56-57.

［12］出井富美（2004a）「ベトナム農業の国際的な発展戦略と土地政策」石田暁
　　恵・五島文雄［編］『国際経済参入期のベトナム』研究双書No.540　アジア経済
　　研究所、pp.121-122.

［13］出井富美（2004b）「ベトナム農業の国際的な発展戦略と土地政策」石田暁
　　恵・五島文雄［編］『国際経済参入期のベトナム』研究双書No.540　アジア経済
　　研究所、p.134.

［14］稲本志良（1971）「農業における経営発展と経営行動 ― 高収益施設園芸経営
　　の成立過程を中心に ―」『農林業問題研究』第26号、p.27.

［15］入江憲治（2017）「遺伝資源を理解する」東京農業大学国際農業開発学科
　　［編］『国際農業開発入門　環境と調和した食料増産をめざして』筑波書房、p.24.

［16］宇都宮直樹・縄田栄治（1996）「園芸作物」渡辺弘之・桜谷哲夫・宮崎昭・
　　中原紘之・北村貞太郎［編］『熱帯農学』朝倉書店、p.83.

［17］A.H.マズロー（1987）『人間性の心理学　モチベーションとパーソナリティー』
　　小口忠彦［訳］産業能率大学出版部、pp.56-72.

［18］大塚啓二郎（2015）「アフリカの緑の革命の可能性」黒崎卓・大塚啓二郎［編
　　著］『これからの日本の国際協力　ビッグ・ドナーからスマート・ドナーへ』日
　　本評論社、pp.99-100.

［19］大原興太郎（1996）「稲作技術の普及・教育体制」『市場経済導入後のベトナ
　　ム稲作農業の生産・流通問題』平成7年度文部省科学研究費補助金国際学術研
　　究（学術調査）成果報告書（代表研究者　長憲次・岩元泉）、pp.138-139.

［20］小國和子（2007a）「農村生活への働きかけ」佐藤寛＋アジア経済研究所開発
　　スクール［編］『テキスト　社会開発　貧困削減への新たな道筋』日本評論社、
　　p.121.

［21］海田能宏（1996）「熱帯アジアの土地利用」渡辺弘之・桜谷哲夫・宮崎昭・

471

中原紘之・北村貞太郎［編］『熱帯農学』朝倉書店、p.57.

[22] 香月敏孝（1989）「タンザニアにおける開発援助と農村社会の変容 ― キリマンジャロ農業開発計画の事例から ―」林晃史［編］『アフリカ農村社会の再構成』アジア経済研究所　研究双書No.385、pp.103-124.

[23] 金沢夏樹（1978）「個別経済の構造」金沢夏樹編『農業経営学講座１　農業経営学の体系』地球社、p.51.

[24] 金沢夏樹（2001）「稲作農業の「経済」「技術」「経営主体」」『農業経済研究』第72巻第４号、p.179.

[25] 紙谷貢（1996）「農業開発学の現代的課題」紙谷貢［編］『国際農業開発学の基本課題』農林統計協会、pp.21-22.

[26] カール・マルクス（1964）『経済学・哲学草稿』城塚登・田中吉六［訳］岩波文庫、p.87.

[27] 河合明宣・安藤和雄（2003）「ベンガル・デルタの村落形成についての覚え書」海田能宏編著『バングラデシュ農村開発実践研究　新しい協力関係を求めて』コモンズ、p.115.

[28] 北原淳（1986）『開発と農業　東南アジアの資本主義化』世界思想社、p.145.

[29] 古沢紘造（1992）「農業政策の展開と現状の諸問題 ― 経済復興計画期を中心として ―」『タンザニアの農業 ― 現状と開発の課題』社団法人国際農林業協力協会、p.16.

[30] 小林和彦（2011）「SRIのちから」J-SRI研究会［編］『稲作革命SRI　飢餓・貧困・水不足から世界を救う』日本経済新聞出版社、p.293.

[31] 斎藤文彦（2002ab）「開発と参加 ― 開発観の変遷と「参加」の登場」斎藤文彦［編著］『参加型開発　貧しい人々が主役となる開発へ向けて』日本評論社、p.13.

[32] 斎藤文彦（2005c）『国際開発論』日本評論社、pp.64-65.

[33] 斎藤文彦（2005d）『国際開発論』日本評論社、pp.68-69.

[34] 佐藤寛（1995a）「「社会の固有要因」とはどのようなものか」佐藤寛［編］『援助と社会の固有要因』アジア経済研究所、pp.12-13.

[35] 佐藤寛（1995b）「援助にあたって考慮すべき固有要因」佐藤寛［編］『援助と社会の固有要因』アジア経済研究所、pp.37-38.

[36] 佐藤仁（2021a）『開発協力のつくられ方　自立と依存の生態史』東京大学出版会、pp.196-197.

[37] 七戸長生（2000a）『農業の経営と生活』農文協、pp.105-106.

引用文献一覧

[38] 七戸長生（2000b）『農業の経営と生活』農文協、p.111.

[39] ジョン・S・コールドウェル（2003a）「研究戦略における参加型手法の位置づけと期待できる貢献」『21世紀の国際共同研究戦略の構築』独立行政法人　国際農林水産業研究センター、p.97.

[40] 鈴木福松（1977a）「熱帯諸国での経営調査研究について」『東南アジアの農業開発 ― 技術と経営の変革 ―』熱帯農業技術叢書第14号　農林省熱帯農業研究センター、pp.73-74.

[41] 鈴木福松（1977b）「熱帯諸国での経営調査研究について」『東南アジアの農業開発 ― 技術と経営の変革 ―』熱帯農業技術叢書第14号　農林省熱帯農業研究センター、p.80.

[42] 鈴木福松（1997d）「農村実態調査手法と問題発掘・診断」鈴木福松［編著］『フィジー農村社会と稲作開発　農村調査の方法と問題発掘・診断』農林統計協会、p.259.

[43] 園江満（2016）「ラオスの農業・農村開発における農耕文化研究の意義」日本国際地域開発学会［編］『国際地域開発の新たな展開』筑波書房、p.96.

[44] 高橋和志（2010a）「貧困 ― 貧困をもたらすものは何か？」高橋和志・山形辰史［編著］『国際協力ってなんだろう　現場に生きる開発経済学』岩波ジュニア新書、p.4.

[45] 高橋和志（2010b）「農業技術革新 ― 奇跡の米が歩んだ軌跡」高橋和志・山形辰史［編著］『国際協力ってなんだろう　現場に生きる開発経済学』岩波ジュニア新書、p.147.

[46] 田中学（1978）「農業の史的特質」秋野正勝・今村奈良臣・荏開津典生・田中学・和田照男［著］『現代農業経済学』東京大学出版会、pp.114-115.

[47] 田中学（1996）「伝統的な資源・環境保全型農業に学ぶ」熊澤喜久雄［監修］農林中金総合研究所［編］『環境保全型農業とはなにか』農林統計協会、pp.24-25.

[48] 東畑精一（1978）『日本農業の展開過程』昭和前期農政経済名著集3　農山漁村文化協会

[49] 中嶋真美（2006）「アフリカを女性フィールドワーカーとして歩く」井上真［編］『躍動するフィールドワーク　研究と実践をつなぐ』世界思想社、p.89.

[50] 西尾敏彦（1998a）『農業技術を創った人たち』家の光協会、p.81.

[51] 西尾敏彦（2003）『農業技術を創った人たちⅡ』家の光協会、p.97.

[52] 西川潤（2001）「序」西川潤［編］『アジアの内発的発展』藤原書店、p.14.

473

［53］原洋之介（2001a）『現代アジア経済論』岩波書店、p.154.

［54］原洋之介（2001b）『現代アジア経済論』岩波書店、p.155.

［55］樋口浩和（2019）「熱帯における在来農業と先端技術」『熱帯農業研究』第12巻第1号、p.36.

［56］FASID（2009）『PCM　開発援助のためのプロジェクト・サイクル・マネジメント　モニタリング・評価編』FASID　財団法人　国際開発高等教育機構、pp.28-39.

［57］古田元夫（2017）『ベトナムの基礎知識』めこん、p.228.

［58］堀内久太郎（2004a）『国際化時代の農業経営と経営者』社団法人　全国農業改良普及支援協会、p.99.

［59］マーシー　ワイルダー・佐野元彦・前野幸男（2000）「水産養殖」松井重雄［編］『変貌するメコンデルタ　ファーミングシステムの展開』国際農業研究叢書第10号　農林水産省国際農林水産業研究センター、p.80.

［60］松本喜作（1934）『農家経営法』楽浪書院

［61］水野正巳（2016）「SDGs（国連持続可能開発目標）時代の農村開発」日本国際地域開発学会［編］『国際地域開発の新たな展開』筑波書房、p.24.

［62］八木宏典（1993）「農業と経営」生源寺真一・谷口信和・藤田夏樹・森建資・八木宏典［著］『農業経済学』東京大学出版会、p.110.

［63］山田隆一（1997aa）「タンザニアにおける「緑の革命」初期の農家経済」『農業経営研究』第34巻第4号、pp.3-4.

［64］山田隆一（1997ab）「タンザニアにおける「緑の革命」初期の農家経済」『農業経営研究』第34巻第4号、pp.5-6.

［65］山田隆一（1997ac）「タンザニアにおける「緑の革命」初期の農家経済」『農業経営研究』第34巻第4号、pp.9-10.

［66］山田隆一（1997b）「タンザニアにおける稲作労働者雇用に関する考察」『農業経営研究』第35巻第3号、pp.11-23.

［67］山田隆一・グェン　バン　サン・門間敏幸（2003）「ベトナム・メコンデルタにおけるファーミングシステムの診断 ─ 沖積土壌・灌漑地域のVACRシステムを対象として ─」『開発学研究』第13巻第3号、p.37.

［68］山田隆一（2004）「ベトナム・メコンデルタにおけるファーミングシステムの事前技術評価と技術選択」『農村計画学会誌』第23巻第2号、p.326.

［69］山田隆一（2007）「ベトナムの農業多様化とメコンデルタにおける複合農業の構造」ベトナム社会文化研究会［編］『ベトナムの社会と文化』第7号　風響

引用文献一覧

社、p.197.

[70] 山田隆一（2010a）「ラオス中部天水地域の農業構造と貧困問題」『開発学研究』第20巻第3号、pp.51-52.

[71] 山田隆一・飛田哲（2013）「モザンビーク北東部地域における営農の現状と課題」『開発学研究』第23巻第3号、pp.87-88.

[72] 山田隆一（2016b）「開発途上国の農業・農村開発における農業経営研究の貢献について」日本国際地域開発学会［編］『国際地域開発の新たな展開』筑波書房、pp.49-50.

[73] 山本雅史（2022）「カンキツ」志和地弘信・遠城道雄［編］『熱帯作物学』朝倉書店、p.110.

[74] 吉田忠（1977）「我が国農業経営学の系譜」吉田忠［編著］『農業経営学序論』同文館、pp.46-47.

[75] 和田照男（1978）「農法と経営」秋野正勝・今村奈良臣・荏開津典生・田中学・和田照男［著］『現代農業経済学』東京大学出版会、pp.29-30.

[76] 和田照男（1978b）「生産構造論的農業経営学の展開」金沢夏樹［編］『農業経営学講座1　農業経営学の体系』地球社、p.154.

[77] 和田照男・ジョン・S・コールドウェル・横山繁樹（2000）「国際農業協力の新たな源泉 ― 日本における農村に根ざした自助努力と農業研究 ―」国際農業研究叢書第9号『ファーミング・システム研究　理論と実践』農林水産省国際農林水産業研究センター、p.393. Wada, T., Caldwell, J.S., and Yokoyama, S. 1995, "New resources for international agricultural cooperation: Village-based self-help and agricultural research in Japan", Journal for Farming Systems Research-Extension 5（1），pp.45-77.

[78] 渡辺兵力（1995）『農業の経営 ― 若い営農家のために ―』養賢堂、p.21.

第4章

[1] Ann Stroud and Roger Kirkby（2000）"The application of FSR to technology development", Edited by M. Collinson, A History of Farming Systems Research, FAO, CABI Publishing, p.105.

[2] Ashby, J.A.（1991）Adopters and adapters: the participation of farmers in on-farm research, pp.273-286. in R. Tripp,（ed.），Planned change in farming systems: Progress in on-farm research, Chichester, UK: John Wiley and Sons.

[3] Constance M. McCorkle（2000）"Anthropology, Sociology and FSR",

Edited by M. Collinson, A History of Farming Systems Research, FAO, CABI Publishing, p.300.

[4] Jacqueline A. Ashby, Ann R. Braun, Teresa Gracia, Maria del Pilar Guerrero, Luis Alfredo Hernandez, Carlos Arturo Quiros, and Jose Ignacio Roa (2000) Investing in Farmers as Researchers Experience with Local Agricultural Research Committees in Latin America, CIAT Publication No.318., p.111.

[5] James Olukosi (2000) "An overview of FSR-E and FSR-E networks in Africa", Edited by M. Collinson, A History of Farming Systems Research, FAO, CABI Publishing, pp.283-284.

[6] Julio A. Berdegue (2000) "Farming Systems Research and Extension in Latin America", Edited by M. Collinson, A History of Farming Systems Research, FAO, CABI Publishing, p.267.

[7] Le Thi MEN, Seishi YAMASAKI, John S. CALDWELL, Ryuichi YAMADA, Ryozo TAKADA and Toshiaki TANIGUCHI (2006) "Effect of farm household income levels and rice-based diet or water hyacinth (Eichhornia crassipes) supplementation on growth/cost performances and meat indexes of growing and finishing pigs in the Mekong Delta of Vietnam", Animal Science Journal 77, pp.320-329.

[8] Nimal Ranweera (2000a) "The Asian Farming Systems Association", Edited by M. Collinson, A History of Farming Systems Research, FAO, CABI Publishing, p.287.

[9] Nimal Ranweera (2000b) "The Asian Farming Systems Association", Edited by M. Collinson, A History of Farming Systems Research, FAO, CABI Publishing, p.288.

[10] Peter Hildebrand and Dennis Keeney (2000a) "Agronomy and FSR ? a reluctant marriage ? " Edited by M. Collinson, A History of Farming Systems Research, FAO, CABI Publishing, p.312.

[11] Peter Hildebrand and Dennis Keeney (2000b) "Agronomy and FSR ? a reluctant marriage?" Edited by M. Collinson, A History of Farming Systems Research, FAO, CABI Publishing, p.313.

[12] Peter M. Horne and Werner W. Stur (2003d) Developing agricultural solutions with smallholder farmers ? How to get started with participatory approaches-, Published by ACIAR and CIAT, ACIAR Monograph No.99, p.35.

引用文献一覧

[13] Robert Hart（2000）"FSR? Understanding Farming Systems", Edited by M. Collinson, A History of Farming Systems Research, FAO, CABI Publishing, p.42.

[14] Robert Tripp（2000b）"Relating Problems and Causes in FSR Planning", Edited by M. Collinson, A History of Farming Systems Research, FAO, CABI Publishing, p.81.

[15] Ryoichi Yamazaki（2004）Agriculture in the Mekong Delta of Vietnam, Louma productions, p.49.

[16] Ryuichi Yamada, Vo Quang Minh, Hiroyuki Hiraoka and Nguyen Van Sanh（1999a）「Classification of Farming Systems in the Mekong Delta」地域農林経済学会大会報告論文集第6号、p.160.

[17] Ryuichi Yamada, Vo Quang Minh, Hiroyuki Hiraoka and Nguyen Van Sanh（1999b）「Classification of Farming Systems in the Mekong Delta」地域農林経済学会大会報告論文集第6号、p.163.

[18] Sanh, N.V., Xuan, V.T., and Phuong, T.A.（1998）"History and future of farming systems in the Mekong Delta", Development of Farming Systems in the Mekong Delta of Vietnam, Ho Chi Minh City Publishing House, pp.71-76.

[19] Shaner, W.W., P.F.Philipp,W.R. Schmehl eds.（1982）Farming Systems Research and Development, Westview Press.

[20] West-East-South Programme（1997）Eco-Technological and Socio-Economic Analysis of Freshwater Area of the Mekong Delta, Cantho University College of Agriculture, p.71.

[21] 新井綾香（2010g）『ラオス　豊かさと「貧しさ」のあいだ　現場で考えた国際協力とNGOの意義』コモンズ、p.166.

[22] 生雲晴久（2000）「養豚農家における飼料の構造」松井重雄［編］『変貌するメコンデルタ　ファーミングシステムの展開』国際農業研究叢書第10号　農林水産省国際農林水産業研究センター、pp.72-73.

[23] 伊勢崎賢治（1997）『NGOとは何か　現場からの声』藤原書店、pp.149-150.

[24] 板垣啓四郎（2023a）『途上国農業開発論』筑波書房、p.107.

[25] 伊藤達雄・伊藤幸子（2003a）『参加型農村開発とNGOプロジェクト　村づくり国際協力の実践から』明石書店、p.36.

[26] 稲泉博巳（2012）「国際的な観点から考える農業普及員という主体の『学び』『学び合い』について」『農業普及研究』第17巻第1号、p.14.

[27] 今西錦司（1972）『生物の世界』講談社文庫、pp.52-53.

[28] 上路雅子（2010）「食料の安定供給と安全確保をめざす農薬利用技術」日本農学会［編］『シリーズ21世紀の農学　世界の食料・日本の食料』養賢堂、pp.148-149.

[29] 大串龍一（2000a）『病害虫・雑草防除の基礎』農文協、pp.120-121.

[30] 大串龍一（2000b）『病害虫・雑草防除の基礎』農文協、p.122.

[31] 小國和子（2003e）『村落開発支援は誰のためか　インドネシアの参加型開発協力に見る理論と実践』明石書店、p.169.

[32] 樫原正澄（1998）「サステナブル農業の実験　タイ農業とSARD路線」『東南アジア　サステナブル世界への挑戦』有斐閣選書、p.153.

[33] カール・マルクス（1964）『経済学・哲学草稿』城塚登・田中吉六［訳］岩波文庫、p.91.

[34] 川喜田二郎（1974）『海外協力の哲学 ― ヒマラヤでの実践から』中公新書、pp.211-212.

[35] 川喜田二郎（1993a）『野外科学の方法』中公新書、pp.20-21.

[36] 川喜田二郎（1993b）『野外科学の方法』中公新書、p.158.

[37] 川喜田二郎（1995a）『KJ法 ― 混沌をして語らしめる』中央公論社、pp.28-31.

[38] 川喜田二郎（1995b）『KJ法 ― 混沌をして語らしめる』中央公論社、p.57.

[39] 川喜田二郎（1995c）『KJ法 ― 混沌をして語らしめる』中央公論社、pp.65-66.

[40] 北野収（2014）「農学原論と協力原論 ― 国際協力60周年によせて」『国際農林業協力』Vol.37, No.2, p.16.

[41] 木俣豊（2021）「研究者にとっての「社会実装」」『情報・システムソサイエティ誌』第25巻第4号、p.14.

[42] 熊谷宏・夏秋啓子・高橋久光・豊原秀和（2010a）「タイの農業・農村の持続的発展に向けた調査・分析手法 ―〔東京農大手法 I〕―」熊谷宏・高橋久光・夏秋啓子・豊原秀和［編著］『発展途上国の農業・農村フィールド研究〔東京農大手法〕― タイの事例分析から ―』東京農大出版会、pp.52-53.

[43] 金忠男（2000）「水稲作の技術構造」松井重雄［編］『変貌するメコンデルタ　ファーミングシステムの展開』国際農業研究叢書第10号、農林水産省国際農林水産業研究センター、p.60.

[44] 齋藤哲也（2006）「開発コンサルタントとしてフィールドワークに取り組む」『躍動するフィールドワーク　研究と実践をつなぐ』世界思想社、p.248.

[45] J.S・コールドウェル・横山繁樹・佐藤了・後藤淳子（2000）「解題」国際農

478

引用文献一覧

業研究叢書第9号『ファーミング・システム研究　理論と実践』J.S・コールド
ウェル・横山繁樹・後藤淳子［監訳］農林水産省国際農林水産業研究センター、
p.14.

[46] ジョン・S・コールドウェル（2000a）「ファーミング・システム　Farming
systems」国際農業研究叢書第9号『ファーミング・システム研究　理論と実
践』J.S・コールドウェル・横山繁樹・後藤淳子［監訳］農林水産省国際農林水
産業研究センター、p.22. Caldwell, J.S.（1994）"Farming systems",
Encyclopedia of Agricultural Sciences, Vol.2, Academic Press, pp.129-138.

[47] ジョン・S・コールドウェル（2000b）「ファーミング・システム　Farming
systems」国際農業研究叢書第9号『ファーミング・システム研究　理論と実
践』J.S・コールドウェル・横山繁樹・後藤淳子［監訳］農林水産省国際農林水
産業研究センター、p.31. Caldwell, J.S.（1994）"Farming systems",
Encyclopedia of Agricultural Sciences, Vol.2, Academic Press, pp.129-138.

[48] ジョン・S・コールドウェル（2003b）「研究戦略における参加型手法の位置
づけと期待できる貢献 ― 戦略的基礎研究と受益者のつなぎ役の提案 ―」『21世
紀の国際共同研究戦略の構築』独立行政法人　国際農林水産業研究センター、
pp.99-102.

[49] C. Lightfoot and R. Noble（2000）「持続型農業における参加型試験研究A
participatory experiment in sustainable agriculture」国際農業研究叢書第9号
『ファーミング・システム研究　理論と実践』J.S・コールドウェル・横山繁樹・
後藤淳子［監訳］農林水産省国際農林水産業研究センター、pp.139-141.
Lightfoot, C., and Noble, R.　（1993）"A participatory experiment in sustainable
agriculture", Journal for Farming Systems Research-Extension 4（1），pp.11-
34.

[50] 鈴木福松（1997）「FSR/Eと経営研究」日本農業経営学会大会　第3分科会
口頭報告.

[51] 鈴木福松（1997a）「農村実態調査手法と問題発掘・診断」鈴木福松［編著］
『フィジー農村社会と稲作開発』農林統計協会、p.219.

[52] 鈴木福松（1997c）「農村実態調査手法と問題発掘・診断」鈴木福松［編著］
『フィジー農村社会と稲作開発』農林統計協会、p.233.

[53] 祖田修（2017d）『祖田修　著作選集第3巻　農学原論　農業・農村・農学の
論理と展望』農林統計協会、p.274.

[54] 高橋径子（2005）「NGOによる農業・農村開発協力の現状と課題」『農業と経

済』第71巻第11号，昭和堂、p.29.

[55] 高橋誠『問題解決手法の知識』日経文庫、pp.115-117.

[56] 田中耕司（2000）「自然を生かす農業」田中耕司［編］『自然と結ぶ 「農」にみる多様性』昭和堂、p.17.

[57] 長憲次（1996）「米作農業の変化と課題」『市場経済導入後のベトナム稲作農業の生産・流通問題』平成7年度文部省科学研究費補助金、国際学術研究（学術調査）成果報告書、pp.34-35.

[58] 角田公正（2002）「松島省三さんと田中稔さんに仕えて ― 水稲多収技術研究の一側面 ―」西尾敏彦［編］『昭和農業技術史への証言 第一集』農文協、pp.93-94.

[59] 坪田邦夫（2014）「アジアの家族農業と食料安全保障」『国際農林業協力』Vol.37,No.3、p.23.

[60] 津谷好人（2008a）「農業経営研究の原点を考える」『農業経営研究』第46巻第3号、p.3.

[61] T.R. Frankenberger and P.E. Coyle（2000a）「家庭食料安定を組み込んだファーミング・システム研究 Integrating household food security into farming systems research-extension」国際農業研究叢書第9号『ファーミング・システム研究 理論と実践』J.S・コールドウェル・横山繁樹・後藤淳子［監訳］農林水産省国際農林水産業研究センター、p.304. Frankenberger, T.R., and Coyle, P.E. 1993, Integrating household food security into farming systems research-extension, Journal for Farming Systems Research-Extension 4（1），pp.35-66.

[62] T.R. Frankenberger and P.E. Coyle（2000b）「家庭食料安定を組み込んだファーミング・システム研究 Integrating household food security into farming systems research-extension」国際農業研究叢書第9号『ファーミング・システム研究 理論と実践』J.S・コールドウェル・横山繁樹・後藤淳子［監訳］農林水産省国際農林水産業研究センター、p.306. Frankenberger, T.R., and Coyle, P.E. 1993, Integrating household food security into farming systems research-extension, Journal for Farming Systems Research-Extension 4（1），pp.35-66.

[63] D. Baker（2000）「逆転ではなく軌道修正 ― アフリカの農民ベースの試験から ― Reorientation, not reversal: African farmer-based experimentation」国際農業研究叢書第9号『ファーミング・システム研究 理論と実践』J.S・コールドウェル・横山繁樹・後藤淳子［監訳］農林水産省国際農林水産業研究センター、

引用文献一覧

p.168.

[64] 友松夕香（2009）「研究は実践に役立つか？　ブルキナファソでの青年海外協力隊の経験から」『フィールドワークからの国際協力』昭和堂、p.142.

[65] 豊田隆（2001）『アグリビジネスの国際開発　農産物貿易と多国籍企業』農文協、p.90.

[66] 中島紀一（2018）「農業経済学」田付貞洋・生井兵治［編］『農学とは何か』朝倉書店、p.163.

[67] 西尾敏彦（1997）パネルディスカッションにおける発言、農林水産省農業研究センター『これからの地域農業と農業研究を考えるシンポジウム ― 総合化に向けた農業研究とその方法論 ―』総合研究シンポジウム紀要第 1 号、p.91.

[68] 西川潤（2004）『世界経済入門』岩波新書、pp.2-3.

[69] ニールス・G・ローリング（2002）「対話型技術革新 ― 農業踏み車論を越えて ―」佐藤了・ジョン・S・コールドウェル・佐藤敦［編］『持続可能な農業への道　参加型技術革新とその実現条件』農林統計協会、p.186.

[70] 野田孝人・Pham Van Du・Nguyen Thi Loc（2000）「水稲の病害虫防除」松井重雄［編］『変貌するメコンデルタ　ファーミングシステムの展開』国際農業研究叢書第10号、農林水産省国際農林水産業研究センター、p.127.

[71] 原田一宏（2006）「国立公園政策と人びとの暮らしのはざまで葛藤する」井上真［編］『躍動するフィールドワーク　研究と実践をつなぐ』世界思想社、p.160.

[72] P. E. Hildebrand（2000a）「迅速調査における諸学問分野の結合 ― ソンデオ・アプローチ ―」国際農業研究叢書第 9 号『ファーミング・システム研究　理論と実践』J.S・コールドウェル・横山繁樹・後藤淳子［監訳］農林水産省国際農林水産業研究センター、p.44.

[73] P. E. Hildebrand（2000b）「迅速調査における諸学問分野の結合 ― ソンデオ・アプローチ ―」国際農業研究叢書第 9 号『ファーミング・システム研究　理論と実践』J.S・コールドウェル・横山繁樹・後藤淳子［監訳］農林水産省国際農林水産業研究センター、pp.46-48.

[74] P. E. Hildebrand（2000c）「迅速調査における諸学問分野の結合 ― ソンデオ・アプローチ ―」国際農業研究叢書第 9 号『ファーミング・システム研究　理論と実践』J.S・コールドウェル・横山繁樹・後藤淳子［監訳］農林水産省国際農林水産業研究センター、p.50.

[75] 広瀬昌平（1990a）「開発途上国の農林業における「総合技術」― 特に作物生

481

産における現地適応技術の組立て ―」『国際農林業協力』Vol.13,No.1、p.53.

[76] 広瀬昌平（1990b）「開発途上国の農林業における「総合技術」― 特に作物生産における現地適応技術の組立て ―」『国際農林業協力』Vol.13,No.1、pp.63-65.

[77] 藤田康樹（1995）『21世紀への農業普及』農文協、p.133-134.

[78] 藤本彰三（1998）「ベトナム・メコンデルタ地域における水稲三期作」『東京農業大学総合研究所紀要』第9号、p.53.

[79] 古沢広祐（2014）「「持続可能な開発・発展目標」（SDGs）の動向と展望～ポスト2015年開発枠組みと地球市民社会の将来～」『国際開発研究』第23巻第2号、p.91.

[80] 古沢広祐（2019）「国際社会の中での日本とSDGs　持続可能な世界へ、求められる変革」『農業と経済』第85巻第8号　昭和堂、p.37.

[81] 堀内久太郎（2006）「自給的農業経営の開発と国際研究協力 ― ベトナム紅河デルタを事例として ―」『熱帯農業と国際協力』筑波書房、p.225-226.

[82] 増見国弘（2002a）『農業技術協力ODA ／ NGO　実践現場からのアプローチ』鈴木福松［監修］農林統計協会、p.18.

[83] 増見国弘（2002d）『農業技術協力ODA ／ NGO　実践現場からのアプローチ』鈴木福松［監修］農林統計協会、p.218.

[84] 松岡俊二（1998）「東南アジアの開発と環境　グローバル・パートナーシップへの課題」『東南アジア　サステナブル世界への挑戦』有斐閣選書、p.42.

[85] 松田正彦（2019）「東南アジアの在来農業と近代技術と「在地の技術」」『熱帯農業研究』第12巻第1号、p.39.

[86] 村田武（2021）『農民家族経営と「将来性のある農業」』筑波書房、pp.9-10.

[87] 門間敏幸（2001a）『TN法　住民参加の地域づくり』家の光協会、p.146.

[88] 門間敏幸（2001b）『TN法　住民参加の地域づくり』家の光協会、p.163.

[89] 山崎耕宇（2005a）「農業生産とエコロジー ― 代替農業にみるエコロジカルバランス ―」藤本彰三・松田藤四郎［編著］『代替農業の探究　環境と健康にやさしい農業を求めて』東京農大出版会、p.7.

[90] 山崎耕宇（2005b）「農業生産とエコロジー ― 代替農業にみるエコロジカルバランス ―」藤本彰三・松田藤四郎［編著］『代替農業の探究　環境と健康にやさしい農業を求めて』東京農大出版会、pp.10-11.

[91] 山崎耕宇（2005c）「農業生産とエコロジー ―代替農業にみるエコロジカルバランス ―」藤本彰三・松田藤四郎［編著］『代替農業の探究　環境と健康にやさしい農業を求めて』東京農大出版会、p.16.

引用文献一覧

[92] 山崎正史（2007）「メコンデルタの養豚業における歴史的変遷と地域性」ベトナム社会文化研究会編『ベトナムの社会と文化』第7号　風響社、pp.228-229.

[93] 山田隆一・グェン　ヴァン　サン・門間敏幸（2003a）「ベトナム・メコンデルタにおけるファーミングシステムの診断 ― 沖積土壌・灌漑地域のVACRシステムを対象として ―」『開発学研究』第13巻第3号、pp.36-37.

[94] 山田隆一（2004）「ベトナム・メコンデルタにおけるファーミングシステムの事前技術評価と技術選択 ― AHP法を活用して ―」『農村計画学会誌』第23巻第2号、pp.149-160.

[95] 山田隆一（2011）「サイト選定の重要性」独立行政法人　国際農林水産業研究センター・小田正人［編］『インドシナ ―天水農業 ―』養賢堂、pp.17-18.

[96] 山田隆一・横山繁樹（2012）「ファーミングシステム」日本農業経営学会［編］津谷好人［責任編集］『農業経営研究の軌跡と展望』農林統計出版、p.300.

[97] 山田隆一・山崎正史（2014a）「ベトナム・メコンデルタにおける養豚部門の変遷 ― メコンデルタ中流域の村の事例より ―」『開発学研究』第25巻第1号、pp.56-57.

[98] 山田隆一・山崎正史（2014b）「ベトナム・メコンデルタにおける養豚部門の変遷 ― メコンデルタ中流域の村の事例より ―」『開発学研究』第25巻第1号、p.57.

[99] 横山繁樹（2005a）「ファーミングシステムアプローチ」稲村達也［編著］『栽培システム学』朝倉書店、p.168.

[100] 横山繁樹（2005b）「ファーミングシステムアプローチ」稲村達也［編著］『栽培システム学』朝倉書店、p.169.

[101] ロバート・チェンバース（2011a）『開発調査手法の革命と再生　貧しい人々のリアリティを求め続けて』野田直人［監訳］明石書店、p.82.

[102] ロバート・チェンバース（2011d）『開発調査手法の革命と再生　貧しい人々のリアリティを求め続けて』野田直人［監訳］明石書店、pp.138-139.

[103] ロバート・チェンバース（2011f）『開発調査手法の革命と再生　貧しい人々のリアリティを求め続けて』野田直人［監訳］明石書店、p.157.

[104] 和田照男（1988）「ファーミング・システムズ・リサーチ（F.S.R）―学際的・実践的農業開発調査研究のあり方 ―」『農業および園芸』第63巻第1号、pp.3-4.

第5章

[1] John Farrington（2000）"The Development of Diagnostic Methods in FSR",

Edited by M. Collinson, "A History of Farming Systems Research", FAO, CABI Publishing, p.63.

［2］ Masato ODA, Praphasri CHONGPRADITNUN, Sarattana SANOH, Nongluck SUPHANCHAIMAT, Yoichi FUJIHARA, Ryuichi YAMADA, Hideto FUJII and Osamu ITO（2013）"Indigenous Soil Fertility Knowledge of Rainfed Lowland Rice Farmers in Central Laos", Tropical Agriculture and Development, Vol.57. No.3, p.86.

［3］ Peter M. Horne and Werner W. Stur（2003b）Developing agricultural solutions with smallholder farmers -How to get started with participatory approaches-, Published by ACIAR and CIAT, ACIAR Monograph No.99, p.31.

［4］ Peter M. Horne and Werner W. Stur（2003c）Developing agricultural solutions with smallholder farmers -How to get started with participatory approaches-, Published by ACIAR and CIAT, ACIAR Monograph No.99, p.34.

［5］ Peter M. Horne and Werner W. Stur（2003e）Developing agricultural solutions with smallholder farmers -How to get started with participatory approaches-, Published by ACIAR and CIAT, ACIAR Monograph No.99, pp.83-85.

［6］ アマルティア・セン（2002）『貧困の克服 ― アジア発展の鍵は何か』大石りら［訳］集英社新書、p.28.

［7］ 新井綾香（2010b）『ラオス　豊かさと「貧しさ」のあいだ　現場で考えた国際協力とNGOの意義』コモンズ、p.82.

［8］ 新井綾香（2010c）『ラオス　豊かさと「貧しさ」のあいだ　現場で考えた国際協力とNGOの意義』コモンズ、pp.86-87.

［9］ 新井綾香（2010d）『ラオス　豊かさと「貧しさ」のあいだ　現場で考えた国際協力とNGOの意義』コモンズ、pp.89-90.

［10］ 新井綾香（2010f）『ラオス　豊かさと「貧しさ」のあいだ　現場で考えた国際協力とNGOの意義』コモンズ、p.100.

［11］ 池上甲一（2019a）「SDGs時代の農業・農村研究 ― 開発客体から発展主体としての農民像へ ―」『国際開発研究』第28巻第1号、p.11.

［12］ 絵所秀紀（1994）『開発と援助 ― 南アジア・構造調整・貧困 ―』同文館、p.200.

［13］ 太田美帆（2007a）「ファシリテーターの役割」佐藤寛＋アジア経済研究所開発スクール［編］『テキスト　社会開発　貧困削減への新たな道筋』日本評論社、

引用文献一覧

p.157.

[14] 太田美帆（2007b）「ファシリテーターの役割」佐藤寛＋アジア経済研究所開発スクール［編］『テキスト　社会開発　貧困削減への新たな道筋』日本評論社、p.163.

[15] 太田美帆（2007d）「ファシリテーターの役割」佐藤寛＋アジア経済研究所開発スクール［編］『テキスト　社会開発　貧困削減への新たな道筋』日本評論社、p.165.

[16] 海田能宏（1996）「農村開発」渡辺弘之・桜谷哲夫・宮崎昭・中原紘之・北村貞太郎［編］『熱帯農学』朝倉書店、p.206.

[17] 海田能宏（2003）「バングラデシュの農村開発」海田能宏［編著］『バングラデシュ農村開発実践研究　新しい協力関係を求めて』コモンズ、pp.45-46.

[18] 鹿毛雅治（2022）『モチベーションの心理学』中公新書、pp.40-41.

[19] 北野収（2014）「農学原論と協力原論 ― 国際協力60周年によせて」『国際農林業協力』Vol.37. No.2、p.10.

[20] 久木田純（1996a）「開発援助と心理学」佐藤寛［編］『援助研究入門　援助現象への学際的アプローチ』アジア経済研究所、pp.303-304.

[21] 久木田純（1996b）「開発援助と心理学」佐藤寛［編］『援助研究入門　援助現象への学際的アプローチ』アジア経済研究所、pp.310-311.

[22] 久保田賢一（2002a）「西アフリカでの開発ワーカーの実践 ― 論理実証モードから物語モードへ」斎藤文彦［編著］『参加型開発　貧しい人々が主役となる開発へ向けて』日本評論社、pp.81-82.

[23] 久留島啓（2021a）「住民はコミュニティをどう語るのか　タイの農村開発における住民のイメージ戦略」松本悟・佐藤仁［編著］『国際協力と想像力　イメージと「現場」のせめぎ合い』日本評論社、p.204.

[24] 久留島啓（2021c）「住民はコミュニティをどう語るのか　タイの農村開発における住民のイメージ戦略」松本悟・佐藤仁［編著］『国際協力と想像力　イメージと「現場」のせめぎ合い』日本評論社、p.227.

[25] 黒田景子（2005）「南タイ・北部マレーシア広域調査」アジア農村研究会［編］『学生のためのフィールドワーク入門』めこん、p.230.

[26] 国際協力事業団　農業開発協力部（2000）『農村調査の手引書 ― 研究・普及連携型農業プロジェクトにおける問題発掘と診断のために ―』p.64.

[27] 斎藤文彦（2002aa）「開発と参加 ― 開発観の変遷と「参加」の登場」斎藤文彦［編著］『参加型開発　貧しい人々が主役となる開発へ向けて』日本評論社、

485

p.11.

[28] 斎藤文彦（2002ba）「参加型開発の展開 ─ 今日的意味合いの考察」斎藤文彦
［編著］『参加型開発　貧しい人々が主役となる開発へ向けて』日本評論社、p.30.

[29] 斎藤文彦（2005b）『国際開発論』日本評論社、pp.60-63.

[30] 佐藤寛（1996）「開発援助と社会学」佐藤寛［編］『援助研究入門　援助現象
への学際的アプローチ』アジア経済研究所、pp.154-155.

[31] 佐藤仁（2021a）『開発協力のつくられ方　自立と依存の生態史』東京大学出
版会、pp.196-197.

[32] 佐藤仁（2021b）『開発協力のつくられ方　自立と依存の生態史』東京大学出
版会、pp.197-198.

[33] 佐野康子・高橋基樹・遠藤衛（2014）「1980年代以降の援助レジームの変遷
とポストMDGs」『国際開発研究』第23巻第2号、p.25.

[34] 重冨真一（1996a）「開発援助と地域研究」佐藤寛［編］『援助研究入門　援
助現象への学際的アプローチ』アジア経済研究所、p.251.

[35] 重冨真一（1996b）「開発援助と地域研究」佐藤寛［編］『援助研究入門　援
助現象への学際的アプローチ』アジア経済研究所、p.252.

[36] ジョン・S・コールドウェル（2006）「農民参加型技術開発アプローチの発生
系譜と意義」『熱帯農業』Vol.50 Extra issue1、p.105.

[37] 鈴木福松（1997d）「農村実態調査手法と問題発掘・診断」鈴木福松［編著］
『フィジー農村社会と稲作開発』農林統計協会、pp.262-263.

[38] ソメシュ・クマール（2008a）『参加型開発による地域づくりの方法　PRA実
践ハンドブック』田中治彦［監訳］明石書店、pp.62-63. p.142.

[39] ソメシュ・クマール（2008b）『参加型開発による地域づくりの方法　PRA実
践ハンドブック』田中治彦［監訳］明石書店、p.85.

[40] ソメシュ・クマール（2008c）『参加型開発による地域づくりの方法　PRA実
践ハンドブック』田中治彦［監訳］明石書店、p.120.

[41] ソメシュ・クマール（2008d）『参加型開発による地域づくりの方法　PRA実
践ハンドブック』田中治彦［監訳］明石書店、pp.213-218.

[42] 高橋昭雄（2007a）「焼畑、棚田、マレー・コネクション ─ ミャンマー・チ
ン丘陵における資源利用と経済階層 ─」『東南アジア研究』45巻3号、p.406.

[43] 外山美樹（2011）『行動を起こし、持続する力　モチベーションの心理学』
新曜社、pp.74-75.

[44] 戸田隆夫（2011b）「開発実践における「無知の知」」西川潤・下村恭民・高

引用文献一覧

橋基樹・野田真里［編著］『開発を問い直す　転換する世界と日本の国際協力』日本評論社、p.207.

[45] 戸堂康之（2021b）『開発経済学入門　第2版』新世社、pp.169-170.

[46] 中野淳一（1999）「作物の生産管理」堀江武・吉田智彦・巽二郎・平沢正・今木正・小葉田亨・窪田文武・中野淳一［著］『作物学総論』朝倉書店、p.167.

[47] 名村隆行（2006b）「国際協力NGOのスタッフとしてフィールドに挑む」井上真［編］『躍動するフィールドワーク　研究と実践をつなぐ』世界思想社、pp.202-203.

[48] 名村隆行（2006c）「国際協力NGOのスタッフとしてフィールドに挑む」井上真［編］『躍動するフィールドワーク　研究と実践をつなぐ』世界思想社、p.208.

[49] 日本学術会議地域研究委員会国際地域開発研究分科会（2008b）『報告　開発のための国際協力のあり方と地域研究の役割』、pp.7-8.

[50] 野田直人（2019d）『開発フィールドワーカー　改訂版　途上国の役に立つ自分になる』（有）人の森、p.51.

[51] 百村帝彦（2006）「アクションリサーチを通して共同研究者を育てる」井上真［編］『躍動するフィールドワーク　研究と実践をつなぐ』世界思想社、p.171.

[52] FASID財団法人国際開発高等教育機構（2004）『PCM　開発援助のためのプロジェクト・サイクル・マネジメント　参加型計画編』pp.16-17.

[53] プロジェクトPLA編（2000a）『続　入門社会開発　PLA：住民主体の学習と行動による開発』国際開発ジャーナル社、pp.218-220.

[54] プロジェクトPLA編（2000b）『続　入門社会開発　PLA：住民主体の学習と行動による開発』国際開発ジャーナル社、p.261.

[55] プロジェクトPLA編（2000c）『続　入門社会開発　PLA：住民主体の学習と行動による開発』国際開発ジャーナル社、p.264.

[56] プロジェクトPLA編（2000d）『続　入門社会開発　PLA：住民主体の学習と行動による開発』国際開発ジャーナル社、p.265.

[57] プロジェクトPLA編（2000e）『続　入門社会開発　PLA：住民主体の学習と行動による開発』国際開発ジャーナル社、p.272.

[58] 松田正彦（2019）「東南アジアの在来農業と近代技術と「在地の技術」」『熱帯農業研究』第12巻第1号、p.39.

[59] 源由理子（1995a）「プロジェクト・サイクル・マネジメント（PCM）手法と社会の固有要因」佐藤寛［編］『援助と社会の固有要因』アジア経済研究所、p.125.　p.135.

［60］源由理子（1995b）「プロジェクト・サイクル・マネジメント（PCM）手法と社会の固有要因」佐藤寛［編］『援助と社会の固有要因』アジア経済研究所、p.136.

［61］八木宏典（1993b）「調査の方法」生源寺真一・谷口信和・藤田夏樹・森建資・八木宏典［著］『農業経済学』東京大学出版会、p.224.

［62］山下詠子（2006）「地域づくりの現場でキーパーソンとつながる」井上真［編］『躍動するフィールドワーク　研究と実践をつなぐ』世界思想社、p.131.

［63］山田隆一（2003）「ベトナム・メコンデルタのVACシステムが抱える問題の構造的特質と解決策の評価」『農村計画学会誌』第21巻第4号　pp.326-327.

［64］山田隆一（2005a）「農業開発の手法と方向性」『農業と経済』昭和堂　第71巻第11号、pp.47-48.

［65］山田隆一・横山繁樹（2010a）「ラオス低地農業地域の営農問題の把握とPRA（参加型農村調査法）―PRAの可能性と限界―」『農業普及研究』第15巻第1号、p.112.

［66］山田隆一・横山繁樹（2010b）「ラオス低地農業地域の営農問題の把握とPRA（参加型農村調査法）―PRAの可能性と限界―」『農業普及研究』第15巻第1号、p.114.

［67］山田隆一・小田正人・藤原洋一（2012）「ラオス中部低地天水地域における稲作技術構造の現状と課題」『開発学研究』第22巻第3号、p.62.

［68］ロバート・チェンバース（2000e）『参加型開発と国際協力　変わるのはわたしたち』野田直人・白鳥清志［監訳］明石書店、p.249.

［69］ロバート・チェンバース（2000f）『参加型開発と国際協力　変わるのはわたしたち』野田直人・白鳥清志［監訳］明石書店、p.274.

［70］ロバート・チェンバース（2011g）『開発調査手法の革命と再生　貧しい人々のリアリティを求め続けて』野田直人［監訳］明石書店、p.163.

［71］和田博之（1996）「有機農業の集団的定着化への道―技術的条件を中心として―」熊澤喜久雄［監修］農林中金総合研究所［編］『環境保全型農業とはなにか』農林統計協会、p.224.

第6章

［1］Ryuichi YAMADA（2014a）Farm Management and Environment of Rainfed Agriculture in Laos, JIRCAS International Agriculture Series No.23.　pp.82-83.

［2］アマルティア・セン（1999a）『不平等の再検討　潜在能力と自由』池本幸

引用文献一覧

生・野上裕生・佐藤仁［訳］Inequality Reexamined by Amartya SEN 岩波書店、pp.6-7.

［3］アマルティア・セン（1999b）『不平等の再検討　潜在能力と自由』池本幸生・野上裕生・佐藤仁［訳］Inequality Reexamined by Amartya SEN 岩波書店、p.174.

［4］アマルティア・セン（2002）『貧困の克服 ― アジア発展の鍵は何か』大石りら［訳］集英社新書、p.43.

［5］新井綾香（2010a）『ラオス　豊かさと「貧しさ」のあいだ　現場で考えた国際協力とNGOの意義』コモンズ、pp.37-38.

［6］安藤益夫（2014a）「後発途上国と農業経営学」李哉泫・内山智裕・鈴村源太郎・八木洋憲［編］『農業経営学の現代的眺望』日本経済評論社、p.50.

［7］安藤益夫（2014b）「後発途上国と農業経営学」李哉泫・内山智裕・鈴村源太郎・八木洋憲［編］『農業経営学の現代的眺望』日本経済評論社、p.51.

［8］石弘之（1998）『地球環境報告Ⅱ』岩波新書、pp.40-57.

［9］石本雄大（2019）「アフリカ乾燥地域におけるフードセキュリティ ― 非公的社会保障の貢献 ―」『開発学研究』第30巻第2号、p.4.

［10］伊藤成朗（2010）「貧困削減 ― 教育や保健を条件にした補助金」高橋和志・山形辰史［編著］『国際協力ってなんだろう　現場に生きる開発経済学』岩波ジュニア新書、p.114.

［11］今田克司（2014）「ポスト2015年開発枠組み策定におけるグローバルなCSOの主張と参加」『国際開発研究』第23巻第2号、p.69.

［12］絵所秀紀（1994）『開発と援助 ― 南アジア・構造調整・貧困 ―』同文館、p.200.

［13］大塚啓二郎（2020a）『なぜ貧しい国はなくならないのか　正しい開発戦略を考える』日本経済新聞出版社、p.43.

［14］小國和子（2003a）『村落開発支援は誰のためか　インドネシアの参加型開発協力に見る理論と実践』明石書店、p.10.

［15］小國和子（2003d）『村落開発支援は誰のためか　インドネシアの参加型開発協力に見る理論と実践』明石書店、p.40.

［16］海田能宏（2003）「リンクモデルへ向けて ― PRDPのめざすもの ―」海田能宏［編著］『バングラデシュ農村開発実践研究　新しい協力関係を求めて』コモンズ、p.57.

［17］朽木昭文（1996）「開発援助（プログラム援助）と経済学」佐藤寛［編］『援

489

助研究入門　援助現象への学際的アプローチ』アジア経済研究所、p.70.

[18]　朽木昭文（2005）「開発援助の潮流変化」『農業と経済』第71巻第11号　昭和堂、p.10.

[19]　黒崎卓（2005）「ミレニアム開発援助戦略と農業・農村開発」『農業と経済』第71巻第11号　昭和堂、p.39.

[20]　黒崎卓（2015b）「教育普及　産業発展につながる教育支援」黒崎卓・大塚啓二郎［編著］『これからの日本の国際協力　ビッグ・ドナーからスマート・ドナーへ』日本評論社、pp.250-251.

[21]　黒田かをり（2014）「現行MDGsからの教訓 ― ポストMDGに向けて」『国際開発研究』第23巻第2号、p.19.

[22]　河野泰之（1997）「小講座　天水田」『農業土木学会誌』Vol.65.　p.78.

[23]　河野泰之・落合雪野・横山智（2008c）「ラオスをとらえる視点」横山智・落合雪野［編］『ラオス農山村地域研究』めこん、p.33.

[24]　斎藤文彦（2005a）『国際開発論　ミレニアム開発目標による貧困削減』日本評論社、p.13.

[25]　佐藤寛揮（2005）「政府開発援助の現状と課題」『農業と経済』第71巻第11号　昭和堂、p.22.

[26]　スーザン・ジョージ（1984a）『なぜ世界の半分が飢えるのか』小南祐一郎・谷口真里子［訳］朝日選書　朝日新聞社、p.33.

[27]　園江満（2016）「ラオスの農業・農村開発における農耕文化研究の意義」日本国際地域開発学会［編］『国際地域開発の新たな展開』筑波書房、p.85.

[28]　高野久紀（2010a）「マイクロファイナンス ― 貧困層にこそ金融サービスを」『国際協力ってなんだろう　現場に生きる開発経済学』岩波ジュニア新書、p.107.

[29]　高野久紀（2010d）「マイクロファイナンス ― 貧困層にこそ金融サービスを」『国際協力ってなんだろう　現場に生きる開発経済学』岩波ジュニア新書、p.112.

[30]　高橋昭雄（2007b）「焼畑、棚田、マレー・コネクション ― ミャンマー・チン丘陵における資源利用と経済階層 ―」『東南アジア研究』45巻3号、p.409.

[31]　高橋昭雄（2007c）「焼畑、棚田、マレー・コネクション ― ミャンマー・チン丘陵における資源利用と経済階層 ―」『東南アジア研究』45巻3号、p.411.

[32]　高橋和志（2015a）「貧困削減戦略」ジェトロ・アジア経済研究所　黒岩郁雄・高橋和志・山形辰史［編］『テキストブック　開発経済学［第3版］』有斐閣ブックス、p.158.

[33]　高橋清貴（2014）「日本のODAにおけるMDGsの位置取り」『国際開発研究』

引用文献一覧

第23巻第2号、p.39.

［34］高柳彰夫・大橋正明（2018）「SDGsとは何か ― 市民社会の視点から」高柳彰夫・大橋正明［編］『SDGsを学ぶ　国際開発・国際協力入門』法律文化社、pp.6-7.

［35］デイビッド・ヒューム（2017）『貧しい人を助ける理由　遠くのあの子とあなたのつながり』佐藤寛［監訳］太田美帆・土橋喜人・田中博子・紺野奈央［訳］日本評論社、p.68.

［36］西川潤（2001a）「タイ仏教からみた開発と発展 ― ブッタタートとプラ・パユットの開発思想と実践 ―」西川潤［編］『アジアの内発的発展』藤原書店、pp.52-53.

［37］野田直人（2019b）『開発フィールドワーカー　改訂版』（有）人の森、p.38.

［38］藤田幸一（2003）「農村開発におけるマイクロ・クレジットと小規模インフラ整備」海田能宏［編著］『バングラデシュ農村開発実践研究　新しい協力関係を求めて』コモンズ、p.151.

［39］藤田幸一（2005）「バングラデシュの貧困削減と農業・農村開発の課題」『農業と経済』第71巻第11号　昭和堂、p.57.

［40］松本聰（2002）「資源循環型の持続可能な農業を秋田から考える」佐藤了・ジョン・S・コールドウェル・佐藤敦［編］『持続可能な農業への道　参加型技術革新とその実現条件』農林統計協会、p.164.

［41］宮崎昭・石田定顕（1996）「環境と家畜・家禽」渡辺弘之・桜谷哲夫・宮崎昭・中原紘之・北村貞太郎［編］『熱帯農学』朝倉書店、p.106.

［42］武藤めぐみ・広田幸紀（2015b）「東南アジアにおける日本のODAの変遷と課題　先発アセアンを中心として」黒崎卓・大塚啓二郎［編著］『これからの日本の国際協力　ビッグ・ドナーからスマート・ドナーへ』日本評論社、p.59.

［43］本山美彦（1991a）『豊かな国　貧しい国　荒廃する大地』岩波書店、p.7.

［44］矢倉研二郎（2008a）『カンボジア農村の貧困と格差拡大』昭和堂、p.318.

［45］矢倉研二郎（2008b）『カンボジア農村の貧困と格差拡大』昭和堂、p.343.

［46］山田隆一（2005b）「農業開発の手法と方向性」『農業と経済』第71巻第11号　昭和堂、p.49.

［47］山田隆一（2010a）「ラオス中部天水地域の農業構造と貧困問題」『開発学研究』第20巻第3号、pp.51-53.

［48］山田隆一（2010b）「ラオス中部天水地域の農業構造と貧困問題」『開発学研究』第20巻第3号、p.55.

491

［49］山田隆一（2011）「ラオス低地天水地域における農業経営多角化の可能性と課題」『開発学研究』第22巻第2号、p.56.

［50］山田隆一（2017a）「熱帯天水農業地域の農業経営」東京農業大学国際農業開発学科［編］『国際農業開発入門　環境と調和した食料増産をめざして』筑波書房、p.232.

［51］山田隆一（2017b）「熱帯天水農業地域の農業経営」東京農業大学国際農業開発学科［編］『国際農業開発入門　環境と調和した食糧増産をめざして』筑波書房、p.237.

［52］ロバート・チェンバース（1995c）『第三世界の農村開発　貧困の解決 ── 私たちにできること』穂積智夫・甲斐田万智子［監訳］明石書店、pp.216-218.

第7章

［1］淡路和則（1996c）『経営者能力と担い手の育成』農林統計協会、p.37.

［2］安藤和雄（2001）「「在地の技術」の展開 ── バングラデシュ・D村の事例に学ぶ ──」『国際農林業協力』Vol.24No.7、pp.2-21.

［3］安藤和雄・内田晴夫（2003a）「マタボールたちと在地の農村開発 ── D村におけるアクション・リサーチの記録 ──」海田能宏［編著］『バングラデシュ農村開発実践研究　新しい協力関係を求めて』コモンズ、p.80.

［4］安藤和雄・内田晴夫（2003b）「マタボールたちと在地の農村開発 ── D村におけるアクション・リサーチの記録 ──」海田能宏［編著］『バングラデシュ農村開発実践研究　新しい協力関係を求めて』コモンズ、pp.84-85.

［5］安藤和雄・内田晴夫（2003c）「マタボールたちと在地の農村開発 ── D村におけるアクション・リサーチの記録 ──」海田能宏［編著］『バングラデシュ農村開発実践研究　新しい協力関係を求めて』コモンズ、pp.110-111.

［6］池野雅文（2007a）「社会開発における住民組織化の役割」佐藤寛＋アジア経済研究所開発スクール［編］『テキスト　社会開発　貧困削減への新たな道筋』日本評論社、p.137.

［7］池野雅文（2007b）「社会開発における住民組織化の役割」佐藤寛＋アジア経済研究所開発スクール［編］『テキスト　社会開発　貧困削減への新たな道筋』日本評論社、pp.140-141.

［8］板垣啓四郎（2006）「途上国における農業開発の目標と農業開発戦略」高橋久光・夏秋啓子・牛久保明邦［編著］『熱帯農業と国際協力』筑波書房、p.15.

［9］板垣啓四郎（2023b）『途上国農業開発論』筑波書房、pp.162-163.

引用文献一覧

[10] 太田美帆（2007c）「ファシリテーターの役割」佐藤寛＋アジア経済研究所開発スクール［編］『テキスト　社会開発　貧困削減への新たな道筋』日本評論社、p.164.

[11] 大原興太郎（1996）「稲作技術の普及・教育体制」研究代表者　長憲次・岩元泉『市場経済導入後のベトナム稲作農業の生産・流通問題』平成7年度文部省科学研究費補助金国際学術研究（学術調査）成果報告書、p.138.

[12] 小國和子（2003c）『村落開発支援は誰のためか　インドネシアの参加型開発協力に見る理論と実践』明石書店、p.39.

[13] 小國和子（2007b）「農村生活への働きかけ」佐藤寛＋アジア経済研究所開発スクール［編］『テキスト　社会開発　貧困削減への新たな道筋』日本評論社、p.125.

[14] 川本彰（1990）『農村社会論』明文書房、pp.155-156.

[15] 河村能夫（2002）「住民参加型農村開発のための計画立案諸方法 ― 参加の過程を促進する方法の模索」斎藤文彦［編著］『参加型開発　貧しい人々が主役となる開発へ向けて』日本評論社、p.57.

[16] 北原淳（1986a）『開発と農業　東南アジアの資本主義化』世界思想社、p.137.

[17] 久留島啓（2021）「住民はコミュニティーをどう語るのか ― タイの農村開発における住民のイメージ戦略」松本悟・佐藤仁［編著］『国際協力と想像力　イメージと「現場」のせめぎ合い』日本評論社、p.207.

[18] 駒田旦（1996a）「最近の野菜産地をめぐる問題、とくに連作障害の原因と対策 ― 土壌伝染性病害の総合防除の視点から ―」熊澤喜久雄［監修］農林中金総合研究所［編］『環境保全型農業とはなにか』農林統計協会、p.166.

[19] 斎藤文彦（2002bb）「参加型開発の展開 ― 今日的意味合いの考察」斎藤文彦［編著］『参加型開発　貧しい人々が主役となる開発へ向けて』日本評論社、p.32.

[20] 佐藤寛（2011）「日本の開発経験と内発的発展論」西川潤・下村恭民・高橋基樹・野田真里［編著］『開発を問い直す　転換する世界と日本の国際協力』日本評論社、p.262.

[21] 佐藤仁（2021c）『開発協力のつくられ方　自立と依存の生態史』東京大学出版会、p.209.

[22] 重冨真一（1996c）「開発援助と地域研究」佐藤寛［編］『援助研究入門　援助現象への学際的アプローチ』アジア経済研究所、pp.266-267.

[23] 重冨真一（1996d）「開発援助と地域研究」佐藤寛［編］『援助研究入門　援助現象への学際的アプローチ』アジア経済研究所、pp.275-276.

493

[24] 重冨真一（1996e）「開発援助と地域研究」佐藤寛［編］『援助研究入門　援助現象への学際的アプローチ』アジア経済研究所、p.277.

[25] 重冨真一（2006）「参加型農村開発と住民組織 ― タイとフィリピンの比較から ―」『熱帯農業』Vol.50. Extra issue1, p.108.

[26] 重冨真一（2021）「農村開発における住民組織と地域社会」重冨真一［編著］『地域社会と開発　第3巻 ―住民組織化の地域メカニズム ―』古今書院、p.22.

[27] 世界銀行（2002a）『World Development Report　世界開発報告　貧困との闘い　2000/2001』西川潤［監訳］五十嵐友子［翻訳］シュプリンガー・フェアラーク東京、p.63.

[28] 世界銀行（2002b）『World Development Report　世界開発報告　貧困との闘い　2000/2001』西川潤［監訳］五十嵐友子［翻訳］シュプリンガー・フェアラーク東京、p.64.

[29] 高野久紀（2010b）「マイクロファイナンス ― 貧困層にこそ金融サービスを」高橋和志・山形辰史［編著］『国際協力ってなんだろう　現場に生きる開発経済学』岩波ジュニア新書、pp.109-110.

[30] 高野久紀（2010c）「マイクロファイナンス ― 貧困層にこそ金融サービスを」高橋和志・山形辰史［編著］『国際協力ってなんだろう　現場に生きる開発経済学』岩波ジュニア新書、pp.110-111.

[31] 長憲次（2005b）『市場経済下ベトナムの農業と農村』筑波書房、pp.229-230.

[32] 辻雅男（2004）『アジアの農業近代化を考える』九州大学出版会、pp.59-60.

[33] 坪井ひろみ（2006b）『グラミン銀行を知っていますか　貧困女性の開発と自立支援』東洋経済新報社、pp.98-99.

[34] デビッド・コーテン（1995）『NGOとボランティアの二一世紀』渡辺龍也［訳］、学陽書房

[35] 富田晋介（2008）「水田を拓く人々」横山智・落合雪野［編］『ラオス農山村地域研究』めこん、p.150.

[36] 中谷文美（2001）「バリ地域社会の内発的ダイナミズム」西川潤［編］『アジアの内発的発展』藤原書店、p.233.

[37] 西川潤（2001）「序」西川潤［編］『アジアの内発的発展』藤原書店、p.14.

[38] 西川潤（2001b）「タイ仏教からみた開発と発展」西川潤［編］『アジアの内発的発展』藤原書店、p.57.

[39] ニールス・G・ローリング（2002b）「対話型技術革新」佐藤了・ジョン・S・コールドウェル・佐藤敦［編］『持続可能な農業への道　参加型技術革新とその

実現条件』p.189.

[40] 野田直人（2019c）『開発フィールドワーカー　改訂版』（有）人の森、p.46.

[41] 長谷川昭彦（1986）『農村の家族と地域社会』御茶の水書房、p.60.

[42] 速水佑次郎（1995c）『開発経済学　諸国民の貧困と富』創文社、p.265.

[43] 百村帝彦（2006a）「アクションリサーチを通して共同研究者を育てる」井上真［編］『躍動するフィールドワーク　研究と実践をつなぐ』世界思想社、p.168.

[44] ピエール・プラデルバン（1995）『アフリカに聞き入る　草の根からのアフリカの開発』犬飼一郎［訳］めこん、p.132.

[45] 藤田幸一（2002）「制度の経済学と途上国の農業・農村開発 ― 政府・市場・農村コミュニティーのはざまにて ―」『農業経済研究』第74巻第2号、p.65.

[46] 増田萬孝（1996）『国際農業開発論』農林統計協会、p.72.

[47] 増見国弘（2002b）鈴木福松［監修］『農業技術協力ODA ／ NGO　実践現場からのアプローチ』農林統計協会、pp.171-172.

[48] 増見国弘（2002c）鈴木福松［監修］『農業技術協力ODA ／ NGO　実践現場からのアプローチ』農林統計協会、pp.174-175.

[49] 真勢徹（1994）『水がつくったアジア　風土と農業水利』家の光協会、pp.150-159.

[50] 萬田正治（2018）「中山間地農村を支える小農 ― 限界集落から消滅集落へ」『農業と経済』第84巻第1号　昭和堂、p.29.

[51] 武藤めぐみ・広田幸紀（2015a）「東南アジアにおける日本のODAの変遷と課題　先発アセアンを中心として」黒崎卓・大塚啓二郎［編著］『これからの日本の国際協力　ビッグ・ドナーからスマート・ドナーへ』日本評論社、p.58

[52] 山尾政博（1999）『開発と協同組合 ― タイにおける農漁村協同組合の発展 ―』多賀出版、p.7.　p.229.

[53] 横山智・落合雪野（2008）「開発援助と中国経済のはざまで」横山智・落合雪野［編］『ラオス農山村地域研究』めこん、pp.374-375.

[54] ロバート・チェンバース（2000g）『参加型開発と国際協力　変わるのはわたしたち』野田直人・白鳥清志［監訳］明石書店、p.496.

[55] 若林秀泰（1987）『農業協同組合論』明文書房、pp.8-9.

第8章

[1] Hilary Sims Feldstein（2000）"Gender Analysis: Making Women Visible and Improving Social Analysis", Edited by M. Collinson, A History of Farming

Systems Research, FAO, CABI Publishing, p.71.

［ 2 ］ Ryuichi Yamada, Vo Quang Minh, Hiroyuki Hiraoka and Nguyen Van Sanh (1999)「Classification of Farming Systems in the Mekong Delta」『地域農林経済学会大会報告論文集』第 6 号、pp.159-164.

［ 3 ］ 淡路和則（1996a）『経営者能力と担い手の育成』農林統計協会、p.17.

［ 4 ］ 安渓遊地（2008）「「研究成果の還元」はどこまで可能か」宮本常一・安渓遊地『調査されるという迷惑　フィールドに出る前に読んでおく本』みずのわ出版、pp.108-109.

［ 5 ］ 川喜田二郎（1995c）『KJ法 ― 混沌をして語らしめる ―』中央公論社、pp.65-66.

［ 6 ］ 川喜田二郎（1995d）『KJ法 ― 混沌をして語らしめる ―』中央公論社、p.395.

［ 7 ］ 国際協力事業団　農業開発協力部（2000）『農村調査の手引書 ― 研究・普及連携型農業プロジェクトにおける問題発掘と診断のために ―』、p.64.

［ 8 ］ 桜井由躬雄（2005）「フィールドワークの方法論」アジア農村研究会［編］『学生のためのフィールドワーク入門』めこん、p.26.

［ 9 ］ 末原達郎（2004c）『人間にとって農業とは何か』世界思想社、p.74.

［10］ 坪井ひろみ（2006a）『グラミン銀行を知っていますか　貧困女性の開発と自立支援』東洋経済新報社、p.68.

［11］ 野田直人（2019a）『開発フィールドワーカー　改訂版』（有）人の森、p.16.

［12］ 平山恵（2011a）「「声なき声を聴く」踏査のために」西川潤・下村恭民・高橋基樹・野田真里［編著］『開発を問い直す　転換する世界と日本の国際協力』日本評論社、pp.243-244.

［13］ 平山恵（2011b）「「声なき声を聴く」踏査のために」西川潤・下村恭民・高橋基樹・野田真里［編著］『開発を問い直す　転換する世界と日本の国際協力』日本評論社、p.249.

［14］ 宮本常一（2008a）「調査地被害 ― される側のさまざまな迷惑」宮本常一・安渓遊地［著］『調査されるという迷惑　フィールドに出る前に読んでおく本』みずのわ出版、p.18.

［15］ 宮本常一（2008b）「調査地被害 ― される側のさまざまな迷惑」宮本常一・安渓遊地［著］『調査されるという迷惑　フィールドに出る前に読んでおく本』みずのわ出版、pp.20-21.

［16］ 宮本常一（2008c）「調査地被害 ― される側のさまざまな迷惑」宮本常一・安渓遊地［著］『調査されるという迷惑　フィールドに出る前に読んでおく本』み

ずのわ出版、p.25.

[17] 八木宏典（1993a）「調査の方法」、生源寺真一・谷口信和・藤田夏樹・森建資・八木宏典［著］『農業経済学』東京大学出版会、p.220.

[18] 山田隆一（1997）「四国中山間地域の類型的把握」『農業技術 Journal of Agricultural Science』第52巻第7号 農業技術協会、pp.304-308.

[19] ロバート・チェンバース（2000c）『参加型開発と国際協力 変わるのはわたしたち』野田直人・白鳥清志［監訳］明石書店、p.226.

[20] ロバート・チェンバース（2000d）『参加型開発と国際協力 変わるのはわたしたち』野田直人・白鳥清志［監訳］明石書店、p.227.

[21] 和田信明・中田豊一（2010a）『途上国の人々との話し方 国際協力メタファシリテーションの手法』みずのわ出版、p.45.

終章

［1］ Ann Stroud（2000）"Institutionalizing FSR in Tanzania: a case study", Edited by M. Collinson A History of Farming Systems Research, FAO, CABI Publishing, p.207.

［2］ Ryuichi YAMADA（2014c）Farm Management and Environment of Rainfed Agriculture in Laos, JIRCAS International Agriculture Series No.23、p.116.

［3］ 麻田玲（2021）「発展を方向付けるイメージ スリランカ、農村ファーストという選択」松本悟・佐藤仁［編著］『国際協力と想像力 イメージと「現場」のせめぎ合い』日本評論社、pp.84-111.

［4］ 池上甲一（2019b）「SDGs時代の農業・農村研究 ― 開発客体から発展主体としての農民像へ ―」『国際開発研究』第28巻第1号、p.12.

［5］ 稲本志良（1993d）「農業経営研究の課題と展望 ― 経営研究の実践性と研究のあり方を中心にして ―」長憲次［編］『農業経営研究の課題と方向 ― 日本農業の現段階における再検討 ―』日本経済評論社、pp.10-11.

［6］ 稲本志良（1993e）「農業経営研究の課題と展望 ― 経営研究の実践性と研究のあり方を中心にして ―」長憲次［編］『農業経営研究の課題と方向 ― 日本農業の現段階における再検討 ―』日本経済評論社、p.12.

［7］ 岩元泉（2015）『現代日本家族農業経営論』農林統計出版、pp.45-46.

［8］ 内田晴夫・安藤和雄（2003）「農村水文学 ― 農村インフラ整備への新しいアプローチ ―」海田能宏［編著］『バングラデシュ農村開発実践研究 新しい協力関係を求めて』コモンズ、pp.202-203.

［9］宇根豊（2000a）「百姓仕事が、自然をつくる、自然を認識する「農」からの新しいまなざし、「農」への新しいまなざし」田中耕司［編］『自然と結ぶ「農」にみる多様性』昭和堂、p.258.

［10］小田正人（2007）「農民のエンパワーメントによる技術開発手法」『国際農林水産業研究成果情報』第14号　国際農林水産業研究センター、p.21.

［11］小田切徳美（2014）『農山村は消滅しない』岩波新書、pp.1-242.

［12］金沢夏樹（1997）「農学研究における2つの総合化」総合研究シンポジウム紀要第1号『これからの地域農業と農業研究を考えるシンポジウム ― 総合化に向けた農業研究とその方法論 ―』Proceedings of Symposium on Methodology of "Sogo-Kenkyu"（Multidisciplinary Research）for Regional Agricultures　農業研究センター、p.13.

［13］木全洋一郎（2011）「日本からの開発援助の再検討 ―「対話の非対称性」から「課題の同時代性」へ ―」西川潤・下村恭民・高橋基樹・野田真里［編著］『開発を問い直す　転換する世界と日本の国際協力』日本評論社、p.273.

［14］北野収（2014b）「農学原論と協力原論 ― 国際協力60周年によせて」『国際農林業協力』国際農林業協働協会、Vol.37.No.2、p.11.

［15］北野収（2022）「二十一世紀に開発原論・農学原論を語れば」北野収・西川芳昭［編著］『人新世の開発原論・農学原論　内発的発展とアグロエコロジー』農林統計出版、p.20.

［16］久保田賢一（2002b）「西アフリカでの開発ワーカーの実践 ― 論理実証モードから物語モードへ」斎藤文彦［編著］『参加型開発　貧しい人々が主役となる開発へ向けて』日本評論社、p.101.

［17］栗田靖之（1995）「開発における固有要因の問題」佐藤寛［編］『援助と社会の固有要因』アジア経済研究所、pp.226-227.

［18］黒崎卓・大塚啓二郎（2015）「なぜ今、日本の国際協力を考え直すのか」黒崎卓・大塚啓二郎［編著］『これからの日本の国際協力　ビッグ・ドナーからスマート・ドナーへ』日本評論社、p.6.

［19］齋藤哲也（2006）「開発コンサルタントとしてフィールドワークに取り組む」井上真［編］『躍動するフィールドワーク　研究と実践をつなぐ』世界思想社、p.249.

［20］斎藤文彦（2002ac）「開発と参加 ― 開発観の変遷と「参加」の登場」斎藤文彦［編著］『参加型開発　貧しい人々が主役となる開発へ向けて』日本評論社、p.20.

引用文献一覧

[21] 斎藤文彦（2005b）『国際開発論　ミレニアム開発目標による貧困削減』日本評論社、pp.60-63.

[22] 坂本慶一（1981a）「農学における「価値」の問題」『農林業問題研究』第64号、p.98.

[23] 佐藤寛（1995）「固有要因を把握する方法」佐藤寛［編］『援助と社会の固有要因』アジア経済研究所、p.110.

[24] 末原達郎（2004a）『人間にとって農業とは何か』世界思想社、p.2.

[25] 鈴木福松（1997b）「農村実態調査手法と問題発掘・診断」鈴木福松［編著］『フィジー農村社会と稲作開発』農林統計協会、p.223.

[26] 祖田修（2010）『食の危機と農の再生　その視点と方向を問う』三和書籍、pp.32-33.

[27] 祖田修（2017a）『祖田修　著作選集　第3巻　農学原論　農業・農村・農学の論理と展望』農林統計協会、p.35.

[28] 祖田修（2017b）『祖田修　著作選集　第3巻　農学原論　農業・農村・農学の論理と展望』農林統計協会、pp.205-207.

[29] 高柳彰夫（2018a）「ODA－SDG17」高柳彰夫・大橋正明［編］『SDGsを学ぶ　国際開発・国際協力入門』法律文化社、pp.203-204.

[30] 高柳彰夫（2018b）「ODA－SDG17」高柳彰夫・大橋正明［編］『SDGsを学ぶ　国際開発・国際協力入門』法律文化社、p.205.

[31] 田付貞洋・宇垣正志（2018）「農業生物学3：植物保護 ― 植物病理学・応用動物昆虫学・雑草学 ―」田付貞洋・生井兵治［編］『農学とは何か』朝倉書店、p.55.

[32] 津谷好人（2008b）「農業経営研究の原点を考える」『農業経営研究』第46巻第3号、p.4.

[33] 富田祥之亮（1999）「農業・農村開発における文化人類学の役割」『国際農林業協力』Vol.22．No.4、p.6.

[34] 富田晋介（2009b）「地域研究から政策支援へ　タイとラオスでの事例研究の経験から」荒木徹也・井上真［編］『フィールドワークからの国際協力』昭和堂、p.136.

[35] 中間由紀子・内田和義（2022a）『戦後日本の生活改善普及事業 ―「考える農民」の育成と農村の民主化 ―』農林統計出版、p.25.

[36] 中間由紀子・内田和義（2022b）『戦後日本の生活改善普及事業 ―「考える農民」の育成と農村の民主化 ―』農林統計出版、p.26.

[37] 中間由紀子・内田和義（2022c）『戦後日本の生活改善普及事業 —「考える農民」の育成と農村の民主化 —』農林統計出版、p.93.

[38] 名村隆行（2006a）「国際協力NGOのスタッフとしてフィールドに挑む」井上真［編］『躍動するフィールドワーク　研究と実践をつなぐ』世界思想社、p.201.

[39] 名村隆行（2006d）「国際協力NGOのスタッフとしてフィールドに挑む」井上真［編］『躍動するフィールドワーク　研究と実践をつなぐ』世界思想社、p.211.

[40] 西川芳昭（2022）「人新世に再考する開発原論・農学原論 — 内発的発展論と生命誌論を参照軸として —」北野収・西川芳昭［編著］『人新世の開発原論・農学原論　内発的発展とアグロエコロジー』農林統計出版、p.216.

[41] 野田直人（2019c）『開発フィールドワーカー　改訂版　途上国の役に立つ自分になる』（有）人の森、p.46.

[42] ピエール・プラデルバン（1995）『アフリカに聞き入る — 草の根からのアフリカの開発 —』犬飼一郎［訳］めこん、p.189.

[43] 藤原辰史（2021）『農の原理の史的研究「農学栄えて農業亡ぶ」再考』創元社、p.27.

[44] 水野正巳（2016）「SDGs（国連持続可能開発目標）時代の農村開発」日本国際地域開発学会［編］『国際地域開発の新たな展開』筑波書房、p.26.

[45] 宮浦理恵（2005）「作物生産における有用資源としての雑草」藤本彰三・松田藤四郎［編著］『代替農業の探究　環境と健康にやさしい農業を求めて』東京農大出版会、p.25.

[46] 山根裕子・伊藤香純（2019）「脱近代化社会の実現へ向けた農学および農業技術支援のあり方」『国際開発研究』第28巻第1号、p.49.

[47] 横山繁樹（1999）「ファーミング・システム研究・普及（FSRE）をめぐる最近の動向」『国際農林業協力』Vol.22. No.4、p.11.

[48] 横山繁樹（2011a）「人を育てる技術SRI」J-SRI研究会［編］『稲作革命SRI　飢餓・貧困・水不足から世界を救う』日本経済新聞出版社、pp.257-258.

[49] 横山繁樹（2011b）「人を育てる技術SRI」J-SRI研究会［編］『稲作革命SRI　飢餓・貧困・水不足から世界を救う』日本経済新聞出版社、p.270.

[50] ロバート・チェンバース（1995b）『第三世界の農村開発　貧困の解決 — 私たちにできること』穂積智夫・甲斐田万智子［監訳］明石書店、p.195.

[51] ロバート・チェンバース（1995d）『第三世界の農村開発　貧困の解決—私たちにできること』穂積智夫・甲斐田万智子［監訳］明石書店、p.402.

[52] ロバート・チェンバース（2000a）『参加型開発と国際協力　変わるのはわた

したち』野田直人・白鳥清志［監訳］明石書店、p.70.

［53］ロバート・チェンバース（2000g）『参加型開発と国際協力　変わるのはわた
したち』野田直人・白鳥清志［監訳］明石書店、p.496.

［54］ロバート・チェンバース（2011b）『開発調査手法の革命と再生　貧しい人々
のリアリティを求め続けて』野田直人［監訳］明石書店、p.100.

［55］ロバート・チェンバース（2011c）『開発調査手法の革命と再生　貧しい人々
のリアリティを求め続けて』野田直人［監訳］明石書店、p.132.

［56］ロバート・チェンバース（2011e）『開発調査手法の革命と再生　貧しい人々
のリアリティを求め続けて』野田直人［監訳］明石書店、p.153.

あとがき

　大学の講義を通じてつくづく感じることは、学生がいかに現場での経験を聞きたがっているかということである。初めは、現場での成功談やこぼれ話のような面白い話を切望しているのかと思ったのだが、必ずしも、それだけではなかった。多くの学生が渇望しているのは、現場での失敗談であった。より詳しく正確に言うならば、失敗談の中でも現場の生々しい様々な問題や失敗に直面しながら得られた学びや教訓についての説明であった。現場の具体事例とそこでの気づき、学び、さらには教訓が結びつけられること、それこそが今後、国際協力の世界に飛び立とうとする若者にとっての最大の栄養となるものではないだろうか？　本書はそうした点を踏まえながら、アジアとアフリカにおける国際協力の現場（主として総合研究の現場）を再現することに努めてきた。

　他方、現場の事例の総括とともに重要なことは、先行研究のレビューである。最近の学術論文などで気になるのは、「先行研究レビュー」と称した先行研究紹介である。ただ単に紹介することとレビューすることとは自ずと異なる。レビューとは、レビューする本人の視点、視角から先行研究を検討することである。したがって、批判的な検討を行うということも当然ながらあり得る。重要なことは、それが単なる批判ではなく、新たな視点の提示や議論の深化などにつなげられるかどうかということであろう。

　本書では、可能な限り多くの先行研究を検討の俎上に載せた。それら先行研究のいずれもが優れた研究であることをまず以って記しておきたい。優れた研究であるからこそ、本書で取り上げたのである。また、それらの先行研究の多くは筆者自身の学びにつながり、そこから先の展開をも可能にしてくれたと言えよう。諸先輩・諸先生方の先行研究の一部は本書において批判的に検討されているものの、それは明日の国際協力と実践的農学を展望する上で必要不可欠なものであったと考えられる。その意味において、優れた研究

503

成果を残してくれた諸先輩・諸先生方にあらためて謝意を表したい。

さて、本書を踏まえた上で、あらためて指摘しておきたいことがある。

その第一は、モチベーションの問題である。開発専門家の世界ではレジェンドと言われている野田直人の著書『開発フィールドワーカー』の副題は、「途上国の役に立つ自分になる」である。実践的であるということは、「役に立つ」ということによってこそ証明されるものであろう。それが直接的であれ間接的であれ、何らかの形で「役に立った」という事実が重要である。その「役に立つ」ということがどのようなことなのかという点については、本書で様々な角度から相当程度検討してきたところである。

では、「役に立つ自分になる」ことのモチベーションはどのようなところに求められるのであろうか？　本書の内容を踏まえるならば、研究者の場合、次のような問いに変えてみても良いだろう。すなわち、「自らの研究が実践的であることにどれだけのモチベーションを見いだすことができるであろうか？」と。ここで考えるべきは、マズローの欲求説である。その最上位に自己実現欲求がある。自己実現欲求の中には、達成感という感覚が伴う。マズローの理論の中では判然としないが、そのときに、単に個人的な業績が積み重なることと、それを越えて社会的に貢献することとの間で達成感の質の違いがあるはずだ。それを感じ取ったことがあるかどうかということが重要ではないだろうか？　その違いを感じる瞬間を経験したことがあるかどうかということは決定的なものであると言えよう。これこそが、前述の問いに対する答えである。

第二に、想像力についてである。

国際協力の世界では、想像力が必要であると言われることがしばしばあるが、正にその通りであろう。農家のリアリティーに迫ることとその上で想像力を働かせることによってこそ、はじめて農家の営農や生活、そして農民の心情（モチベーションを含む）までも理解することが可能となるのではないだろうか？　もちろん、農民の心情を完全に理解することは不可能であろう。しかし、だからと言って理解する努力や理解するための工夫を怠って良いわ

けがない。我々は何のために国際協力を行ない、何のために途上国の農業・農村の研究を行なっているのかということをもう一度問い直さなければならないであろう。

筆者は、本書において、今の農学をさらに実践的なものにしていくための方向性を示してきたつもりであるが、そのことは今の農学者の能力が低いことを全く意味しない。筆者は、自然科学分野、社会科学分野ともに多くの農学者の能力がとても高いことを、これまでの経験から実感してきた。また、繰り返しになるが、本書で、農学の世界の諸先輩方・諸先生方の理論を批判的に検討した箇所も存在するが、それは諸先輩方・諸先生方の業績を高く評価した上でのことである。本書で引用したほとんどの文献は優れているからこそ引用されたものであることを再度確認しておきたい。筆者自身、先行研究に刺激を受け、学ばせてもらった。この点については特筆しておきたい。

また、多くの農学者が国際協力の世界で汗を流し、試行錯誤をしながら研究を推進してきていることを筆者はリスペクトしている。その点に関して言えば、チェンバースの考え方とは異なっていると言えよう。チェンバースによる研究者に対する否定的とも言える評価は、研究者の反発を招き、結果として彼らが参加型研究や参加型開発を益々敬遠する方向へと作用してきたのではないだろうか？　大事なことは想像力である。多くの農学者の苦労と苦闘にも想像力を及ばさなければ、彼らの理解を得ることは難しいだろう。

ただ、他方で、チェンバースの理論や考え方には傾聴に値するものも数多い。その功績の大きさを筆者も認めている。ところが、チェンバースによる研究者に対する批判に反発するあまり、チェンバースの参加型開発すべてを否定する、あるいは拒否するという一部にみられる感情的とも言える反応は、適切なものとは言い難いだろう。と言うよりも、あまりにもったいない話であり生産的ではないだろう。

そこで、筆者が目指したいのは第三の道である。その第三の道こそ、本書全体を貫くモチーフでもあった。「是々非々の立場」と言えば、一見分かりやすいように感じられるかもしれないが、そうした言葉だけでは十分に言い

尽くせない。そのモチーフの肝は、研究者と住民・農民との協働であり、開発ワーカーと住民・農民との協働であり、研究者と開発ワーカーとの協働（連携）でもある。そのプロセスこそがそれぞれの主体の学びのプロセスであり、住民・農民のエンパワーメントのプロセスそのものでもある。第三の道は、プロセス重視の視点（動態的な視点）と地域レベル・農家レベルの視点（固有性重視の視点）を基盤として成り立っているのである。

　さて、我々がさらなる高みを目指して農学を発展させていくときに、実践性ということが極めて重要となっていることを本書で訴えてきたわけであるが、農学を真に実践的農学に発展させていくためには、我々農学者が失敗を含めた情報共有をしながら前に進んでいく必要があろう。そして、序文でも示したように、実践的な学問のレゾンデートル（存在意義）が知識や知見とそれらの活用場面や活用方法を一体的に考えていくことを目指すところにあるとするならば、そこを農学全体の課題として農学者が一致団結して取り組んでいかなくてはならないであろう。

　筆者自身、未熟さを痛感する毎日であるが、このことを忘れずに国際協力に汗を流すとともに、実践的農学の発展に微力ながら貢献していきたいと考える次第である。本書では、筆者自身の反省にもとづく話もかなりの程度展開してきた。自分自身も様々な試行錯誤をしながらようやく本書で展開したような知見に辿り着いた。もちろん不十分な点も多々あると思う。読者の皆さんのご批判を受けるつもりである。ただ、本書をきっかけに、様々な議論が巻き起こり、それが契機となって実践的農学が発展していき、結果として国際協力の世界に少しでも還元されることになるならば望外の喜びである。

　なお、本書執筆にあたって留意した事項を二点ほど追記しておきたい。

　一つには、文献引用のマナーについてである。これまでの多くの文献引用では、引用した文章の末尾に、例えば（山田　2004）などと表記されていた。だが、これだと、引用箇所の終わりは分かっても、引用箇所の始まりは分からないのである。短い文章の引用であればまだしも、長い文章の引用となった場合には、引用された側としては、いささか納得がいかないのではないだ

あとがき

ろうか？　我々研究者は引用された本人のことを考える想像力を持たなくてはならないのではないだろうか？　本書では、ほとんどの引用部分において、どこからどこまでが引用部分であるか（引用箇所の始点と終点）を明確にしている。それこそが、引用させてもらったことへの感謝であり、礼儀であり、その背景には優れた研究成果を残してくれた諸先輩方・諸先生方へのリスペクトが存在するのである。

　二つ目に、ベトナム・メコンデルタの地域呼称についてである。数多くの研究者が、本や論文などで、例えば、アンザン省、ティンザン省などと表記しているが、メコンデルタの人々はそのような発音はしない。それらの発音は北部の発音なのである。南部では、「アンジャン」、「ティンジャン」と発音している。だから、本書でもそのように表記した。一見些末なことのように思われるかもしれないが、そうではない。ベトナムにおける南北問題が背後に横たわっている。我々研究者は南部やメコンデルタに肩入れする必要はないが、同様に北部や紅河デルタに肩入れするわけにもいかないのである。

　最後になるが、本書執筆に至るまでの道程において、数多くの方々にお世話になった。国際農林水産業研究センターでプロジェクトを共に取り組んだ研究者の皆さん、そして良好な研究環境を与えてくれた国際農林水産業研究センターの諸先輩方およびJICA関係者の皆様方、そして、建学の理念である実学主義を掲げる東京農業大学で共に研究教育に取り組んだ諸先生方、そして良好な研究教育環境を与えてくれた管理職の諸先生方に、心から感謝の気持ちを表したい。最後に、本書の出版を快くお引き受けしてくれた筑波書房の鶴見社長に心より感謝いたします。

　なお、本書執筆においては、AI（人工知能）は一切使用されていないことを申し添えます。

2024年10月

やっと来た秋を感じながら
山田　隆一

著者紹介

山田　隆一（やまだ　りゅういち）
　　1959年　福岡県生まれ
　　1978年　福岡県立小倉高等学校卒業
　　1982年　京都大学農学部（農林経済学科）卒業
　　1984年　京都大学大学院農学研究科（農林経済学専攻）修士課程修了
　　1984年　農林水産省入省
　　　　　　食糧庁、経済企画庁、大臣官房企画室（企画官）、四国農業試験場
　　　　　　などを経て
　　1997年　国際農林水産業研究センター（JIRCAS）主任研究官
　　1995年、1996年　タンザニア短期専門家（JICA）
　　1997年〜2004年　ベトナム・カントー大学長期在外研究員（JIRCAS）
　　2005年〜2007年　東京大学非常勤講師（農学部・農学国際専攻）
　　2006年〜2008年　CIAT in Asia（国際熱帯農業センターアジア拠点）
　　　　　　（在ラオス）長期在外研究員（JIRCAS）
　　2011年〜2014年　モザンビーク専門家（JICA）
　　2015年〜　東京農業大学教授（国際食料情報学部）　現在に至る
　　京都大学博士（農学）
　　日本農業経営学会賞学術賞受賞（2009年）

　　主な著書
　　［単著］
　　『ベトナム・メコンデルタの複合農業の診断・設計と評価』農林統計協会、
　　2008年
　　『Farm Management and Environment of Rainfed Agriculture in Laos』
　　Association of Agriculture & Forestry Statistics、2014年
　　［共編著］
　　『Farm Management in Northern Mozambique』Yokendo、2017年
　　［共著］
　　『中山間資源活用の諸側面』養賢堂、2000年
　　『ベトナムの社会と文化7』風響社、2007年
　　『インドシナー天水農業―』養賢堂、2011年
　　『農業経営研究の軌跡と展望』農林統計出版、2012年
　　『国際地域開発の新たな展開』筑波書房、2016年
　　『国際農業開発入門 環境と調和した食糧増産をめざして』筑波書房、2017年
　　その他論文多数

国際協力と実践的農学
― アジアとアフリカの現場経験に基づいて ―
International Cooperation and Practical Agricultural Sciences:
From the Field Experience in Asia and Africa

2024年11月29日　第1版第1刷発行

著　者　山田　隆一
発行者　鶴見　治彦
発行所　筑波書房
　　　　東京都新宿区神楽坂2－16－5
　　　　〒162－0825
　　　　電話03（3267）8599
　　　　郵便振替00150－3－39715
　　　　http://www.tsukuba-shobo.co.jp

定価は表紙に示してあります

印刷／製本　中央精版印刷株式会社
© 2024 Printed in Japan
ISBN978-4-8119-0684-3 C3061